JN097693

理科授業大全　物化生地の基礎から実験のコツまで

この本は、長年にわたって理科の教員として生徒に接してきた筆者たちが、大学生を対象にした教員養成の講義に携わる中で培った諸々について、若い後輩に伝えようとしてまとめたものです。教員を目指す若い人のみならず、現役で活躍されている先生方にも読んでいただけるようにとの思いを込めて編集してあります。拙筆ではありますがお読みいただければと願っております。

⑴　**科学が発展する過程での発見・発明**など功績のあった科学者を、新たに書き下ろした似顔絵とともに随所で紹介しています（挿絵イラスト、グラフ等も新たに書きました）。

ガリレイ

⑵　第１章では、「理科指導の基本」と題して、**理科の教員として必要な基本事項**をまとめました。国際単位の話、観察・実験の安全指導、実験器具その他の基本操作、ICTの利用、探究的な活動と多岐にわたって書いてあります。

⑶　第２章では、「**科学的思考力を育む授業**」と題して、主に中学校の内容を中心にして教科書にはあまり紹介されてない事柄や話題を加えながら、時には専門的な内容も交えて、授業で役に立つ内容をまとめました。物理編、化学編、生物編、地学編で、計17項目について書いてあります。

「**考えてみよう**」「**調べてみよう**」などのコラムでは、生徒たちの科学的思考力を育むための指導上のヒントとなることを取り上げています。

⑷　第３章では、「**代表的な24の実験と解説**」と題して、物理、化学、生物、地学の４分野にわたって、実験解説をまとめています。

⑸　博士や子供たちのイラストを用いた吹き出しでは、疑問解決等を平易な文体で分かりやすく紹介してあります。

何でも知っている
飯田橋博士

いつも朗らか
神楽坂先生

考え中の生徒

分かったと喜ぶ生徒

巻頭言

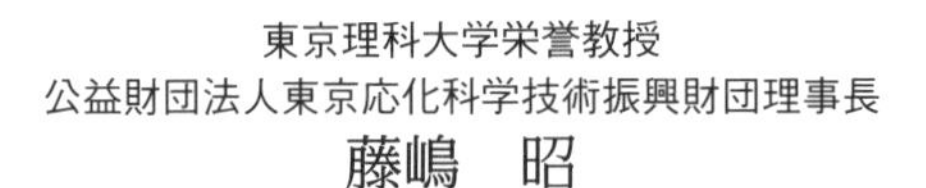

東京理科大学栄誉教授
公益財団法人東京応化科学技術振興財団理事長
藤嶋　昭

科学という学問は、紀元前のピタゴラスやデモクリトス、アルキメデスなどから、今日に至るまでの多くの科学者が真理を探究して積み上げてきたものです。人類が国の違いを超えて3,000年以上の長い年月をかけて蓄積させた貴重な財産です。

約45億年前に誕生したであろう地球の成因も分かってきました。生命の誕生や進化の過程も考察できるようになりました。今や、万能細胞によって臓器の再生も可能になりつつあります。電気が発明されて人類の生活は一変し、人が空を飛ぶことが夢であった時代から、宇宙を自由に飛行できるようにもなりました。多くの物質の性質や現象が起こる要因も解き明かされました。その成果を活用して、地球誕生時には存在しなかった新物質を作り出せるようにもなりました。こうして多くのことが解明されましたが、まだ分からないこともたくさんあります。

理科の授業は、小・中学生、そして、高校生に人類が果たしてきた真理探究の壮大なドラマを伝え、新たな課題に挑戦する科学的素養を育てる時間と考えると、こんなに「わくわくする営み」は他にはないでしょう。

『理科授業大全 物化生地の基礎から実験のコツまで』は、学習に深みをもたらす参考資料をまとめたものです。科学者たちが、どのように事物・現象と対峙して「法則」を導き出したのか紹介してあります。学校で使用する教科書では数行で完結してしまう「法則」には、科学者の苦悩や失敗、そして独自な発想があり、その後の科学発展に果たした大きな功績があります。このことを紹介するだけでも、粘り強く真理を探究する意義が伝わるでしょう。

また、日常生活との関わりや先端科学の現状も紹介してあります。ぜひ一読されて、「科学の魅力」が伝わる授業が実現されますよう願っています。

はじめに

「人間は考える葦である」と言われます。本来、人間は考えることは得意であったはずです。ある対象に思いを寄せて、想像を巡らせ、自問自答する瞬間は、本当に楽しいものです。ところが、授業になると考えることを停止してしまう生徒も少なくありません。教員の話を聞き、教科書の用語を暗記し、答えを探す学習は、決して楽しいものではありません。私たち教員は、こうした生徒を作り出したことを猛省しなければなりません。

生徒が身を乗り出して、食い入るように見つめる教材を提示してきただろうか。生徒が思わず考え込む、そんな課題を提供してきただろうか。生徒が思考力を働かせるに足る本物の感動を味わわせてきたでしょうか。思考は知的好奇心から発生し、言語化されて知識になると言われます。生徒が思考力を発揮するかどうかは、教員にかかっているのです。

生徒の科学的思考力をしっかり育てたい。そんな願いを込めて本書を編集しました。科学は人類が3,000年かけて積み上げてきた学問です。そこには、様々な自然事象を解析してきた科学者の努力があります。先人の理論を引き継ぎ、自分なりの解釈を加え、成果を後人に託して、科学という学問が成り立っています。今、生徒に指導する内容は、学問的背景から見ると、どんな意味があるのだろう。ここで学習する内容は、科学概念を形成する上でどんな位置にあるのだろう。こうした授業の根幹となる事柄を資料としてまとめました。単位は、どのように決められたのだろうか。生徒の科学的思考力を育むための工夫や新たな実験、日常生活の事例や先端科学等も紹介してあります。さらに、生徒の主体的・対話的で深い学びに迫る工夫についても取り入れてあります。教員を目指す人や、小・中学校、高等学校の先生向けに編集してありますので、ぜひ一読してほしいと願っています。

筆者一同

もくじ

第3章　代表的な24の実験と解説

第1章
理科指導の基本 ～知っておきたい科学の基本知識～

学習意欲を高めるために理科教員に求められる使命は、児童・生徒の主体的な学習活動を推進させることにある。児童・生徒の主体的な学習活動を築いていくために、授業場面で教員がいかに働きかけていくかが求められている。

この章では、理科教員として、押さえておく必要のある事柄を整理し、まとめた。そして、観察・実験に際しての児童・生徒への安全指導や、操作ミスを起こさないためにも身につけておきたい内容となるよう配慮し編集した。

これらは、小学校・中学校・高等学校で理科を指導する際の重要な基本的な知識であり、先生方に活用していただけるよう工夫した。

第1節では、理科学習で重要な単位を取り上げた。単位は理科学習の重要な学習項目である。単位の意味を理解させられるかは、理科教員として常に意識して指導したい。また、国際単位系（SI）について、国際度量衡会議（CGPM）で再定義された内容を分かりやすくまとめた。

第2節では、観察・実験に際して理科教員が理解し実践すべき基本的技能を、安全指導・化学薬品の取扱いを中心にまとめた。整理整頓された理科室の管理・運営は、安全指導上、最も重要な理科教員の基本的事項である。観察・実験の基本操作を理解するとともに、日常的に理科室の活用に生かし実践されることを期待したい。また、第3項「ICT関連機器の利用」は具体例として授業の参考にしていただきたい。

児童・生徒の理科における意識調査では、学年が上がるごとに「理科好き」が減少している。この現実を私たち理科教員は厳しく受け止めたい。特に、生徒の興味・関心を高め理科の学びを楽しくさせる理科実験の機会が減少することがないよう工夫したい。

ぜひ、各学校で理科教育に携わっている皆さんが協働して、観察・実験を実践し、「なぜ、そうなるのか」などの疑問を大切にした指導を取り入れ、児童・生徒が、意識して主体的に学ぼうとする環境を作り出していただきたい。「理科好き」な児童・生徒を育むためのきっかけとなることを期待したい。

第1節 単位に関する基本知識

これからの新しいテクノロジーの時代は、AIやIoTを積極的に活用し、高度に精密な機器の需要が増してくる。そのため、長さ・時間・質量などの基本的な単位を精密に定義する必要が生じた。この節では、2019年5月に基本単位の再定義がなされた内容を踏まえて、長さ、質量、時間、温度、物質量、電流、光度の7つの国際単位についての定義の変遷と概略説明、そして理科の授業での参考資料を紹介する。

1 国際単位

(1)国際単位を定めた経緯

単位とは、長さ・時間などの量を数値で表すための基準とするものである。歴史的には、同じ種類の量を表すのにも国や地域で異なっており多くの表し方があった。例えば、古代のメソポタミアやエジプト、ローマなどでは、国王やその土地の権力者などの腕のひじ部分から指先までを1キュビットという単位(おおむね45 cm～50 cm)で表していた。

中国では、紀元前3世紀に秦の始皇帝が国家を統一した折に、度(長さ)・量(容積)・衡(重さ)を統一した。日本では、中国・朝鮮半島から度量衡が伝わり、大宝律令が度量衡制度の始まりと言われている。

人や物資の交流が盛んでなかった頃は、その地域で決めた単位でもたいして支障はなかったが、文明が発達し異なる単位を使う地域同士の交流が盛んになると不便なことが生じた。特に、18世紀に入って国際間の貿易や科学・工業が目覚ましく発展すると、単位が不統一なために弊害が起こってきた。そのため、単位を統一しようという試みが、フランスによってなされた。

フランス革命の頃、バルセロナからダンケルクまで南北直線で約1,100 kmを精密測量し、これに基づいてパリを通る子午線の北極から赤道までの 1,000万分の1の長さを 1 mとした(1799年メートル法がフランスで制定された)。

日本では、1885年にメートル条約に加盟した。1951年の計量法によって尺貫法が禁止され、メートル法が完全実施されたのは1959年である。

⑵国際単位系SI (International System of Units)

1889年に開催された第1回国際度量衡会議（CGPM）で、世界規模で基準をそろえる必要から、メートルとキログラムを、長さと質量の国際的な単位とすることが決定された。このとき、酸化や摩滅の少ない白金イリジウム合金を用いたメートル原器が作成された。

高度に科学技術が発展した現代では、長さ、質量、時間などの単位を国際的に精密に決める必要があり、「国際単位系（SI）」が定められている。2011年に開催された第24回国際度量衡会議（CGPM）において、これまでの定義の仕方の変更が決定され、2019年5月20日の世界計量記念日をめどに再定義に向けた研究が行われた。なお、SI基本単位は、長さ、質量、時間、電流、物質量、温度、光度である。以下に、これらについて概略を説明する。

2 長さの定義

⑴長さの定義の変遷

	定義についての概略説明
人体基準	古代ローマ：キュビット 日本：里、間、尺、寸など イギリス、アメリカ：ヤード、フィート、インチなど
地球の子午線で定義	パリを通る子午線の北極から赤道までの 1,000万分の1の長さを1 mとした。
メートル原器	1889年に開催された第1回国際度量衡会議（CGPM）で決定、これをもとに長さの標準器（メートル原器）が作成された。
1983年の定義（光速度基準）	1秒の299,792,458分の1の時間に、光が真空中を伝わる長さを1メートルとする。
現在は光速度から再定義	真空中における光速度が299,792,458 m/sと定義されたことに伴って、「1メートルは光が真空中で299,792,458分の1秒間に進む距離」と再定義され、現在に至っている。

ワンポイント

光速度による再定義は、真空中で進む光の速さは決して変わらなく不変であること（アインシュタインの相対性理論）を利用しています。すなわち、光の速さを基準にして長さを決めれば、メートル原器のような経年変化や熱の影響を受ける物体を基準にするよりはるかに正確だからです。レーザー光と原子時計を用いた精密な実験から光の速さは299,792,458 m/sであると決められたことによって、光が299,792,458 分の1秒間に進む距離を1 mと定義したのです。

⑵長さに関連する単位

①現在も使われている代表的な単位とメートル法との換算

1インチ(inch)	=	約2.5 cm
1フィート(foot)	=	約31 cm
1ヤード(yard)	=	約0.91 m
1マイル(mile)	=	1.6 km

1尺	=	約30 cm
1間	=	約1.8 m
1里	=	約3.9 km
1海里	=	1,852 m

②電磁波の波長のように非常に短い長さを表す単位

1メートルの10億分の1の長さを1ナノメートル(nm)と表す。すなわち1 nm = 10^{-9} mである。オングストローム(Å)という単位も使われており、1 Å = 10^{-10} mである。

なお、可視光線は、およそ400 nm～800 nm(4,000 Å～8,000 Å)である。

③天文のように非常に遠くの星までの長さを表す単位

ア　天文単位AU(astronomical unit)

地球から太陽までの距離は約1億5,000万 kmで、光は約8分19秒で到達する。この距離を1天文単位といい、1天文単位は149,597,870,700 mと定義されている(国際天文学連合によって定められた)。なお、地球から月までの距離は約384,400 kmで、光は約1.3秒で到達する。

イ　光年

光が真空中で1年間に進む距離をいう。すなわち、1光年は約9兆5,000億kmで、約6万3,000天文単位である。

ウ　パーセク

ある天体が半年後にどれだけ角度がずれて見えるかを測定し、その角度の半分を年周視差という。年周視差が1秒角になるときの太陽からの距離を1パーセクという(1パーセク＝約3.26光年)。

⑶細胞のような小さいものやウイルス、その他の大きさ

①電子顕微鏡の利用

人の目で物と物を分離して観察できる最短の長さ(分解能)は0.1 mm程度である。それよりも小さいものを観察するには光学顕微鏡を用いる。しかし、可視光線を利用しているので限界があり、さらに小さいものを観察するにはX線顕微鏡や電子顕微鏡を用いなければならない。最初の電子顕微鏡は1932年にドイツで開発され、日本では1940年に大阪大学の菅田榮治が初めて国産第一号、倍率一万倍の電子顕微鏡を完成させている。

走査型電子顕微鏡（SEM；Scanning Electron Microscope）は、真空中で細く絞った電子線で試料表面を走査し、試料から出てくる信号を検出して画面上に、試料表面の拡大像を表示する電子顕微鏡で、透過型電子顕微鏡（TEM；Transmission Electron Microscope）は、試料に電子線を当てて、それを透過してきた電子線の強弱によって観察する電子顕微鏡である。

②新型コロナウイルス（COVID-19）

COVIDはCorona-virus diseaseの略で、19は2019年の略である。大きさは50～200nm（約0.1 μm）で、高性能の電子顕微鏡で見ることができる。

医療用マスクN95は、0.1～0.3 μmの大きさの粒子を95％以上除去できるとされており、このウイルス対策には有効なマスクである。

③PM2.5（Particulate Matter　粒子状物質）

大気中に浮遊している直径2.5 μm以下の非常に小さな粒子で、工場や自動車、船舶、航空機などから排出された煤塵（ばいじん）や粉塵、硫黄酸化物（SOx）などがある。これらは、大気汚染の原因となる微粒子で、杉花粉（数十μm）や黄砂、火山灰等とともに、人体に悪影響を及ぼす。

④マイクロプラスチック

廃棄処分された大量のプラスチックが、河川や海洋を漂って紫外線などの影響を受けて細かく粉砕されて、分解することなく微粒子となったものをマイクロプラスチックという。特に、大きさが3 μm～7 μmほどに細かくなったものは、魚介類の体内に蓄積し悪影響が生じており、地球環境悪化の大きな課題になっている。なお、SDGs目標14「海の豊かさを守ろう」でプラスチック問題が取り上げられている。

日本沿岸には、毎年大量のプラスチックごみが漂着します。実際にどのようなゴミが漂着しているのかを調べて、自然環境汚染について考えてみましょう。また、G20が2019年6月に大阪で開催したサミット（G20大阪サミット）では、2050年までに海洋プラスチックゴミによる追加的な汚染をゼロにまで削減することを目指しています。この目標を達成するにはどうしたら良いか考えてみましょう。

3 質量の定義

⑴質量の定義の変遷

	定義についての概略説明
1リットルの水で定義	4 ℃の水、1,000立方センチメートル（1リットル）の重さを1キログラムとした。これをもとに「キログラム原器」がつくられた。

2018年までの定義	1889年以来、国際キログラム原器（白金とイリジウムの合金でできた直径と高さがともに約39 mmの円柱）に等しい質量を1キログラムとしてきた。この国際キログラム原器をもとにした複製が作られ各国に配布された。 日本国キログラム原器は、1991年の定期校正の時点で質量は1 kg + 0.176 mgであった。（参考：国立研究開発法人産業技術総合研究所） 人工物のキログラム原器は、室内にそのまま設置しておくと質量が微妙に変化するため、二重のガラス製容器の中に入れ、さらに厳密に管理された保管庫の中で保管していた。しかし、キログラム原器は、人工物であるためにわずかな変動があるとともに、保管するための膨大は経費がかかるという課題があった。
2019年5月からの定義	キログラム原器を人工物（物質）で定義するのではなく、基礎物理の定数を用いて1 kgを定めるための研究が重ねられた。今回の改定では、プランク定数（h）の高精度な測定が行われ $h = 6.62607015 \times 10^{-34}$ Jsと定めることによってキログラムを設定した。

プランク定数からキログラムを定義

アインシュタインは、特殊相対性理論を発表した同じ年（1905年）に光電効果の実験結果を説明するために、光はその振動数に比例したエネルギー（$E=h\nu$）を持つ粒子であるという説（光子説）を発表しました。この比例定数がプランク定数です。また1907年に質量とエネルギーは相互に変換され、質量mは$E=mc^2$で表されるエネルギーと同等であることを発表しました。「長さ」の項で書いたように光速度が再定義されたことから、「質量」についても光速度を用いた定義が検討され、その結果として$E=mc^2$と$E=h\nu$（h：プランク定数、ν：光の周波数）より$mc^2=h\nu$を用いて質量を定義することになりました。

⑵質量に関する科学史や科学技術

①電子の質量

1897年、J.J.トムソン（1856～1940イギリス）は、電界と磁界をかけるための偏向板の入った放電管を用いて、陰極線の曲がり方を調べて、電子の比電荷（電荷と質量の比e/m）を求めた。また、ロバート・ミリカン（1868～1953アメリカ）は油滴の実験についての正確な研究成果を1913年に発表した。これにより電子の電荷e（電気素量）が求まったことから、電子の質量が$m= 9.11 \times 10^{-31}$ kgであることが得られた。

②質量欠損

化学反応では、質量の変化は無視できるほどに小さいが、原子核の反応になると大きな変化が生じる。例えば、陽子1個と中性子1個を結合させると、重水素原子核ができる。このとき、ばらばらな陽子1個と中性子1個の質量の和より重水素原子核の質量の方が少し軽くなる。

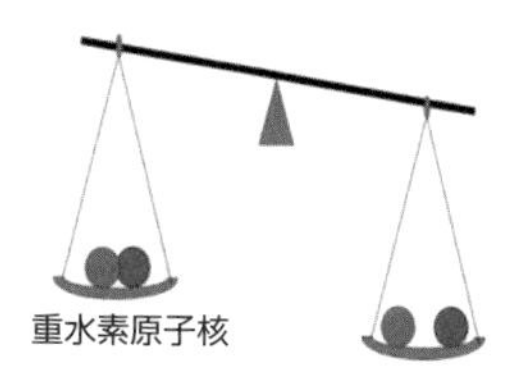

この軽くなった分の質量を、質量欠損という。このとき、エネルギーが放出される。この現象はアインシュタインの相対性理論によって解明され、軽くなった分の質量をΔmとすると放出されたエネルギーは$E=\Delta mc^2$で表される。

③アストンの質量分析器（1919年）

原子をイオンにして加速し、途中で電界や磁界を加えることによって、イオンの進行方向を変化させることができる。このことを利用して原子の質量を求める方法がある。図は、アストン（1877～1945イギリス）が考案した質量分析器の模式図である。

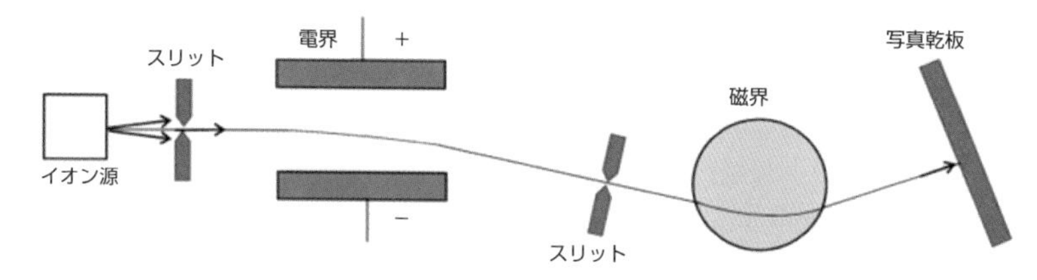

この装置では、入射したイオンの速さが違っても、電荷と質量の比（q/m）が同じなら同じ場所に集まるように工夫されている。これによって、イオンの質量が精密に比較できるようになり、同じ元素でも質量の異なる同位体が存在することが発見された。

④田中耕一が発明した質量分析器

島津製作所の田中耕一が開発した質量分析器は、ソフトレーザー脱離イオン化法というもので、タンパク質などの質量の大きな生体高分子を壊すことなく

宇宙飛行士が国際宇宙ステーションの中で体重計を用いてはかろうとしても無理です。それは、宇宙ステーションの中は無重量状態のため、体重計がゼロを示してしまうからです。しかし、健康チェックのために定期的に体重（この場合は質量）を測定しています。どのような方法で測定しているのでしょうか。

JAXA 宇宙飛行士による ISS 長期滞在 ＞ 古川聡宇宙飛行士 ＞ 古川宇宙飛行士最新情報 ＞ 古川宇宙飛行士の作業状況（2011年10月12日）を見てみましょう。

ヒント：ばね定数をk、ばねの伸びxとすると、ばねの力は$F=kx$で表されます。
一方、質量をm、加速度をaとすると$F=ma$なので、これらから、ばねの加速度を計測すれば、宇宙飛行士の質量を求めることができます。

イオン化し、精密に質量を分析できる手法である。この装置は、病気の早期発見や新薬開発などに活用されている。田中耕一氏は2002年のノーベル化学賞を受賞した。
（島津製作所 https://www.shimadzu.co.jp/aboutus/ms_r/tk.html より）

4 時間の定義

(1)時間の定義の変遷

	定義についての概略説明
時計の誕生	季節の移り変わりは、人間の生活を支配しており、時間の大きな単位として捉えられていた。時間をはかるには、規則正しく何回も繰り返す現象を利用する必要がある。古代の日時計、水時計から始まって、やがて振り子時計がつくられた。
年、月、日、分、秒	地球が太陽の周りをまわる時間を1年とし、地球の周りを月が回る時間（約29日）をもとにして1月の長さを決め、さらに地球の自転から1日の長さが決められるようになった。 人々の生活のテンポが速くなると、時間より分、さらに秒が重要となり、地球の自転周期（1日）の 1/86,400 を1秒とした。（1日＝24×60×60秒）
秒の決め方の変更	秒は、1956年の国際度量衡委員会で、地球の公転周期（1太陽年）の 1/31,556,925.9747 と変更された。日本では、1958年（昭和33年）に改正された計量法で定められた。
より高い精度を求めるための改正	1967年の第13回国際度量衡総会で、原子時計による定義がなされ、日本では1972年（昭和47年）に「秒は、セシウム133の原子の基底状態の2つの超微細準位の間の遷移に対応する放射の周期の9,192,631,770倍に等しい時間とする。」と定めた。言い換えると、「セシウム133原子が吸収するマイクロ波が91億9,263万1,770回振動するのにかかる時間が1秒」である。
	現在、新しい秒の定義を目指して、マイクロ波による定義から光に基づく秒の再定義に関する研究が行われている。

(2)歴史的な時計

①日時計、水時計、砂時計

古代エジプトでは、地面に棒を立て、太陽の位置と棒の影から時を知った。これが日時計の始まりである。しかし、これでは雨の日や夜には役立たないので、紀元前3000年頃に水時計が考案された。次に登場したのが砂時計で、天気に影響されることなく時を知ることができるようになった。

②機械式時計・振り子時計

1500年頃になると、イギリスで機械式の時計が発明された。当時としては斬新なものであったが、正確な時を刻むという点では不十分なものであった。ガリレオ・ガリレイが18歳のとき、振り子の等時性を発見したと言われている。この振り子の等時性に関心を持ったオランダのホイヘンスが、振り子を利用した時計（振り子時計）を発明したのは1656年のことである。

③ゼンマイ式時計

ホイヘンスは、振り子の代わりに時を刻む速さを調整する「テンプ」を発明した。これによって、振り子を使わずゼンマイを用いた、持ち運びのできるゼンマイ式時計が誕生した。

⑶現在の時計

①クオーツ時計

水晶の結晶は、電圧をかけると圧電効果によって伸び縮みする。この水晶片（水晶振動子）は、特定の周期の電圧を加えたときだけ連続して振動する。この性質を利用して、決まった振動回数になったときに時計の針が進むようにしたものがクオーツ時計である。

クオーツ時計は、ゼンマイとテンプの代わりに電池と水晶振動子を用いているので非常に精度の高いものである。1968年日本のセイコー社が世界で初めて壁掛け型のクオーツ時計を発売し、さらに翌年にはクオーツ腕時計を発売した。

②原子時計

原子は、異なるエネルギー状態に変化するときに、特定の振動数の電磁波を吸収したり放出したりする。特に、セシウムについての研究結果から、セシウム133原子が吸収するマイクロ波が91億9,263万1,770回振動するのにかかる時間を1秒として、時間の基準としたものが原子時計である。なお、91億9,263万1,770回／秒は、約9.2ギガヘルツ（9.2 GHz）である。

ワンポイント

なぜセシウムを使うのですか？

候補には、セシウムとルビジウムが最後まで残りました。それらを比較すると

①放射の周期を計測するための装置は、セシウムの約9.2 GHzの方が作りやすかった。

②ルビジウムには原子数85と87のものが存在するのに、セシウムには自然界に同位体が存在しないので、装置が作りやすい。

③多くの研究者の努力で、セシウムの性質が他の原子よりも詳しく分かっていた。

およそ、このようなことだと「秒の定義 _ 時間に関する蘊蓄」に書いてありました。

参考：産業技術総合研究 https://staff.aist.go.jp/y.fukuyama/time0001.html

③電波時計

日本ではセシウム原子時計によってつくられた時刻を標準電波として、福島局（周波数 40 kHz）と九州局（周波数 60 kHz）の送信所から発信している。電波時計は、この電波を受信し、自動的に時刻とカレンダーの修正を行う機能を持っているので、非常に正確な時計である。

世界共通の時刻

1秒の定義は、原子時計によって定められましたが、国際間の人の移動や情報のやり取りがインターネットなどを通じて寸時に行われる今日では、世界共通の時刻を決めておかないと不便です。

そこで、地球の自転をもとにして、人々の暮らしにあわせた時刻を「世界時」として定めています。しかし、地球の自転は、月や太陽の引力の影響で少しずつ変化しています。そのままでは、原子時計との狂いが生じるので、数年に一度「うるう秒」をもうけて、世界共通の時刻として「協定世界時」が使われています。

恐竜が生きていた年代を知る方法

北海道のむかわ町で発掘された「むかわ竜」は、7200万年前の後期白亜紀のものだと言われています。このような恐竜の生きていた年代を調べるのは、採取した岩石中の示準化石（三葉虫やアンモナイト等）や示相化石（造礁サンゴ等）、またはそれらの微細化石の含有調査、さらに化石があった地域の岩石の種類や岩石の分布などの地質調査、地質図をもとにした地殻変動の調査、放射線の半減期を利用した年代測定などを行って、詳しく調べることができます。

オリオン座のベテルギウスは、おおいぬ座のシリウス、こいぬ座のプロキシオンとともに、「冬の大三角」として冬の夜空に大きく輝いています。ところが2019年12月に急に暗くなり、1か月後には半分程度の明るさになってしまいました。しかし、2020年2月には、また明るさが復活しました。このような現象が今後どのように進んでいくのでしょうか。

ベテルギウスは、重さが太陽の10倍以上あり、半径は太陽から木星ほどもあり、太陽系からおよそ640光年離れていて、いずれ超新星爆発をすると言われています。

仮に、大爆発を起こしたとしても、その爆発を観測できるのは、爆発した時点から約640年も先のことです。したがって、今見えているベテルギウスは、数百年前にすでに超新星爆発してしまっているのかもしれません。

5 電流の定義

(1)電流の定義の変遷

	定義についての概略説明
1893年の定義 国際アンペア	硝酸銀水溶液中を通過する電気が1秒間当たり0.001118000 g の銀を析出させる電流で、国際アンペアと定義された。 （1893年の国際電気会議で発表された後、1908年の万国電気単位会議によって認められた。）
1948年の定義	1948年、第9回国際度量衡総会において、アンペアは、真空中に1メートルの間隔で平行に配置された無限に小さい円形断面積を有する無限に長い2本の直線状導体のそれぞれを流れ、これらの導体の長さ1メートルにつき 2×10^{-7} ニュートンの力を及ぼし合う一定の電流であると定義された。
2019年5月からの定義	アンペアは、電気素量 e を正確に $1.602176634 \times 10^{-19}$ C と定めることによって設定される。

電流は、日常的に使っていて、あまり不思議に思わないけれど、簡単に言うと「針金のような導線を１秒間に流れる電気の量」です。電球で考えると、例えば100ワットの電球に100ボルトの電圧をかけたときに流れる電流が１アンペアです。
しかし、精密な定義は、真空中で平行におかれた２本の長い導線に電流を流したときに、導線が受ける力によって決められていました（1948年）。
ところが、2019年から電気素量というものを使って定義されるようになりました。

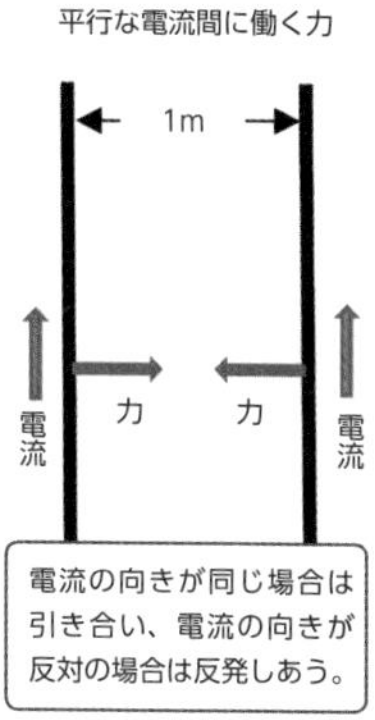

平行な電流間に働く力

1m

電流　力　力　電流

電流の向きが同じ場合は引き合い、電流の向きが反対の場合は反発しあう。

(2)単位の定義に関する物理用語

電流の大きさ……導線のある断面を単位時間に通過する電気量で表す。
ある断面を t〔s〕間に q〔C〕の電荷が通過したとすると、電流 I〔A〕は、$I = q/t$ で表される。

電荷と電気量……物体や電子、原子核などが持つ電気を電荷といい、その量を電気量という。
電気量の単位はクーロン（記号：C）である。

電気素量…………陽子と電子が持つ電荷は正と負が逆であるが電気量は等しく、約 1.6×10^{-19} Cで、これを電気素量と呼ぶ。

ミリカンの油滴の実験と電気素量
電子の持つ電気量は、ミリカンの油滴の実験（1910年、アメリカ）によって測定され、油滴の持つ電気量が常に約 1.60×10^{-19} Cの整数倍であることを発見しました。この値は電気量の最小単位と考えられ電気素量（記号：e）と呼ばれています。なお、1897年にトムソンが行った陰極線の実験と、このミリカンの実験の結果から電子の質量が求められています。

6 物質量の定義

(1)物質量の定義の変遷

	定義についての概略説明
2018年までの定義	0.012キログラムの炭素12の中に存在する原子の数に等しい要素粒子（原子、分子、イオン、電子等）を含む物質量を1モルとする（SI基本単位の中で最も遅く1971年に定義された）。
2019年5月からの定義	$6.02214076 \times 10^{23}$の要素粒子を含む物質量を1モルとする。

6.02214076 × 10^{23}とは

これはアボガドロ数といって、イタリアの科学者アメデオ・アボガドロが1811年に「物質の基礎粒子の相対的質量、及びこれらの化学比を決定する一方法」という論文を発表した中で「同温同圧のもとでは、同体積中に同数の分子が存在する」という仮説を提示しました。

これが後に認められてアボガドロの法則となり、6.02 × 10^{23} をアボガドロ定数 (N_A) と呼んでいます。長年にわたって精密な測定がなされ、2019年5月にアボガドロ定数 N_A = 6.02214076 × 10^{23} mol^{-1} と定義されました。

すなわち、物質1 molの中に6.02214076 × 10^{23}個の要素粒子が存在するということになります。しかし通常は N_A = 6.02 × 10^{23} mol^{-1}をよく用います。

(2)物質量(モル mol)

標準の元素として、質量数12の炭素 ^{12}C をとり、^{12}C 12 g中に含まれる原子の数6.02 × 10^{23}個をひとまとまりの数として表したものを物質量といい、単位記号にmolを用いる。すなわち、炭素 ^{12}C 1 molは12 gである。したがって、炭素 ^{12}C 1個の質量は 12/6.02 × 10^{23} = 2.0 × 10^{-23} gである。

	炭素 ^{12}C	水 H_2O	塩化ナトリウム NaCl
分子量・式量	12(基準)	1.0 × 2 + 16 × 1 = 18(分子量)	23 × 1 + 35.5 × 1 = 58.5(式量)
1molの質量	12g	18g	58.5g
構成粒子の質量	2.0 × 10^{-23} g	3.0 × 10^{-23} g	9.7 × 10^{-23} g

(3)アボガドロ定数の精密な測定と科学技術の発展

産業技術総合研究所計量標準総合センターでは、「X線結晶密度法」という方法でシリコンの単結晶を用いてアボガドロ定数を精密に測定する研究を長年にわたって続けてきた。この研究成果により「アボガドロ国際プロジェクト」がスタートして高い精度でのアボガドロ数定数が測定され、2019年の定義となった。これによって、これまで測定できなかった微小な質量を測定できるようになったので、ナノテクノロジーを使ったモノづくりや、医学・薬学などで薬剤を発見したり設計したりすることが期待されている。

モル(mol)という考え

鉛筆12本は1ダース、海苔10枚ひとまとめは1帖(じょう)といいます。

原子や分子のレベルでは、アボガドロ数と同じ数の粒子の集団を1モルといいます。例えば、アルミニウムの原子量は約27なので、1円玉27枚に含まれるアルミニウムは約1molです(* 1円玉はアルミニウムでできていて1枚1グラムです)。

7 熱力学的温度の定義

⑴熱力学的温度の定義の変遷

	定義についての概略説明
歴史的な温度の決め方	ガリレイの空気の膨張を利用した温度計 ファーレンハイト水銀温度計、セルシウス温度計など
1968年の定義	水の三重点（水蒸気、水、氷が共存）の熱力学的温度の273.16分の1を1ケルビンとする。
2019年5月からの定義	ボルツマン定数K_Bを1.380649×10^{-23} J/Kと定めることによってケルビン（絶対温度）を再定義した。

⑵絶対温度

ジャック・シャルル（1746～1823フランス）は、圧力が一定のとき、気体の体積は温度が高くなるにつれて一定の割合で大きくなることを発見した。

このことを正確に言うと、気体の体積は、温度が1度上昇するごとに、0℃のときの体積の1/273.15ずつ増えるということである。これは、逆に温度をマイナス273.15℃まで下げると気体の体積はゼロになると考えられた（実際の物体はゼロにはならない）。

ウイリアム・トムソン（ケルビン卿、1824～1907イギリス）は、この自然界での下限温度を基準にした温度単位として絶対温度を提案した。絶対温度をT、摂氏の温度をtとすると、$T = t + 273.15$となる。絶対温度の単位は、ケルビン（K）である。なお、T= 0 Kは絶対零度と呼ばれ、それより低い温度はない。すなわち、絶対温度にマイナスの値はない。

8 光度の定義

⑴光度の定義の変遷

	定義についての概略説明
19世紀～20世紀中頃	ロウソクやガス灯の明るさを単位にしていた。例えば、鯨の油で生成したロウソクが毎時約8,000 gずつ燃えるときに発する光を1燭光と名付けた。
1979年からの定義	周波数540テラヘルツ（10^{12} ヘルツ）の単色放射を放出し、所定の方向におけるその放射強度が683分の1ワット毎ステラジアン（立体角）である光源の光度を1カンデラ（cd）という。

540テラヘルツ（10^{12}ヘルツ）の単色光とはどんな光ですか？
光の速さを2.9979×10^8 m/sとすると、光の波長＝光の速さ÷周波数より計算できるので　$\lambda = 2.9979 \times 10^8 \div 540 \times 10^{12} \fallingdotseq 555 \times 10^{-9}$ m すなわち、約555 nmとなり、ヒトの視覚感度が最も良い緑色だということが分かります。

ステラジアンとは何ですか？
丸い球を考えてください。この球の中心と球の表面を結んだ半径rの円錐の表面積がr^2となるような頂点の角度（立体角）を1ステラジアンといいます。

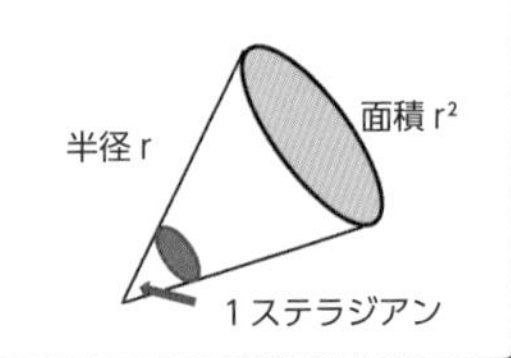

⑵いろいろな光源の光度

ロウソクの光	100 Wの白熱電球	40 Wの蛍光灯	月の光度	太陽の光度
約1 cd	約100 cd	約400 cd	約6×10^{15} cd	約3×10^{27} cd

⑶光度と明るさ

光度は光源そのものの明るさを表している。しかし、光源から遠ざかるにつれてその場所での明るさは減少する。

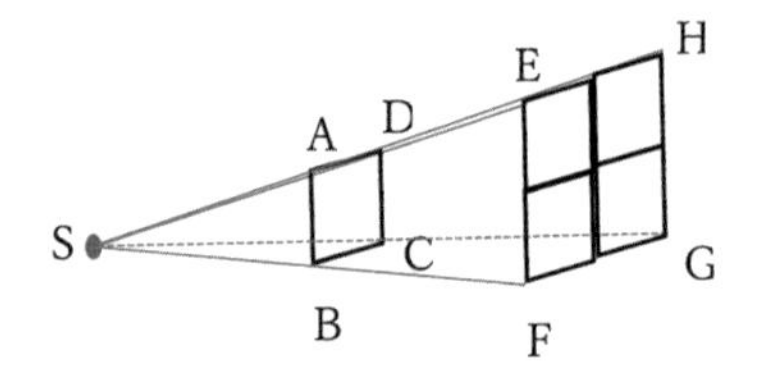

いま、図のS点から進んでABCDで表した四角な面を通った光を考えると、S点から2倍の距離のEFGH面では4倍に広がっている。

すなわち、面EFGHでの明るさは、面ABCDでの明るさの4分の1になっている。言い換えると、明るさは光源からの距離の2乗に反比例する。

この関係を用いると、遠くの天体の見かけの明るさから、天体までの距離を求めることができる。

⑷日常的な表し方

照明器具には明るさを示すものとして、例えばデスクスタンドには、全光束約330ルーメン、照度約1,500ルクス（ライトの直下30 ㎝）等と表記されている。

光束は光源が出している全部の光の量をいい、単位はルーメン（lm）である。1ルーメンは1カンデラの光から1ステラジアン内に放出される光束である。

照度は光がある面に当たったときの明るさで、単位面積の受ける光の量をいい、単位はルクス（lx）で表す。1ルクスは、1m^2の面が1ルーメンの光束で一様に照らされるときの照度である。

⑸ブンゼン光度計

ロベルト・ブンゼン（1811～1899ドイツの化学者）は、実験道具を次々に考案して新しい実験を数多く行った。ブンゼンは、電極に亜鉛と炭素を用いたブンゼン電池を発明（1841年）した。これを数多くつないで、まぶしくて見ていられないほどのアーク灯を作り、その明るさを調べるために図のようなブンゼン光度計を作った(1844年)。

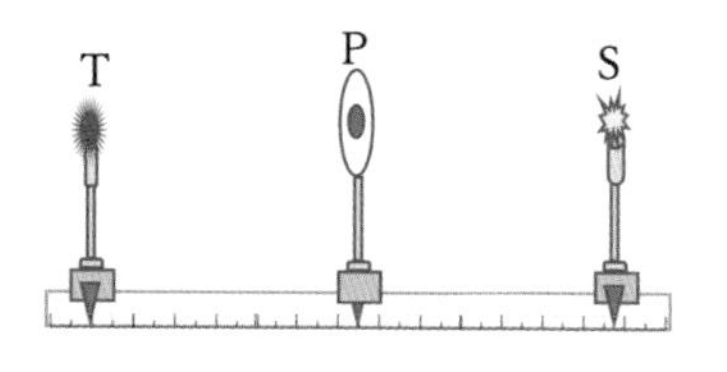

図中央のPは真ん中に蝋を塗ったスクリーン、左右のTとSは光源です。スクリーンを左右に移動させて、いずれの側から見ても、それぞれの光源の明るさが同じに見える位置を求めます。そして、「明るさは光源からの距離の２乗に反比例する」という関係から２つの光源の光度を比較することができます。これが、ブンゼンが考案した光度計の原理です。

⑹光を利用するための各種センサー

今日では、用途に応じた様々な光センサーが開発されている。例えば、フォトダイオード、光電管、光電子増倍管、電子・イオンセンサー、赤外線・紫外線・X線・放射線用のセンサー等があり、各種の機器に使用され、医療分野から宇宙開発までなくてはならないものとなっている。

9　精度と誤差

精度とは、精密さの度合いのことをいい、数値の桁数が多いほど精度が高いという。例えば、金属丸棒の直径をはかることを考えよう。目盛が1 cm間隔のものさしではかったら2 cmと3 cmの間であったとすると、約2.5 cmかもしれないが、小数点第1位の値はまったく不正確である。目盛が1 mm間隔だったら2.5 cmと2.6 cmの間と見積もることができる。しかし、小数点第1位は正確さに欠ける。さらに正確に測定したい場合は、メモリが0.1 mmのものさしが必要になる。

実際の測定ではどんなに精密に測定しても真の値を求めるのは困難なので、測定値には何らかの「不確かさ（あいまいさ）」が含まれる。これを表すものが誤差で、誤差は対象とする物の真の値（真値）と測定値の差、または指定した値と測定値の差、すなわち　**誤差＝測定値 － 真の値**　で表される。

誤差の原因には、定規などの測定器自身が持っている誤差、測定時の温度や変形による誤差、測定方法のくせ（人為的なもの）、偶然がもたらす誤差（小さなごみがついていた）などがある。

10 単位や記号式の表し方

(1) 単位は、アルファベットの立体（あるいはローマン体Times New Roman）で表す。例　体積の単位リットルはL（lやℓは用いない）

(2) 数値はCentury、数値に単位をつけるときは、数字と単位の積の形で表し、数字と単位の間には半角の空白を入れる。例　富士山の標高は3776.24 m

(3) 単位に使う文字は、人名に由来するものは大文字、そうでないものは小文字にする。℃ だけは例外で大文字で書く。数値と単位の間に半角スペースを入れる。

(4) 電流の単位はフランスの科学者アンペールに由来するので大文字Aで表し、体積の単位は小文字を使うと数字の1と紛らわしいので大文字Lで表す。

(5) 量を表す記号（文字）、及び文字式（数式）は、斜体（あるいはイタリック体）で表す。　例　オームの法則は$V=RI$

(6) 記号に単位をつけるときは〔　〕でくくる。　例　電流はI〔A〕

参考資料・文献

『Newton別冊 単位と法則 新装版』2018年11月　ニュートンプレス

『Newton 世界の科学者100人』1990年12月第1刷　教育社

「国際単位系(SI)は世界共通のルールです」産業技術総合研究所

「電子顕微鏡の種類」(株)日立ハイテクノロジーズ

「質量の単位「キログラム」の新たな基準となるプランク定数の決定に貢献」

産業技術総合研究所　研究成果　2017年

「速報！国際度量衡総会において新定義採択」産業技術総合研究所

「質量分析器」『岩波理化学辞典第3版』1971年12月第2刷　岩波書店

「田中耕一が発明した質量分析器」島津製作所

「JAXA宇宙飛行士によるISS長期滞在」古川宇宙飛行士最新情報 2011年10月12日

「秒の定義_時間に関する蘊蓄」産業技術総合研究所

https://staff.aist.go.jp/y.fukuyama/time0001.html

『光学の知識』山田幸五郎著　1990年　東京電機大学出版局

第2節 観察・実験に関する基本知識

この節では、観察や実験に際して理科教員が修得しておくべき基本的な技能として、第1項では主に化学分野の観察・実験を安全に行うための内容、第2項では基本的な器具等の操作の仕方、第3項ではICT関連機器の利用、第4項では探究的な活動についてまとめてある。これらを活用して理科の観察や実験を充実させてほしい。

第1項　観察・実験を安全に行うために

理科は自然の事物・現象を対象とする教科であり、観察・実験を通して学習が深められ、生徒が主体的に探究する過程で科学的な見方・考え方を身に付け、科学概念が形成されていく。観察・実験が安全に行えるよう、事故を予見し適切な措置を講じ、事故を未然に防ぐ必要がある。また、生徒には、危険を回避し、自らの安全を自ら守ろうとする能力や態度の育成が求められる。その実現のためにも安全指導の徹底が必要である。安全指導については、中学校、及び高等学校学習指導要領解説理科編に、事故防止、薬品などの管理、及び廃棄物の処理が掲載されている。

1 安全指導

(1)安全指導の体制づくり

① 事故防止のために、年間指導計画に観察・実験・野外観察の目的や内容を明確に位置付けて、校内の連携体制を構築しておく。

② 生徒の観察・実験の知識、及び技能についての習熟度を掌握し、無理のない観察・実験を選び、効果的で、安全性の高い観察・実験の方法を選ぶ。

③ 日頃から学級担任や養護教諭などと生徒情報の交換を密に行い、配慮すべき生徒については、その実態を把握しておく。

④ 校内や野外観察などでの万一の事故や急病人に備えて、保健室、救急病院、関係諸機関、校長、及び教職員などの連絡網と連絡の方法を、教職員が見やすい場所に掲示するなどして、全教職員に周知しておく。事故発生の際には、保護者への連絡を忘れてはならない。

⑤ 万一の場合の応急処置の方法を習得しておく。

⑵理科室の実験環境の整備

① 日頃から理科室内を整理整頓しておく。

② 実験器具は日頃から安全点検を徹底し、生徒の使いやすい場所に薬品や器具、機器などを配置し、それを周知しておく。

③ 生徒の怪我に備えて救急箱を用意し、防火対策として消火器や水を入れたバケツを用意しておく。

④ 黒板はきれいに拭き取り、落ち着いて実験に取り組ませる。

⑤ 化学実験では、換気対策を講じる。

⑶予備実験の実施

① 適切な実験の方法や条件を確認する。

② 生徒が余裕をもって実験を行える時間であるかどうか確認する。

③ ガラス器具等のひび割れなど使用器具に破損はないか確認する。

④ 使用する試薬の性質、特に爆発性、引火性、毒性などの危険の有無を確認する。

⑤ 使用する試薬の濃度、量は適切か確認する。

⑥ 実験方法に潜む危険要素を整理し、その対策を講じる。

⑷野外観察における事前踏査の実施

① 崖崩れや落石などの心配のない安全な場所であることを確認し、生徒の行動範囲を確定する。

② 斜面や水辺での転倒転落、虫刺されや草木のかぶれ、交通事故などを予測し防止策を立案する。

③ 当日の天候に応じ安全配慮事項をまとめる。緊急時連絡先や避難場所、病院などを調べておく。

④ 虫刺され、かぶれ、紫外線などから身を守るための服装、靴、手袋、保護メガネの着用を検討する。

⑸観察・実験における生徒への具体的な安全指導

① 誤った使い方が危険につながることを認識させ、器具の基本操作や正しい使い方を習熟させる。

② 観察・実験の基本的な態度を身に付けさせる。

ア ふざけて事故を起こすことのないよう教員の指示に従う。

イ 机上は整頓して操作を行う。必要なもの以外は机上におかない。

ウ 危険な水溶液などはトレイの上で扱う。

エ　使用器具類は、薬品等をきれいに洗い落とし、元の場所へ返却して、最後に手を洗う。

オ　未使用の薬品は返却する。

カ　試験管等を割ってしまったときには教員に報告し、ガラスの破片をきれいに片付ける。

③　観察・実験中の服装等に注意させる。

ア　露出部分が少なく、緊急の場合に脱衣が容易で、引火しにくい素材の服を着用する。

イ　袖口の広い服装は避け、余分な飾りがない機能的な服装とし、前ボタンは必ず留める。

ウ　長い髪は後ろで束ねて縛っておく。

エ　靴は足先が露出せず覆われているものをきちんと履く。

オ　観察・実験中、飛散した水溶液や破砕片などが目に入るのを防ぐため保護メガネを着用する。

⑹主な事故事例

①実験装置、実験器具による事故

- レーザー光線が目に入って負傷する。
- 電圧発生装置に触れて感電する。
- 交流式記録タイマー等の交流電源を用いた実験で、コードの断線、短絡等により感電する。
- 圧電素子による放電で負傷する(心臓疾患の児童生徒には、特に注意)。
- 電磁誘導の実験で、誘導コイルやチョークコイルにより感電する。
- メス、ナイフ、柄つき針など鋭利な器具により負傷する。
- 物理天秤を用いた質量の測定実験で、天秤の指針により刺傷する。
- 力学台車を用いた運動の実験で、台車が実験台から落下し負傷する。
- 比熱や熱の仕事量の実験で火傷、または温度計の破損により負傷する。
- ガラス器具の破損により負傷する。
- ガラス器具を用いた圧力の実験で、器具が破損し負傷する。
- ペットボトルに圧力をかけて破裂し負傷する（傷のあるボトル、炭酸飲料用ではないボトル)。
- コンデンサー充放電実験で、感電、耐電圧オーバーによる破損で負傷する。空気汚染もある。

②加熱・燃焼実験における事故

- 水の加熱実験で、ビーカーが三脚から落下して熱湯を浴びる。
- エタノールの燃焼実験で、噴射したエタノールが衣服に引火する。
- 加熱により酸化・還元反応をさせていた試験管が破裂して火傷する。
- 高温のガスバーナー、蒸発皿、試験管、生成物等に直接に触れて火傷する。
- ガスバーナーの炎が頭髪や衣服に引火する。
- 燃焼したマグネシウム粉末が飛散して火傷する。
- 水上置換法で気体を捕集中、水槽内の水が高温の試験管に逆流し、試験管が破裂して火傷する。

③薬品による事故

- 高濃度の酸、アルカリ水溶液が皮膚に触れて負傷する。
- 容器内の内圧により過酸化水素水、塩酸などが飛散して負傷する。
- アンモニア、塩素、硫化水素などの刺激臭の強い気体を吸引して体調不良になる。
- 酸素、水素などを大量に発生させて引火、爆発し負傷する。
- ドライアイスをガラス瓶に密封して破裂し、負傷する。
- 液体窒素等による低温実験で凍傷を負う。
- 有毒性、腐食性気体の発生実験で、目や粘膜の負傷、呼吸器の障害、中毒をおこす。
- 濃塩酸を用いた実験で、夏の暑さから栓が飛び、目や粘膜を負傷する。
- 濃硫酸を用いた実験で皮膚を負傷、または希釈により濃硫酸が飛散し、衣服が損傷する。
- 濃硝酸、氷酢酸、フェノールを用いた実験で、皮膚を負傷する。
- 硫黄を用いた実験で、加熱融解した硫黄により火傷、またはSO_2により中毒を起こす。
- アルカリ金属を用いた実験で、水との爆発的反応による飛散で目や皮膚を負傷する。
- 有機溶媒を用いた実験で、引火または中毒をおこす。
- ベンゼン、トルエンを用いた実験で、引火または中毒をおこす。
- アニリン、ニトロベンゼンを用いた実験で、頭痛、吐気、意識不明をおこす。
- ホルマリンを用いた実験で、目や鼻への刺激を受ける。
- アンモニア性硝酸銀水溶液を放置したところ、窒化銀が生成して爆発する。

- フェーリング溶液の還元反応で、突沸による溶液の飛散で目や皮膚を負傷する。

2　薬品の取扱い方と保管

⑴共通する取扱い方

① 指定された濃度や使用量を正確に守らせる。必要に応じ、教員が作成して用意しておく。

② 毒性・劇性の強い薬品は、その性質を十分周知し、注意して取り扱うよう指導する。

③ 容器に水溶液名を記載したラベルを貼らせ、間違えないよう注意をさせる。

④ 試薬が手に触れたときは、素早く水で洗い流すなどの処方を指導しておく。

⑤ 保護メガネやディスポーザブル手袋を使用し、ドラフト内または換気装置のある室内で行う。

⑵液体試薬の取扱い方

① 試薬を注ぐときは、試験管と試薬びんを互いに斜めに傾けて、液を試験管の内壁に静かに沿わせながら注ぐ。注入の様子や量が分かるように目の高さで行う。

② ビーカーに試薬を注ぐ場合、ガラス棒を使い、静かに伝わらせる。

③ 駒込ピペットを用いる場合は、ゴムキャップの部分に人差し指と親指を添え、下のガラスの部分は残りの指と手のひらでしっかりと握って使用する。取った液体試薬は移す容器の内壁を伝わらせて注ぎ入れる。駒込ピペットのゴムの部分が下になるように持ってはいけない。

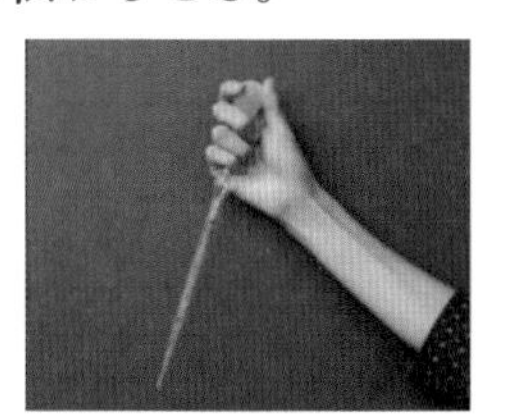

正しい持ち方

⑶固体試薬の取扱い方

① 固体試薬を取り出すときは、十分に洗浄した薬さじを使用する。

② 一度取り出した薬品は、元のびんに戻さない。

③ 直接容器に入れず、必要な分量を薬包紙にとる。

④ 試験管に入れる際は、試験管を斜めにし、薬さじを深く入れる。または内壁に沿わせて入れる。

⑷試薬の希釈の方法

① 純水（蒸留水）に薬品を少しずつ入れる。

② ガラス棒でゆっくりとかき混ぜる。

(5)気体の取扱い方

①一般的な注意事項

- 有毒な気体の取扱いは、ドラフト内で行う。
- 発生気体をできるだけ吸引しないようにし、刺激臭や目の痛みを感じたときは、流水で十分に洗い流す。また、喉の痛みを感じたときは十分うがいをする。
- 気体を発生させて捕集する際、発生初期の気体には容器内の空気が含まれており、水素などの可燃性気体では、空気との混合により引火爆発する恐れがある。そのような場合は、発生初期の気体は捕集せずに捨てる。
- 気体の確認実験では、できるだけ少量の気体を用いる。

②気体の性質と気体発生、及び取扱い上の注意事項

- 水素(H_2)

　無色、無臭の可燃性気体。引火爆発に気を付ける。多量に発生させない。

- 酸素(O_2)

　無色、無臭の助燃性気体。可燃性気体との混合によって引火爆発しないように気を付ける。過酸化水素水は市販のオキシドール（約3%）程度の低濃度のもの、酸化マンガン（Ⅳ）は粉末ではなく粒状のものを使用し、穏やかに気体を発生させる。

- アンモニア(NH_3)

　無色、刺激臭の有毒な気体。水によく溶け、水溶液は弱い塩基性を示す。できるだけ吸入しないように気を付ける。また、目の痛みを感じたときは、流水で洗う。塩化アンモニウムと水酸化カルシウムの混合粉末を加熱し、上方置換で捕集するとき、反応によって生じる水滴が加熱部分に触れると試験管が破損することがあるので、試験管の口を下げておく。

- 塩素(Cl_2)

　黄緑色、刺激臭の有毒な気体。酸化力があり、殺菌や漂白に用いられる。換気を十分に行い、気体を吸入しないように気を付ける。気体の発生操作は、できるだけドラフト内で行う。発生量はできるだけ少なくし、空気中に拡散させずにチオ硫酸ナトリウム水溶液に吸収させる。

- 塩化水素(HCl)

　無色、刺激臭の有毒な気体。水によく溶け、水溶液（塩酸）は強い酸性を示す。換気を十分に行い、気体を吸入しないように気を付ける。気体の発生操作は、できるだけドラフト内で行う。

• 硫化水素 (H_2S)

無色、腐卵臭の有毒な気体。水によく溶け、水溶液は弱い酸性を示す。また、還元性を持つ。空気中に拡散されると臭覚が麻痺し気付かないことがあるため、換気を十分に行い、気体を吸入しないように気を付ける。気体の発生操作は、できるだけドラフト内で行う。

• 二酸化硫黄 (SO_2)

無色、刺激臭の有毒な気体。水によく溶け、水と反応して亜硫酸を生じ、水溶液は弱い酸性を示す。また、還元性を持つ。換気を十分に行い、気体を吸入しないように気を付ける。気体の発生操作は、できるだけドラフト内で行う。

• 二酸化窒素 (NO_2)

赤褐色、刺激臭の有毒な気体。水によく溶け、水と反応して硝酸を生じ、水溶液は強い酸性を示す。換気を十分に行い、気体を吸入しないように気を付ける。気体の発生操作は、できるだけドラフト内で行う。

• アセチレン (C_2H_2)

無色の可燃性気体。引火爆発に気を付ける。銅（Ⅰ）イオンや銀イオンと反応して爆発性のアセチリドを生じるので、これらのイオンを含む液体試薬との接触を避ける。

• 液体窒素 (N_2)

無色、無臭の液体。少量の接触では、体温で急激に蒸発が起こり、皮膚との間にガス層を生じ、凍傷になる心配は少ないが、衣服に滲み込んだ場合には危険であり手袋も布製は用いない。超低温のため、容器が常温の場合は急激な収縮を起こしガラス容器を破壊することがあり、内容物の流出など二次的事故を起こす危険がある。容器はできるだけデュワー瓶を使用する。容器内の液体窒素は次第に気化し、容積が増大するため密閉してはならない。

⑹廃棄物の処理

① 大気汚染防止法、水質汚濁防止法、海洋汚染防止法、廃棄物の処理、及び清掃に関する法律など、環境保全関係の法律に従って処理する。

② 酸やアルカリの廃液は中和してから多量の水で薄めながら流すか、それぞれ容器に集め、最終処分は廃棄物処理業者に委託する。

③ 重金属イオンを含む廃液は流すことを禁じられているのでそのまま廃棄してはいけない。容器に集めるなど、適切な方法で回収保管し、最終処分は廃

棄物処理業者に委託する。

④　マイクロスケールの実験など、薬品の量をできる限り少量に留めた実験を計画する。

⑤　反応が完全に終わっていない混合物については、完全に反応させた後、常温にして安全を確認してから処理する。

⑺薬品の保管

（薬品庫）

中学や高校の理科実験で使用する薬品には、毒物及び劇物取締法に基づく毒物・劇物や消防法に基づく危険物等が多くある。薬品の性質を正しく理解し、法律や校内管理規定に従い、適切な保管を行うことが求められる。

①　薬品の分類・薬品庫内の配置は、安全面や能率面とともに薬品同士の影響を防ぎ、薬品の純度が保てるよう行う。

ア　毒物、劇物、爆発性物質、発火性物質、引火性物質、酸化性物質、有機化合物、無機化合物、金属、非金属、単体、化合物、酸塩基等のグループに大別する。

イ　グループ内では、アルファベット順、五十音順、周期表の族・周期、陰イオンごとの塩類等で分類・配置する。

②　爆発、火災、中毒などの恐れのある危険な薬品の保管場所や取扱いは、消防法、毒物及び劇物取締法などの法律で定められている。法律に従って類別して施錠された保管庫で保管する。

③　強酸（塩酸など）、強い酸化剤（過酸化水素水など）、有機化合物（エタノールなど）、発火性物質（硫黄など）は、それぞれ他の薬品と分けて、専用の貯蔵庫に保管する。

④　調製した薬品容器には薬品名、濃度等を記し、「医薬用外毒物」「医薬用外劇物」等の表示をする。

⑤　薬品の紛失、盗難の防止のため、薬品庫や薬品棚の扉は必ず施錠する。

⑥　直射日光を避け冷所に保管し、異物が混入しないように注意し、火気から遠ざける。

⑦　地震等で薬品庫が転倒しないように上部と下部を壁と床に固定し、棚板が動かないようにする。

⑧　重い薬品や液体類は薬品庫の下段に配置する。

⑨　間仕切り板などを利用して、薬品容器の接触を防止する。

⑩　消火器を常備する。

⑪　薬品管理台帳を備え、時期を決めて定期的に在庫量を調べる。

3 試薬の調製

濃度について、中学校では質量パーセント濃度、高等学校ではモル濃度を学ぶ。2つの濃度の違いを理解し、試薬調製の仕方に習熟しておく必要がある。

⑴質量パーセント濃度 (percent concentration of mass)

質量パーセント濃度は、溶液全体の質量に対する溶質の質量の割合をパーセントで表した濃度である。

$$\text{質量パーセント濃度〔\%〕} = \frac{\text{溶質の質量〔g〕}}{\text{溶液（溶質＋溶媒）の質量〔g〕}} \times 100$$

調製方法は、試薬の状況により異なるが、いずれも純水に試薬を少しずつ加えていく。

①粉末・顆粒（かりゅう）状試薬の調製

〈例〉　5%水酸化ナトリウム水溶液、約100 cm^3 (mL) の作り方

水酸化ナトリウムの質量X〔g〕、純水の質量Y〔g〕とする。

$$5 = \frac{X}{X+Y} \times 100 \qquad \text{100 g作るとして}\quad X+Y=100\text{より}$$

$X = 5.0$ g　$Y = 95.0$ g　となる。

上記方法では体積が100 cm^3 (mL) にはならないが、これで約100 cm^3 (mL) を調製したことにする。なお、正確に100 cm^3 (mL) が必要な場合は、少し多めに作っておき、そこからはかり取るようにする。

②結晶水を含む水和物の調製

〈例〉　10%塩化銅（Ⅱ）水溶液、約50 cm^3 (mL) の作り方

市販の塩化銅（Ⅱ）は結晶水を持つ水和物であり、この結晶水を考慮して濃度を計算する。この計算は中学生には難しく、教員が多めに調製した試薬から50 cm^3 (mL) をはかり取るように指導する。

10%塩化銅（Ⅱ）水溶液を約50 cm^3 (mL) 作るには、水溶液50 g中に塩化銅（Ⅱ）5.0 gが溶けていればよい。

市販の塩化銅（Ⅱ）二水和物$CuCl_2 \cdot 2H_2O$；170.5、無水の塩化銅（Ⅱ）$CuCl_2$；134.5、H_2O；18なので、はかり取る市販の塩化銅（Ⅱ）二水和物の質量Xは、

$$X = 5.0 \times \frac{\text{結晶水を含む塩化銅の式量}}{\text{結晶水を含まない塩化銅の式量}} = 5.0 \times 170.5/134.5 \fallingdotseq 6.3\ \text{g}$$

となる。したがって、市販の塩化銅（Ⅱ）二水和物6.3 g を純水に溶かして50gにすればよい。このときも、体積は正確に50 cm^3 (mL) にはならない。

③水溶液である試薬の調製（希釈）

〈例〉　5%の塩酸水溶液、約100 cm^3 (mL) の作り方

市販の塩酸は、濃度35%、密度1.18 g/cm^3 である。塩酸と純水は液体なので、メスシリンダーで計量することになる。メスシリンダーで計量した塩酸の質量は、密度×体積で換算できる。

- 5% 塩酸水溶液を作るための市販の塩酸溶液の質量を X〔g〕、水の質量を Y〔g〕とすると

$$5 = \frac{\text{はかり取る塩酸溶液中の塩酸の質量}}{\text{溶液全体の質量}} \times 100 = \frac{0.35X}{X + Y} \times 100$$

メスシリンダーではかり取る塩酸溶液の体積を A cm^3 (mL)、純水の体積を B cm^3（mL）とすると　$X = 1.18A$　$Y = B$　の関係があり、A と B について解くと $7.08A = B$ の体積比になる。したがって7倍体積の純水で希釈すればよく、両者を合わせて約100 cm^3（mL）を作るので、

$A = 100 \times 1/(1 + 7) =$ 約12.5 cm^3 (mL)、

$B = 100 \times 7/(1 + 7) =$ 約87.5 cm^3 (mL) となる。

- 市販の塩酸濃度が35%なので質量比7倍に希釈すれば5%になる。それには、質量比6倍相当の純水を加えればよく、6倍相当の純水は体積に換算すると $B = 6 \times (1.18A) = 7.08A$ となり、7倍体積の純水で希釈すればよいことになる。両者を合わせて約100 cm^3 (mL) を作るので、$A =$ 約12.5 cm^3 (mL)、$B =$ 約87.5 cm^3（mL）　となる。

(2)モル濃度（molar concentration）

1モルとは、6.02214076 × 10^{23}の要素粒子を含む集団を示す。モル濃度とは、溶液1 L中に、溶質が何モル入っているかを示したものである。モル濃度の単位は、〔mol/ L〕を使う。

$$\text{モル濃度〔mol/L〕} = \frac{\text{溶質の物質量〔mol〕}}{\text{溶液の体積〔L〕}}$$

①調製方法

- モル濃度に相当する溶質(質量)をはかり取る。
- 1Lの半分ほどの量約500 mLの溶媒をビーカーに入れ、溶質を完全に溶かす。
- 溶質が溶けた溶液をメスフラスコに移す(ビーカーに付着した溶液も、少量の溶媒を入れて、数回洗い流してメスフラスコに入れる)。
- メスフラスコの標線(1L)まで溶媒を加える(標線近くになったら、駒込ピペットを用いて正確に標線まで溶媒を入れる)。
- メスフラスコを振って全体を均一にする。

〈例〉 1Lのメスフラスコを用いて0.100 mol/LのNaCl水溶液を作る方法

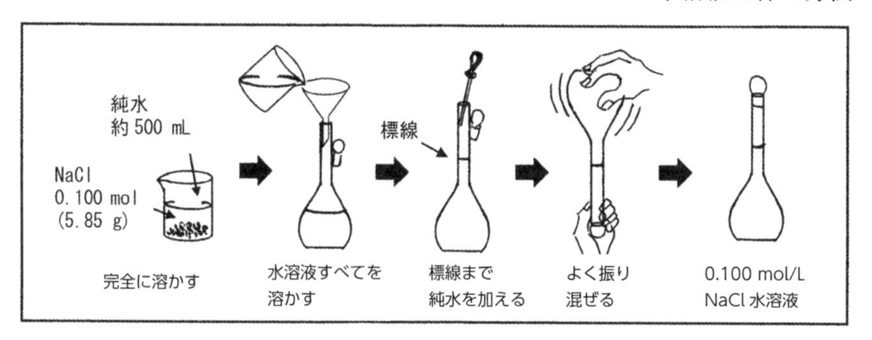

溶質は直接メスフラスコの中で溶かさず、ビーカーで純水に完全に溶かしてからメスフラスコに移す。その際、ビーカーなどに付着した溶液は少量の純水で数回洗い、その洗液もメスフラスコに加える。純水を加えるときは標線近くでは駒込ピペットを用いる。

②粉末・顆粒試薬の調製

〈例〉 0.1 mol/L水酸化ナトリウム水溶液200 mLの作り方

$$\text{モル濃度〔mol/L〕} = \frac{\text{溶質の物質量〔mol〕}}{\text{溶液の体積〔L〕}}$$ より

水酸化ナトリウムの物質量をx〔mol〕とすると$x = 0.1 \times 0.2 = 0.02$ molとなる。計量するNaOH(40.0)は $0.02 \times 40.0 = 0.8$ gとなる。ゆえに0.8 gのNaOHを150 mL程度の純水に溶かし、さらに純水を加えて全体で200 mLにする。

③結晶水を含む水和物の調製

〈例〉 0.1 mol/L 硫酸銅（Ⅱ）水溶液 50 mLの作り方

市販の硫酸銅（Ⅱ）は結晶水をもつ。（$CuSO_4 \cdot 5H_2O$　160 + 90 = 250）

0.1 mol/L 水溶液は25 g の$CuSO_4 \cdot 5H_2O$を純水に溶かして1 Lにすればよく、水溶液50 mLを作るために必要な硫酸銅（Ⅱ）五水和物は、

$$25 \times \frac{50}{1000} = 1.25\ \text{g}$$ となる。

ゆえに、1.25 gの硫酸銅（Ⅱ）五水和物を純水に溶かして全体を50 mL にする。

④水溶液である試薬の調製（希釈）

〈例〉 0.1 mol/L 希塩酸 100 mL の作り方

市販の塩酸（密度1.18 g/mL、濃度35.0%、分子量36.5）のモル濃度は

$$1.18 \times 1000 \times 0.35 \times \frac{1}{36.5}$$ より　11.3 mol/L　である。

これを希釈して100 mLの希塩酸を作るために必要な塩酸の体積x〔mL〕は、希釈前後の物質量が等しいことから

$$11.3 \times \frac{x}{1000} = 0.1 \times \frac{100}{1000}$$ より　$x = 0.89$ mLとなる。

ゆえに、0.9 mLの塩酸を90 mL程度の純水に少しずつ加え、さらに純水を加えて全体で100 mLにする。

参考資料・文献

『改訂理科指導法』2019年　東京理科大学教職教育センター

『改訂化学基礎』2017年　東京書籍

第2項　基本操作

この項では、主に中学校理科の化学実験で必要とする基本的な実験器具についての、操作上の注意事項等をまとめておく。

1　ガラス器具の扱い

(1)試験管

直火にかけて加熱するため、熱膨張に強い材質が用いられる。耐久度を高めるため口の部分をリング状肉厚に加工した「リム付き」と加工してない「直口」がある。また、量をはかるための目盛付きの試験管もある。

①短時間の加熱方法

試験管の上から 4 分の1程度のところを親指、人差し指、中指で持つ。試験管を少し傾け、試験管底部を左右に振りながら加熱する。なお、試験管の口は人のいない方に向けておく。

②長時間の加熱方法

液を沸騰させるなどの長時間加熱する場合は、試験管の上から4分の1ほどのところを、試験管ばさみではさみながら加熱する。なお、加熱中に試験管が外れないように試験管ばさみはしっかりと持つ。

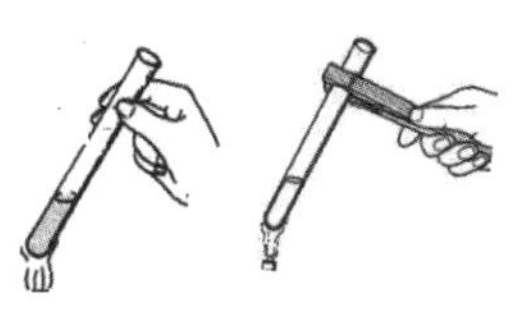

③洗い方と乾燥法

外側を洗った後に、ブラシを試験管の長さにあわせて持ち、ブラシを管中に入れて上下に動かして洗う。底部はブラシをまわしながら洗う。洗い終えたら、純水で流した後、試験管立てに逆さにして乾燥させる。

(2)フラスコ

① 丸底フラスコは、熱、圧力に強い、加熱実験に使用する。

② 平底フラスコは、加熱はできるが、圧力に弱いので注意する。

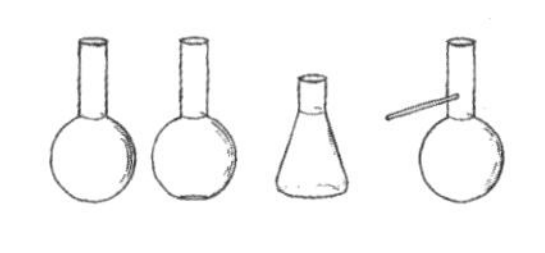

③ 三角フラスコは、加熱に弱い。加熱実験に使用しない。

④ 枝付きフラスコは、蒸留実験に用いる。

⑤ フラスコを洗うときは、外側はスポンジで、内側はブラシで洗う。内側の汚れが取れないときは、洗剤と一緒に紙片や石英砂を入れて振る。洗い終えたら、純水で流した後、乾燥台に逆さにして乾かす。

⑶コニカルビーカー

ビーカー　コニカルビーカー

① コニカルビーカーは、通常のビーカーとは違い、主として分析用に使用する。

② 洗うときは、洗剤をつけ外側と内側をブラシで洗う。水道水ですすいだ後、必要に応じて純水で流して、水切りかごに逆さまにふせて乾燥させる。

⑷試薬びん

① 試薬びんのふたは、すりあわせになっているので、他のふたを代用できない。びんとふたに同じ番号をつけておくとよい。

② 試薬びんの共栓を閉めるときは軽くおくようにして、押し付けない。開けるときは上に持ち上げる。まわしてはいけない。

③ 共栓が開かなくなったら、共栓を机の縁に当てて軽く押さえ、びんをゆっくりとまわす。

④ 試薬びんから溶液を入れるときは、ラベルを上にする。

2 ガラス器具の洗浄・乾燥・保管

⑴洗浄

①通常の汚れ

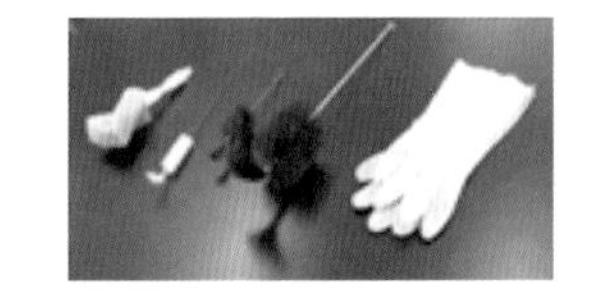

ア ブラシに洗剤をつけてこする。水道水で水洗した後、純水で洗い流した後に乾燥させる。

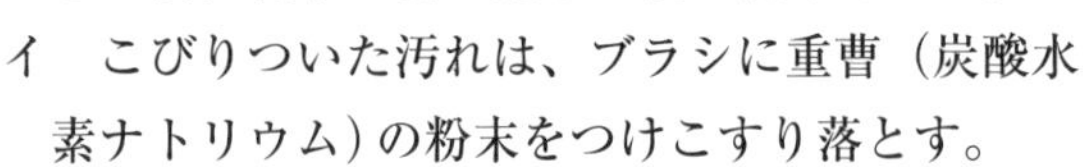

イ こびりついた汚れは、ブラシに重曹（炭酸水素ナトリウム）の粉末をつけこすり落とす。

ウ 汚れがとれないときや、ブラシで洗いにくいものは、洗剤液に長時間つけ水洗する。

エ 磨き砂やクレンザーは、器具をいためるので、使わないことが望ましい。

オ 測容器具（ビュレット、ホールピペット、メスシリンダー、メスフラスコ等）の内部をブラシでこすると、容積が不正確になるおそれがあるので、こすらずに蒸留水で洗浄する。

②有機物による汚れ

ア 有機物による汚れは少量のエタノールで汚れを溶かし洗浄する。

イ 実験で付着した汚れは、アセトン→エタノール→純水の順で洗浄する。

ウ 有機実験で合成したアゾ色素（メチルレッド、メチルオレンジ）の汚れはアルカリで溶かす。

＊薬液は皮膚を侵すので使用の際は保護メガネ、ゴム手袋を着用する。

＊アルカリ性の液が目に入ると失明の危険性があり、目に入ったら水洗し、医師の治療を受ける。

＊アルカリはガラス表面を侵すため、定容器具については強アルカリ洗浄剤を用いない。

＊使用済みの洗浄剤は適切に処理をして廃液容器に廃棄する。

⑵乾燥と保管

① 通常は自然乾燥させる。精密なガラス器具は、精度が下がるので、高温で乾燥してはならない。

② 丸底フラスコや漏斗を実験台に置くときは、転がり防止のため径が広がっている方を手前に置く。

③ 機材庫の引き出しに保管する場合は、ガラス器具がぶつかって割れないように厚紙をはさむ。

④ メスフラスコや分液漏斗などの栓やコックはひもや糸で結んでおく。

⑶すり合わせ器具の取扱い

すり合わせとは、ガラス器具の2つの部品が密着するように材質を摺って作られた接合面のことをいう。メスフラスコと栓の接着面、ビュレットの回転式のコックなどがすり合わせになっている。すり合わせ器具を使うときは、次のことに注意すること。

① すりの部分を乾いたまま動かしてはならない。使用しないときは紙片をはさんでおく。

② 使用後、放置するとすりが固着するので、すぐに洗浄する。

③ 洗浄や保管の際には、必ず取り外し、栓やコックなど対になっているものはひもで結ぶ。

④ すりが固着した場合には、木槌で軽くたたく。洗剤に長時間浸ける。超音波洗浄器にかける。すりの外側だけをバーナーで加熱するなどを行い、固着を外す。

⑷測容器具の共洗い（ともあらい）の仕方

ビュレット、ホールピペット、メスフラスコ、メスシリンダー等、液体の容積をはかる器具は測容器具といい、これら測容器具は使用直前にこれから使用する溶液を洗液として洗浄する「共洗い」を行う。

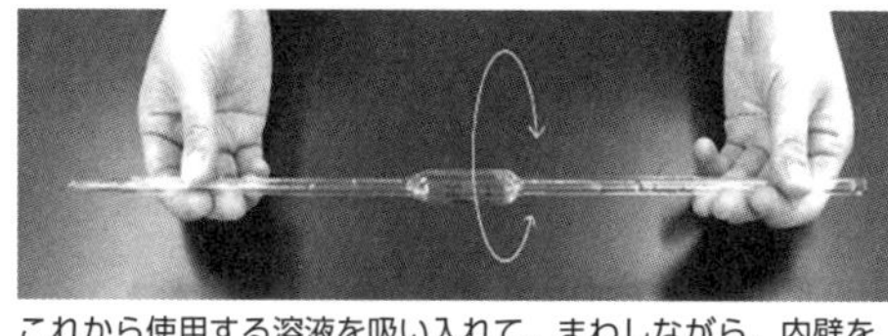

これから使用する溶液を吸い入れて、まわしながら、内壁をよく潤す。

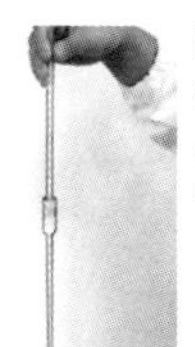

廃液を捨てる。この操作を2～3回繰り返すと、洗浄することなく、そのまま使用できる。

① ピペット中央ふくらみ（ホール部分）の半分ぐらいまで使用する溶液を吸い上げる。

② ピペット内部が溶液で潤うようにピペットを斜めにし、静かに回した後、液を流し出す。この操作を 2～3 回繰り返す。

③ 共洗い後、直ちに使用する。時間が経ちピペット中で洗液が濃縮されると、誤った結果になる。

3 ガスバーナーの使い方

(1)ガスバーナーの構造

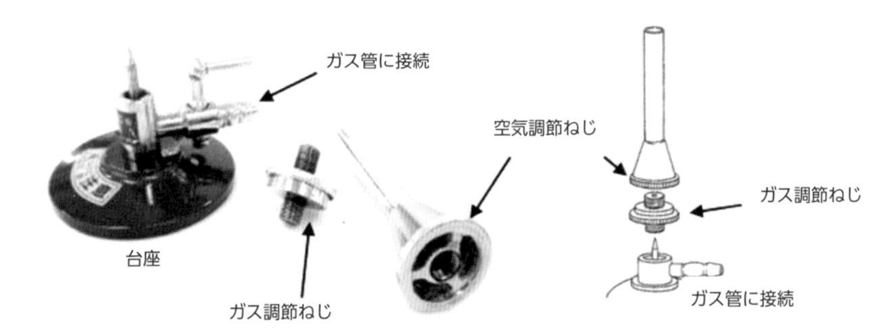

(2)点火方法

① 空気調節ねじとガス調節ねじが締まっていることを確認する。

② ガスの元栓を開ける。

③ マッチに火をつけて、炎を円筒に斜め下から近づける。次に、ガス調節ねじを少しずつ開いて点火する。

(3)炎の調整

① ガス調節ねじは動かさず、空気調節ねじを緩めて空気量を増し、炎の色を黄色から青色にする。

×

黄色の炎は、空気が不足している。器具にすすが付着。不完全燃焼を起こす恐れがある。

○

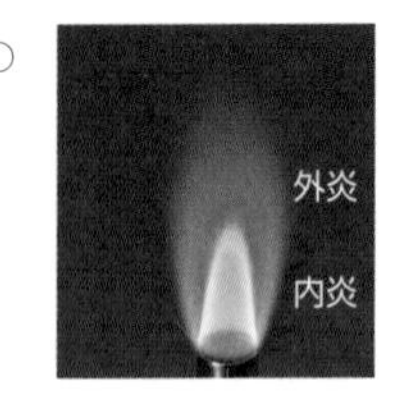

青い炎の中に三角形が見える。青色の内炎が紫色の外炎の約半分の長さが最良の燃焼状態である。

×

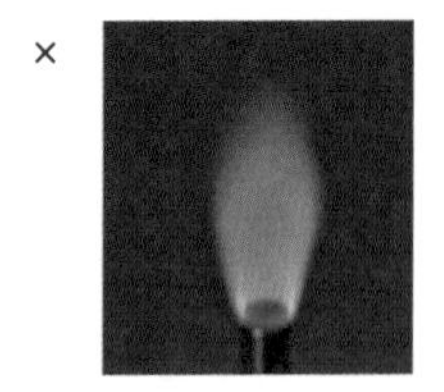

全体が青緑の炎は、空気が過剰で、バーナー過熱の恐れがあり危険である。

② ガス調節ねじを緩めながら、炎の長さを10cm程度にする。

③ 炎を小さくするときは、空気調節ねじで空気を減らしてから、ガス調節ねじでガス量を減らす。これを逆にするとバックファイヤー（筒の中でガスが燃える状態）が起こる恐れがある。バックファイヤーが起こったら、直ちに元栓を閉じ、濡れ雑巾でバーナーを冷やす。

髪の毛やセーターの袖に火がつかないように注意してね。やけどや爆発にも注意しながら、安全な化学実験をしましょう！

(4)消火方法

① ガス調節ねじを押さえながら、空気調節ねじを締める。

② ガス調節ねじを締めガスを止める。

③ コックを閉じる。

④ ガスの元栓を締める。

＊ねじは、冷えるとかみ合って回らなくなるので、元栓を締めた後に両ねじを緩める。ねじが回らなくなったら、レンチでねじを軽く回す。

＊バーナー使用直後は熱いので冷えてからしまう。やけどに注意する。

(5)マッチの使い方

① 3本の指で持ち上から下へこする。

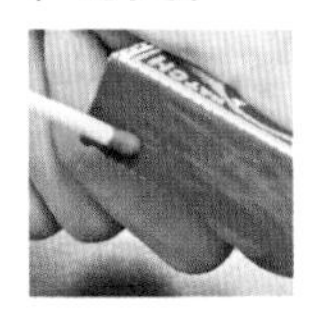

② 炎を横に向け火をつける。

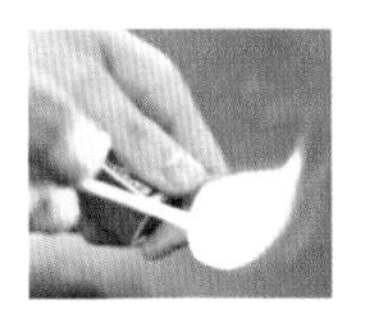

③ 燃えさし入れへ。

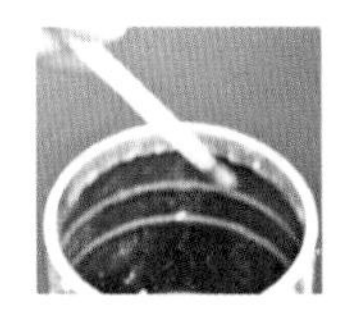

4 ガラス管の工作

(1)ガラス管の切り方

① 目立てやすり、またはガラス管切（右下写真）で軽く傷をつける。

② 傷の部分に両手の親指を当て、傷口を広げるように、左右に引きつつ押し切る。

③ 切り口は鋭く手を切りやすいので、ガスバーナーで焼いて丸める。

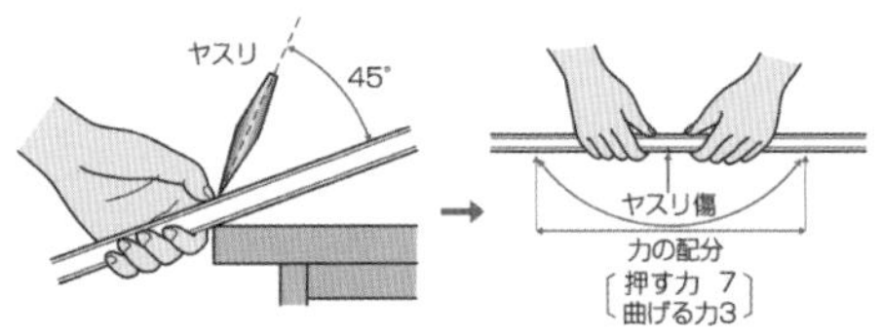

切る部分に親指をあて、ここを机の角にあててヤスリを入れる

傷を下にし、左右に大きく円弧をえがくような気持ちで押し切る

⬅押す方向

⑵ガラス管の熱し方

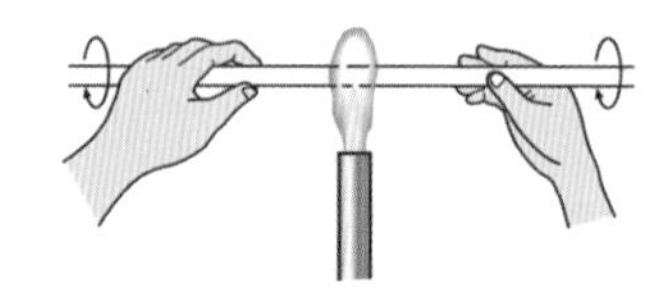

管を回しながら加熱する

① やや炎から距離をおいて静かに少しずつ加熱する。ガラス管は右図のように持ち親指と人差し指で回転させる。

② 青い炎の上部にガラス管を入れ、ガラス管を回転させながら均一に加熱する。還元炎の上で熱する。

⑶ガラス管の伸ばし方

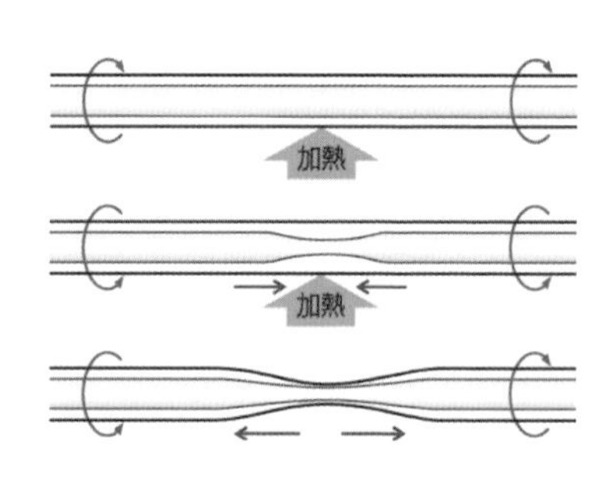

① 伸ばす部分を中心にガラス管を軸がぶれないように滑らかに回す。

② ガラス管が赤熱され軟化してきたら両端から軽く押して少し肉厚にする。

③ ガラス管を炎から出して、両手でねじりながら左右に引き伸ばす。

④ 求める細さまでに伸ばして中央を焼き切る。

⑤ ガラス管の熱した部分に触れないよう注意する。

⑷ガラス管の曲げ方

① ガラス管の一端は閉じておくか、水で濡らした紙を詰めておく。

② 曲げたい部分を回転させながら加熱する。

③ 片方の手を離すとガラス管が垂れ下がる程度まで軟化させる。

④ 炎から出して希望する角度まで一気に曲げる。

⑤ 外側が扁平でも、曲げた直後であれば、吹いて形を整えることができる。

⑸ガラス管の封じ方

① 細い管の場合は、先端だけ加熱して融着させる。

② 太い管の場合は、先端を軟化させ底を作り、息を吹き込んで形を整える。

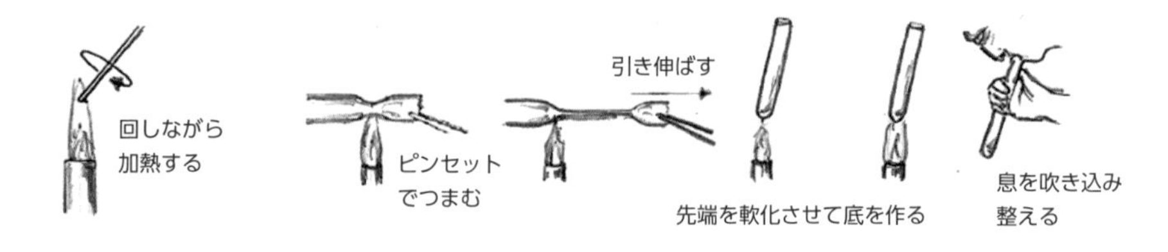

5 ゴム栓の穴の開け方

⑴ゴム栓の知識

①ゴム栓の素材

- 天然ゴム：柔軟性に富むが、アルコール以外の有機溶剤に触れると溶けることがある。耐熱性は低い（120℃まで）。
- ネオプレンゴム：耐油性、耐熱性、耐薬性に優れている。
- シリコンゴム：耐熱性（200℃まで）、耐薬性に優れているが、ガス・水蒸気を透過させてしまう。
- フッ素ゴム：耐熱性・耐薬性に極めて優れているが高価である。

②ゴム栓の選び方

半分以上が容器外に出る大きさのものを選ぶ。減圧実験では、ゴム栓が入りすぎてしまい漏れの原因となる。

⑵コルクボーラー

コルク栓やゴム栓に穴をあける器具である。コルク栓用は平刃、ゴム栓用はノコギリ刃で、各種の大きさのものがセットになっている。

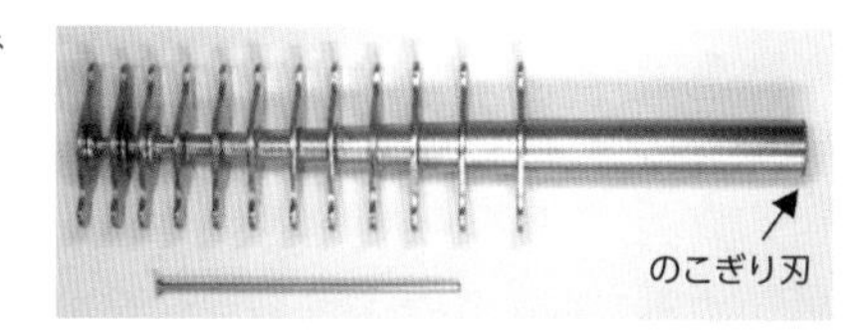

⑶穴の開け方

① 開けたい穴の直径とほぼ同じ外径のコルクボーラーを垂直に当て、ボーラーと栓を交互に反対方向に回す。偏らないように、押しすぎないように十分回転させて穴を開ける。ボーラーを押しすぎると穴が細くなる。

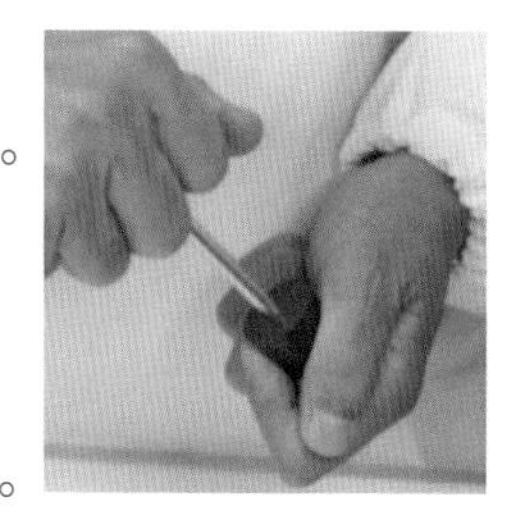

② 穴が貫通する直前に柔らかい木片またはボール紙などに当てて穴を開ける。手を傷つけないよう注意する。

③ ボーラーの中に残ったゴムの屑が取れにくいときは、バーナーであぶりながら、内径の小さいボーラーを差し込んで押し出す。

⑷ガラス管の通し方

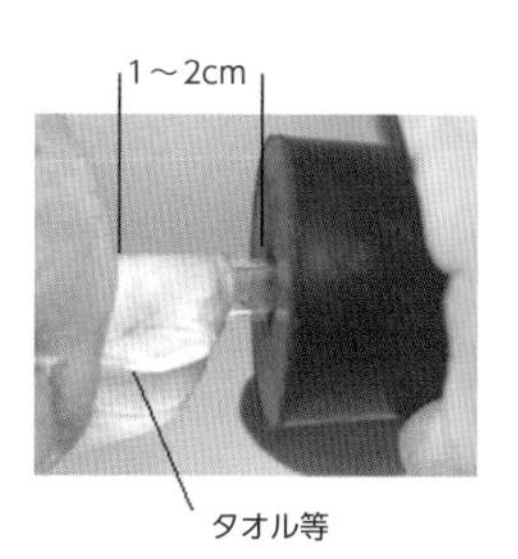

① 先端を焼いて丸くしたガラス管にタオルを巻き、右図のように短く持ち、小刻みにガラス管を回転させながら入れていく。無理に押し込むとガラス管が割れて手に深い裂傷を受ける。よく起こる事故なので特に注

意する。

② 通りにくいときは、ガラス管の外側または栓の穴に水またはワセリンを付けると通りやすくなる。

6 ろ紙とろ過

(1)自然ろ過の操作方法

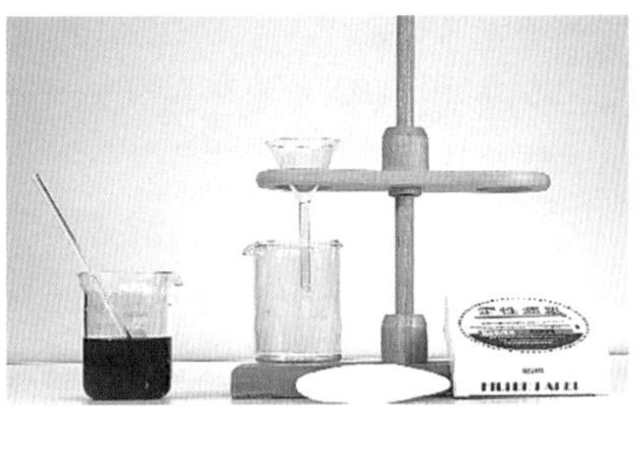

① 自然ろ過は粗い沈殿の分離に適している。軽くて細かい沈殿の場合には、吸引ろ過が適している。

② ろ紙と漏斗が密着していないと、漏斗の足に泡が入り、ろ過の速度が遅くなる。

③ 沈殿が漏れないよう液面は切り欠き部分を越えないようにする。また、軽い沈殿がろ紙の上端へはい上がることがあるので、液面はろ紙の上端より5 mm くらい下までに留める。

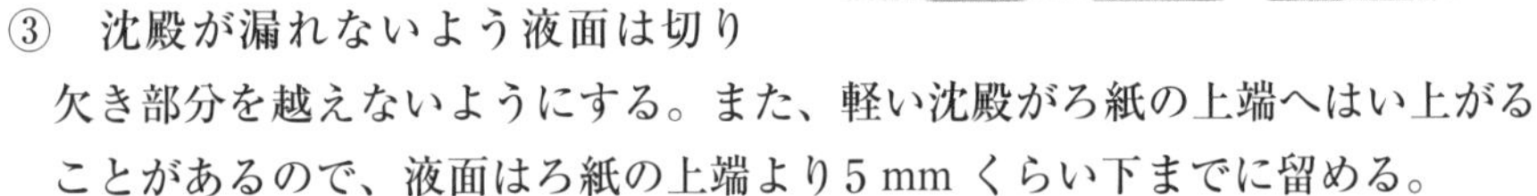

(2)ろ紙の装着

① ろ紙は四つ折りにして、その一方を袋状に広げて漏斗にはめ込む。

② ろ紙が漏斗にうまく沿わないときは、ろ紙の折り目を少しずらして漏斗の角度に合わせる。

③ ろ紙の密着をよくするために、重なったろ紙が漏斗に接する角の部分を斜めに切り取る。ろ紙を溶媒で潤し、手で押さえて漏斗に密着させる。

④ 漏斗の足が壁面に沿うように、ろ液の受器を置く。

(3)ろ過の操作

① 容器の口に攪拌（かくはん）棒を沿わせて液を静かに注ぐ。

② ろ液が欲しいときには、まず上澄み液の大部分をろ過してから、沈殿を含む溶液をろ紙上に流し込むと、ろ過が速く進む。

③ 沈殿が欲しいときには、まず液と沈殿をかき混ぜながら勢いよくろ紙上に注ぎ込み、容器に残った沈殿にろ液を戻して洗い再びろ過する。

④ ろ紙上の沈殿に洗浄液を注いで、2～3 回洗浄する。

⑷ろ紙上の沈殿の集め方

① ろ紙上の沈殿にそれを溶かす試薬を注ぎかけ、溶液として取り出す。

② または、ろ紙をビーカーの内壁に貼り付け、スポイトを用いて液体を沈殿に注ぎかけ溶かし出す。

7 メスシリンダー、ホールピペット、ビュレット、メスフラスコ

⑴メスシリンダー

①厳格な品質

学校で使用するメスシリンダーは、日本品質保証機構がJQ0807018の認証番号で証明するクラスAの日本工業規格製品である（表面ガラスに印字されている）。

写真①のTC20℃とは、一番正確な測定ができる温度、±0.5mLは、誤差の範囲を表している。

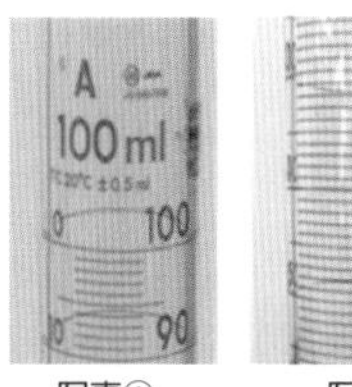

写真①　写真②

②正確に測定できる工夫

写真②のように、メスシリンダーを一周する目盛線が描かれている。真横から水平に目盛を読めば、表面の線と裏面の線が重なる。このことに注意していれば、正確な測定が可能となる。

＊付着物があると正確な測定ができなくなるので、使用後は、すぐに蒸留水で洗浄する。

③目盛の読み方

ア　腰をかがめて目の高さを液面とそろえる。

イ　目分量で一目盛の1/10まで読み取る。

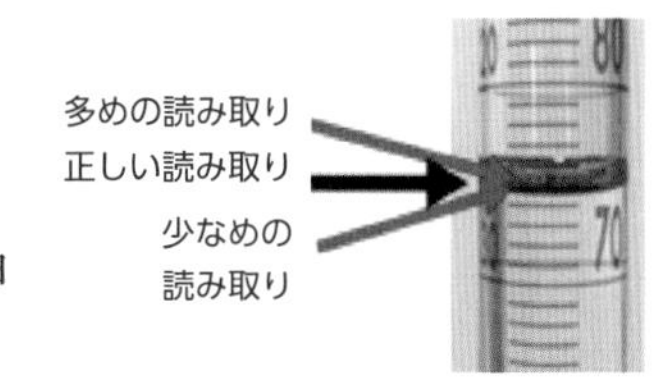

④水の入れ方

ア　倒れないように、手でメスシリンダーを押さえる。

イ　壁を伝わらせて静かに注ぎ入れる。

ウ　ピペットを使って、必要量になるように微調整する。

⑵ホールピペットと安全ピペッター

ホールピペットは、高い精度で一定容量の液体をはかり取る器具である。溶液を口で吸い上げる方法もあるが、安全のためピペッターを使う。

① 安全ピペッター下部にピペット上部を軽く差し込む。

＊差し込みすぎないこと。深く差し込むと、中にあるボールが押し込まれ使用できなくなる。
＊ピペットの先を折らないように注意する。

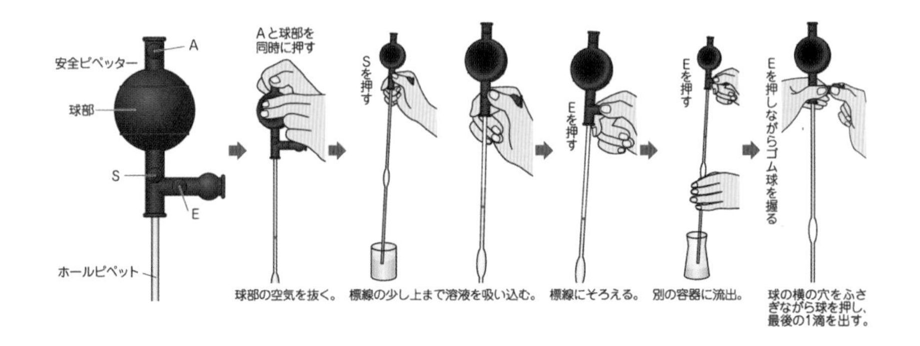

② ピペッターのA部を押しながらゴム球を凹ませ、球の中の空気を押し出す。

③ ピペット先端を溶液内に入れて、ピペッターS部を押しながら、溶液をゆっくりと、ピペットの標線より1～2 cm上まで吸い上げる。

＊液を吸い上げている途中で、ピペットの先端を液面から出すと、安全ピペッターの内部まで溶液が勢いよく吸い込まれるので注意すること。

④ ピペットの先端を液面から上げた後、ピペッターE部を押さえ液体を流し出し、液面を標線に一致させる。

＊液面を標線に合わせる際はピペットの先端を液面から出した後に行うこと。液に浸った状態で標線に合わせても、ピペットを液から出すと液面が標線からずれる。

⑤ ホールピペットを垂直に保ち、液を取る容器にピペット先端を移し、Eを押さえて液を流し出す。

＊ホールピペットの先端に残った最後の一滴は、ピペット先端を容器の壁面に接触させた後に、ピペットのふくらみの部分を手のひらで温め、内部の気体を膨張させ液体を流し出す。または、安全ピペッターのE部の横の口を指でふさぎ、Eの横のふくらみをへこませて、残った液体を押し出す。

⑥ ホールピペット使用の際は、使用直前にこれから使用する液体を洗液として洗浄（共洗い）する。使用後は、純水で洗浄し自然乾燥させる。体積変化を避けるため、加熱乾燥は通常行わない。

⑶ビュレット

ビュレットは、流れ出した液体の容量をはかる器具である。

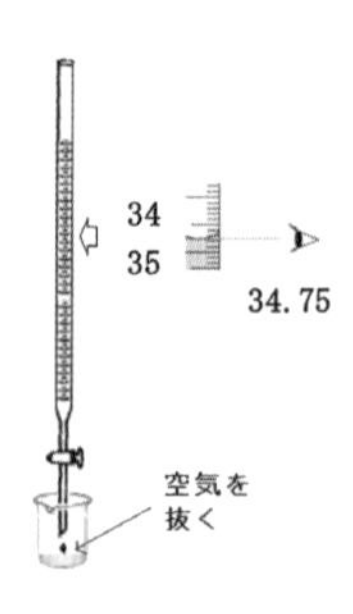

① ビュレット上端に漏斗をセットする。ビュレットのコックが閉まっていることを確認し、溶液をゆっくりと注ぎ入れる。注入後、漏斗を外す。

② 溶液を入れた後、コックを一旦全開し溶液を流し、先端の空気を追い出す。空気を追い出したらコックを閉める。

③ 目の高さを液面に合わせて、液面の目盛を読む。

＊ビュレットの目盛は最小目盛の1/10まで目測で読み取る。

＊ビュレット使用の際は、使用直前にこれから使用する液体を洗液として共洗いする。使用後は、純水で洗浄し自然乾燥させる。体積変化を避けるため加熱乾燥は通常行わない。

⑷メスフラスコ

正確なモル濃度の溶液を調製するときに用いる。

① あらかじめビーカーなどで溶質を溶解しておきフラスコの中に入れる。

② ビーカー内に残液のないように数回、純水で洗浄しその液を全部フラスコに入れる。

③ フラスコをゆっくりと揺らしながら、標線近くまで純水を加えていく。標線近くまで純水を一気にいれてはいけない（異なる液体を混ぜると体積変化が起こることがある）。

④ 目の高さを標線に合わせ、スポイトで純水を一滴ずつ加える。

⑤ 溶液を均一にするため、栓をした後に、フラスコを上下逆さにして10回ほど振って混合する。

＊保管や洗浄する際は、栓を外し、栓とフラスコをひもで結んでおく。
＊アルカリはガラス表面を侵すため、定容器具については強アルカリ洗浄剤を用いない。
＊使用済みの洗浄剤は適切に処理をして廃液容器に破棄する。

8 上皿天秤・電子天秤

⑴上皿天秤の予備知識

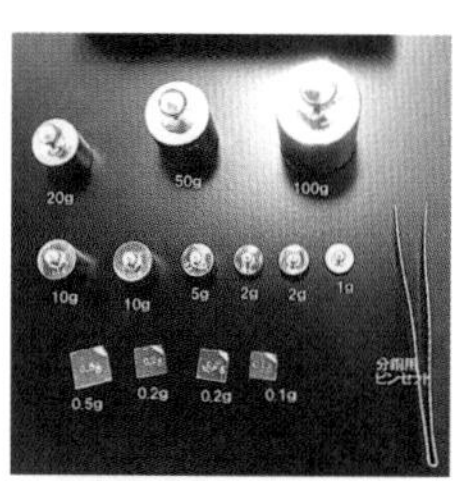

① 天秤と上皿には番号が付記してある。常に同番号のものを使用する。

② 測定できる最大限の質量を秤量という。

③ 測定できる最小の質量を感量という。最小分銅をのせて、１目盛半以上振れるときの質量が感度である。

④ 分銅には誤差がある。（２級公差：1gに対して２mg）

⑤ 使用分銅が少ない方が測定誤差は少ない。

⑥ 分銅は、専用ピンセットでつまむ。

⑵質量の測定方法

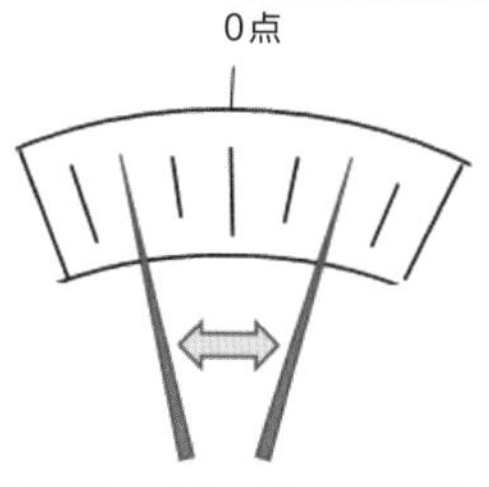

指針が左右均等に振れていればつりあっている

① 指針が０点をさすように調整ねじで調整する。

② 指針が左右均等に振れることを確認する。

③ 両方の皿に薬包紙をのせる。

④ 右利きの人は、測定する物質を左の皿にのせる（左利きの人は逆にする）。

⑤ 右の皿に分銅をのせる（大きい分銅からのせていく方が、分銅の個数を減らすことができる）。

⑥ 指針が中心から左右に均等に振れていればよい。

⑶試薬をはかり取る方法

① 両方の皿に薬包紙をのせる。分銅をのせる方の薬包紙は折りたたんでおく。

② 左の皿に分銅をのせる（右利きの場合）。

③ 右の皿に試薬を少しずつ加えていって、つりあわせる。

⑷電子天秤

写真の電子天秤は、秤量（610 g）、感量（0.01 g）であるので、小さな質量を正確に測定できる。

薬包紙をのせて、TAREボタンまたは0点調整ボタンを押すと風袋を除いた質量を測定することができる。

9 簡易版電解装置

写真の簡易版電解装置は、H型電解装置に比べて簡便な操作で電気分解実験ができる。ここでは、水酸化ナトリウムを用いて水の電気分解を説明する。

⑴使用上の注意

① 水酸化ナトリウム水溶液は強アルカリ性のため、必ずトレイの中で操作し、手や衣服に付いたときは、すぐに水洗いをする。

② 発生した水素と酸素が装置内や注射筒内で混ざらないように注意する。混合ガスに引火すると爆発の危険性がある。

⑵操作方法

① 5%水酸化ナトリウム水溶液100 mLを注ぎ入れる（写真①）。

② 円筒電極層の上部にゴム栓を取り付ける（写真②）。

③ ゴム栓が抜け落ちないようゴム栓のスカート部分を折り曲げ、円筒を包み込むように下に折り込む（写真③）。

④ 写真④のように、本体上面に小さなゴム栓をして横倒しにすると円筒内の空気が抜ける。

写真①　写真②　写真③　写真④

円筒上部には空気がたまっているので、④の操作で空気を抜くようにします。

⑤ 本体を立てると円筒内に水酸化ナトリウム水溶液が満たされる。

⑥ 写真⑤のように、直流電源装置と接続して6 V程度の電圧をかける。

⑦　陽極・陰極から発生する気体の様子を観察する。

⑧　陽極の円筒内、陰極の円筒内にたまった気体の体積を測定する。

写真⑤

⑶気体の取り出し方

①　注射筒の針をゴム栓の穴に差し込み、発生した気体を取り出す。このとき、水酸化ナトリウム水溶液まで吸い込まないように、また、注射筒をゴム栓に深く押し込むと逆流弁が押さえられて気体が抜けなくなるので注意する（写真⑥）。

※長期に使用したゴム栓の逆流弁が効かなくなった場合は、水またはオイルを1滴吸い込ませると回復する。

②　試験管の口を下にして、抜き取った気体を送り込む（写真⑦）。

③　試験管の口にマッチの火を近づけ「ピョ」という爆発音がしたら、取り出した気体が水素であることが分かる。

④　試験管の中に火がついている線香を差し込んで、火の勢いが激しくなったら、取り出した気体が酸素であることが分かる。

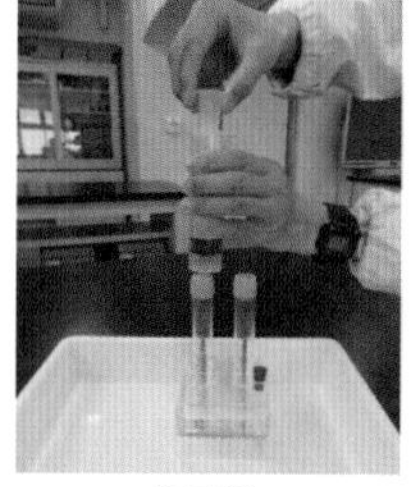

写真⑥

写真⑦

10 顕微鏡

顕微鏡の素晴らしさは、その像が細部まで鮮明に見えることにある。正しい操作がそれを可能にし、破損や不測の事故を防ぐことができる。

⑴顕微鏡の持ち出し方

①　顕微鏡を入れてある箱の扉を自分の方に向けて両手で持つ。

②　顕微鏡は、アームをつかんで取り出す。

⑵顕微鏡の操作

①　接眼レンズをはめてから対物レンズをはめる（鏡筒に埃を入れないため）。

②　接眼レンズをのぞきながら、光源を調整して、一様な明るさにする。

③　プレパラートをステージにのせる。

④　対物レンズをプレパラートに近づける。

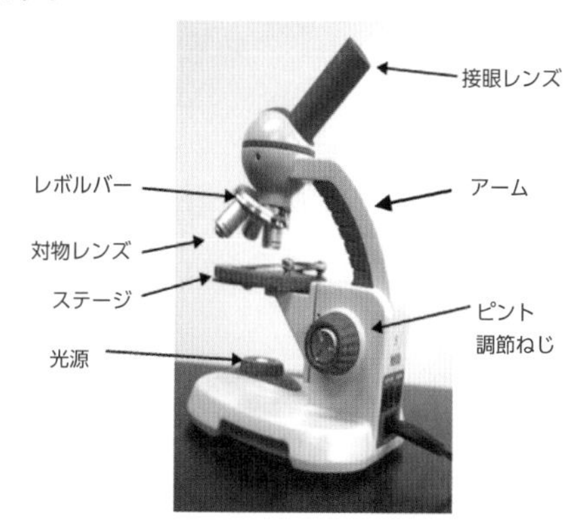

⑤　接眼レンズをのぞきながら、対物レンズとプレパラートの距離を遠ざけてピントを合わせる。

⑥　スライドガラスを動かして像を視野中央にして、しぼりを調整する。

⑦　倍率を上げていく（レボルバーを回転させるとき、ステージにぶつけないよう注意する）。

⑶指導上の注意

①　顕微鏡には、鏡筒を上下させるものとステージを上下させるものがあるので注意する。

②　顕微鏡を窓際において、太陽の反射光を観察しない。

③　食塩などを観察して、顕微鏡の像がどのようなものか事前に確認する。

11　双眼実体顕微鏡

⑴特徴

①　倍率は10～40倍程度。

②　観察試料を加工せずに立体的に観察できる。

③　視野が広く、左右が逆転しない。

④　生物や岩石など厚みのあるものの観察に適している。

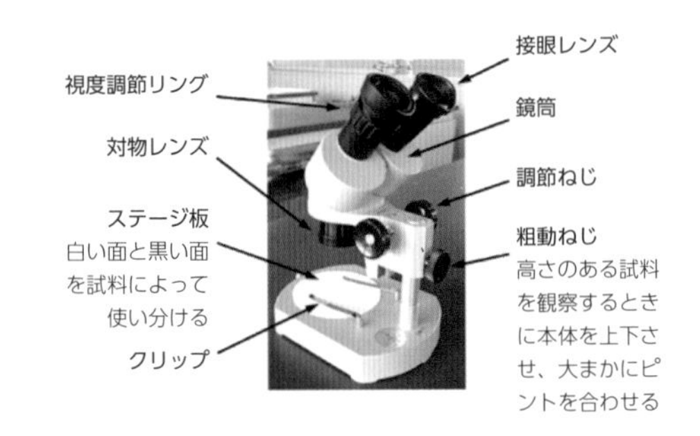

⑵操作方法

①　ステージ板の色（白、黒）は、試料がはっきり見える面を選択する。

②　視野が明るくなるように光を取り入れる。自然光が暗すぎるときは、照明装置を用いて光がステージ板の中心に当たるようにする。

③　試料をスライドガラスやペトリ皿などにのせ、ステージ板の上に置く。試料は直接ステージ板にのせない。

④　右目でのぞきながら、粗動ねじを緩めて鏡筒を上下させ、大まかにピントを合わせる。その後、調節ねじでしっかりピントを合わせる。

⑤　次に、左目でのぞきながら、視度調節リングを左右に回してピントを合わせる。

⑥　両目でのぞきながら、視野が重なって見えるように鏡筒の間隔を調節する。眼幅調整が不完全だと、入射光量が少なくなったり光軸がずれたりする。

⑦　片付けるときには、ステージ板の汚れや水をしっかりふき取る。

⑶注意事項

① 粗動ねじを緩めると本体が急に下がるので必ず鏡筒を支えながら操作する。
② メガネを使用している人は、メガネを外して観察した方がピントを合わせやすい。
③ 双眼実体顕微鏡の利点は立体的に観察できることにあるので、両目で観察することに慣れておく。

12 科学スケッチの技法

理科の観察は、科学的能力の育成に結びつく。その観察方法の一つに「スケッチ」がある。特に生物・地学分野の授業で活用できる機会が多くある。理科のスケッチは、漠然と描くだけでは有意義な観察はできない。美術の絵画と混同しないようにする。

⑴スケッチの仕方

① 鉛筆の濃さ硬さは、H、HB、Fなどを使用する(ボールペンは使わない)。
② 陰影は付けない。美術のデッサンとは違う。線を描き間違えた場合は、消しゴムで消す。濃淡を描くときは、点で描き、斜線などでは描かない。
③ 輪郭は、はっきり描く。線をぼかさないことが重要。そのために鉛筆はきちんと削っておく(細い線にも対応するため)。
④ 目的とする対象物だけを描く(余計な情報・メモは加えない。やむを得ずメモを残す場合は、スケッチを描いている頁とは違う頁に描くようにし、スケッチとメモを区別する)。
⑤ 特に重要なことは、できるだけ大きく描く。例えば、顕微鏡で染色したタマネギの細胞をスケッチする場合、接眼レンズの視野の中にある全部の細胞を描くのではなく、1個・2個の細胞に絞ってスケッチする。左目で顕微鏡を見る一方、右側においたノートを右目で見ながら描く。
⑥ スケッチは、一般的に色を付けない約束になっている。しかし、視覚的に分かりやすいスケッチを目指す場合は、色付けする。

⑵参考例

植物の特徴的な部分を見逃さずにスケッチする。一般的には次の箇所に注意してスケッチするとよい。

① 葉:全体の形、葉の先端の様子(葉辺)、葉の表面(葉身)、葉の大きさや枚数、葉脈、葉の付き方(対生:向かい合っているなど)、葉の柄の部分(葉柄)
② 茎:茎の形、茎の姿(直立している、他の植物に巻き付いている、地面をはう)、表面

③　花：花びらの形、枚数、花びらのつくり（葯、雌しべ、雄しべ、柱頭など）
④　右利きの人は、ノートなど記録用紙は顕微鏡の右側に置き、左目で顕微鏡をのぞきながら右目でノートを見て描く。左利きの人はその逆になる。

タマネギのスケッチ例

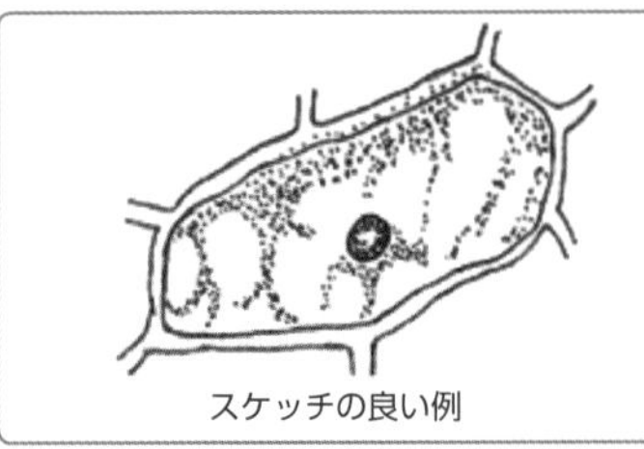
スケッチの良い例

スケッチの好ましくない例

ワンポイント
鉛筆の先を細く削ったものを使いましょう。
そして、影をつけないようにします。
濃淡は点の密度で描くようにします。

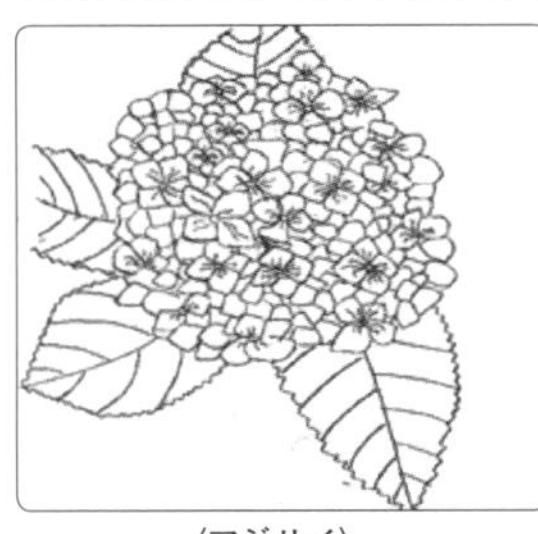
〈アジサイ〉
花の細かな部分が丁寧に描かれているところが良い。

〈ドクダミ〉
葉の表現の点で描いているところが良い。

〈ネジバナ〉
花全体が、一本の線で描かれると同時に、ネジバナの特徴である花がねじれているところや葉数がよく分かるところが良い。

（花のスケッチは学生が作成）

13 記録タイマー

⑴記録タイマーの仕組み

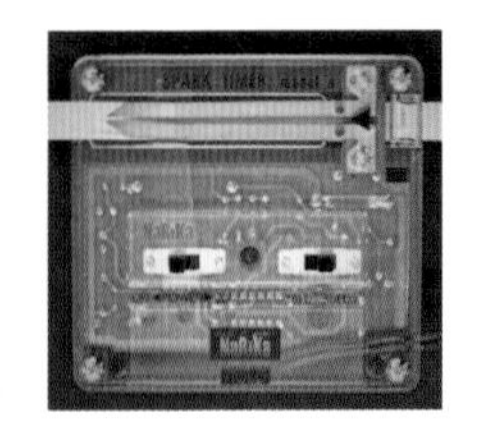

記録タイマーは、先端を鋭角に切った２枚の薄板（金属）の打点部に交流電流が流れるようになっている。

記録テープの表面は導電性があり、裏面は導電性がない。導電性がある表面を打点部に触れるようにして始動スイッチを入れると、２つの打点部間に電流が流れ、このときのスパークで記録テープに打点が記録される。打点は交流周波数に応じて１秒当たりの打点数が定まる。

⑵記録タイマーの基本操作

①　記録タイマーは、物体の直線運動を正確に記録するための装置である。したがって、記録タイマーを使用することで、物体の運動に影響が出ないようにすることが重要である。

② 物体の運動方向と記録タイマーの溝が一直線になるよう配置する。

③ 接触抵抗を起こさないよう記録テープは後方延長上で溝と一直線にする。

④ 記録テープの先端を物体につなぎ、記録タイマーの始動スイッチを入れてから物体を運動させる。

⑶記録テープの処理

① 5打点ごとにハサミで切り取り、記録テープをグラフ用紙に貼り付けて下のようなグラフを作成する。

経過時間……50 Hzなら5打点で0.1秒

移動距離……5打点間ごとの長さ (cm)

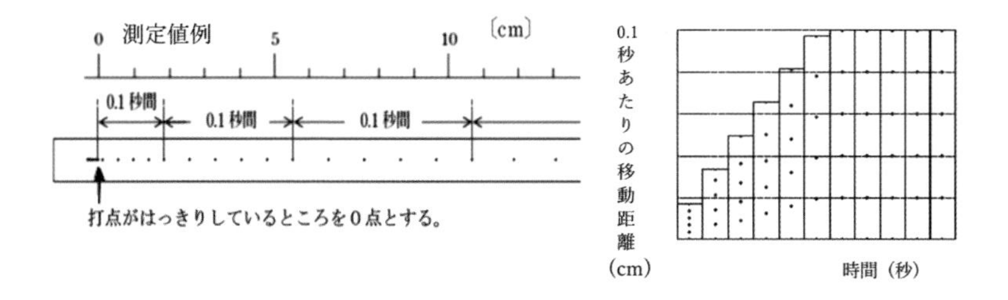

② 次の式から平均の速さを求める。

$$平均の速さ\,(\mathrm{cm/s}) = \frac{移動距離\,(\mathrm{cm})}{経過時間\,(\mathrm{s})}$$

参考資料・文献

『新観察・実験大事典』2000年　東京書籍

「上皿天秤、電子天秤、電解装置、顕微鏡、双眼実体顕微鏡、記録タイマー」(株) ナリカ

「イラスト（ガラス管カットの仕方、加熱の仕方、伸ばし方、安全ピペッタの使い方)」(株) ナリカ

『改訂理科指導法』2019年　東京理科大学教職教育センター

第3項 ICT関連機器の利用

1 コンピュータと計測用センサーの活用

近年、様々なICT機器を活用しての授業改善が進められている。理科の場合は、コンピュータに各種の計測用センサーを接続した機器を用いた演示実験や生徒実験を取り入れる機会が増えている。さらに、理科課題研究やSSH指定校では、実験データ処理の手段として常用されるようになり、各種科学賞の応募論文等はことごとく計測用センサーを活用したデータが掲載されている。これらの計測機器の開発はめざましく、取扱いが非常に簡単になっており、授業での活用がたやすくできるようになっている。ここでは「イージーセンス」((株)ナリカ製)を用いて、操作方法や使用例を紹介する。

⑴装置の接続と使用方法

① コンピュータに専用ソフトウエアをインストールし、イージーセンス3リンクのUSBケーブルをコンピュータのUSBポートに接続する。さらに、イージーセンス3リンクに実験で使用するセンサーを接続する。

② デスクトップ上のアイコンをクリックし、右図のホームメニューを立ち上げる（レベル1～3があり、測定モードを変更できる）。

③ 表示方法を選択して、測定を開始する。

なお、コンピュータに接続しなくても、データ測定から分析・グラフ化まで一挙にできるようなスタンドアロンタイプのものもある。

⑵各種センサーを用いた実験例

①距離センサー

右図は、イージーセンス3リンクに超音波距離計を接続し、測定値をメーター表示した例である。超音波を利用しているので、音速の測定にも応用できる。

②電圧センサー、電流センサー

図のセンサーをイージーセンス3リンクに接続する。さらに、赤・黒の端子を回路の測定する部分に接続することにより電圧や電流を測定することができる。

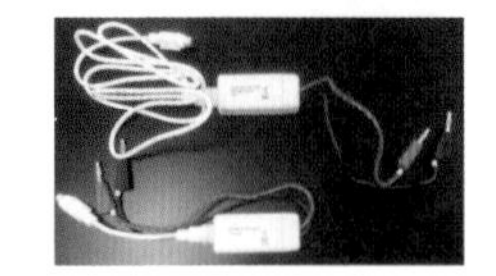

ただし、図の電圧センサーの測定範囲は±1 V、電流

センサーの測定範囲は±100 mAである。使用する前に、定格オーバーにならないように回路設計を行う必要がある。なお、電圧センサーには±20 V、0～10 Vのタイプもある。また、電流センサーには±1 A、±10 Aのタイプもあるので、用途に応じて選択する。AC/DCの両方で使用可能。

③音センサー

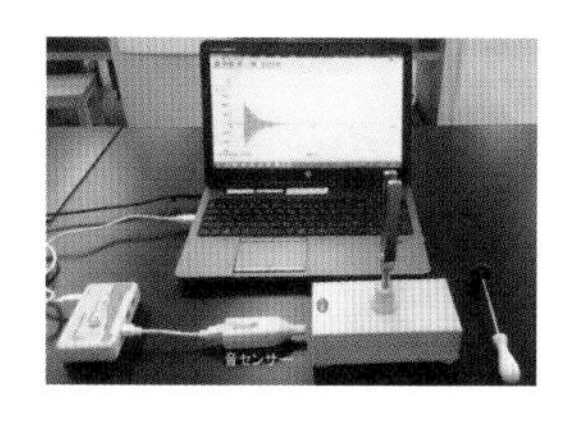

おんさ（音叉）を鳴らした状態で、音センサーで計測すると図のような減衰振動をグラフで見ることができる。なお、横軸（時間軸）の設定を変えれば、オシロスコープと同様に高速で変化する現象をグラフ表示することができる。振動数のわずかに異なる2つのおんさを同時に鳴らしたときのうなりの波形等も簡単に表示できる。

下図は、音センサーの前で「あ～い～う～え～お～」と発声したときの波形である（レベル1で計測した場合）。

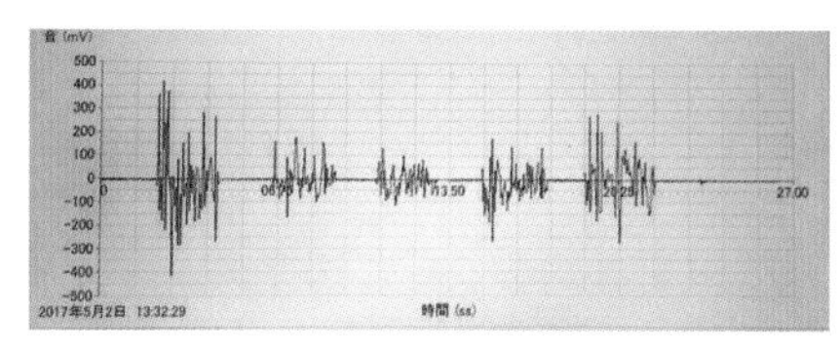

女子学生の声

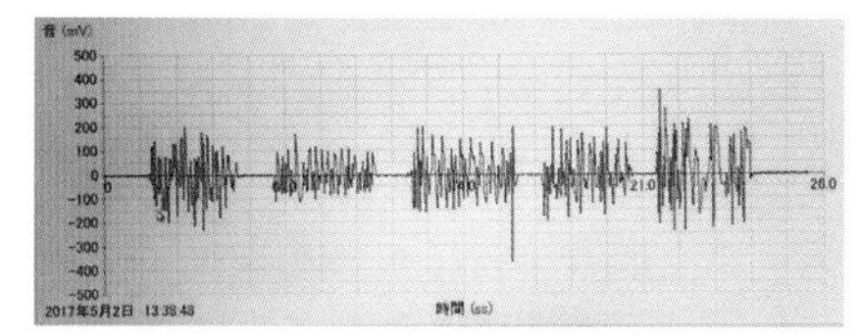

男子学生の声

④光ゲートセンサー

時間計測、速度計測、加速度計測と3つのモードからなるセンサーで、速度・加速度の実験や、自由落下による重力加速度の測定に適している。

⑤pHセンサー

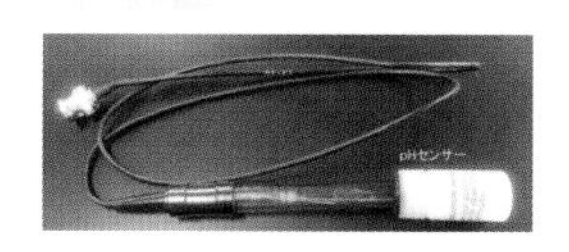

pH0～14を測定するセンサーで、各種試薬のpH測定はもちろんのこと、中和滴定におけるpHの変化をリアルタイムで、グラフ上で観察する場合に威力を発揮する（右下のグラフは、中和滴定曲線）。

⑥二酸化炭素センサー

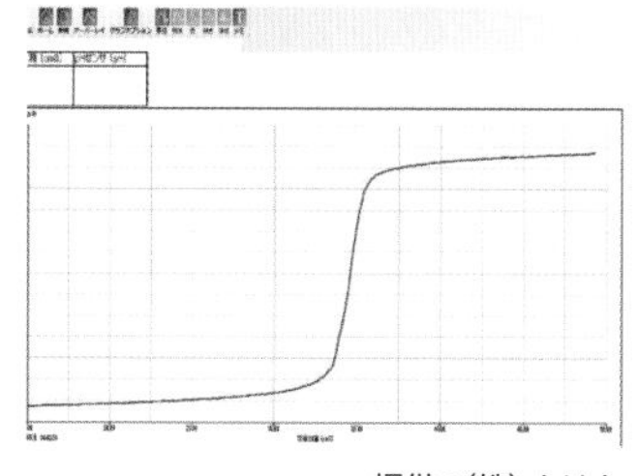

燃焼実験などの化学実験はもちろん、光合成や呼吸による二酸化炭素濃度の増加など、生物分野の実験にも幅広く使用できる。本体にはセンサー用の穴が開いているので、温度やpHセ

提供：(株) ナリカ

ンサーなどを取り付けて使用できる。

⑦その他のセンサー

質量、力、圧力、温度、湿度、気圧、光、磁界、比色など50種類を超えるセンサーが用意されており、基礎実験から応用まで幅広い用途に対応できるようになっている。右のセンサーは、二酸化炭素センサー。

⑶活用の仕方

① 理科実験室での使用に限らず、普通教室での演示用としても使用できる。

② 視覚化しながらリアルタイムに現象を説明できる利点を生かした指導計画を作成することができる。

③ 生徒実験では、まとめや考察の際に活用すると、学習内容を深める効果が見込まれる。

④ 生徒の関心・意欲を高めるツールとしての活用ができるとともに、生徒が簡単に操作することができるので、生徒による主体的・対話的な授業を構成する際の手段として利用することができる。

⑷使用上の留意事項

① 学習指導要領にもあるように「適切に活用する」ことが大切で、万能測定器のような印象を与えない配慮が必要である。

② これらの機器による計測結果を見せることで、生徒実験の代わりとしてしまう、というようなことのないようにする。

③ 生徒実験での手作業によるデータ分析の手法との組み合わせを考慮しながら使用することを心掛ける。

④ 有効数字の取扱い、グラフの書き方、グラフの見方等の基本的事項の確認をおろそかにしないことが大切である。

2 計測用センサーを用いた授業での活用例

⑴距離センサーを用いた、振り子の振動の観察

① 右図のように、距離センサーを振り子の振動面と平行になるようにセットする。

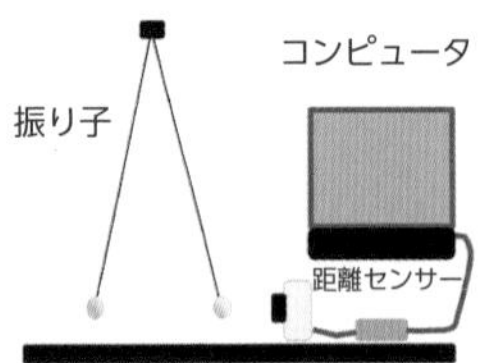

② イージーセンサーの設定を、横軸に時間、縦軸に距離をとったグラフ表示にする。

③ 振り子をセンサーに近づけて、振動面がぶれないように注意しながら振らせる。

④　このときの振り子の振動を、距離センサーで計測しグラフ表示する。
⑤　グラフの横軸、縦軸を調整して、振り子の運動の特徴が分かるようにする。
⑥　表示されたグラフを、グラフ用紙に写し取り、このグラフから振り子の運動を考える。
⑦　ここでは単振り子の運動の観察を紹介したが、ばね振り子の運動についても測定し、これらの動きを比較してみる。

⑵音センサーを用いた音の波形観察

①　イージーセンサーの設定を、横軸に時間、縦軸に音の強さをとったグラフ表示にする。
②　振動させたおんさを音センサーに近づけて、音の波形を調べる。

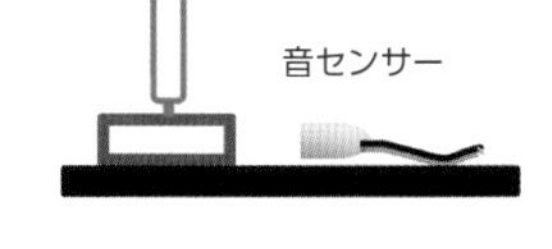

③　振動数のわずかに異なるおんさを２台用意し、同時に鳴らしたときの音の波形を調べる。
④　ギター等の楽器を音センサーの前で鳴らし、音の波形を調べる。
⑤　気柱の共鳴実験で、音センサーを活用して共鳴点を詳しく調べる。
⑥　その他、音に関する様々な実験で活用することができる。

⑶温度センサーを用いた実験

①　イージーセンサーの設定を、横軸に時間、縦軸に温度をとったグラフ表示にする。
②　50℃程度に熱した水や、氷を適量入れた水の冷却曲線をグラフで調べる。
③　空気を急激に圧縮（断熱圧縮）させたり、膨張（断熱膨張）させたときの温度変化を調べる。
④　少量の塩酸を水に溶かした時の温度変化を調べる。
⑤　その他、温度に関する様々な実験で活用することができる。

⑷授業で活用するときの留意点

①　センサーを活用した演示実験にとどまらず、生徒の主体的な活動になるようなワークシートを準備する。
②　センサーやコンピュータを活用することによる指導上の効果を検討して授業計画を立てる。

3 視聴覚機器の活用例

⑴ストロボ装置

①基本操作と注意点

ア　スイッチを入れ、周波数調整ダイヤルを任意の位置に回す。

イ　ストロボ発光器より高輝度の光が発せられるので直視しない。

1秒間の発光回数表示（C.P.S）
周波数調整ダイヤル
同期切り替えスイッチ
周波数切り替えスイッチ
ストロボ発光

㈱ナリカ製 (NS-IN)

②活用例

ア　振り子や水波の観察

イ　各種運動体の撮影

⑵低周波発信器

①基本操作

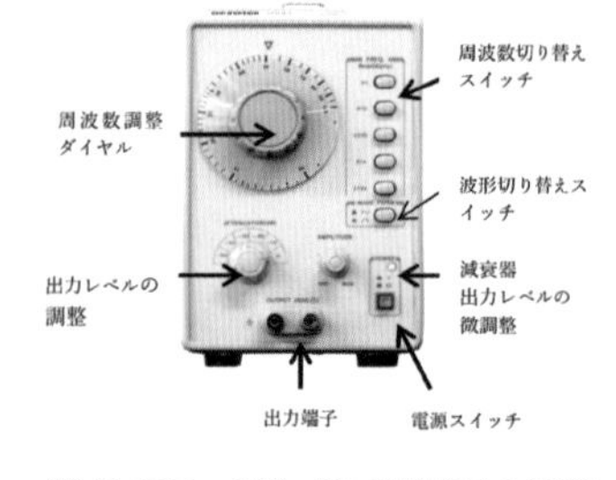

㈱インステックジャパン社製 (GAG-810)

ア　出力端子に、オシロスコープやスピーカー等の機器を接続する。

イ　周波数切り替えスイッチで希望の周波数帯を選ぶ。

ウ　周波数調整ダイヤルで、周波数を微調整する。

エ　減衰器を回して、出力レベルの微調整をする。

②活用例

ア　オシロスコープのXY軸に接続し、リサージュ図を観察する。

イ　スピーカーを接続して、任意の周波数の音を発生させる。

⑶デジタルカメラの活用例

①ハイスピード撮影の活用

ハイスピード撮影の可能なデジタルカメラを用いると、次ページの写真のようなミルククラウンやミルクの跳ね返りの写真を撮影することができる。

②連続写真の活用

皆既月食を5分毎に撮影し、画像処理ソフトを用いて合成すると、連続写真にすることができる。

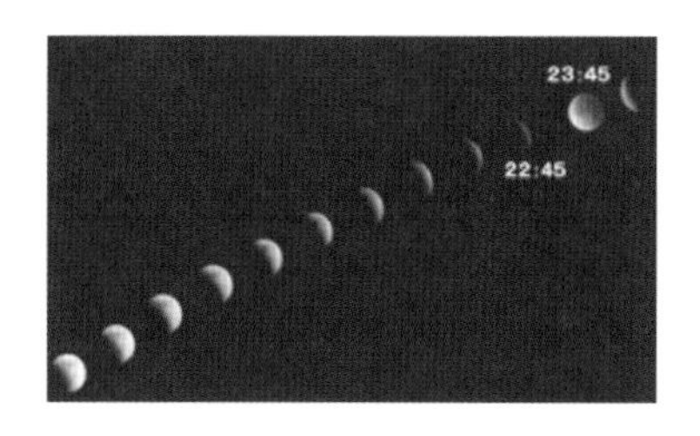

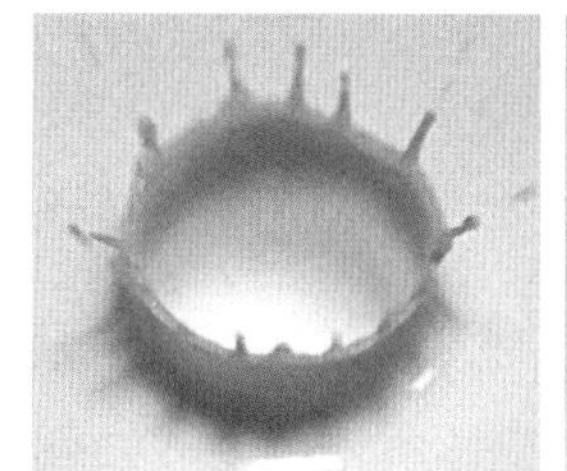

ミルククラウン

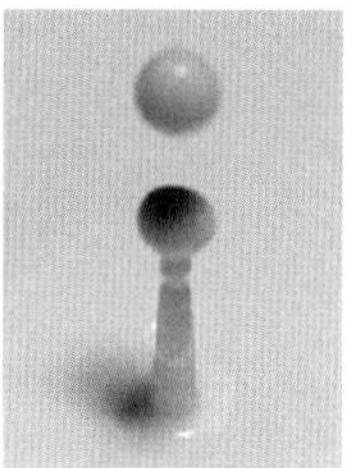

ミルクの跳ね返り

⑷顕微鏡画像をコンピュータで提示

① 顕微鏡にCCDカメラをセットし、コンピュータに接続することで、画面上に顕微鏡画像を提示することができる。

② 同一画像を数名で観察でき、互いの感想を述べ合うことで観察の質を高めることができる。

③ 画像の記録・保存が容易にでき、検討やレポート作成に便利である。

④ 画像の細部を示しながら説明でき、生徒の理解を深めることができる。

※スマホのカメラを接眼レンズに近づけて撮影することもできる。

① 顕微鏡による観察は、生徒一人一人が体験することに意義があります。コンピュータや電子黒板に顕微鏡画像を提示することで、生徒の観察活動を代替することのないようにしましょう。

② コンピュータや電子黒板上の画像は、大変きれいで感動的なものです。しかし、その美しさに気を取られることなく、観察すべき細部の構造に着目させるよう指導しましょう。

4 電子黒板の活用

電子黒板は、ICT教材提示、観察・実験やデータ処理・考察など工夫すると様々な教育活動に活用することができる。

⑴電子黒板の特徴

① 従来の黒板では困難であったことができる。例えば、次のような指導に利用できる。

② 地図、図形、グラフを大きく提示する。動植物・岩石・結晶等の実物を拡大して提示する。

③ 教科書、プリント、ワークシートを拡大して提示する。

④　生徒のノート、レポート、作品を拡大して提示する。
⑤　観察、実験結果の写真を拡大投影する。
⑥　コンピュータと電子黒板を接続することで、顕微鏡画像を電子黒板上に投影する。
⑦　ICT教材、ビデオ映像、視聴覚教材やインターネット情報を拡大して投影する。例えば自然現象をアニメーションで説明する。デジタルコンテンツを活用して、体の器官や組織などの映像や天体に関するシミュレーション画像を投影する。

⑵電子黒板ならではの活用

①　画面上の資料に必要事項を書き込んで、解説・注釈を行う。
②　異なる資料を並べて提示し、相互の関係を説明する。
③　画面をメモリーに記憶して、任意に再現しながら説明する。
④　電子黒板には参考資料を大きく映し、黒板にはまとめを書くなどして、両者を使い分けする。
⑤　観察結果の見本として提示しておき、生徒の観察活動を支援する。
⑥　生徒の発見や疑問点を電子黒板上の画像で説明させることで、班活動や発表の場として活用する。

5 自作ICT教材の開発

写真や動画をパソコン内に取り込み、指導内容に沿ったICT教材を自作する。
①　教員が説明のために使用する。
②　電子黒板に投影して情報を共有する。
③　生徒の個別学習の支援をするなど活用の方法は多岐にわたる。

(学生の作品)
画面が次々に展開して、受精の過程が視覚的に理解されるよう工夫されている。

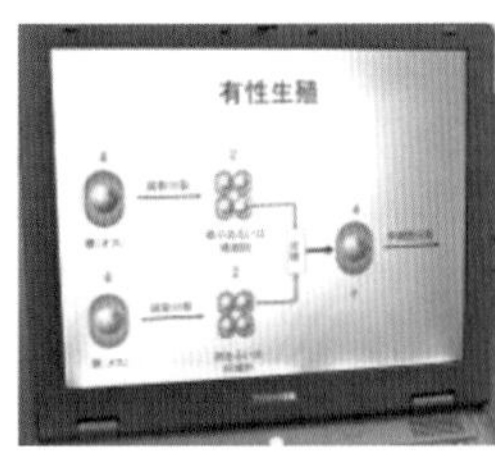

(学生によるICT教材を用いた授業)
音の振動が動画で表現されている。

6 ビデオやデジタル教材の活用

教育用に編集されたビデオ映像や多くのデジタル教材が、インターネットを介して提供されており、教員が授業資料に使用するなど、多様な効果的活用が可能である。生徒への興味・関心を高めるために、これらの教材をどのように使用するかは、教員の授業計画次第である。利用の仕方によっては、良くも悪くもなる。特に、インターネット情報の中には、間違った情報を配信しているものもあるので、十分吟味してから利用することが大切である。

以下に、推奨できるビデオやデジタル教材の一部を紹介する。

⑴NHKビデオ教材　「NHK for School 10min ボックス」

https://www.nhk.or.jp/school/rika/10min1/

中学校第1分野・第2分野それぞれを分かりやすい実験やCGで紹介し、教科書の単元に沿って、学習内容を視覚的に理解できるよう編集されている。また、最新の科学技術の紹介などもあり、10分間にまとめられているので授業の導入やまとめの段階で活用することができる。

⑵サイエンス チャンネル

https://sciencechannel.jst.go.jp

独立研究開発法人科学技術振興機構提供の科学技術の動画サイト

先端科学から身近な科学の話題まで、科学技術が多様な視点から紹介されている。物質の根源、宇宙、地球、生物等の諸現象の探究紹介番組、科学技術と生活・社会との関わりに関する番組、地球環境、エネルギー問題などの番組、最新の科学技術の紹介などを5分でまとめた「サイエンスニュース」のほか、ドキュメンタリーや科学実験、自然観察など、4,000本を超える動画が無料で配信されている。

⑶JAXAデジタルアーカイブス（宇宙航空研究開発機構）

http://jda.jaxa.jp

気象衛星ひまわりの打ち上げ、はやぶさの帰還など興味深い動画や宇宙に関する教材が配信されている。宇宙に対する興味・関心を高め、最新宇宙科学技術を知ることもできる。

⑷NHKティーチャーズ・ライブラリー

https://www.nhk.or.jp/archives/teachers-l/

NHKが制作・放送した番組の一部をDVD化し、授業や教育活動に活用できるよう学校に配信されている。平和、キャリア、ともに生きる、情報、防災、環境、学ぶ楽しさの7つのカテゴリーがあり小学校から大学の授業に活用できる。

⑸中学校理科教育情報デジタルコンテンツ

https://blog.goo.ne.jp/syaraku0812/e/9fffd23957b7ad5ba6ef8ef7cb416c05

山口県中学校理科教育情報共有化促進研究委員会、文部科学省教育情報共有化促進モデル事業で全国の学校で活用できるよう開発された教材。授業の導入、またはまとめの段階で活用できる。

⑹NHK クリエイティブ・ライブラリー

https://www.nhk.or.jp/archives/creative/

学校での利用を想定し、ＮＨＫアーカイブスの番組や番組素材から切り出した映像や音声がインターネットで配信されている。素材はおよそ5,300本あり、ダウンロードができ、編集したり自分が撮影した写真と組み合わせて新たな作品をつくることができる。

⑺今日から使えるデジタルコンテンツ（文部科学省）

http://jnk4.org/e-contents/

授業での活用を目指し整備したコンテンツ集（平成12年度～15年度作成）。

⑻東京書籍令和２年度版デジタル教科書新しい理科

https://www.tokyo-shoseki.co.jp/ict/pcsoft/e/001005/390/d

指導者用デジタル教科書（教材）から生徒向けのデジタル教材まで幅広いラインナップを搭載している。

⑼各種研究機関が作成した動画

YouTubeなどの動画を検索すると、各種研究機関が作成した動画を閲覧することができる。ダウンロードできないものが多いが、その場で生徒に視聴させることができる。ただし、事前に視聴して内容が適切であるかを判断しておくことが大切である。

7 新型コロナウイルス禍でのICT活用

理科教員は、学校におけるICT活用のリーダー的存在になる必要がある。

新型コロナウイルスの感染予防のため、2020年度は学校教育の在り方が大きく変わってしまった。各学校では、休校による授業時間確保のために様々な工夫がなされており、オンラインによる学習指導等を行っている学校もある。

今後も、学校には通わず自宅などで授業を受ける方式が模索されていくであろう。その中で、特に注目を浴びるのはICTの活用で、喫緊の課題である。

学校教育のデジタル化を進める国の「GIGAスクール構想」の取り組みが、一気に加速し、地域によっては、すでに全児童生徒にタブレット端末を支給するなどして、児童生徒の学習格差を減らす取り組みが進行しつつある。

理科の教員は、ICTの活用に当たって頼りにされる存在である。理科に限らず、学校教育全般にわたってのICT活用能力を高めるための推進役になる必要がある。

その際、大切にしたいことは「適切に活用する」ことである。近い将来には、鉛筆や紙に代わる便利な文房具となるかもしれないが、扱い方によっては良くも悪くもなるツールである。

これまでのOECD国際調査で、日本での普及が遅れていることが繰り返し指摘され、それを受けて、学習指導要領にはICTの活用が随所に書かれている。例えば、中学校学習指導要領（平成29年度告示）解説理科編の第3章の2「内容の取扱いについての配慮事項」(4) コンピュータや情報通信ネットワークなどの活用」には、活用の例が書かれている。この中で、強調していることは、積極的かつ適切に活用することである。

現在、図らずもコロナ禍によって注目度が増しているが、ICTの活用については、どのように活用すれば、生徒の学習に役立つのかをしっかりと研究することが大切である。その際、他教科の先生方と協力して前向きに実践していくことが、理科教員に求められている。

なお、最近様々な実践事例が報告されているが、すべての学校に当てはまるとは限らないので、それらを参考にしつつも、目の前にいる生徒の学習環境に応じた有効な手段を、学校として組織的に実施していくことが大切である。

参考資料・文献

『改訂理科指導法』2019年4月　東京理科大学教職教育センター

その他の参考資料・文献は本文中に記載

第４項 探究的な活動

理科教育においては、生徒が目的意識を持って観察・実験に取り組むことが重要である。特に、生徒が自分で課題を見出し、自分で考えた方法で問題解決に迫る探究的な学習活動は、自然の事物・現象の理解を深めるとともに科学的に調べる態度や能力を養う機会となる。

1 探究的な学習活動

⑴探究的な学習活動と主体的・対話的で深い学び

教員の指導の下で学習を進めていくだけではなく、単元など内容のまとまりの中で、生徒が自ら課題を解決する時間を設定して、探究する態度を育てていく。特に、新学習指導要領では「主体的・対話的で深い学びの実現に向けた授業改善という項目立てで科学的に探究する学習の充実を図ること」としている点に注目し探究的な学習活動を充実させていく必要がある。

⑵「主体的な学び」とは

① 自然の事物・現象から問題を見出し、見通しをもって課題や仮説の設定や観察・実験の計画を立案したりする。

② 観察・実験の結果を分析・解釈して仮説の妥当性を検討したり、全体を振り返って改善策を考えたりする。

③ 得られた知識や技能を基に、次の課題を発見したり、新たな視点で自然の事物・現象を把握したりする。

⑶「対話的な学び」とは

① 課題の設定や検証計画の立案、観察、実験の結果の処理、考察・推論する場面などでは、あらかじめ個人で考える。

② 意見交換したり科学的な根拠に基づいて議論したりして、自分の考えをより妥当なものにする。

⑷「深い学び」とは

① 「理科の見方・考え方」を働かせながら探究の過程を通して学ぶことにより、理科で育成を目指す資質・能力を獲得する。

② 様々な知識をつなげて、より科学的な概念を形成する。

③ 新たに獲得した資質・能力に基づいた「理科の見方・考え方」を、次の学習や日常生活などにおける問題発見・解決の場面で働かせていく。

このように、主体的・対話的で深い学びの実現に向けての探究的な学習活動とは、生徒が問題を見出して、観察・実験を計画する学習活動、観察、実験の結果を分析し解釈する学習活動、科学的な概念を使用して考えたり、説明したり、発表したりする学習活動です。
この活動を実現させるには、単元など内容や時間のまとまりを見通して、データを図、表、グラフなどの多様な形式で表したり、結果について考察したりする時間を十分に確保します。
また、科学的な概念を使用して考えたり説明したりするため、レポートの作成、発表、討論など知識、及び技能を活用する学習活動を充実させることが大切です。

2 探究的な学習活動の指導（中学校）

(1)課題の設定

探究的な学習活動として考えられる内容は、以下の通りである。一人一人の生徒が自分の興味・関心や実験能力に応じて、主体的に課題を見つけ出すことが重要になる。しかし、即座に課題を見出せる生徒は少ない。したがって、教員は、生徒が興味を示す内容や探究できる内容を整理しておき、生徒に助言をしながら、課題設定を支援する必要がある。

〈例　課題設定の方法〉

1　生徒に考えさせたい課題の内容
- ①　日常生活の中から、解明してみたい課題
- ②　単元学習の中から、追究してみたい課題
- ③　日頃から不思議さを感じていた課題
- ④　観察・実験について、さらに詳細を追究してみたい課題
- ⑤　経験した実験方法を、他の対象事物・現象に広げてみる課題

2　課題を考えさせる方策
- ①　生徒が作成した「報告書」を閲覧させ、実験のイメージを持たせる。
- ②　実験器具は、理科室にあるものであれば、使用できることを伝える。
- ③　授業時間を伝え余裕をもって探究できる課題を考えさせる。

3　課題を設定できない生徒への助言
- ①　教科書に記載されている「探究的な学習活動」を紹介する。
- ②　教科書に記載されている「発展的な学習」を紹介する。
- ③　資料集の「実験結果」を再現してみようと紹介する。
- ④　教員が選んだ課題から、調べたいと思う内容はないか紹介する。
- ⑤　同じ課題を持つ生徒に協議をさせ、実験の目的や仮説を考えさせる。

(2)探究的な学習活動の計画

①　何を調べれば課題が解決するか考えさせ、実験の目的や方法を計画させる。
②　理科室で準備できるか、作らなければならないか等、必要物品を整理する。
③　実験に必要な時間を予想し、実験がうまくいかない場合も想定しておく。

(3)実験の実践

①　生徒に自分の計画で実験を行わせる。教員は、その活動を支援する。

② 余裕をもって実験を行わせるには、2時間継続の授業を計画したい。

③ 実験をやり直したい、仮説を修正したいという生徒には、昼休みや放課後に理科室を開放して希望が叶えられるよう配慮する。

⑷ レポートの作成

① レポートの内容や作成方法は事前に指導しておく。

② 相談期間を設け、レポート作成に困っている生徒を支援する。

③ 生徒なりに苦労したレポートであるので、良い点を見逃さずに評価する。

3 探究の過程を踏まえた学習活動（高等学校）

観察・実験を行うことなどを通して探究する学習活動をより一層充実させるために、情報の収集、仮説の設定、実験の計画、実験による検証、実験データの分析・解釈、法則性の導出、報告書などの作成、発表を行う機会を設けたりする。

⑴「探究の過程を踏まえた学習活動」

ここでは、単元などの内容や時間のまとまりを見通して、例えば、章単位、学期単位、あるいは長期休業中を活用するなどして、各科目の内容と連動させながら「探究の過程を踏まえた学習活動」を行う際の留意点、及び科学クラブ等の研究活動の指導についての留意点等を説明する。

① 課題を設定し、観察・実験等を通して研究し、その成果を研究報告書にまとめ、発表するなど、生徒が一連の研究の過程を経験し、科学的に探究する能力と態度を育成することができるようにする。

② 課題については、高等学校理科で学習した物理、化学、生物、地学などの内容のほか、先端科学や学際的領域の内容からも選択することができるなど、生徒の興味・関心、進路希望等に応じて、設定ができるようにする。

③ 指導に際して、効果が期待される場合には、大学や研究機関、博物館などと積極的に連携・協力を図ることができるようにする。

④ 研究の成果については、論理的な思考力や判断力、表現力の育成を図る観点から、報告書を作成させ、発表を行う機会を設けるようにする。

⑵生徒に取り組ませる課題の例

主体的・対話的で深い学びは、これからの学習指導の方法として重要な位置を占めており、「探究活動」をどのように授業内で実施するか教員に課せられたテーマである。以下に、具体例を紹介する。なお、これらは工夫次第では中学校でも行うことができる例である。

①物理分野の例「どのような方法で重力加速度を測定できるか」

平成29年度物理オリンピック『物理チャレンジ2017』における第一チャレンジ実験課題は、「重力加速度の大きさを測ってみよう」であった。全国の中高生から、測定方法や解析方法の工夫、複数実験の比較分析など、「主体的・対話的で深い学び」を実現させた研究論文が多数寄せられた。

学習課題		どのような方法で重力加速度を測定できるか
実験対象		自由落下、斜面上の落下、単振り子、鉛直ばね振り子、円錐振り子、その他の物理現象
測定器具		記録タイマー、速度測定器、ストップウォッチ、高速度カメラ、ビデオカメラ、各種センサー、コンピュータ、情報通信ネットワークなど
考慮事項		科学を発展させた原理や原則、歴史的な実験の再現、複数の実験方法の検討、正確な測定の追求、誤差の原因や精度の向上など
指導上の留意点		①　重力加速度についての学習が終了していること。 ②　事前準備として、班ごとに研究させておく(予習の指示)。 ③　この活動の中で適宜助言・指導に当たるが、生徒の主体的な学びを重視する。
内容	①	重力加速度はどのような実験方法で求めることができだろうか。これまでの学習を踏まえて話し合い、複数の実験方法を考える。
	②	考えた実験方法を全体の前で発表し、各班の案を整理し、自班で行う実験を決定する。
	③	決定した実験方法について、使用器具や測定方法を班内で議論し、予備実験をする。
	④	予備実験の結果を踏まえて、実験方法を改良した上で本実験を行い、適切なデータ処理をする。
	⑤	実験結果をレポートにまとめ、発表する。
	⑥	各班の発表を比較検討し、レポートの最後に記載し提出する。
備　考		年間指導計画の中で、どの程度の時間数をとることができるかによって、各内容の配当時間を考え、授業中に実施する内容、放課後や自宅学習にする内容などに分けて授業計画を立てる。

・自由落下を用いた実験例

記録タイマーの摩擦や空気抵抗を考慮して解析を行う。記録タイマーではなく、複数の光センサーを設置して摩擦の影響をなくす方法もある。

・斜面を用いた実験例

斜面上での力学台車の運動を記録タイマーで測定する。台車にのせるおもりを増やしたり、斜面の角度を変えたりして比較する。摩擦を減らすために、ドライアイス滑走体等を活用することもできる。

- **単振り子を用いた実験例**

　速度測定器や光センサーを活用して周期を計時し、解析の段階で振れ角による近似を考慮する。

②化学分野の例「周期表から何が分かるか」

　元素の周期律と周期表に着目して、下記課題を提示し、班毎に調査研究させ、発表を通じて、これらの内容をクラス全体で共有できるようにする。

学習課題		周期表から何が分かるか
学習方法		①　調べ学習的な形態をとり、班毎に分担し文献調査を行う。 ②　班としてのレポート、または壁新聞的なまとめを行い、発表会の準備をする。 ③　発表会後に内容を修正し、クラス全員に配布できるようA4両面にまとめる。
留意点		①　1～2時間程度の発表会を授業中に実施する。 ②　下記の内容は高等学校化学基礎程度のものであるが、提示の仕方によっては、中学校での実施も可能である。 ③　指導教員は、適宜助言・指導に当たるが、主体的な学びを重視する。
内容	①	メンデレーエフは、どのようにして周期表を考えたか。
	②	原子は、どのようにして発見されたのか。
	③	ラザフォードは、どのような実験から原子の構造をモデル化したのか。
	④	原子の電子配列を考えることのメリットは何か。
	⑤	原子の荷電子数やイオン化傾向と原子番号の関係で、特徴的なことは何か。
	⑥	典型元素、遷移元素とは、どのような性質から分類したのか。
	⑦	自然界に存在しない原子は、どのようにして発見されたのか。
備　考		年間指導計画の中で、どの程度の時間数をとることができるかによって、各内容の配当時間を考え、授業中に実施する内容または放課後や自宅学習にする内容などに分けて授業計画を立てる。

③生物分野の例「植物に5弁の花びらが多いのはなぜか」

学習課題	ウメ、サクラの原種など、様々な植物の花を調べると５弁花、すなわち５角形の形状をしているものが非常に多い。これらに共通することとして、どのようなことが考えられるだろうか。また、自然界には「５」という数字に関するものが、花以外にも多数存在する。このことについても考えてみる。
学習方法	①　身の回りの植物を調べて分類する。 ②　共通点として考えられることを仮説としてまとめる。 ③　生物図鑑や生物に関する書籍、生物学の論文や著書などから調べる。 ④　まとめたことを班毎に発表する。
留意点	①　学習指導要領の内容と直接かかわるものではないが、学習の動機づけまたは発展として班活動で考えさせる。 ②　中学生を対象とする場合は、あまり専門的にならないようにする。 ③　年間指導計画の中で、どの程度の時間数をとることができるかによって、各内容の配当時間を考え、授業中に実施する内容または放課後や自宅学習にする内容などに分けて授業計画を立てる。

④地学分野の例「プレートテクトニクス理論は正しいか」

学習課題	プレートテクトニクス理論が提唱されたのは近年のことで、ツゾー・ウィルソンによって1968年に理論として完成した。現在では、疑う余地のない理論として定着しているが、どのような事実・現象等によって裏付けられたのかを調査研究する。
学習方法	①　歴史的な研究成果やその根拠となった地質学的な証拠を調べ可能な範囲で実地検証する。 ②　理論が完成するまでの科学的手法について学ぶ。 ③　まとめを班毎に発表、または壁新聞等を作成しポスターセッションをする。
留意点	①　中学生対象の場合は、資料等のヒントになるものを提示した上で行う。 ②　年間指導計画の中で、どの程度の時間数をとることができるかによって、各内容の配当時間を考え、授業中に実施する内容または放課後や自宅学習にする内容などに分けて授業計画を立てる。

⑶「探究の過程を踏まえた学習活動」に当たっての配慮事項

①　主体的・対話的な深い学びを、単元や時間のまとまりの中で計画する。

②　課題は興味・関心や進路希望等に応じて主体的に取り組めるよう設定する。

③　探究活動は無理がないよう計画し、解決の見通しの立つ課題を設定する。

④　先端科学や学際的領域に関する研究は、大学や研究機関、博物館、科学館などとの連携を図る。

⑤　連携先から助言を得たり、専門機器を借用したりして、研究の質を高める。

⑥　研究報告書を作成し、研究発表会を開催して研究成果を発表する。

⑦　研究発表会では、大学や研究機関の研究者から専門的見地からの意見をもらい、研究の達成感や奥深さを実感する。

(4)「探究の過程を踏まえた学習活動」における教員の役割

①　生徒が考える場面と教員が教える場面を明確にした上で準備をしておく。

②　生徒の興味・関心や基礎的技能の実態を把握し選択する課題を想定する。

③　課題設定に困惑する生徒には、興味を喚起しながら課題を提案する。

④　生徒が設定した課題の科学的意義を理解し、探究活動に意欲を持たせる。

⑤　実験装置や測定方法について相談を受け、より効果的な方法を助言する。

⑥　結果が予想と反した時は、仮説を見直して実験をやり直す時間を与える。

⑦　中間報告を行わせ、探究の方向を修正し、より正確な方法を助言する。

⑧　データ処理やレポート作成には、情報機器等のICTを積極的に活用して、情報処理・活用能力を高めていく。

⑨　発表会では、研究を大きな視野から俯瞰して評価し生徒の努力を称賛する。

参考資料・文献

『改訂理科指導法』2019年　東京理科大学教職教育センター

信頼される理科教員（科学の魅力を感じ取らせてくれる先生）

① いつも笑顔で明るい表情、穏やかで、写しやすい板書をしてくれる先生

② 何らかの自作教材を持ってきて、興味深く分かりやすく教えてくれる先生

③ 演示実験や生徒実験を多く設定してくれる先生

④ 実験器具の扱い方を丁寧に教えてくれる先生

⑤ 自分で考えたり、調べたり、探究実験を行う時間を作ってくれる先生

⑥ 難しい科学理論を丁寧に教えてくれる先生

⑦ 科学的な背景、科学技術の現状、日常生活への利用等を伝えてくれる先生

第2章 科学的思考力を育む授業

ポケットに石ころをいっぱいつめ、トンボやチョウチョを夢中で追いかけた。空を見上げ星を数えた。買ってもらったばかりのおもちゃが不思議で分解しては怒られた。そんな夢や好奇心いっぱいの幼少年時代を過ごし、今、理科の教師養成に携わる筆者たちが、自らの中学・高校時代の理科の授業への思いや、長年理科教員として培ったノウハウを次世代に伝えようとまとめた章である。

この章では、中学から高校基礎の内容を、物理、化学、生物、地学の４編に分け、計17節を設けた。各節で取り上げている内容の概略は以下の通りである。

- 科学者たちの業績を追いながら、科学理論や技術が確立するまでの発展を振り返った。ここでは、中学や高校で学ぶ様々な科学的な概念や法則はどう作られ、科学者たちはどう思考し、実験し、理論を確立したのか、その過程を分かりやすく説明してある。授業の話題源として活用されることで、生徒の知的好奇心が刺激され、興味関心の高まることを期待したい。
- 先端科学と日常生活との関連を紹介した。ここでは、先人により確立された科学的理論や技術は、その後の社会の発展にどのような影響を及ぼし、私たちはどのような恩恵を受けてきたのかを説明してある。これを読んだ生徒たちが、先端科学へのあこがれを抱き、理科を身近なものに感じて欲しいとの願いを込めた。
- 「考えてみよう」「調べてみよう」などのコラムは、生徒たちの科学的思考力を育むための指導上のヒントとして活用していただきたい。
- 生徒が目を輝かせ、食らいつくような面白い楽しい授業、好奇心がいっぱいあふれた授業をつくる支援をしたい。そういう思いがたくさん詰まった本章が、補助資料として活用されることを願うものである。
- なお、第３章では、この章で取り上げた事項に関する実験と解説を掲載してある。生徒たちの科学的な見方・考え方を育むために活用していただきたい。

物理編

第1節 力と運動

本節では、ガリレイ、ケプラー、ニュートンなどの業績を追いながら、科学の発展を振り返り、中学校や高等学校で学ぶ、力や運動に関する物理的な概念や法則が作られた背景を探る。

1 古代ギリシャの科学者

(1)静力学の創始者アルキメデス

空気中や水中における力のつりあいの研究など静力学分野の基礎を築いたのはアルキメデス(前287～前212)である。

アリストテレスの弟子たちによってアレキサンドリアに開かれた研究所“ムセイオン”で学んだアルキメデスは、てこや滑車、スクリューなど、様々な技術の開発に取り組んだ。

アルキメデス

重心の概念や比重の概念を導入し、てこの原理やアルキメデス原理などをまとめあげた。この2つの原理により、静力学の主な部分が完成されたといっても過言ではない。彼の著書はしばらく忘れられていたが、1543年に、ユークリッドの「幾何学原本」とともに翻訳・出版され、多くの技術者に読まれるようになり、これが近代科学の始まるきっかけとなった。

(2)2000年信奉され続けたアリストテレスの自然観

古代ギリシャの学者アリストテレス(前384～前322)は、自然科学に限らず、哲学、政治学、文学、倫理学など様々な方面で業績を上げ後世に影響を与えた。

アリストテレスは、重い物は軽い物より早く地面に落下する。なぜなら、石などの重い物体の本来の位置は、軽い物の位置より下方にあるので、重い物は軽い物より本来の低い位置に戻ろうとする性質が強いからであると考えた。

アリストテレス

このアリストテレスの自然観は、日常での経験を重視して、そのまま一般化したもので批判も多かったが、彼の学説は、17世紀のガリレイの時代になるまで長い間広く人々に信奉され続けた。

2 理論と実験を重視したガリレイ（動力学の誕生）

中世を支配したアリストテレスの運動論を否定し、力学の基礎を確立したのはガリレオ・ガリレイ（1564〜1642イタリア）である。理論と実験を重視し、実験によって自然界を支配する法則の発見に努めようとした。彼の発明や発見には、振り子の等時性、落体の法則、相対性原理、慣性の法則、望遠鏡の発明など数多くある。著書には、『星界からの報告』『天文対話』『新科学対話』などがある。『新科学対話』の中で繰り広げられた、物体の落下運動についてのアリストテレス説との仮想対話は、非常に興味深い。

ガリレイ

⑴ガリレイの落下実験

「軽い物も重い物も同時に落下する」ことを実証するため、ガリレイは「実験」という新たな方法を取り入れ、物体の落下の仕方は重さに関係しないことを論証した。17世紀当時、一般に信じられていたのはアリストテレスの「重い物体ほど早く落ちる」という考え方であった。これに対しガリレイは、著書『新科学対話』（1638年）の中で、サルビヤチという若者に自分の考えを次のように代弁させている。

「アリストテレスは、重い物は速さが大きく、軽い物は速さが小さいという。もしそうならば、重い物と軽い物を結び合わせたらどうなるか。重い物質は軽い物質のためにその速さが遅くなり、軽い物は重い物のためにその速さは速くなる。結びつけられた物質は両者の中間の速さをとるであろう。ところが両者を結びつけたものは、重い物よりもさらに重くなるので、重い物の速さよりもさらに大きな速さを持たなければならない。この結果は矛盾している。

また、同じ重さであっても、石は速く落ち綿はゆっくり落ちる。この事実もアリストテレスの考え方からは説明できない。この矛盾は、物体の重さに関わらず、すべての物体は同じ速さで落ちると考えれば解消できる」と。

ワンポイント

このことを証明するため、ガリレイは、「ピサの斜塔」から同じ大きさの鉄と木の玉を同時に落とし、同時に地面に落下することを確認したと言われていますが、実際に確認したのは、力の合成分解の法則で知られるベルギーの築城技術者ステビン（1548〜1620）です。彼は、2階から重さが10：1の鉛を2個同時に地面の厚板めがけて落とし、同時に音が聞こえたことを確認しました。

物体の落下について興味のある人は、ガリレイの著書『新科学対話』を読んでみてはどうでしょう。

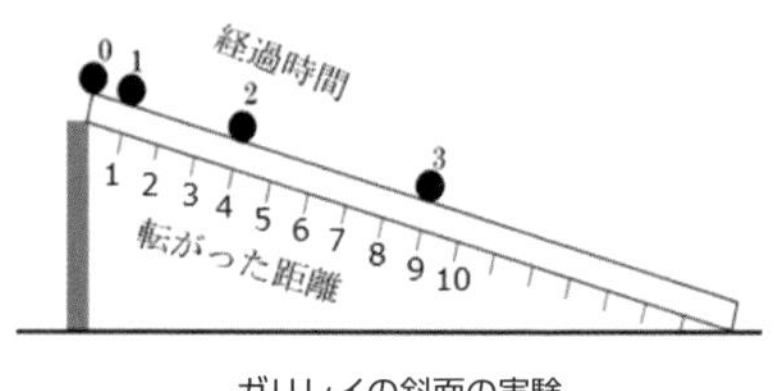

ガリレイの斜面の実験

ガリレイは、「物体の自由落下運動は、一様に加速される運動であるので、落下速度は落下時間に比例し、落下距離は落下時間の2乗に比例する」という仮定のもとに、実験を行い確認しようと考えた。しかし、実際の落下実験では、球の落下速度が大きいので測定が難しかった。そのため、上図のような斜面を使って実験を行った。

溝を切った傾斜台上で真鍮の球を転がし、一定時間ごとに球が通りすぎる地点を調べ、転がった距離を求めた。当時は正確な時計がなかったので、時間は水槽の小穴から流れる水量で測定し、次の結果を得た。

- 球の移動距離は、経過時間の2乗に比例している。
- 1秒当たりの移動距離が長くなって、斜面上の球の速度が増加している。

さらに、斜面の傾斜角を変えてもこの関係は変わらなかったので、傾斜角90度の場合、すなわち自由落下の場合にもこの関係は成り立つと考え、物体の落下運動は加速度運動であると説明した。こうして、「すべての物体は等しい加速度で落下する」というガリレイの落下の法則が確認された。

このように理論と実験を重視し、実験によって自然界を支配する法則の発見に努めようとしたガリレイの手法は、アリストテレスの日常での経験をそのまま取り入れて一般化する自然観とは大きく異なるものであった。

⑵慣性の法則の基礎を見出したガリレイの思考実験

アリストテレスは、「物体が動き続けるためには、力を与え続けられなければならない」と主張した。

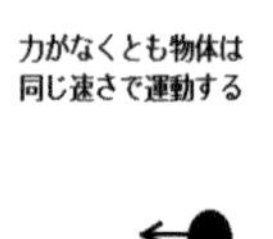

物体の運動と力

これに対し、ガリレイは、「物体は力を取り去っても、動き続けることができる」と主張した。この確認のため、ガリレイは、摩擦の少ない滑らかな斜面で球を転がすという思考実験を行った。

A C D E B

ガリレイの思考実験

斜面ABを落下した球は、斜面BCでも、BD、BEの斜面を昇った場合においても、すべてA点と同じ高さまで上がる。B点を通過してから昇っていく斜面の角度を小さくしても、A点と同じ高さになるまで運動を続ける。それならば、傾斜面を限りなく水平にしていけばどうなるのであろうか。A点から転がりだした球は、B点を通過した後、Aと同じ高さになるまで、球は水平方向に力を受けなくとも、ずっと遠くまで水平面を動いていくに違いないと考えた。

こうして、ガリレイは思考実験という手法により、「力が加わらなくとも、物体は動く」という考えにたどり着いた。

これは、現在われわれの知る「慣性」という考え方の基礎となるものであり、後に、ニュートンにより慣性の法則としてまとめられることとなる。

ワンポイント

ガリレイは、力が働かなければ、地球は球面なので、球が水平面をずっと転がっていけば物体は円運動になると考えていました。この考えは、彼の考えを受け継いだルネ・デカルト（1596～1650フランス）により、「物体に力が働かなければ円運動ではなく、真っすぐに転がっていく」と修正されました。

3 ニュートン力学の誕生

ガリレイから始まった動力学を発展・大成させたのは、ニュートン（1642～1727イギリス）である。彼は、光や色の理論、微積分学などに大きな業績を上げたが、なかでも「運動の3法則」と「万有引力」の発見が有名である。

ニュートン

運動の3法則は、「慣性の法則」、「運動の法則」、「作用反作用の法則」からなり、これにより物体の運動が正確に記述できるようになった。また、万有引力の発見により、りんごが木から落ちるのと、惑星の公転運動が、万有引力という同じ力によって引き起こされることを明らかにし、地上と天界の物体の運動を体系的に一元化して記述することに成功した。

それら研究成果は、1687年にロンドン王立学会から『プリンキピア（自然哲学の数学的原理）』として刊行された。彼の打ち立てた力学体系はニュートン力学と呼ばれ物理学の基盤となっている。

⑴慣性の法則（ニュートンの第１法則）

ニュートンは、力を取り去っても物体が同じ速度で動き続けるのは、「物体は現在の運動の現状をそのまま保持しようとする性質を持っているからである」と考え、その物質の持つ性質を「慣性」と名付け、次のような慣性の法則としてまとめた。「外部から力を受けないか、あるいは外部から受ける力がつりあっている場合には、静止している物体はいつまでも静止を続け、運動している物体は等速直線運動をし続ける」。

日常生活の中で、滑っている物体はいつか止まるということを知っているわれわれには、なかなか実感しにくいが、もし摩擦力がなければずっと滑っていくはずであるとこの法則は述べている。

また、この法則は「物体の速度が変化するときには、必ず力が働いている」ということも示している。これは力の定義にもつながるものである。

慣性の法則は、単に物体が慣性を持つことを示しただけでなく、ニュートンの第2法則により運動を記述できるためには、慣性が成り立つ慣性系という座標系の存在が必要であることを意味しています。つまり、慣性の法則は、第2法則の運動方程式が成り立つための前提を述べたものであるともいえるんです。

⑵運動の法則（ニュートンの第2法則）

「物体にいくつかの力が働くとき、物体にはそれらの合力の向きに加速度が生じる。その加速度aの大きさは合力Fの大きさに比例し、物体の質量mに反比例する」。

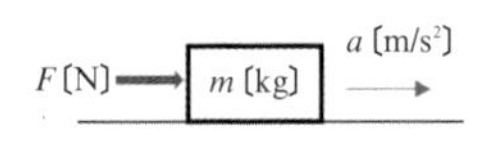

運動の第2法則

この法則は、物体の速度を変化させる（加速度が生じる）ときに、加えた力の大きさFと、生じる加速度aとの関係を定量的に示したものである。

①力とは、物体の運動の状態を変えるもの

慣性の法則によれば、物体は力を受けない限り、等速度運動（静止状態も含む）を続ける。仮に物体が加速度を持つことが計測されるならば、物体には力が働いていることが分かる。このことより、「力とは物体の運動状態を変える働きがある」と定義することができる。

②質量とは、物体の動きにくさを示すもの

同じ大きさの金属と木製の物体に、同じ力を与えたら、木製の物体は動いたが金属の物体は動かなかった。このように、同じ力を加えても必ずしも同じ加速度が得られるわけではない。

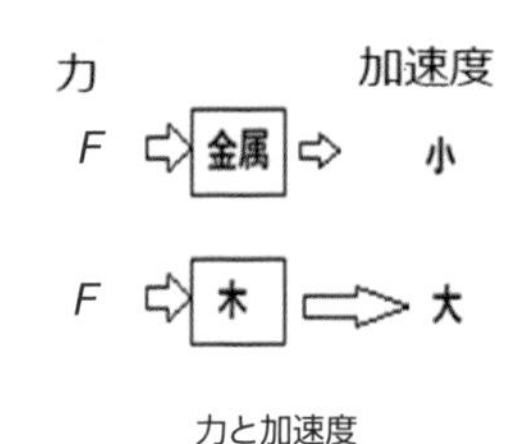

力と加速度

運動する物体の質量は、働いた力に対して「動きにくさ」という形で現れる。このような質量を「慣性質量」という。慣性質量が小さい物質は動きやすく、止まりやすい。慣性質量が大きい物質は動きにくく、止まりにくいということになる。

気を付けよう　質量の指導

物体の重さは、標高や緯度、浮力の影響などにより異なってきます。しかし、質量は場所等が変わっても値が変化しないため「物質の普遍的な固有の量」つまり、物質固有の性質を示す量として使用されます。質量には、「重力質量」と「慣性質量」の２つの概念があるので気を付けましょう。

(1)**重力質量**：重力の大きさのもとに定義される質量で、中学校では「上皿天秤や電子天秤ではかることができる量」と指導します。

(2)**慣性質量**：物体の加速のしにくさ（慣性）から定義される質量で、高等学校では「ニュートンの運動の法則」から、物体に１Ｎの力を加えたときに、１ m/s^2 加速度を生じるときの物体の質量を１kg と定義します。

1671年フランスの天文学者リシュパリは、仏領ギアナに天体観測に行ったとき、振り子時計が遅れだしたのに気が付きました。遅れの原因は、赤道直下のギアナは、パリよりも遠心力が大きく、その分重力が弱められ振り子の重さが変化したことによるものでした。地球上のどこにいるかによって、物体の重さが変わるという事実は、重さが物質固有の量とはなり得ないことを示しています。

(3)作用反作用の法則（ニュートンの第３法則）

この法則は、2つの物体が接触する場合、物体間で力をどのように及ぼしあっているのか明らかにしたものである。「物体Ａから物体Ｂに力が働くと、物体Ｂから物体Ａに同じ作用線上で、大きさが等しく、向きが反対の力が働く」。

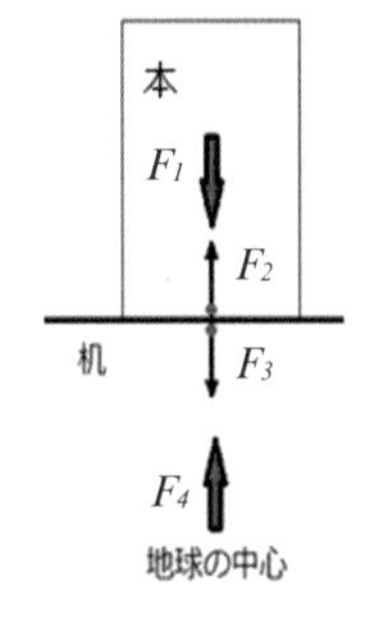

作用反作用

この法則のポイントは次の2点にある。

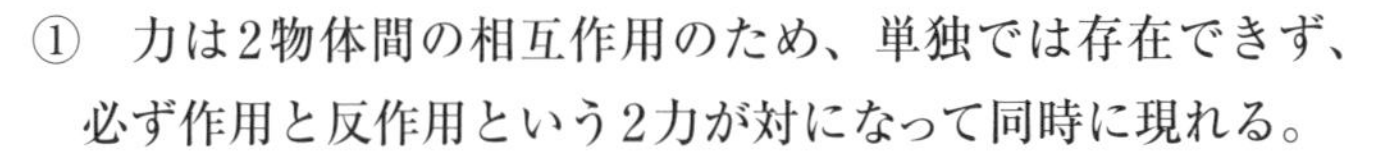
①　力は2物体間の相互作用のため、単独では存在できず、必ず作用と反作用という2力が対になって同時に現れる。

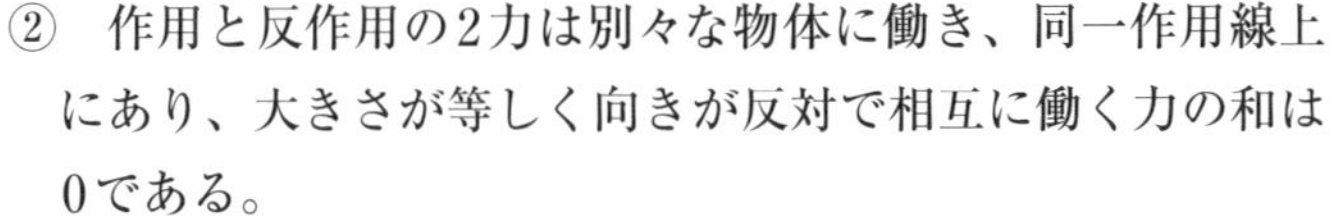
②　作用と反作用の2力は別々な物体に働き、同一作用線上にあり、大きさが等しく向きが反対で相互に働く力の和は0である。

気を付けよう　作用・反作用の解析

作用・反作用は、両者の間での力のやり取りとして誤解されることがよくあります。例えば、上の図のように本を机上に置く場合、「本が机を押したから、机が本を押し返した」と言う表現は必ずしも正確ではありません。本を机上に置くと、本の重力 F_1 のため本が机を押します。これが机に働く力 F_3 です。このとき、机が本を反対向きに押す垂直抗力 F_2 が F_3 と同時に生じます。この F_2 と F_3 が作用・反作用の関係にあります。本が F_1 で押したから机が F_2 で押し返したのではありません。また、机が F_3 で押されたから F_2 で押し返したのでもありません。

また、「F_2 と F_3 がつりあう」と言うのも誤りです。つりあうのは一つの物体に働く力の合力がゼロのときであり、つりあいの関係にあるのは F_1 と F_2 です。整理すると以下のようになります。

(1)作用・反作用の関係　①本が机を押す力（F_3）と机が本を押す力（F_2）
②地球が本を引く力（F_1）と本が地球を引く力（F_4）

(2)つりあいの関係　①地球が本を引く力（F_1）と机が本を押す力（F_2）
②本が机を押す力（F_3）と本が地球を引く力（F_4）

考えてみよう　「作用と反作用の法則」が成り立たないなら？
今、一つの物体をA、Bの2つに分けるとします。このとき、物体全体に働く合力は、AがBに及ぼす作用F_{AB}と、BがAに及ぼす反作用F_{BA}です。もし作用反作用の法則（作用と反作用は力の大きさが等しく、方向が反対である）が成立しない（$F_{AB}+F_{BA} \neq 0$）ならば、物体はどのような運動をすることになるでしょうか。

⑷万有引力の法則の発見

ガリレイは、落下する物体の運動の解析を行ったが、なぜ物体が落下するのかその理由は分からなかった。この謎を解いたのがニュートンである。ニュートンは惑星の運動を解明する中で、月が地球を回るのも、リンゴが木から落ちるのも同じ力が作用していることを発見した。さらに、あらゆる物体間には引き合う力があると考え、万有引力の法則を発見した。ニュートンによる万有引力の発見は、ティコ・ブラーエ（1546～1601デンマーク）、ギルバート（1544～1603イギリス）、ケプラー（1571～1630ドイツ）、ホイヘンス（1629～1695オランダ）、フック（1635～1703イギリス）らの業績が土台になっている。

ケプラーの法則（p.218参照）により、惑星の位置や動きを正確に予言することができるようになったが、惑星を回転させている力の正体や、なぜ惑星が楕円軌道をとるのかは不明であった。

ケプラーは、惑星の楕円軌道の焦点がすべて太陽となっていることから、すべての惑星は太陽から何らかの力を受けているのではないか考えた。そして、地球は磁石であるというギルバートの理論から着想を得て、磁石である太陽や惑星が互いに引き合うことが惑星の運動の力になっていると考えた。

当時、ホイヘンスの研究により、惑星の運動を円運動と見なせば、惑星を引く太陽の引力は、太陽からの距離の2乗に反比例することが分かっていた。しかし、楕円軌道でこのことを解明できた者は誰もいなかった。

ニュートンは、当初、向心力と遠心力のつりあいという誤った方法で惑星の運動を考えていたが、1679年にフックからの書簡で「惑星の運動を、慣性による接線方向への直線運動と中心物体からの引力による中心方向へ加速する運動の合成と捉え中心力を導く」という考え方についての意見を求められた。このフックの構想は、ニュートンが、惑星の運動の解析を行う上での大きな手掛かりとなった。彼は、卓越した幾何学的能力を使って、ケプラーの第3法則から、楕円軌道上を動く惑星と太陽の間に距離の2乗に反比例する力が働いていることを導いた。そして、その力はすべての物体の間にも働いていると仮定して、惑星の運動や潮汐までの説明を行うことに成功した。こうして、2物体間には、距離の２乗に反比例し、双方の質量に比例する引力が働くという万有引力の法則が発見されたのである。後日書簡にあったフックの仮説をめぐり、ニュートンとフックとの間で万有引力の逆２乗法則の先取権をめぐる激しい争いが起きたことは有名な話である。

ニュートンは、1687年に『プリンキピア』を刊行し、力学の一般法則を定式化し、ニュートン力学の体系化を図った。その中で、惑星の軌道の接線方向での直線的な慣性運動の考え方から「慣性の法則」を、太陽からの引力（万有引力）による中心方向への加速運動から「運動の第２法則」について述べている。万有引力は、太陽の質量を M、惑星の質量を m、太陽と惑星の間の距離を r とすると、$F = G\dfrac{Mm}{r^2}$ と表せる。G は万有引力定数と呼ばれる。18 世紀のヘンリー・キャベンディッシュ（1731 ～ 1810 イギリス）は、ねじり天秤を用いて、物体間に働く微小な万有引力の大きさを測定した。万有引力定数は $G = 6.67 \times 10^{-11}$ 〔$N \cdot m^2/kg^2$〕である。

考えてみよう　「万有引力」
0.5kg のリンゴを 1.0m ずつ離して、
(1) 真空中においた場合
(2) 地上で机の上においた場合
リンゴはそれぞれどうなるでしょうか。
（ヒント）：万有引力と摩擦力

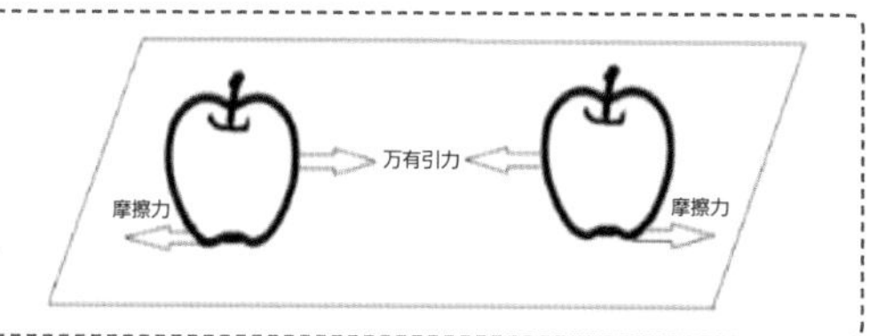

⑸エネルギー保存の法則

仕事を、物体の移動方向に加えた力×移動距離と定義し、エネルギーは仕事をする能力であると定義したのは、コリオリの力で有名なガスパール・ギュスターブ・コリオリ（1792～1843 フランス）である。仕事とエネルギーは等価関係にある。エネルギーは、力学的エネルギー、熱のエネルギー、電気エネルギーなど様々な形で存在し、お互いに熱や光などに姿を変換している。しかし、変換前後のエネルギーの総量は変わらない。これを「エネルギー保存の法則」という。

①運動エネルギー

運動する物体Ａを、静止する物体Ｂに衝突させると、物体Ｂは動きだす。このことから、運動する物体Ａは、物体Ｂを動かすエネルギーを持つという。
質量 m の速さ v で運動する物体が持つ運動エネルギーは、$\dfrac{1}{2}mv^2$ と表せる。

考えてみよう　運動エネルギーはなぜ $\frac{1}{2}mv^2$ か

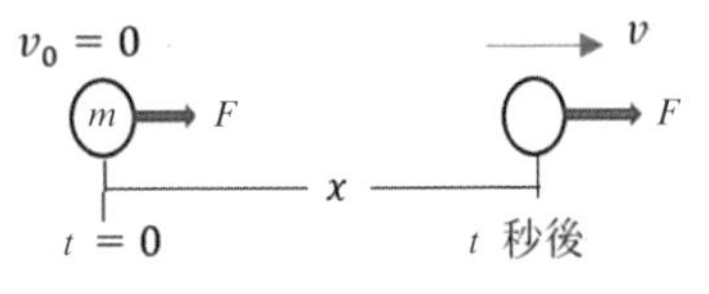

静止する質量 m の物体に力 F を加えたら、x 移動し速さが v となりました。このとき、$v=at$ 及び　$x=\frac{1}{2}at^2$ の関係が成り立ちます。
両式より、t を消去すると　$2ax=v^2$ となります。
これを運動方程式　$a=F/m$ に代入し、変形すると $Fx=\frac{1}{2}mv^2$ となります。左辺の Fx は仕事 w なので、$w=\frac{1}{2}mv^2$ となります。

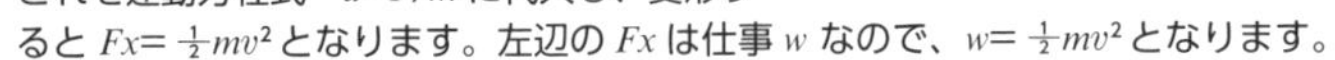

この式より、質量 m の速度 v で動く物体は $\frac{1}{2}mv^2$ の仕事をしたことが分かります。よって、質量 m の速度 v で動く物体は $\frac{1}{2}mv^2$ の運動エネルギーを持つといえます。

②重力の位置エネルギー

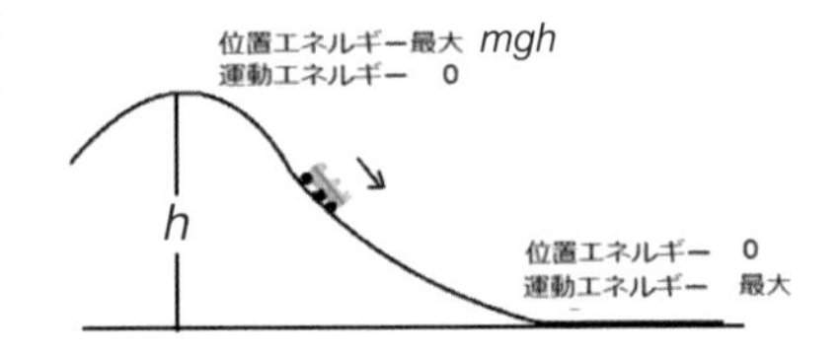

高い場所にあるジェットコースターが斜面を下り始め速度を上げていくと、ジェットコースターの運動エネルギーは増加していく。この運動エネルギーはどこから発生したのであろうか。

物体は置かれた位置により固有のエネルギーを持つ。つまり、高い場所にあるときはエネルギーを多く持ち、低い場所ではエネルギーが少ない。

高い位置から低い位置に変わることにより生じたエネルギーの差が、運動エネルギーに変換したと考えれば理解できる。

考えてみよう　重力の位置エネルギーは、どうして mgh と表せるのか

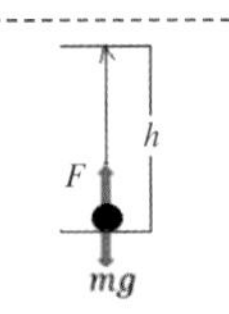

質量 m の物体を、重力 mg に等しい力 F でゆっくりと高さ h まで持ち上げたとき、外力のした仕事＝持ち上げる力×持ち上げた距離、すなわち W＝ mgh となります。

よって、高さ F の場所にある物体は、外力Fから得た仕事量 mgh 分のエネルギーを位置エネルギーとして持つことになります。

考えてみよう　物体の重力と同じ力 mg で、なぜ荷物を持ち上げられるのか

ほんの一瞬、物体に mg より少し大きな力を上向きに加えると、物体は上向きに動き始めます。その後、上向きに mg と同じ力 F を与えつりあいの状態をつくります。このとき、物体にかかる合力はゼロなので、物体は等速度運動となり、最初動き始めた速度のまま慣性で上がっていきます。

③力学的エネルギー保存の法則

運動エネルギーと位置エネルギーの和を力学的エネルギーといい、物体に保存力だけが働くとき、または保存力以外の力が働いても仕事をしないとき、力学的エネルギーは一定に保たれ、

$$\frac{1}{2}mv_A^2+mgh_A=\frac{1}{2}mv_B^2+mgh_B$$

の関係がある。これを力学的エネルギー保存の法則という。

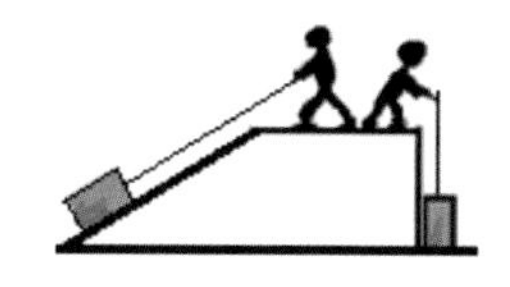

この法則で理解の難しいのは保存力という概念である。例えば、図のように、重力下で物体を直接引き上げても、斜面を使っても摩擦がなければ仕事は経路によらず一定である。このように、力のする仕事が経路によらず一定（保存されるという）である場合、仕事中に物体に働いていた力を保存力と呼ぶ。この場合は重力が保存力である。摩擦などが無視できる場合は力学的エネルギー保存の法則が成り立つ。ばねの弾性力、静電気力等も保存力である。

一方、摩擦力や空気抵抗は、動く方向と逆向きに働く力であり、摩擦や空気抵抗の経路を長くとれば、移動させるための仕事が増え、経路によって仕事が異なってくる。このように、力のする仕事が途中の道筋によって異なる場合に、働いていた摩擦力や空気抵抗等を非保存力という。

⑹運動量保存の法則

①運動量とは何か

物体の運動は、物体の速度が大きいほど、また、物体の質量が大きいほど激しい。例えば、野球のボールと卓球のボールが同じ速さで体にぶつかった場合、野球のボールの方が激しい痛みを感じる。また、同じ野球ボールでも、速度が小さいと当たっても痛みは少ない。このように物体の運動の激しさは、物体の質量と速度に関係する。ニュートンは、『プリンキピア』の中で、物体の運動の量（衝撃や勢い）は、質量と速度の積ではかられるべきと考え、運動量という概念をつくり、運動量＝質量×速度と定義した。

ワンポイント

アリストテレスは、物体が投げられた後は空気によって推進されると考えていました。この説は、空気は抵抗ともなることから当時から批判が多くありました。6世紀フィロポヌス（490～570ギリシャ）は、「物体が運動を持続するのは、投げたときに与えた動力が物体に刻まれるからである」と考えました。この考えは14世紀にビュリダン（1295頃～1358フランス）によって「インペトス理論」となりました。インペトスとは勢いという意味であり、「物体に込められた勢いは、投げられた方向に、物体の質量と投げたときの速度に比例する」という理論です。17世紀になって、デカルトは「物体のインペトス（勢い）は衝撃によって得られる」と考えました。この考えは、後に、ニュートンの定義する運動量につながっていきます。

ニュートンの運動の第2法則は、現在は $F=ma$ となっていますが、当時『プリンキピア』でニュートンが主張したのは、「運動量の変化は、加えられた外力（力積）に比例し、外力の方向に起こる」というもので、力ではなく運動量についてのものでした（参考：安孫子誠也著『歴史をたどる物理学』）。

②運動量と力積（運動の勢いを変化させるものは何か）

運動量は、どのくらいの力をどのくらいの時間加えたかで決まってくる。例えば、物体に与える力を2倍にし、さらに力を与える時間を3倍長くすれば、運動量は2×3＝6倍になる。また、ホームランバッターは、勢いよくバットを振り、ボールに大きな力を与えるとともに、ボールとバットの接触時間を長くして、大きな力積（力と加えた時間の積）を与えることでボールの運動量を増加させボールを遠くまで飛ばそうとする。これも運動量と力積の関係で説明できる。

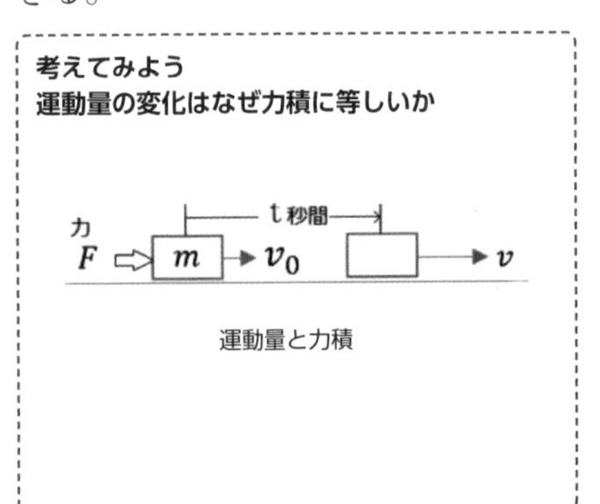

運動量と力積

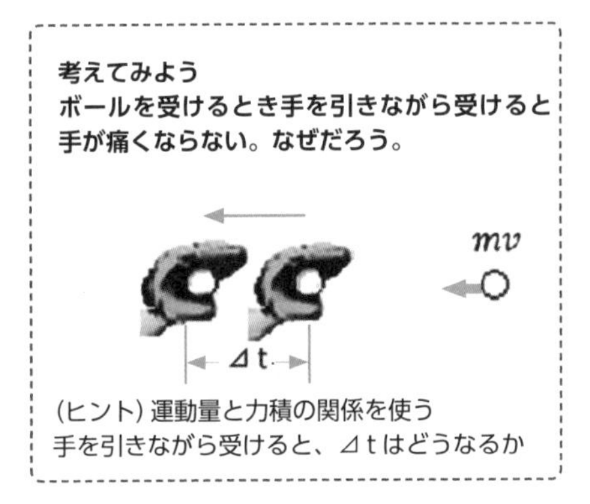

③運動量保存法則

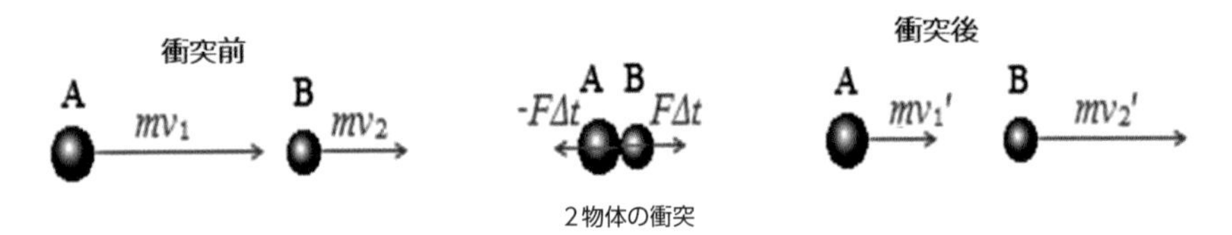

2物体の衝突

図のようにAB両球が衝突すると、Aの速度は遅く、Bは速くなり、両球の運動量はそれぞれ変化する。これは衝突時に相互に力積を受けるからである。

衝突中、AとBには作用反作用の関係にある逆向きの力が、同じ時間働く。つまり、同じ大きさで逆向きの力積が働く。仮に、衝突で、Bが受けた力積を50とすると、Aは－50の力積を受けることになる。その結果、Aは力積－50に相当する運動量が減り、Bは力積50に相当する運動量が増える。しかし、AとBの運動量の総和を見ると、衝突の前後では変わっていない。このように、物体外から力が加わっていない場合には、衝突・分裂の前後で物体の持つ運動量の和は変化しない。これを運動量保存法則という。衝突前後の運動量の間には、$m_1 v_1 + m_2 v_2 = m_1 v'_1 + m_2 v'_2$ の関係が成り立つ。

これまで、運動方程式、エネルギー保存の法則、運動量保存の法則の3つについて説明をしてきた。物体の運動を知るには、理論的には、運動方程式があればよい。しかし、衝突などのように、物体の加速度や力が不明で、運動方程式$F=ma$が立てられないような場合に、運動量保存の法則を使えば物体の運動を知ることができて便利である。これができるのも、運動方程式を変形し、積分等を行うと、エネルギー保存則や運動量保存則を導くことができるからである。つまり、この3つの式や法則は、本質的に同じ内容を違った形で示したものなのである。

4 重力と先端科学

⑴重力の謎に挑む

①重力とは万有引力と遠心力の合力である

万有引力は地球の中心に向かって物体を引き寄せる。さらに、地球の自転のため、物体は地球の中心から放り出される方向に、質量に比例した遠心力を受ける。重力とは、この万有引力と遠心力の合力であるが、遠心力は万有引力に比べ非常に小さいため、重力はほぼ万有引力と見なせる。万有引力と遠心力は高度や緯度によって異なるため重力も変化する。遠心力は赤道で最大、極で最小となり、重力は極が最大で、赤道では地球が扁平なため、極より0.5%ほど小さくなる。

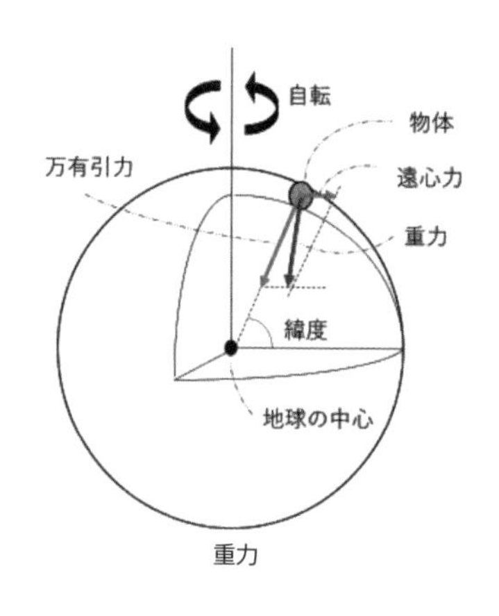

重力

②重力とは時空のゆがみである

20世紀に入りアインシュタインは、新たな重力理論として「一般相対性理論」を作り上げた。重力は、物質とエネルギーの分布が変化することにより生じた時空の曲がりであるという理論である。質量が大きな物体は周囲の空間をゆがませ、そのゆがみが物体を強く引き寄せ、光の進路を曲げ、重力として作用すると説明している。さらに、空間のゆがみが極限まで大きくなると、光さえ脱出できない大きな重力を持つブラックホールが生じる。

そして、このブラックホールが宇宙空間を移動する際、周囲の空間がゆがみ、波のようになって周囲に伝わる重力波が生じるはずである。1916年にアインシュタインはこのような重力波の存在を予言したが、重力波による時空のゆがみは極小のため観測が困難で、

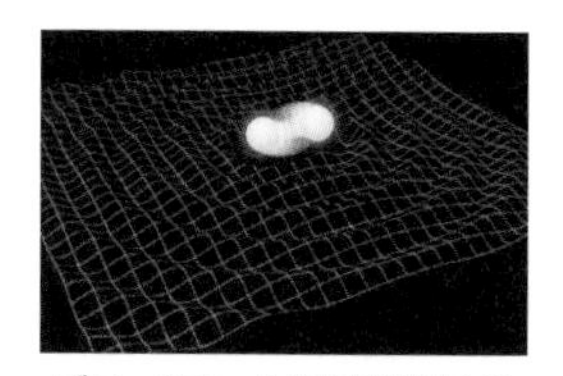
ブラックホール合体で放出された重力波のイメージ©NAOJ

長い間見つけることはできなかった。

一般相対性理論発表後100年を経た2016年に、アメリカの重力波観測装置「LIGO」が重力波の観測に成功し、一般相対性理論の正しさが証明された。

③重力の謎、超ひも理論による解明へ

宇宙には一般相対性理論では説明できない宇宙誕生時の重力や、ブラックホールやダークマターなどのミクロな世界での説明ができないことが出てきた。そのため、最近では「超ひも理論」等が提唱され、重力の謎に挑んでいる。

⑵重力を打ち消す

エレベータが上昇するときに体が重くなったり、逆に下降するときに軽くなったりした感じを受けることがある。これはエレベータが加速する際に慣性力が働くからである。

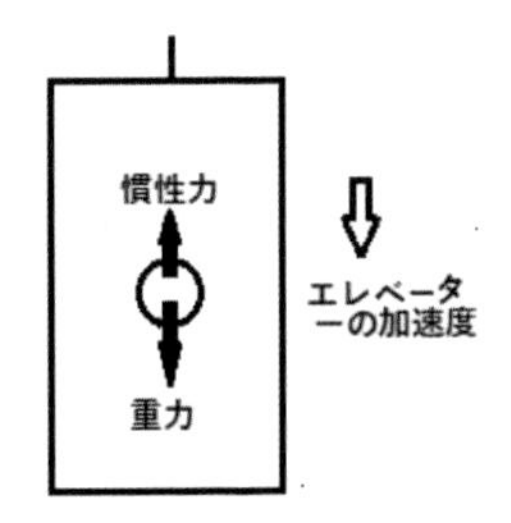

慣性力

エレベータが加速度a〔m/s^2〕で下降するとき、中に乗っている質量m〔kg〕の人間には、ma〔N〕の慣性力が上向きにかかる。このため、人間にかかる力はma〔N〕だけ軽く感じる。加速度aを大きくしていき、落下加速度gと同じにすると、上向きの慣性力の大きさはmgとなる。その結果、人間には下向きに重力mg、上向きに慣性力mgが加わり相殺されるため、重力がなくなったようになる。この状態が無重量状態である。

この原理を使うと人工的に無重量状態を作ることができる。飛行機を急上昇させて、その途中でエンジンを止めると、飛行機は上昇を続けた後、放物線を描きながら急降下する。そのときに飛行機の中が20秒程度、無重量の状態となる（パラボリックフライト）。こうした方法で宇宙飛行士の訓練や宇宙用機器の検査などが行われている。

⑶宇宙ステーション内は、なぜ無重量状態になるのか？

地表から400 km程度の高度で飛ぶ宇宙ステーション（ISS）の中では、宇宙飛行士はふわふわ浮きながら生活している。この高度での万有引力は地球の重力の9割ほどであり、無重力ではない。では、ISS内では、重力がゼロではないのに、なぜふわふわ浮くのであろうか？

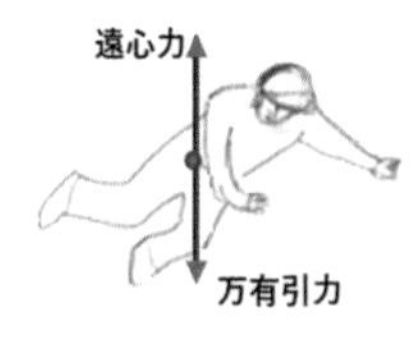

無重量状態

ISSは、時速27,600km（約90分で地球を1周）の速さで地球を回るため、地球の中心に向かって加速度を生じ、ISS内の人は地球の中心と反対方向に遠心力を受けることになる。その結果、地球に引っ張られる重力と遠心力がつりあい、ISS内は無重量状態となりふわふわ浮くのである。

考えてみよう
① **無重力空間では、ろうそくの炎はどうなるか**
② **無重力空間で、紙飛行機を飛ばすとどうなるか**
（ヒント） 重力がないとどのような状態が生じるか

参考資料・文献

『新科学対話』上・下　ガリレイ　2015年第22刷　岩波書店

『歴史をたどる物理学』安孫子誠也　1995年第15刷　東京教学社

『磁力と重力の発見』山本義隆　2003年第2刷　みすず書房

『Newton 力学と万有引力』2009年　ニュートンプレス

『Newton別冊　重力とは何か』第2版　2016年　ニュートンプレス

『Science Window』2013　秋号（10-12）　科学技術振興機構

「Naojニュース　LIGOによる重力波の直接検出について」

国立天文台ホームページ

https://www.nao.ac.jp/news/topics/2017/20171003-nobelprize.html

第2節 熱

熱や温度の学習は、小学校で身近な現象を確認し、中学校で実験を通して量的関係を確認し、高等学校で分子運動のエネルギーが熱であるという理解につなげていく。この系統的な学習は、熱や温度の研究の道のりをなぞるように計画されている。それは、生徒に自然な形で概念形成がなされるようにとの考えからである。小学校から高等学校まで、その時々に形成される概念が明確なものになるよう、科学的な背景や学問的な内容も伝えていきたい。

1 絶対温度に至るまでの経緯

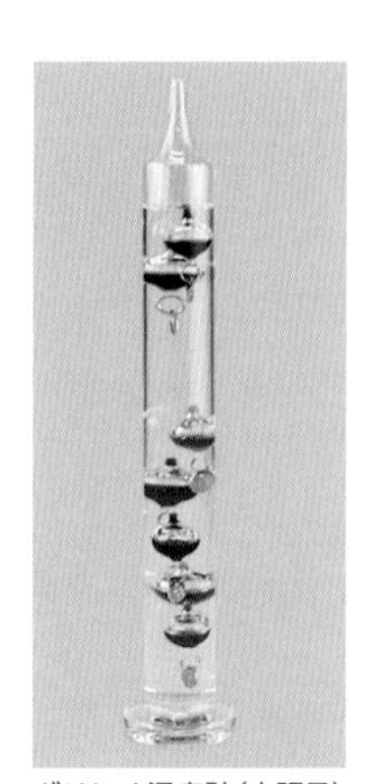
ガリレオ温度計（市販品）

古くから 温かさを「温度」と呼んでいたが、その程度を示す指標がないことから、多くの科学者が温度計開発に取り組んでいる。

⑴ガリレオ温度計

ガリレオ・ガリレイは、膨張させた空気を入れたガラス球を水に差し込み、周囲の温度までに低下したときの空気の収縮による水の上昇高さで温度を測定する温度計を発明したが十分なものではなかった。その後、ガリレイの弟子たちが密度の大きな液体中に密度の異なる物体を数種類入れ、温度による液体の密度変化に伴う物体の浮き沈みする様子から温度を測定する温度計を開発した。

⑵ファーレンハイトの華氏温度

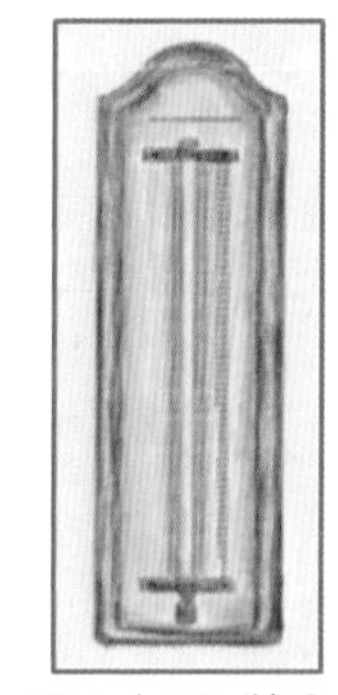
ファーレンハイトの温度計。0～240の目盛が振られている。

ガブリエル・ファーレンハイト（1686～1736ドイツ）は、水銀気圧計を参考に水銀をガラス管に注入し、温度上昇による水銀の膨張を利用した温度計を開発した。水と氷と塩化アンモニウムの混合物から得られる寒冷の温度を0度、氷の融点を32度、人の体温を96度とする華氏目盛（°F）を考えた（1724年）。1960～1970年間のメートル法導入後、多くの国は摂氏温度を用いるようになったが、アメリカとヨーロッパの一部では、現在でも華氏温度を用いている。日本での呼名「華氏」は、ファーレンハイトの中国語「華倫海」から取ったものである。

(3)セルシウスの摂氏温度

アンデルス・セルシウス（1701～1744スウェーデン）は、溶けかけの雪に温度計を差し込み、沸騰しているお湯の温度を100等分する摂氏温度目盛（℃）を考えた（1742年）。1948年第9回国際度量衡総会において、その目盛と名称が「セルシウス度」と認められて国際単位となった。日本での呼名「摂氏」は、セルシウスの中国語である摂爾修から取ったものである。

調べてみよう　華氏温度と摂氏温度を用いる国々

アメリカの飛行機内では、到着地気温が華氏表示で示され、あまりにも高い数値に驚くことがあります。華氏温度を使用する国、摂氏温度を使用する国を調べておくと、そんなこともなくなるでしょう。

華氏と摂氏

華氏（℉）	0	32	96	212
摂氏（℃）	-17.8	0	36	100

(4)ケルビンによる絶対温度

ウイリアム・トムソン（ケルビン卿）は、「シャルルの法則」（気体は温度が1度上下すると体積が1/273ずつ膨張・縮小する）から、体積が1/273ずつ縮小するのであれば－273度が最下限の温度となると考え、その温度を零度とする絶対温度目盛を考案した（1848年）。

絶対温度の単位はKで、絶対温度Tと摂氏温度tには次の関係がある。

T〔K〕= t〔℃〕+ 273.15　　したがってΔT〔K〕はΔt〔℃〕に相当する。

考えてみよう
なぜ絶対温度を使用するのでしょう
(ヒント)
- 0 ℃という温度は、温度がないということかしら。
- －20 ℃というけれど、温度にマイナス状態があるのかな。
- 水の性質を基準にした摂氏温度で、水以外の物質をはかっていいのかな。

絶対温度を使用する意味

考え得る最低温度を零度とすると、温度全体を正の連続値で表すことができ、物質や運動の温度との関係性追究が容易なものになります。この観点から、ケルビンの絶対温度が国際単位に採用されました（1968年）。

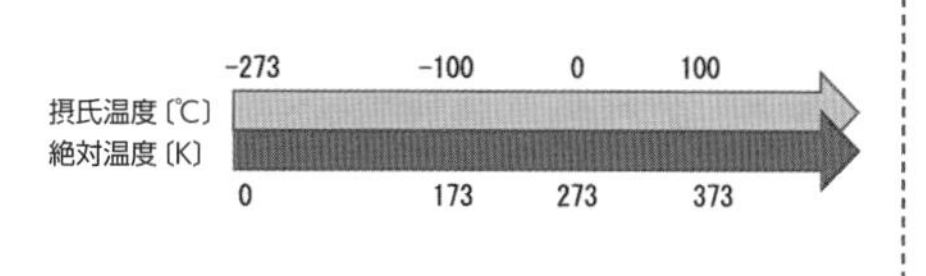

2 熱の研究

温度を上昇させる熱については、古代から研究の対象であった。エンペドクレス（前490頃～前430）やアリストテレス（前384～前322）など古代ギリシャの哲学者は、「火」や「空気」「水」「土」が自然を司る四大元素であるとし、「火」を物質として捉えていた。この考え方は、長い間継承されたが、17世紀になって熱を解明する研究が盛んになる。

⑴熱物質説

熱は物体中に含まる熱物質が燃えることで発生して、温度を上昇させるという考え。ドイツの錬金術師ヨハン・ヨアヒム・ベッヒャー（1635～1682）は、「火」「空気」「水」「土」という古代元素を「空気」「水」「土（溶ける土、流動土、脂肪土）」に置き換えた（1677年）。その後、ドイツ・ハレ大学医学・化学教授のゲオルク・エルンスト・シュタール（1659～1734）が、「脂肪土」を「燃素（フロギストン）」と名付け、燃えて無味・無臭・無色なフロギストンが放出されるという考え方を発表した（1703年）。この「フロギストン説」は、他に説明がないことから長い間継承された。

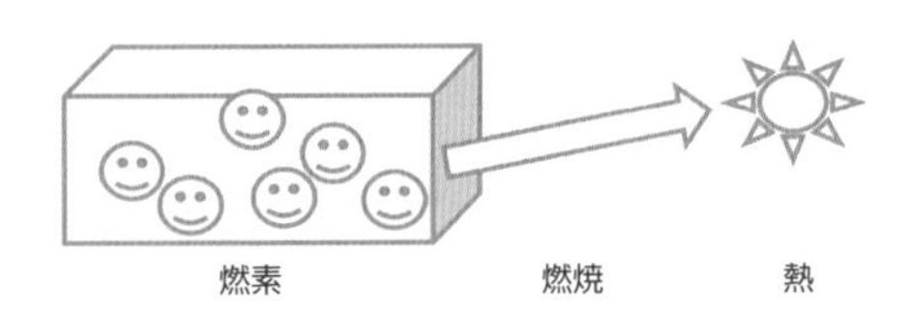

物質には、燃焼するものと燃焼しないものがあること、物質によって燃焼したときの熱量が違うことから、燃焼する物質には燃素が含まれていて燃えて熱を出すという考えは、長い間、多くの科学者から支持されていました。

物質中のフロギストンが燃焼するのであれば、燃焼後の質量は軽くなるはずである。しかし、金属を燃焼させると質量が増すことから、アントワーヌ・ラボアジェが、熱は「酸素」「熱素（カロリックス）」から起こるとして、フロギストン説を覆して、空気中の酸素が燃焼の中心的役割を果たすことを『化学命名法』（1787年）、『化学原論』（1789年）で発表した。「熱素」という物質が「酸素」と結合して熱を発生するという新たな熱物質説「カロリックス説」は、多くの科学者からの支持を受けるものとなった。

ラボアジェ

アントワーヌ・ラボアジェ（1743～1794フランスの化学者）
「熱量保存の法則」を発見。燃焼は、空気中の物質との結合であるとし、その物質を酸素「オキシジェーヌ（oxygène）」と命名しました。長い間信じられてきた「フロギストン説」を覆したこと、「元素表」を作成したことなど多様な功績から「近代化学の父」と言われています（参照　化学編「化学変化」「元素と原子」）。

⑵熱運動説

熱は運動の結果に発生するという考え。フランシス・ベーコンが1620年に熱運動説を提唱した先駆的人物となった。賛同して研究を継続させた科学者に、ボイル、ガリレイ、ガッサンディア、ホイヘンスなどがいる。

ベンジャミン・トンプソン（1753～1814アメリカ）は、砲身に穴を開けるときに熱が発生することから鋭くない刃のドリル機の摩擦で水（約8.5 kg）を温める装置を作り、1時間で華氏107度（摂氏41.7度）、1時間半で142度（摂氏61度）、2時間半で水を沸騰させ、熱は熱素が燃えて発生するのではなく、摩擦などの運動の結果発生することを実証した(1798年)。しかし、この考えはカロリックス説を信じる科学者に受け入れられず、50年後にジュールが、その正しさを検証するまで評価されなかった。

考えてみよう　　熱って何だろう
- 「熱」という物質は存在しないけど、熱を出す物質はあるんだよね。
- 「熱」は「力」と同じように目に見えないね。
- 「今日は熱がある」というけれど、正しいのかな。
- 「温度」と「熱」は違うのかな。

＊この疑問は、学習を進めていくうちに解決します。無理に答えを探さず、疑問を持ち続けることが大切です。

3 熱の理論確立に迫る研究

(1)シャルルの法則

ジャック・シャルル（1746～1823フランス）は、熱気球内の温度を1 ℃上昇させると気体の体積が1/273膨張することを発見し、気体の体積変化は温度変化に比例することを発見した(1787年)。

シャルル

温度を下げると気体は収縮するが、－273 ℃になると存在していた気体が消失してしまうことになり、現実に起こり得ないことから、この温度が温度の下限になるだろうと予想していた。

シャルルの法則

0〔℃〕の気体の体積を V_0〔m³〕、t〔℃〕の気体の体積を V_t〔m³〕とすると

$$V_t = V_0 + \frac{t}{273} V_0$$ となります。

上記関係式は、後のケルビンの絶対温度 T を代入して書き直され、「シャルルの法則」と命名されています。

$$\frac{V}{T} = \frac{V_0}{T_0} = \text{一定} \qquad T = 273 + t \qquad T_0 = 273\ \text{K}$$

(2)ブラウン運動の発見

ロバート・ブラウン（1773～1858イギリス）は、水に浮かべた花粉が不規則な運動をすることを発見し、花粉中の生命体が動いていると考えた（1827年）。後に、熱による水分子の振動のために起こる現象であることがアインシュタインにより解明され、分子の熱運動を証明する貴重な発見であるので「ブラウン

運動」と命名された。

⑶熱量単位カロリー

ニコラス・クレメント（1779～1841フランス）が「水1kgを1℃上昇させる熱量を1カロリー（cal）」と命名した（1824年）。水が1kgであるので、現在の1000 calに相当する。その後、英国学術協会が「水1gを1℃上昇させる熱量を1cal」と規定した（1868年）。

ワンポイント

この〔cal〕という単位は、広く国際的に使われていましたが、1948年国際度量衡総会（CGPM）において、できるだけ使用しないこと、どうしても使用する場合は〔J〕と併用することが決められました。日本の中学校では、生徒の概念形成のしやすさや計算の簡便さから、熱量の単位を〔cal〕を用いて指導してきた経緯があります。1999年、日本の「計量法」によって、J（ジュール）を用いるよう規定され、2002年中学校学習指導要領でカロリー使用が廃止されてからJ（ジュール）に統一されました。栄養学や運動時の消費エネルギーなど限定的な場面でカロリー単位を使用することは認められているので、日常生活ではカロリーを熱量の単位とする場合があります。
1cal ＝ 4.19 J　の関係にあります。

⑷ゼーベックとペルティエの熱電効果

トーマス・ヨハン・ゼーベック（1770～1831ドイツ）が、2種類の金属の両端をつなぎ、金属間に温度差を与えると電流が発生することを発見した（1821年）。また、ジャン＝シャルル・ペルティエ（1785～1845フランス）が、異なる金属を接触させて電流を流すと熱が発生することを発見した（1834年）。この発見から、熱と電流には密接な関係があり、相互に変換することができることが解明された。

⑸熱量を電気や仕事から測定

ジェームズ・プレスコット・ジュール（1818～1889イギリス）は、裕福な醸造家の次男であった。病弱のため家庭教師（原子論ジェームス・ドルトンなど）について学習し、大学や研究機関には就かずに、家業を営みながら研究活動を進めていた。熱が「物質」なのか「運動」なのか議論が錯綜する中で、熱量を電気の電力量や力学的仕事量で測定し、「熱運動説」の正しさを立証した。この発見を契機に、熱の研究は、熱力学、電磁気学、化学へと一気に広がっていく。

ヘルマン・フォン・ヘルムホルツ（1821～1894ドイツ）が、力学、熱、電気、磁気、化学反応など様々な状態の中の「エネルギー」は、仕事を行う能力において等価であることを数学的に証明し、ジュールが示した「熱」「電気」「力学的仕事」の関係が成立することを証明した（1847年）。

① **ジュールの法則**

熱と電気の関係を調べていたジュールは、水の中に入れた導線にボルタの電池から電流を流し、水の温度上昇から、電流により発生する熱量 Q〔J〕は、電流 I〔A〕の2乗と抵抗 R〔Ω〕、時間 t〔s〕に比例することを発見し、下記の法則を導き出しました。この電流により発生した熱を「ジュール熱」といいます（1840年）。

$Q = I^2Rt$　　Q：ジュール熱〔J〕　　I：電流〔A〕
　　　　　　R：抵抗〔Ω〕　　　　t：時間〔s〕

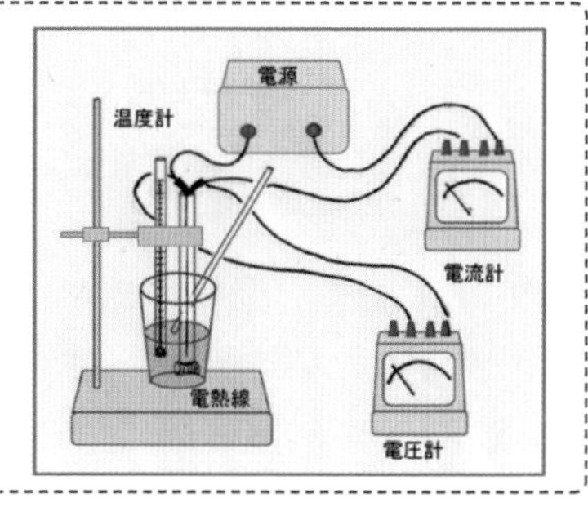

② **熱の仕事当量**

トンプソンの実験を参考に熱と力学的仕事の関係を追究していたジュールは、右図装置で水（1ポンド）を1度（華氏）上昇させる仕事量は838（フィートボンド）であることを計測し、熱量は仕事量と同等であることを立証しました（1845年）。おもりを自然落下させて、水槽中の羽根車を回転させ水を攪拌して上昇させた水の温度から、熱と仕事量の関係は下記のようになります。

$W = JQ$　　W〔J〕：羽根車を回す仕事　Q〔cal〕：熱量
J：4.19〔J/cal〕

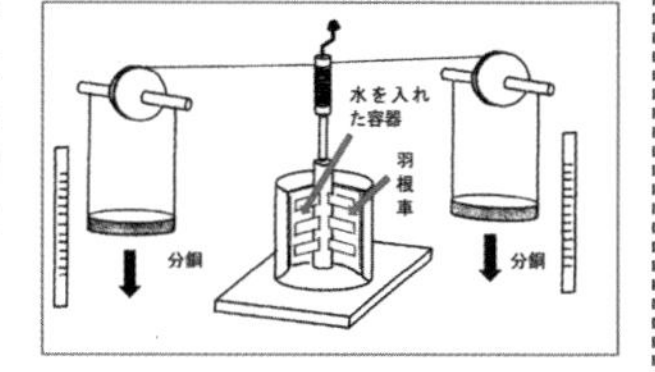

科学者ジュールの功績

ジュールの研究は、以下のように整理でき、その後の科学研究に大きな影響を及ぼしました。

① 熱量計の羽根車を回転させることは、水槽中の水分子の運動を激しく励起することであり、温度上昇はその結果生じる。物質の分子運動の状態はエネルギーとして計測できることになり、物質の三態変化や化学変化をはじめ多くの研究に継承されていく。
② 熱量は、水の温度上昇から計測でき、力学的エネルギーに換算することができる。この考えを逆にすると、計量が難しいエネルギーは水の温度上昇をはかることで計量できることになる。栄養学でのカロリーや運動時の消費エネルギーは、こうして計測される。
③ 「ジュールの法則」では熱量と電力量の関係を、「熱の仕事当量」では熱量と仕事量の関係を明らかにしている。熱量を仲介的に捉えると、電力量も仕事量として表せることになる。この考えは、電磁気学における電流、電圧、電力、電力量の定義につながっていく。

まだ、エネルギーという用語も概念もなかった18世紀初頭、「熱の運動説の提唱」「赤外線や紫外線の発見」「電気分解」「電気と磁気の相関」「熱電効果」「電流の熱作用」など様々な研究がなされるようになりました。これらは、それぞれに独立した現象として研究されていましたが、共通する何かがあるのではないかという研究が始まり、エネルギーという共通概念が形成されるようになりました。この考えは、ラグランジュ（1736～1813）やマイヤー（1814～1878）によって提唱されましたが、理論研究に負う部分が多くありました。ジュールが実験を通してエネルギーの存在を実証し、その大きさを正確に測定したことにより、様々な物理現象や化学現象を統一的に研究できるようになりました。その功績から、エネルギーの単位に〔J〕が採用されました。

自分の名前がエネルギーの単位になり、エネルギーを中核概念に多くの研究の関連が図れるようになることまでは想像してなかったよ。「熱」「電気」「仕事」に等価関係が成り立つのは、「熱」「電気」「仕事」の研究そのものが正しかったからでもあり、先人たちに感謝だな。

⑹気体の分子運動と熱

マクスウェル

ジェームズ・クラーク・マクスウェル（1831～1879イギリス）は、気体を完全弾性球である多数の分子が衝突し合う集団であるとし、確率的に分子の運動を計算した。分子の速度は気体の温度に比例した釣鐘型の分布（マクスウェル分布）をなすことを示した（1860年）。また、熱を次のように定義した（1871年）。

① 熱は物体から他の物体に伝達される。
② 熱量は数学的に扱うための測定値で表される。
③ 熱を物質として捉えることはできない。
④ 熱は高温の物体から低温の物体に移動するエネルギーである。

現代の熱の分子運動論

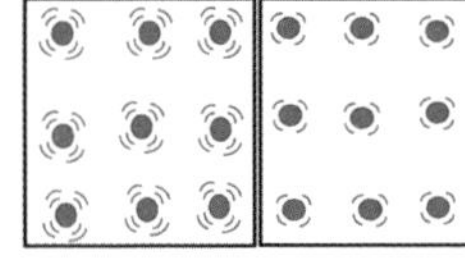

分子レベルまでに掘り下げた熱の理論。物質を構成する分子は運動をしています。分子の運動の激しさの程度が温度です。温度の異なる物質が接触すると、高温物質内の分子の運動が、低温物質内の分子の運動を励起させて活発になることから温度が上昇します。このとき、高温物質の分子が行った仕事量（エネルギー）が熱です。やがて、両者の分子運動が安定して温度が等しくなります（これを熱平衡という）。高温物質と接触させずとも、低温物質の分子運動を励起することができれば温度は上昇していきます。火力による加熱や摩擦、電気、高周波による加熱がそれに当たります。

やってみよう　　熱と温度の思考実験

40 ℃の水が入っている水槽に、ひとかたまりの80 ℃の水を底の方に入れました。さて、80 ℃の水は、どのような動きをするでしょう。また、水槽全体の温度はどのようになるでしょうか。この現象を、水の分子運動から説明して、「温度」と「熱」の違いを解説してください。

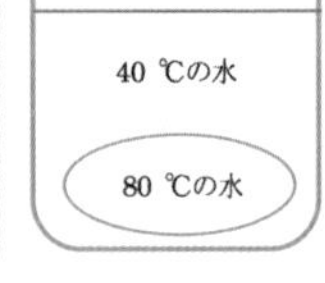

4 熱と日常生活

⑴食品の熱量

「タンパク質」は1g当たり4kcal、「糖質」は9kcal、「炭水化物」は4kcalの熱量になる。では、それらを加工調理した「食品」の熱量は、どのように計量されるのだろうか。一般的には、食品に含まれる成分の割合から計算されるが、検査機関や研究機関では、加工食品をミンチ状にして「ボンベ熱量計」に入れて、実際に燃やして水を加熱し、その温度上昇から熱量を計量している。

＊ボンベ熱量計は、ボンベ内に試料と酸素を入れてスイッチを押すと、給水・温度調整・点火・記録・排水が自動進行し、燃焼熱を自動的に計量する。

⑵運動時の消費カロリー

人が運動する際のエネルギーはどのように計量されるのだろう。人がエネルギーを生成する際には、食物から摂取した栄養素と酸素が化学反応を起こし、二酸化炭素を排出する。呼気中の酸素、及び二酸化炭素の濃度と容積を計量して、消費エネルギー量を換算している。

⑶電子レンジ

1945年（昭和20年）、アメリカ レイセオン社スペンサー博士が開発。日本では、昭和36年頃から新幹線ビュッフェの業務用として採用。本体マグネトロンから放出された周波数2.45GHzの電磁波が、食品中の水分子を振動させて熱を生み出し食品を温める。水分を含んだ食品は発熱するが、陶器・ガラスなどは電波を透過してしまうので発熱しない。金属を入れると金属内で電流が発生し高温になるので大変危険である。なお、マグネトロンの発する電波は、本体、及び金網の扉によって外部に出ないようにシールドされている。

⑷IHヒーター

IHコイルに20～30kHzの高周波電流を流すとコイルを取り巻くように磁力線が発生する。この磁力線により、金属の鍋底にうず電流が誘起され（電磁誘導）され、電気抵抗体である鍋底にジュール熱が発生（誘導加熱）して加熱する。IHコイル自体が加熱するのではなく、金属鍋だけを加熱できることが特徴。コンロ周辺を磁性体ではない材質で覆い安全性を高めている。

参考資料・文献

『科学思想の歩み』Ch.シンガー　1970年6月　岩波書店

『科学は歴史をどう変えてきたか』マイケル・モーズリー＆ジョン・リンチ　2011年8月　東京書籍

『物理学は歴史をどう変えてきたか』アン・ルーニー　2015年8月　東京書籍

『世界を変えた150の科学の本』ブライアン・クレッグ　2020年2月　創元社

『日常生活の科学』小池守・内田恭敬・永沼充　2014年3月　青山社

『人物でよみとく物理』藤島昭監修　2020年5月　朝日新聞社

『科学史年表』小山慶太　2016年12月　中公新書

物理編

第3節 音と光

音と光は、屈折・反射・回折という共通する性質があるが、宇宙空間では、音は伝わらない。音も光も波（波動）が振動して伝わりエネルギーを持っている。光は粒の性質を持っているという仮説をニュートンが『プリンキピア』で述べ、論争が200年も続いた。

1 音の研究と音の性質

(1)音の研究はいつ頃から始まったのか

紀元前の古代ローマ時代に、哲学者のティトゥス・ルクレティウス・カルスが音の速さの性質を調べている。また、ピタゴラスは、振動する弦の長さと音の関係から、音が協和するとき弦の長さが整数倍になることを発見した。これはピタゴラスの音階と呼ばれる。また、紀元前300年代には、アリストテレスらにより、音は空気を伝わることが解明され、振動数が音の速さに関係すると考えられていた。

ルクレティウス

17世紀に入り、1657年にイタリアのフィレンツェに最初の科学アカデミー「アカデミア・デル・チメント」が設立され、ビンチェンツォ・ビビアーニとジョバンニ・ボレリが音速研究に取り組んだ。

①空気中の音速

空気中の音速測定は、銃声が聞こえるまでの時間を振り子を使って求め、振り子が15.5回振動する間に、音は1.2マイル（1マイル＝1.6 km）進んだという結果が残されている。振り子の周期などから判断して、このときの音速は秒速361mであったと推定される。その後、パリの科学アカデミーやロンドンの王立協会でも音速の測定がなされ、パリ科学アカデミーの音速実験では、1677年にカッシーニ、ホイヘンス、レーマーらが砲声を使って、音速は秒速356mであると計測している。

1687年、ニュートンは著書『プリンキピア』の中で、音の速さと気温の関係を示した数学的理論を発表した。

空気の温度と音の速さ

空気中を伝わる音の速さは、空気の温度によって違います。温度が1℃上昇するごとに、1秒に0.6 mずつ速くなるので、次の式で求めることができます。

音の速さ〔m/s〕 ≒ 331.5 ＋ 0.6 t　　t：は気温〔℃〕

＊この式は、1気圧の下で約 -20℃～ +40℃で適用できます。詳しく求めるためには、気体の状態方程式や断熱変化等を考慮することになるので、簡単な式ではなくなります。

②水中の音速

音が水中をどう伝わっていくのかについても科学者の関心ごとであった。レオナルド・ダ・ビンチ（1452~1519）は「船を止めて長い管を水中に沈めて一方の端を耳に当てるとはるか遠くの船の音が聞こえる」と書いている。1826年、スイスのコラドンとフランスのスチュルムは、スイスとフランスの国境にあるレマン湖に鐘を沈めて、鐘の音が湖に伝わる速さは、水温が1.8 ℃のとき秒速1,435 mと計測し、空気より5倍近く速く伝わることを見出した。

③固体中の音速

1800年前後に、グラドニの図形で有名なエルンスト・クラドニ（1756～1827 ドイツ）は、棒を手でこすったときの音の速さを測定し、固体中では空気中よりもはるかに速く音が伝わることを発見した。空気中の音速を1としたとき、銅は12倍、ガラスは17倍の速さになることを突き止めた。1866年には、アウグスト・クント（1839～1894 ドイツ）が、金属の棒をこすって定常波を発生させて固体中の音速を測定した。

クント

クントはこの実験を通して、固体に伝わる音の速さをはかったのです。

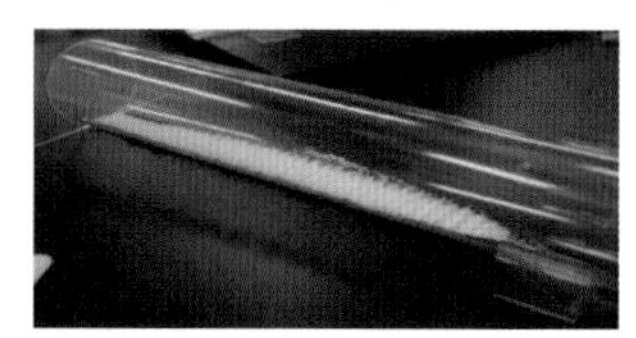
気柱を使ったクントの実験

空気	331.5 m/s（0℃）	二酸化炭素	258 m/s（0℃）
水	1500 m/s（20℃）	海水	1513 m/s（20℃）
鉄	5950 m/s	アルミニウム	6420 m/s

考えてみよう

なぜ固体・液体・気体で音の伝わる速さが異なるのでしょう。

⑵音の振動数

古代ギリシャのピタゴラスは、コップに入れた水の量を変えて美しい協和音を見出した。これは「ピタゴラス音階」と言われている。また、弦楽器の弦の長さが整数の比をとるとき、よく調和することも発見している。このように、音の高さと振動数の関係は古代から研究されていた。

14世紀には、アル・ファーラービーが気柱内の定性的共鳴や弦の長さと太さと振動数の関係を導き出している。16世紀には、ガリレイが振動数・協和音・不協和音と音の高さとの関係を見出した。さらに、弦の振動数と弦の長さ・直径・密度・張力との定量的関係を見出している。17世紀には、メルセンヌ素数で有名なマラン・メルセンヌ（1588～1648 フランス）が、音の高さは弦の振動数だけで決まることを突き止めた。そして、振動数と弦の長さ・密度・張力とのつながりの関係を数学的にまとめている。

メルセンヌ

振動数（周波数）の単位　ヘルツ（Hz）
1秒間の振動数は、ドイツの物理学者ハインリヒ・ヘルツ（1857~1894）にちなんでヘルツ（Hz）と命名され、1960年国際度量衡総会でSI単位系に採用されました。日本では1972年より使用しています（一般に、水波や音波には振動数を用い、電気や電磁波には周波数を用いています）。

ヘルツ

調べてみよう　音階と振動数
ピタゴラスは、ある日鍛冶屋の前を通りかかったとき聞こえてきた鉄をたたく音の高さに関心を持ち、弦を使っていろいろな音程を調べて、ある数比の関係を導き出しました。どのようにして、調べたのかをモノコードやギターを使って実際に調べてみましょう。

人間が聞き取れる振動数は、約20Hzから15,000～20,000Hz程度と言われる。これを可聴振動数という。20Hz付近は超低音の音で、15,000 Hz付近では「キィーン」という超高音になる。音の強さが同じでも2,000～4,000Hz程度の音が人間にはよく聞こえるので、聴力検査では4,000Hzの音が使われている。

⑶音波

①音の正体

太鼓をたたくと、周りの空気が振動し、空気の分子を媒体として振動の強弱が伝わっていく。すなわち、空気を前後に震わせながら進んでいく縦波である。このような縦波（粗密波）が音の正体である。

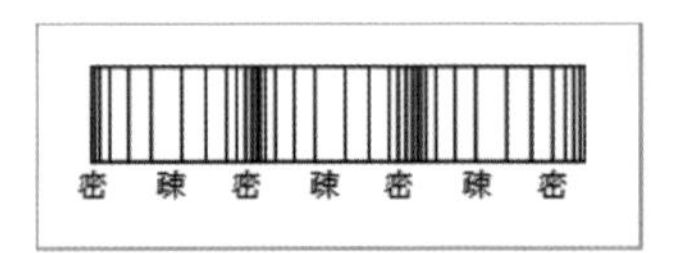

鉄の中を伝わる音は、鉄の原子を前後に震わせながら振動が伝搬していくので、空気よりもずっと高速で伝わる。

なお、粗密波は空気等の物質中を伝わるので、真空中では伝わらない。

②振幅、振動数、波形

音の特徴は、「音の大きさ（振幅）・音の高さ（振動数）・音色（波形）」で決定される。これを「音の三要素」という。縦波を横波のように表示すると、波長は波の山から山（または谷から谷）までの長さ、振幅は山の高さ（または谷の深さ）になる。なお、ヘルマン・フォン・ヘルムホルツ（1821～1894ドイツ）は、音色は音源に含まれる倍音の種類、数、強さにより決定されることを明らかにした。

音の三要素
音の高低（振動数）：モノコードの弦を強く張るほど高音になり、張りを弱くすると低音になります。
音の強さ（振幅）　：ギターの弦を大きくはじくと大きな音になります。
音色（波形）　　　：振動数が同じでも、ピアノとバイオリンでは音色が違います

音階と振動数の関係
ド ---------261.626 Hz
レ ---------293.665 Hz
ミ ---------329.628 Hz
ファ ------349.228 Hz
ソ ---------391.995 Hz
ラ ---------440.000 Hz
シ ---------493.883 Hz
ド ---------523.251 Hz

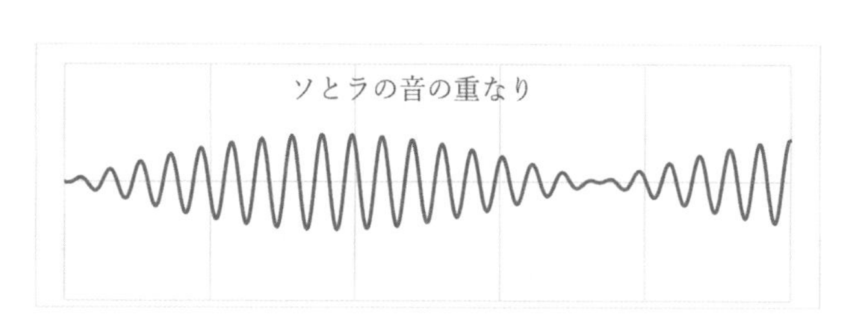

このように、周波数がわずかに異なっているにもかかわらず、人は心地よい音階として聞き取っています。なお、ソとラの音を同時に鳴らしたときの、音の重なりをコンピュータで計算してグラフにすると上のようになります。

音のうなり
うなりは、振動数が少し異なった音が重なったときに聞こえます。例えば、4,000Hzと4,100Hzの音を重ねると、このような波形の音がうなりとして聞こえます。

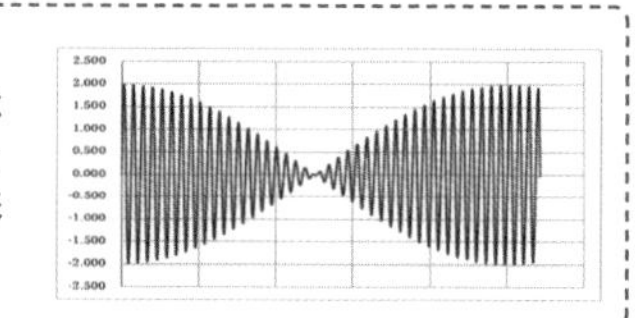

音のエネルギー
音の強さ（エネルギーは）1 m²当たり1秒間に通過する波のエネルギーで表され、（振動数×振幅）の2乗に比例します。人の会話の音声のエネルギーは0.00005ワット程度です。
デシベルは、音の大きさを分かりやすく表示したもので、単位デシベル（db）のベルは、アレクサンダー・グラハム・ベル（1847～1922アメリカ）にちなんでつけられました。
最小の音圧を基準にし、音圧が10倍になるごとに値が20大きくなるように決めた単位です。0dbは正常な聴覚の若い人が雑音のない環境で 1,000 Hz の音をかろうじて聞き取れる音の大きさです。また、電車が通過するときのガード下の音が約100dbです。なお、恋のささやきは30db、普通の会話は60db、ピアノの音は80db程度です。
＊音圧とは、音が伝わるときに空気が圧縮と膨張を繰り返すことによって生じる圧力をいいます。

③音速と波長と振動数の関係式

音の波形の山から山、谷から谷までの長さを波長という。1秒間に山または谷が何回通過したかを表したものが振動数である。これらを用いると音速は、

音速〔m/s〕= 波長〔m〕× 振動数〔Hz〕で表される。

ワンポイント

音波の波長の測定

1866年にクインケ（1834～1924ドイツ）は、右図のような音波干渉計（クインケ管）を考案して、音の波長の測定を行いました。

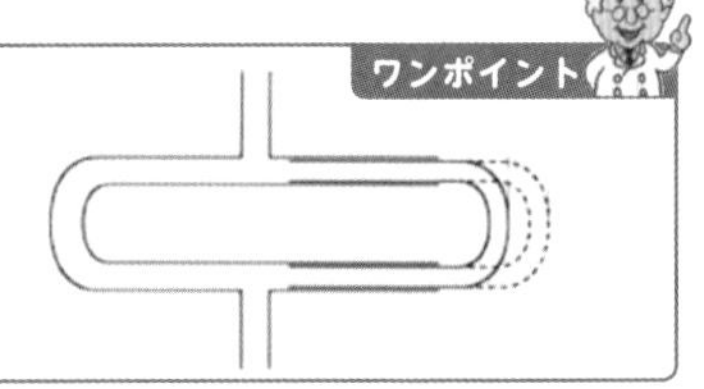

⑷ドップラー効果

サイレンを鳴らした救急車が近づいてくるとサイレンの音は高くなり、遠ざかると低く聞こえる。このように、音源（または観測者）が運動するとき、聞こえる音の高さは音源本来の高さと異なって聞こえる。この現象は、クリスティアン・アンドレアス・ドップラー（1803～1853オーストリア）が発見した。これは、近づいてくる音源の手前では音の波長がつまって短くなるので高音に、音源の後方では波長が伸びて低音になって聞こえる現象である。

ドップラー

2　音と日常生活

⑴マイク・スピーカー

1827年にチャールズ・ホィートストン卿（イギリス）が「マイク」という言葉を初めて唱えた。1876年になると、エミール・ベルリナー（アメリカ）が電話音声送信機として、最初のマイクロホンを発明した。なお、デイビット・エドワード・ヒューズ（イギリス）の作ったマイク（1878年）は、現在使用されているカーボンマイクの初期モデルと言われる。

⑵ラジオ

レジナルド・フェッセンデン（カナダ）は、1900年に世界初の無線による音声・音楽の送信など、ラジオに関する先駆的な実験を行った。グリエルモ・マルコーニ（1874～1937イタリア）は、短波の開拓に着手し、日中でも遠距離通信が可能な電波帯を発見し、アンテナを開発した。これにより、短波黄金時代を切り開いた。さらに、1933年世界初のUHF実用回線を完成させた。

その後、アレクサンドル・ポポフ（ロシア）は、自ら研究・製作に取り組み雷検知器を改良し、空中線（アンテナ）を製作し無線通信に成功した。

⑶音で音を消す

高性能のヘッドホンは、外界の騒音を遮断して、音楽をクリヤーに聞けるようにするために、遮音性を高めるためのノイズキャンセリング機能を搭載している。これは、ヘッドホンの中に小さなマイクを内蔵し周囲の騒音を拾い集め、この騒音と逆位相の音を発生させて打ち消させる機能である。

⑷ドップラー効果を利用した技術

音波を目的物に当てて、反射してくる音波をキャッチすることで、目的物との距離や、速度、大きさ、表面の性質を調べるときに、ドップラー効果が用いられている。例えば、野球のピッチャーが投げたボールの速さを計測するスピードガンがある。

気象庁の気象ドップラーレーダーは、電波を雲や雨粒等に向けて発信し、微粒子によって反射される電波を受信し、レーダーに近づく風の成分と遠ざかる風の成分を、ドップラー効果を用いて計算している。今日では、竜巻発生確度ナウキャストで、竜巻が発生または今すぐにでも発生しそうという状況を予測している。

⑸超音波診断

人間の耳には聞こえない超音波は指向性が高く、物体に当たると反射して戻ってくる。この反射波を利用し、コンピュータ処理で画像化する診察方法が超音波診断（エコー検査）である。音波なのでレントゲンのような放射線被曝（ひばく）がなく、繰り返し検査が可能で、子供や妊娠中の人でも心配なく受診できる。

⑹海底探査

超音波を海底に発信し、その反射波を捉え海底の地形などを分析し、海底の地図の作成などができる。また、漁船に積まれている魚群探知機は、超音波を海底に発信し、魚群からの反射波をキャッチして魚群の動きを把握し、漁業に役立てている。

3　光の研究と光の特徴

⑴光の研究はいつ頃から始まったのか

光については、古代ギリシャ時代の多くの科学者が関心を持っていた。数学者であり天文学者であったユークリッド（前330～前275）が、光の直進性や反射性を著書『カトプリカ（反射視学）』に記述している。後出のハイサム（965～

1040）は屈折の実験を行ったとされている。また、アリストテレス（前384～前322）は、万物は「火・水・空気・土」の四元素から形成され、四元素の周りには「エーテル」が存在して、太陽の光や熱を伝えると言及している。

⑵光速度の測定

ガリレオ・ガリレイは、遠く離れた2地点間を光が往復する時間を測定しようとしたが、光があまりにも速すぎてはかれなかった。木星の観測を続けていた彼は、木星の衛星イオの食(地球から見て木星の陰に隠れる現象)を利用して、時計を作れないかと研究を重ねていたが、思うような成果は得られなかった。

天文学者オーレ・レーマー（1644～1710デンマーク）は、1676年にガリレイの研究を参考にして木星の衛星イオの食の期間を測定することから、光速度を計算する方法を考案した。

レーマー

その後、1725年にジェームズ・ブラットリーの年周光行差、1849年にアルマン・フィゾーの回転歯車の実験、1862年にマイケルソンと1926年モーリーによる回転鏡の実験が続いた。現在の光速の定義は、レーザー光と原子時計を用いた実験結果から求められ、真空中での光速Cは$C = 299{,}792{,}458$ m/s である。

⑶レンズと光

紀元前の古代ギリシャ、エジプト、ローマなどの遺跡から、水晶などの鉱石をレンズ状に磨いた物が発見されている。装飾品としてだけではなく、拡大鏡としても使用していたようだ。

イブン・アル＝ハイサム（965～1040イラク）は、レンズや鏡を用いた実験を行い、光の屈折や反射の原理を『光学の書』に書き上げた。凹面鏡の反射や、ガラス球の屈折、月や星の光、宇宙の構造なども数学的方法を用いて理論を展開して近代科学のさきがけとなった。「光学の父」といわる。

⑷光のスペクトル

ニュートンは、1666年にプリズムを用いて、白色である太陽の自然光を透過させると、太陽光を構成する色の光が分散することを発見した。この分散した光の分布をスペクトルという。スペクトルの紫側は波長が短く、赤色側は波長が長い。スペクトルは、光の波長の範囲により可視スペクトル、赤外スペクトル、紫外スペクトルに分類される。

ニュートン

1802年、イギリスのウォラストンが、1813年にはドイツのフラウンホーファーがスペクトル中にある暗線を発見しました。これは、太陽の光が地球に届く間に、様々な物質が特定の波長の光を吸収したものではないかと考えられています。この暗線を調べることにより、遠い星の組成や運動などが研究できるようになりました。

赤外線　1800年ウィリアム・ハーシェル（イギリス）が太陽光のプリズムへの透過より可視光線スペクトルの赤色光を越えた位置に温度計を設置して実験して発見しました。現在、赤外線センサーや通信に使用されています。

紫外線　1801年ビルヘルム・リッター（ドイツ）が発見しました。リッターは、ハーシェルの赤外線の発見に刺激され、可視光の反対側にも見えない光があると考えました。そして、塩化銀を塗った紙を使い、紫の外側の光を発見したのです。これは、「化学光」と呼ばれました。

⑸反射と屈折

クリスティアーン・ホイヘンス（1629～1695オランダ）は、1678年、著書『光についての論考』の中で、光は波であることを唱えた。後に「ホイヘンスの原理」と呼ばれ、反射や屈折が生じる理由を説明することに役立っている。

ホイヘンス

〈ホイヘンスの原理〉

波面の各点からは、波の進む前方に素元波がでる。これらの素元波に共通に接する面が、次の瞬間の波面になる。

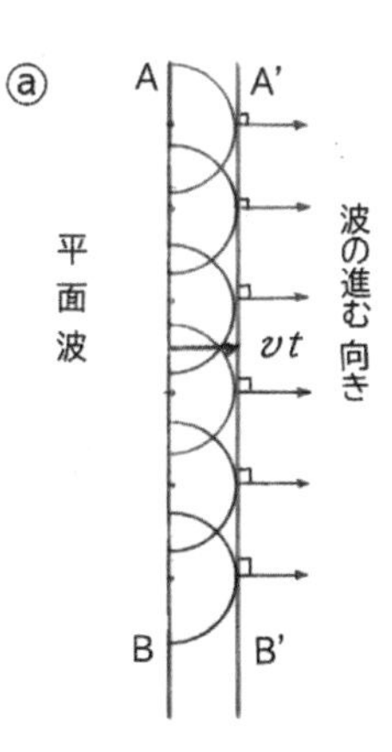

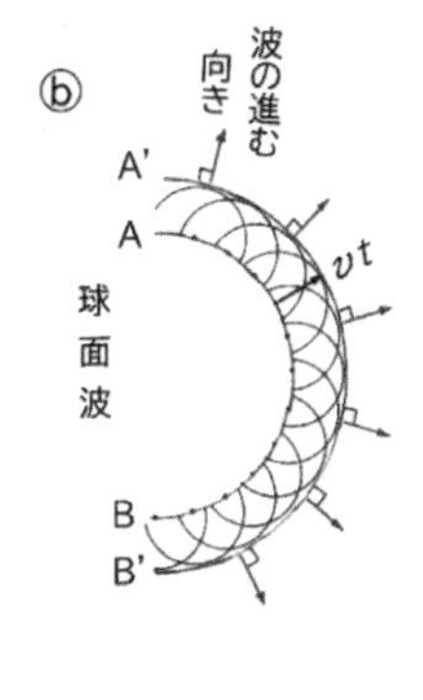

反射の法則

下図ⓑの直角三角形△ABDと△DCAで、BD＝CA、また、ADは共通であるから

△ABD≡△DCAになります。したがって、入射角をi、反射角をjとすると

i＝∠BAD＝∠CDA＝j

これがホイヘンスの原理を用いた反射の法則です。

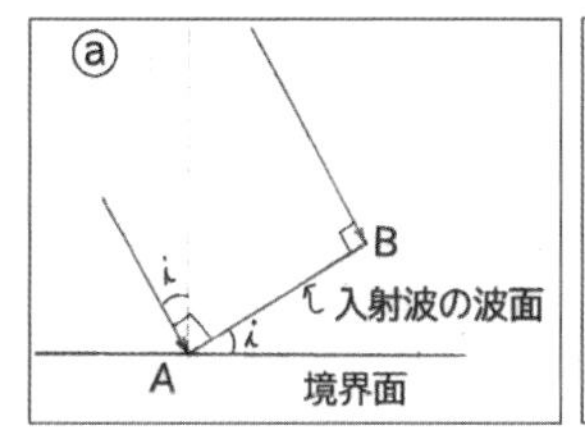

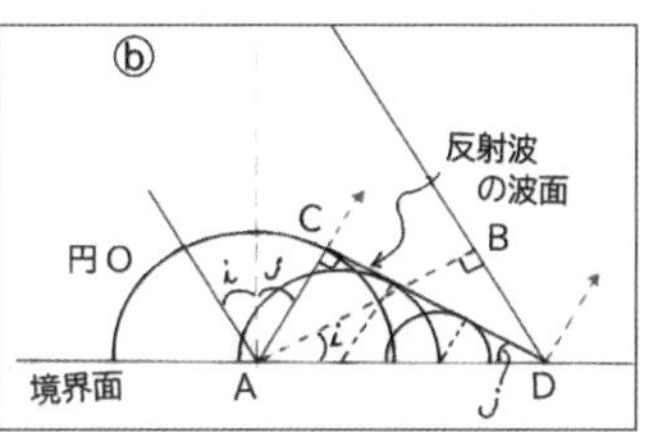

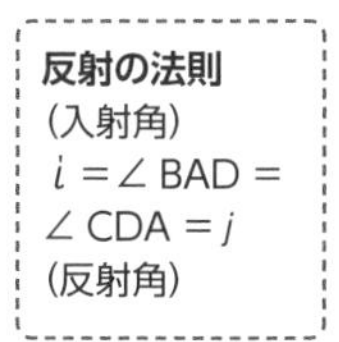

反射の法則
（入射角）
i＝∠BAD＝
∠CDA＝j
（反射角）

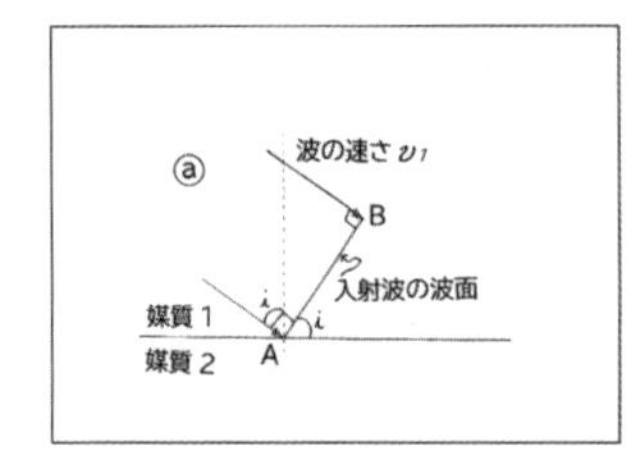

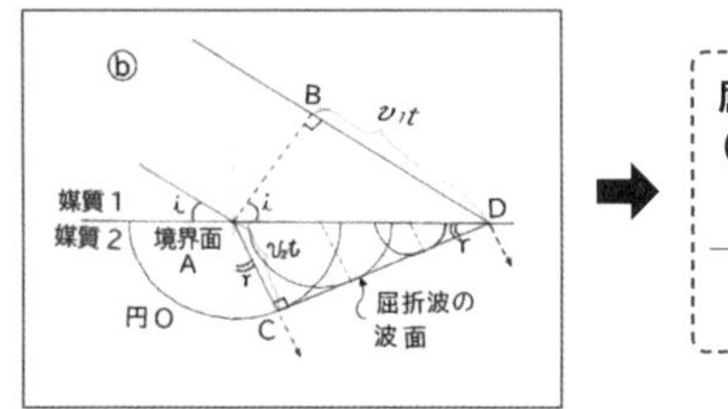

屈折の法則
(媒質1から2へ)

$$\frac{\sin i}{\sin r} = \frac{v_1}{v_2} = n_{12}$$

光の屈折は光が異なる物質に進むとき、その境界面で折れ曲がる現象で、1620年にスネル（オランダ）により発見されました。この現象もホイヘンスの原理で説明できます。さらに、スリット（すき間）を通過した光が物体の陰に回り込む現象を回折といいますが、この回折もホイヘンスの原理で説明することができます。なお、光や音が重なって強くなったり弱くなったりする現象は干渉といいます。反射、屈折、回折、干渉等は、音や水の波など波動全体に共通する現象です。

フレネルは、光の波動説を主張した同時代の英国の科学者ヤングとは独立に光の波動説を確認し、光の直進・回折・干渉を波として説明しました。彼は、細かい同心円で構成したフレネルレンズを発明したことで有名です。

調べてみよう　光の屈折について

光は、なぜ曲がるのですか？：光は自然界で最も速く、真空中では1秒間に30万km進みます。物質の中ではそれより遅くなり、水の中では約3/4、ガラスの中では2/3になります。

赤い光は波長が長く、青い光は波長が短い。また、赤い光の屈折は小さく、青い光は屈折が大きい。これらのことから色による屈折率の違いを考えてみましょう。

⑹光を研究した科学者

① ニュートン（イギリス）は、凸レンズを作りプリズムを使って分光のスペクトル（虹）を発見した（1666年）。

② トーマス・メルビル（イギリス）は、ナトリウムの炎色反応から明るい黄色のスペクトル線を発見した（1752年）。

③ ウォラストン（イギリス）は、太陽光スペクトルの中に暗線があるのを発見した（1802年）。

④ ヤング（イギリス）は、回折格子を使い、元素の放つ波長を測定した（ヤングの実験　1805年）。

⑤ フラウンホーファー（イギリス）は、太陽光スペクトルの暗線を発見した（フラウンホーファー線　1814年）。

⑥ キルヒホフ（ロシア生まれ、ドイツ国籍）は、輝線と暗線が特定の元素によって作られることを発見した（1860年）。

⑺光と色

① 光の三原色：光の三原色は、トーマス・ヤング（1773～1829 イギリス、光の干渉実験で有名、光の波動説を唱えた）が発見した。1801年ヤングは、

「赤・緑・青」ですべての光を作ることができ、人の目は三色の光を認識しているという「三色説」を唱えた。その後、マクスウェルが赤・緑・青の分割コマを回すと、全体が無色になることを見出した。

三色LED (RGB) を用いると、これらの光が重なって様々な色を作り出すことができます。ヒトの目には、三色に反応するセンサー (赤を感じる錐体、緑を感じる錐体、青を感じる錐体) と明暗を感じる桿体があり、これらの情報が視神経によって脳に伝わり、何色かを判断しています。

② 色の三原色：絵の具(塗料)の三原色は、「黄・マゼンダ・シアン」である。マゼンダが作られたのは1859年以降と言われる。シアンの歴史は、もう少し古いようである。

光を出さない物体 (質) の色は、反射光に含まれる光の色の割合で決まります。赤の光を反射する物体が赤く見えます。ヒトの目に見える可視光線は、波長でいうと、約400 (紫) ～800 (赤) nm で、その間で反射する波長の割合で、物質特有の色を発するのです ($1nm = 10^{-9}$ m)。

⑻レイリー散乱とミー散乱

① レイリー散乱

レイリー卿（ジョン・ウィリアム・ストラット、1842～1919イギリス）は、日中は波長が短い青い光は強く「散乱」されるので、空が青く見える。朝夕は、光が大気層を長く通過するので青は散乱されて、散乱しにくい赤やオレンジが強調され、空が赤く見えるという「レイリー散乱」説を提唱した。

レイリー

② ミー散乱

グスタフ・ミー（ドイツ）は1908年に光が波長と同程度の球状物体(雲、霧、スモックなど)に当たったときの散乱についての解析的な研究成果を発表した。粒子が波長より十分大きい場合、光は粒子に当たっても波長依存性がないため白く見える。霧やスモックが白く見える現象である。これをミー散乱と呼んでいる。ミー理論は多くの場合、物体の大きさが数μmから100 μm程度の大きさに用いられる。大気中の水滴のほか、媒質中の粒子などによる散乱の解析に用いられる。

考えてみよう　なぜこれらの散乱現象が起こるのか、考えてみましょう
(ヒント) レイリー散乱・ミー散乱は、日常生活の中で気付ける現象です。そのときの雲の様子や太陽の位置を観測して、太陽光の散乱の様子について考えてみましょう。

北岳の白雲

夕方のチンダル現象

夕方の
東京スカイツリー

(9)光の粒子説

①　光電効果の発見

1887年ヘルツ（ドイツ）が、電磁波実験中に亜鉛板に紫外線を当てると帯電し、電子が飛び出る不思議な現象を発見した。

②　アインシュタインの光電効果理論

1905年、アルベルト・アインシュタイン（1879～1955 ドイツ）は「光は粒子のように、粒々になり空間内に存在する」という光量子説を提唱した。振動数がvの光はhvのエネルギーとなり金属内の電子に吸収され、電子がもらったエネルギーhvが金属内から外側に電子を運ぶのに必要なエネルギーWより大きいとき、電子は外に飛び出していく。即ち、出てくる電子（光電子）のエネルギーの最大値は、$E = hv - W$　（h：プランク定数 $= 6.6 \times 10^{-34}$ J・s）の式で表わせる。

科学史の上で、1905年は「奇跡の年」と言われています。アインシュタインは、光電効果理論でノーベル賞受賞。この他に特殊相対性理論、光量子仮説、ブラウン運動の理論など偉大な研究成果をあげたと言われています。

調べてみよう

光電効果の原理を調べてみましょう。金属の表面に照射する光は「紫外線・X線・γ線など」の光だと、金属の表面から電子が飛び出すことが分かります。

4　光と日常生活

(1)LED照明

近年、省エネに優れたLED照明により、様々な色彩の光が作られるようになった。赤色・緑色の発光ダイオードは早くから開発されていたが、青色ダイオードは1990年代前半になって、ようやく開発された。赤崎勇、天野浩、中村修二の3氏が半導体から青色光を引き出す技術を開発したことによって、赤・緑・青のダイオードから「完全な白色」を作り出すことができた。この業績によって、3氏は2014年のノーベル物理学賞を授与された。

⑵光通信技術

① 赤外線リモコンは、赤外線信号をテレビ等の受光装置に発信して、遠隔での操作を可能にしている。

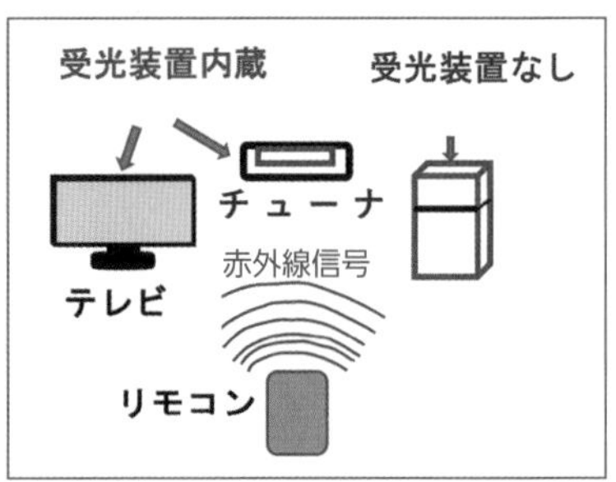

② 光通信は、電気信号を光変換器で半導体レーザー光の点滅に変換し、光ファイバーを通して送信する。受け手側では、光の点滅を電気信号に変換してデジタルデータを取り出す仕組みになっている。

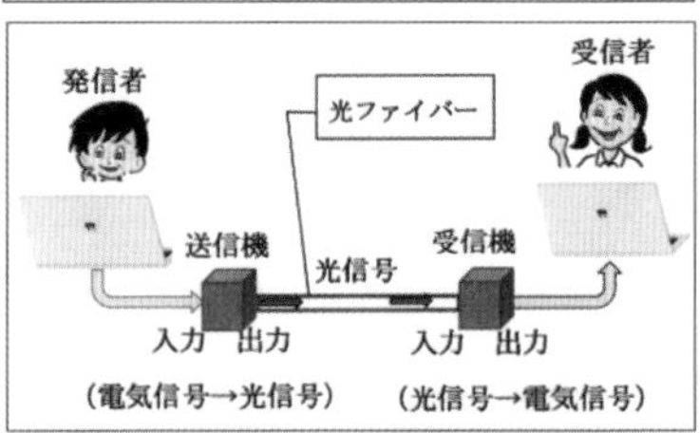

③ 光IDは、LEDの点滅に情報を載せてID信号を作り、読み取り用のカメラを作動させ、スマホをかざすだけで商品情報が分かり、購入することができる。

⑶ビジョンチップの開発

東京大学、石川正俊教授らが、人間の画像認識速度をはるかに超える速さで画像を認識できるビジョンチップを開発した。この技術は1秒間に1,000枚もの画像を処理できる。ロボット制御分野で革新的な成果を上げている。写真は、「ビジョンチップを用いたカメラシステム」である。

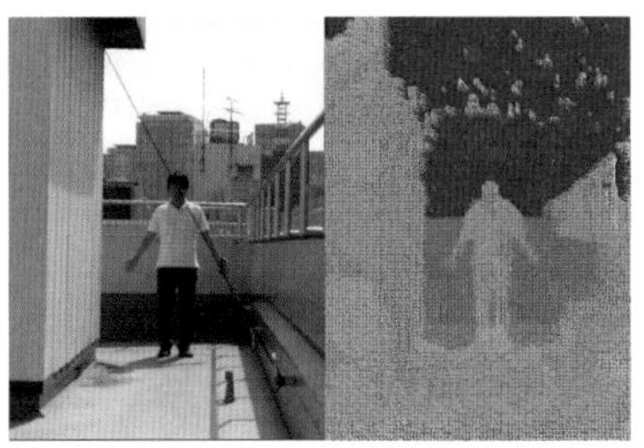
写真提供：スタンレー電気株式会社

参考資料・文献

『改訂理科指導法』2019年 東京理科大学教職教育センター

『学習指導要領』中学校・高等学校（理科編 平成29年告示） 文部科学省

『PSSC物理』山内恭彦ほか訳 1968年9月 岩波書店

『時代を変えた科学者の名言』藤嶋昭 2011年 東京書籍

『ファインマン物理学Ⅱ巻：波動』富山小太郎訳 1968年 岩波書店

「気象庁レーダー・ナウキャスト」https://www.jma.go.jp/jp/radnowc/

「ビジョンチップを用いたカメラシステム」スタンレー電気KK
http://saiyo-stanley.com/technology/01.html

物理編

第4節 電気と磁気

子供たちにとっては、「電気」や「磁石」は理科の代名詞であるかの存在である。小学校では「電気の働き」を、中学校では「電気の性質」や「電気と磁気の関係」を学び、高等学校での「電気の正体」につなげていく。この10年以上にわたる学習は、電気・磁気の発見から電子の発見に至る科学研究の推移とよく似ている。生徒の知的好奇心を高める実験が多く設定されている単元でもあるので、科学が歩んできた道のりを伝えて、理科の見方や考え方を働かせ（中学校学習指導要領解説理科編）、真理を探究する科学の魅力や科学の有能性を感じ取らせたい。

1 電気・磁気の研究

磁気の存在は、古代から知られていた。一説では、紀元前3000年頃ギリシャのマグネシア地方から鉄を引き寄せる石が発見されたことが磁石（マグネット）の語源になったとされている。紀元前3年、中国で使用されていた「指南」が、後の大航海時代の羅針盤につながったとも言われている。

電気についても、紀元前600年頃、ターレス（ギリシャの科学者）が琥珀を布でこすると糸くずが吸い付く現象を発見したことが起源とされている。

ワンポイント

電気とは何か、磁気とは何か、電気や磁気の正体についての研究は、18世紀に入ってからのことで、電気や磁気を人為的に発生させることに成功した科学は、私たちの生活を大きく変容させました。

科学が果たした功績を伝えるには絶好の学習機会となるでしょう。

⑴磁石と静電気

ウイリアム・ギルバート（1544～1603イギリス）は、1600年に著書『磁石論』を発表し、地球が巨大な磁石であり方位磁針が北をさす原因であること、鉄が磁化され、切断してもＮＳ極は変わらないこと、赤熱すると磁力が失われることなどを発見した。この著書の中で、琥珀を摩擦すると電気が発生することに触れ、電気を「Electricity」と名付けている。彼は、摩擦によって何らかの物質が取り除かれて引き合う力が生じると考えており、電荷という概念には至っていない。彼は、検電器や電気計測器を発明し、その後の研究を発展させたことから「電気工学や電気・磁気の父」と言われる。

鉄が磁化される理由（現代の考え方）

鉄の原子では、電子が原子核を中心に軌道運動をしています。これは電流がループ状に流れていることと同じで、極小磁力が発生しているのです。加えて電子自身も回転（スピン）しており、やはり極小磁力が発生します。通常は、全体で打ち消し合っていますが、外部の強い磁場により、同じ方向に磁区が形成されるのではないかと考えられています。このように、磁石になるかどうかは、原子レベルまで追究していくことになり、まだ、分からないことも多くあります。

⑵起電機の発明

オットー・ゲーリケ（1602～1686ドイツ）は、硫黄球体に焼き物のろくろを回転させて摩擦電気を起こした（1660年頃）。その後、フランシス・ホークスビー（1660～1713イギリス）が、ガラス球を用いて継続的に電気を発生させる起電機を開発し、著書『物理―力学の実験』で発表した(1709年)。

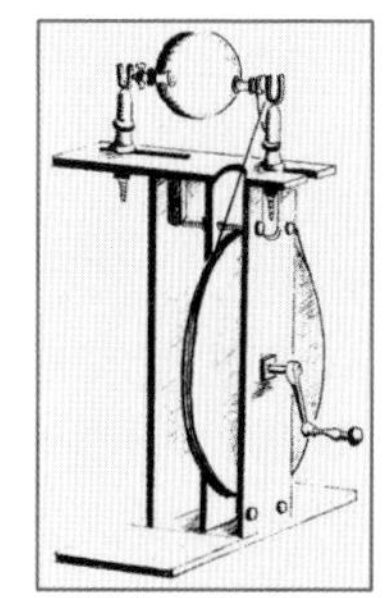
ホークスビーの起電機

⑶導体と絶縁体の発見

スティーブン・グレイ（1666～1736イギリス）は、帯電したガラスにいろいろな物質を触れると電気が伝わること（電気の伝導性）を発見し、物質には電気を通すもの(導体)と通さないもの(絶縁体)があることを発見した(1729年)。

⑷２種類の電気を発見

デュ・フェイ（1698～1739フランス）は、ガラスと樹脂を摩擦して静電気を起こしたとき、２種類の電気（ガラス電気、樹脂電気と命名。今日の正電気、負電気に対応する）があり、異種電気は引き合い、同種電気は反発することを発見した(1733年)。

箔検電器

プラスに帯電した物体を金属板に近づけると、金属板の表面にマイナスの電荷が引き寄せられ、箔の先端にはプラスの電荷が集まります。そして、2枚の箔の電荷は互いに反発し合って、その反発力によって箔が開くのです。

静電誘導

正に帯電した物体を導体に近づけると、導体の内部の自由電子が引き寄せられて表面に移動します。そのため、帯電体に近い側に負の電荷が現れ、遠い側には正の電荷が現れます。この現象を静電誘導と言います。

帯電列

2つの物体を摩擦したとき、一方がプラスに帯電すれば、他方はマイナスに帯電します。正負の順に帯電しやすいものを並べたものを帯電列と呼びます。帯電列の近い物体を摩擦した場合は、帯電しなかったり、逆になったりすることがあるので、厳密に帯電列を決めることは難しいと言えます。

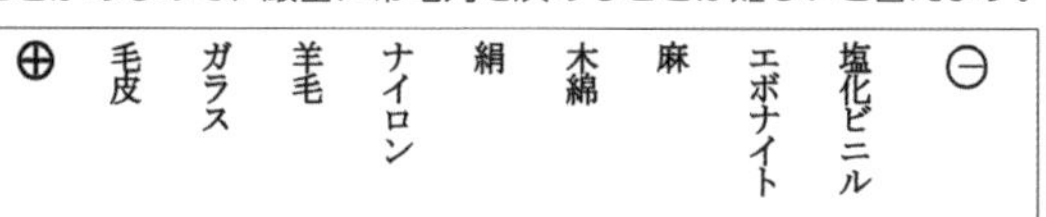

⊕	毛皮	ガラス	羊毛	ナイロン	絹	木綿	麻	エボナイト	塩化ビニル	⊖

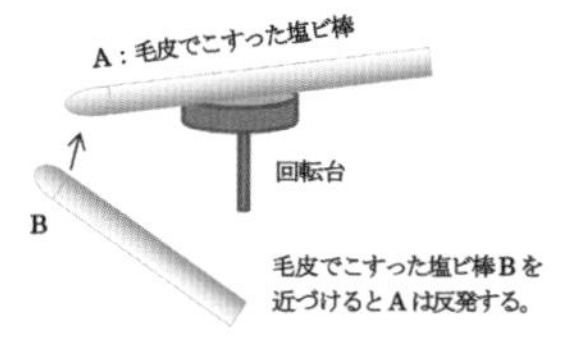

⑸充電器の発明

エバルト・フォン・クライスト（1700～1748ドイツ）が、ガラス瓶の内外表面に銀箔を貼り、金属棒から垂らした鎖を瓶底に触れさせ、電気を蓄える装置を発明した（1745年）。

ライデン瓶

ライデン大学数学教授だったピーテル・ファン・ミュッセンブルーク（1692～1761）は、水を半分ほど入れたガラス容器に電線を入れ、摩擦起電機の電気を充電するコンデンサーを開発した。溜まった電気は、いつでも取り出すことができ、放電させて電気ショックを起こすことができるものであった（1746年）。ライデン大学で開発されたので「ライデン瓶」と呼ばれる。

⑹避雷針の発明

ベンジャミン・フランクリン（1706～1790アメリカ）は、ライデン瓶に凧の糸をつなぎ、電気をためる実験を行い、雷が電気であること、先の細い金属が電気を引き寄せることを見つけ「避雷針」を発明した（1752年）。フランクリンは、アメリカの独立運動にも参加しており、「アメリカ独立宣言」の起草者5人の中の一人でもある。

考えてみよう
科学者を引き付けた電気
電球や電話など電気を利用する技術がない時代に、科学者たちは、どんな思いで電気の研究をしていたのでしょう。電気の何が、面白かったのでしょう。科学者を引き付けた電気とは、どんなものだったのでしょう。

目に見えないが、ビリビリするものがあります。それは、摩擦で作って貯めることができ、取り出すこともできます。何だか分からないが、不思議なものがあるという好奇心から、電気現象を楽しんだり、ライデン瓶の電気ショックを治療に用いたりしていました。この好奇心が、やがて発電技術を開発し、現代の電気文化社会や電子の発見につながったのです。君たちの不思議だなと思う好奇心からも何かが生まれてくるよ。

2 電磁気理論確立に迫る研究

⑴電池開発のきっかけとなった発見

ルイージ・ガルバーニ（1737～1798イタリア）は、死んだカエルの筋肉に電気をかけると筋肉が痙攣することを発見した。同時に、カエルの足を２種類の金属で触れると足が動くことから、筋肉内に残っている電気（動物電気）を取り出したと発表した。この結論は間違っているが、金属間に電気が流れるという発見は、後の化学電池開発につながった（1780年）。

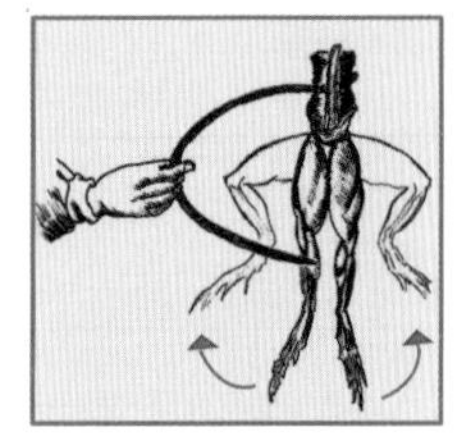
ガルバーニの実験
カエルの足を2種類の金属で触れると足が痙攣することから電気が流れたことを確認する。

⑵化学電池の開発

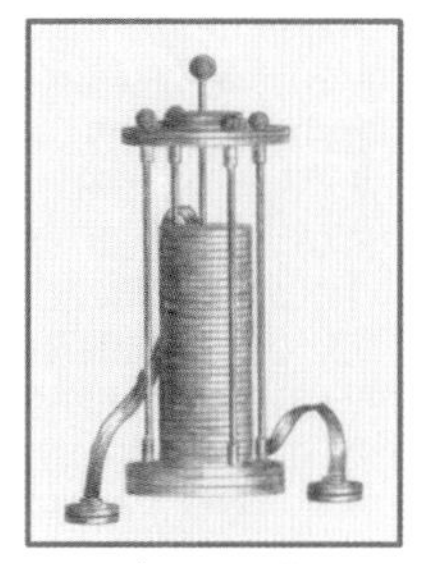
ボルタの電堆

アレッサンドロ・ボルタ（1745～1827イタリア）は、自分の舌の裏側に銀のスプーンを差し込み、舌先に錫箔を乗せると舌先がピリピリすることから、ガルバーニの実験を自分の体で確認した。

その後、電気は生体内に蓄えられているのではなく、2種類の金属間で発生するのではないかと考えるようになり、食塩水を浸した紙の両面を2種類の金属ではさみ、電気は金属の電位差から起こることを突き止め、金属の電気化学列（後のイオン化傾向）を整理し、銅と亜鉛の円盤を多層に積み重ね、その間に電解液（硫酸や食塩水）を染み込ませた紙をはさみこんだ化学電池「ボルタの電堆（でんたい）」を開発した（1780年）。

ボルタの電堆は、世界最初の化学電池です。一瞬で放電してしまうライデン瓶から、安定して電気を供給できる電池の発明は、その後の電磁気学研究に大きな貢献を果たしました。その功績から、電圧の単位をボルト（V）と命名されました（1874年、英国科学振興協会［BAA］で、1881年、国際電気会議［現在の国際電気標準会議、IEC］で承認）。しかし、当時は、電気が発生する理由は分かっていませんでした。イオンの働きで電荷が運ばれることを最終的に記述したのは、アレニウス（1859～1927スウェーデン）です（1884年）。

やってみよう
野菜電池を作ってみよう

銅板と亜鉛板を野菜に差し込むだけで電池になるよ（ダイコン、バナナも良い結果が出ます）。

ボルタが自分の舌で確認した実験と同種のものです。

電圧の概念は難しい

中学校では、「電圧とは電流を流そうとする働き」と説明します。生徒は乾電池を想像して電圧の概念を作り上げていきます。そのうち、電流を流す働きのない抵抗の両端にかかる電圧とは何なのだろうか疑問を感じる生徒がでてきます。電圧には、「起電圧」「負荷抵抗での電圧降下」「電位差の電圧」などがあり、水流モデルでは正確な概念を作り上げることは困難です。高等学校物理（4単位）で学習するので詳しく指導する必要はありませんが、疑問を感じた生徒には、電流は流れてくる電子の数で、電圧は一つの電子が運んできて仕事に使われるエネルギーの大きさを示している、だから、電力（電気の仕事）が電流×電圧で計算できることを伝え、高等学校の学習に期待を持たせましょう。

世界初の乾電池

ボルタの電堆のように液体を使う湿電池と異なり、液体を使わない乾電池は持ち運びができる安全性の高いものです。この乾電池を世界で初めて開発したのは、日本の屋井先蔵です。彼は、東京物理学校（現東京理科大学）で学び、時計技師になって電気時計を発明しています。当時の液体電池は、冬に凍るなど実用に適さず、改良を重ねて、1887年に世界に先駆けて乾電池を開発しました。資金がなく、特許申請が7年後と遅れたために外国での申請がなされた後でした。彼が開発した乾電池は、改良が重ねられ、無線機、電信・電話器、照明、電気治療器などに広く使われました。

屋井先蔵

屋井乾電池　東京理科大学
一般社団法人電池工業会所蔵

⑶電気力の測定

科学者シャルル・ド・クーロン（1736～1806フランス）は、「ねじり秤」を用いて電気力を測定し、同種帯電体の間に働く斥力（せきりょく）、異種帯電体間に働く引力は、電気量に比例し、距離の2乗に反比例することを発見し、磁気についても同様の関係が成り立つことを証明した（1785年）。

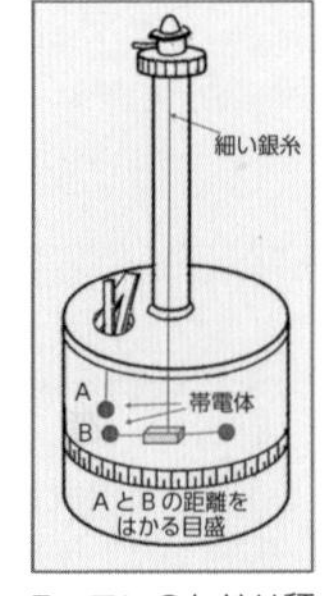

クーロンのねじり秤

クーロンの法則

斥力・引力であるクーロン力 F は以下のように定義されます。

$$F = k\frac{q_1 q_2}{r^2}$$

k: 真空中では　9.0×10^9〔Nm^2/C^2〕
q: 電荷量〔C〕
1Cは、1Aの電流が1秒間に運ぶ電荷の量である。

⑷電気分解で元素を発見

ハンス・ディビー（1778～1829イギリス）は、ボルタの電池を用いて電気分解を行い、化合物から元素を単離させる方法を考えた。水酸化カリウム溶液からカリウムを、炭酸ナトリウム溶液からナトリウムを単離させ（1807年）、石灰と酸化銀の混合物からカルシウムを単離させた（1808年）。その後、マグネシウム、ホウ素、バリウムなどを加えて6つの新元素を発見している。

ワンポイント

これまでの化学反応からの元素発見とは異なり、電気分解から新元素を発見したことは、電気の作用と化学反応に深い関係があることを示しています。この両者の関係を解き明かす研究は、ディビーの実験助手であったファラディーに継承されていきます。

⑸電流の周りの磁界の発見

ハンス・クリスティアン・エルステッド（1777～1851デンマーク）は、磁針のそばに置いた導線に電流を流すと磁針が振れることを発見した。

電流の強さや磁針との距離を変えると磁針の振れ方も変わることから電流は磁石と等価の作用をすることを解明した（1820年）。数か月後、アンドレ・マリ・

アンペール（1775～1836フランス）が、同じ方向に電流が流れる2本の導線には引力が、反対方向に流れる導線には反発力が働くことを発見した。また、直線状に流れる電流に対して右ねじが進む方向に磁界が発生するという「アンペールの法則」を発表した(1820年)。電流の単位「アンペア」は彼の名から採用された。

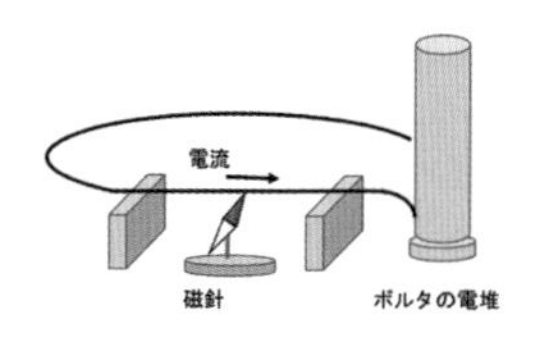

エルステッドの実験

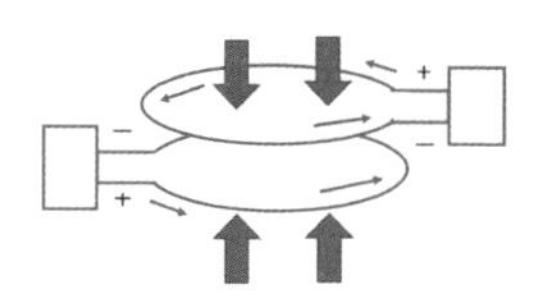

アンペールの実験
矢印は引き合う力の向き

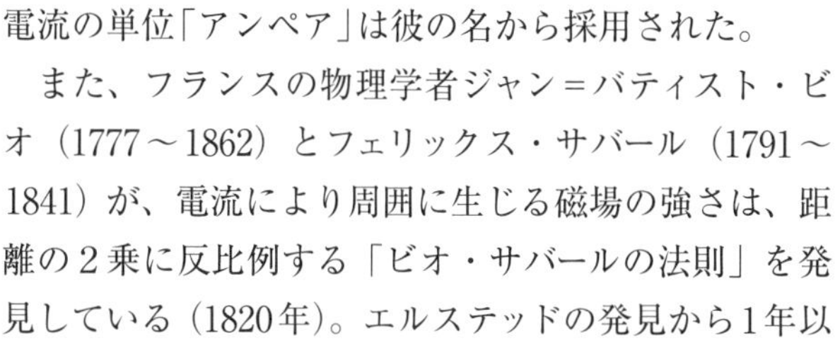

また、フランスの物理学者ジャン＝バティスト・ビオ（1777～1862）とフェリックス・サバール（1791～1841）が、電流により周囲に生じる磁場の強さは、距離の2乗に反比例する「ビオ・サバールの法則」を発見している(1820年)。エルステッドの発見から1年以内に電気と磁気の関係が次々と解き明かされたことは、その後の電磁気学への道を大きく開くことになった。

〈電流の周りの磁界〉

⑴直線電流がつくる磁界

右ねじが進む向きに電流を流すと、右ねじが回転する向きに磁界が発生します。

- 導線に垂直で、導線を中心に同心円状に磁界ができます。
- 電流が大きいほど、電流に近いほど、磁界は強くなります。

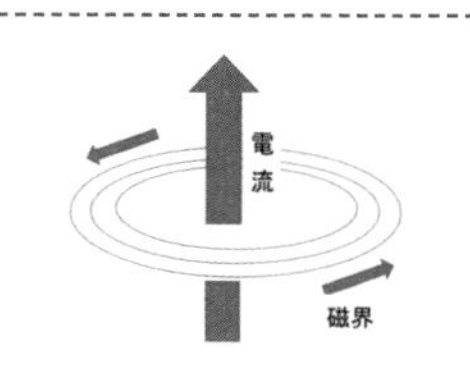

⑵円形電流がつくる磁界

- 導線に垂直で、導線を中心に円状に磁界ができます。
- 電流が大きいほど、円の半径が小さいほど、円の中心での磁界は強くなります。

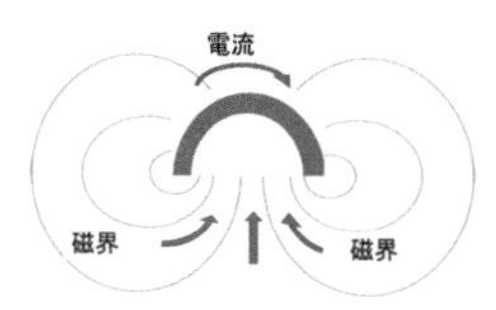

〈アンペアの定義〉

電流の単位はアンペールから命名されましたが、研究が進むにつれて、電流の定義はより本質的なものになっていきます(参照「単位に関する基本的知識」)。

⑴電気分解から　1秒間に銀(0.001118000 g)を析出させる電流量(1893年)。

⑵相互の力から　1 m間隔の無限平行導線で、1 mにつき2×10^{-7}ニュートンの力を及ぼし合う電流(1948年)。

⑶電気量から　1秒間に移動する電気量〔C〕から定義されます(2019年からは、電気素量eの大きさが$1.602176634 \times 10^{-19}$〔C〕と決められたので、その量を基準に算出されます)。

⑹電磁回転盤の発明

フランソワ・アラゴ(1786～1853フランス)は、1820年に電流による鉄の磁化現象を発表し、1824年に「アルゴの回転盤」と呼ばれる回転磁気を発見し、電磁誘導研究の道を開いた。

アラゴの回転盤

銅の円盤を上から吊るして回転できるようにしておきます。円盤上で強力な永久磁石を回転させると、磁石に吸い寄せられるように円盤が回転し出します。これは、銅円板には「電磁誘導の法則」及び「レンツの法則」に従って渦電流が流れ、「フレミングの左手の法則」に従って力が加わり円盤が回転する現象です。現代の家庭に設置されている積算電力量計の原型です。

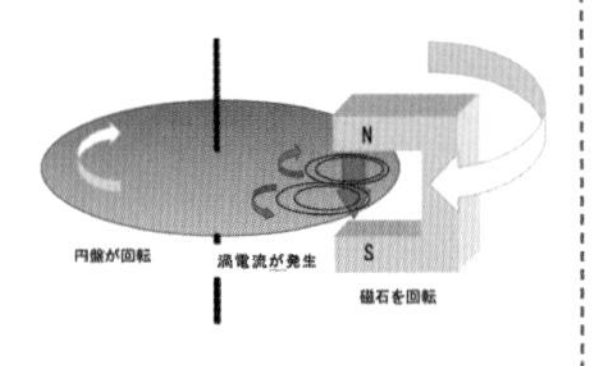

⑺電磁石の発明

ウイリアム・スタージャン（1783～1850イギリス）が、馬蹄形の鉄心に数回コイルを巻いて電流を流すと鉄が磁化され、電流を切ると磁化が消えることを発見した（1825年）。最初の電磁石と言われる。後に、彼は世界初の整流子を用いた直流モーターを、そして、検流計を発明している。

⑻誘導電流の発見

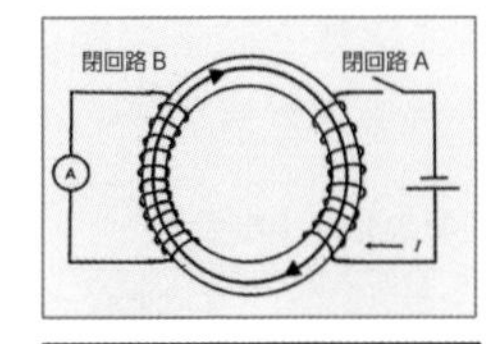

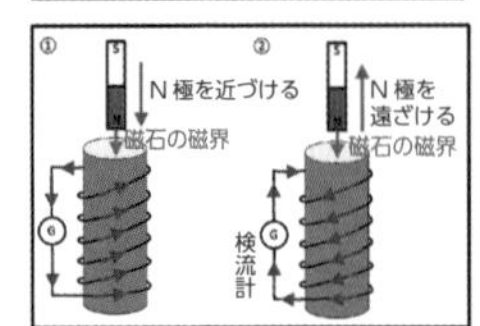

マイケル・ファラデー（1791～1867イギリス）は、2組のコイルの一方に流す電流を変化させると他方のコイルに瞬間的に電流が発生することを発見した。さらに、コイルの中に棒磁石を差し込んだり、引き抜いたりすると、コイル内に棒磁石の動きを妨げる向きに誘導電流が発生する現象（右図）から、「ファラデーの法則」を発表した（1831年）。

〈ファラデーの法則〉

垂直な断面積を一様な磁束密度で貫く磁場を磁束という。その磁束が変化すると電磁誘導により起電力が発生して誘導電流が流れる。

①誘導電流は、磁束の変化を妨げる向きに流れる。
②磁束の変化が大きいほど起電力は大きくなる。
③磁束の変化が急激であるほど起電力は大きくなる。
④磁束に変化がないときは、起電力は生じない。
⑤コイルの巻き数が多いほど起電力は大きくなる。

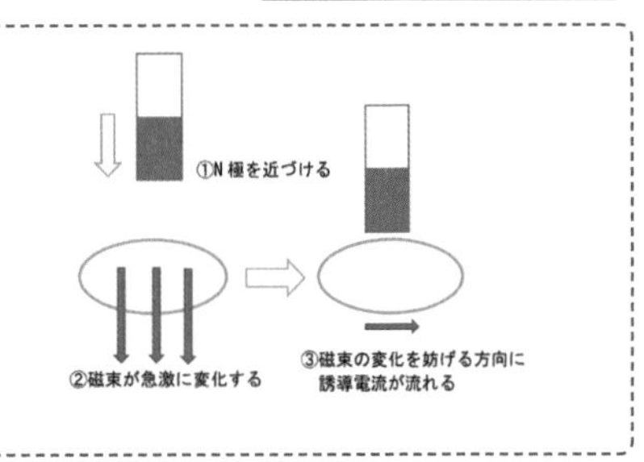

⑼フレミングの右手・左手の法則

ロンドン大学で学生にファラデーの電磁誘導を指導していたフレミング（1849～1945）は、「電流によって発生する磁場」「磁場によって発生する電流」の関係を学生に理解させるために、磁場、電流、力の向きを右手や左手で表現する方法を考案した（1884年頃）。

やってみよう　「フレミングの左手の法則」

マグネットシートで教材を作成しておくと、「フレミングの左手の法則」が理解しやすくなります。

①マグネットシート（３色）を矢印状にカットし、「電流」「磁界」「力」の文字を入れておきます。鉄の立方体を用意します。

②電気ブランコの電流の向き、磁界の向きに該当する矢印をセットします。

③電気ブランコに電流を流し、力の向きに矢印をセットして、原型モデルとして矢印の向きは動かしません。

④電気ブランコの電流や磁界の向きを変え、その向きに対応するように原型モデルを回転させて力の向きを予想します。

⑤どのように電流や磁界の向きを変えても、原型モデルが示す向きに力が発生することを確認したら、左手の親指、人差し指、中指を直交させて「フレミングの法則」が成り立つことを確認します。

①

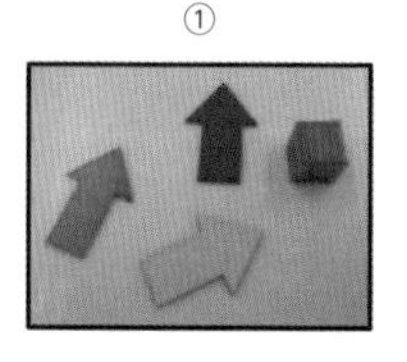

②

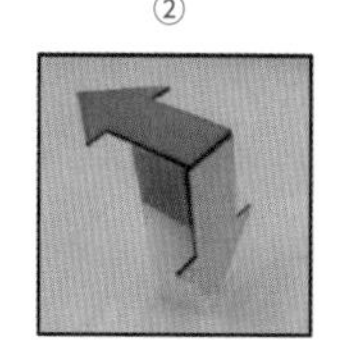

③

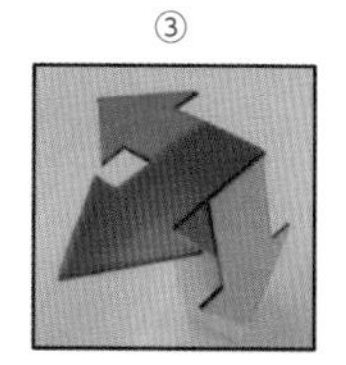

⑽陰極線の発見

ドイツのガイスラーが真空放電管を製作し（1855年）、プリュッカーが放電管を用いて真空放電の実験を行い、陽極に向かって光線が直進すること、磁気を当てるとその方向が変わることを発見した（1858年）。この研究を継続させたイギリスの科学者クルックス（1832～1919）が、より真空度の高い放電管（クルックス管）を開発し、陰極から電荷を帯びた微粒子が放電されることを解明した（1875年頃）。後に、ドイツのゴルトシュタインが、この光線を陰極線と名付けた（1876年）。

ワンポイント

クルックス管の中に、羽根車が設置されているものがある。

昭和53年頃まで、中学校では陰極から放電される微粒子は質量を持つので羽根車を回転させると説明を行ってきました。その後、羽根車の回転は、陰極線が当たっている面が熱を帯び、膨張した気体が羽根車を回転させる（ラジオメーター効果）と考えられるようになりました。現在の中学校教科書では、羽根車を扱わないものが多いので注意しましょう。

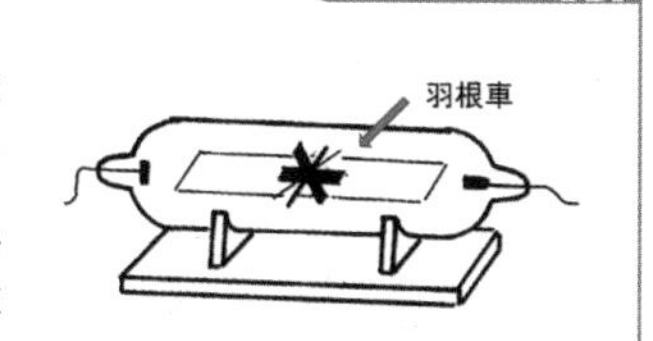

⑾オームの法則

ヘンリー・キャベンディッシュ（1731～1810イギリス）は、ライデン瓶と塩の溶液を満たしたガラス管を接続し、片手をライデン瓶に、他の片手を塩の溶液に触れて塩の量により体内に流れる電気ショックが異なることから、電流の流れ方が変化することを導き出した（1781年）。しかし、彼は、この成果を公表しないまま亡くなった。

ゲオルク・ジーモン・オーム（1789～1854ドイツ）は、金属の太さや長さを変えて電流の流れ方を追究し、「電流の強さと金属の長さ（後の抵抗に相当）の積は一定（後の電圧に相当）である」ことを突き止めた（1827年）。当時は、抵抗や電圧という用語はなく、この考えは受け入れられなかったが、後の抵抗・電圧の概念形成につながる発見であった。

その後、マクスウェルが、キャベンディッシュの遺稿を整理して『キャベンディッシュの電気学論文集』を発表し、その論文内でオームの業績を紹介したことから注目されるようになった（1879年）。彼の発見は「オームの法則」として次のように表記される。オームの発表から50年後のことである。

$I = V / R$　　I：電流〔A〕 V：電位差〔V〕 R：抵抗〔Ω〕

やってみよう　　クイズ 「オームの法則」

右図の回路を組み、電源電圧を任意に決めて、電流・電圧・抵抗（抵抗値も任意でよい）の間にオームの法則が成り立つことを確認します。次に、クイズを出す人は、電流計、電圧計、抵抗のどれかにハンカチをかけて、電源電圧を変えます。クイズに答える人は、「オームの法則」を利用して、ハンカチで隠れているものの数値を計算します。クイズを出す人を交代してやってみましょう。

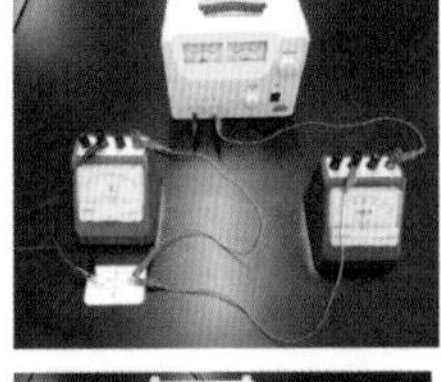

〈例〉
クイズを出す人　　電流計をハンカチで隠し、電源電圧を変える。
クイズに答える人　ハンカチに隠れていない電圧計と抵抗値から電流値を計算する。計算が終わったら、ハンカチを取って電流値を確認する。
＊電圧計や抵抗にハンカチをかけても、同様に実験できるよ。

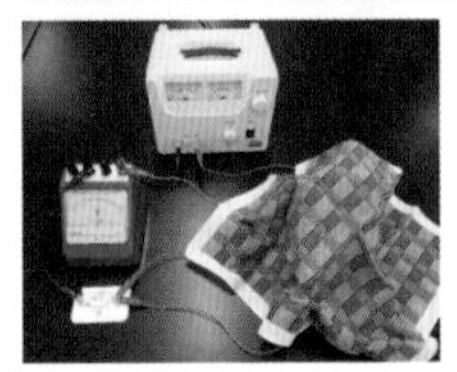

⑿電磁気学の基本方程式

マクスウェルが、1864年に『電磁場の動力学的理論』を著し、電気と磁気に関する微分方程式を発表した。この方程式を解くと、電場と磁場は交互に相手を発生させて空間を波となって伝わることが分かる。これが電磁波であり、その速度は光速と一致し、光が電磁波に他ならないことを証明した形となった。

永久磁石の発明

時代が進むと、長時間、磁力を保つ磁石が必要とされてきた。1917年（大正6年）、初めて人工的に新合金から永久磁石を開発して世界を驚かせたのは日本人であった。

東北帝国大学教授本多光太郎（1870～1954年、日本の物理学者・金属工学者）のグループは、コバルト、タングステン、クロム、そして炭素を配合した特殊鋼を作り、当時世界最強の磁石の4倍もの強さのKS鋼磁石を完成させました。本多光太郎は、大正8年には鉄鋼研究所（現在の金属材料研究所）の初代所長となり、弟子たちとともに優れた研究を重ねていき、昭和8年に弟子たちとともに新KS鋼を作りました。

本多光太郎

東北帝国大学の総長を務めた本多は、昭和24年に東京理科大学の学長となり、若い研究者の育成に尽力しました。彼は「人格の完成は自覚より始まる」として、学生には「今が大切」と鼓舞しました。

その後、開発が進み、1984年に住友特殊金属（現、日立金属）の佐川眞人たちによって開発された「ネオジム磁石」が世界最強の永久磁石として広く利用されるようになりました。

3 電気・磁気の先端科学

⑴電子顕微鏡

光学顕微鏡の最高倍率は1,000倍程度だが、電子顕微鏡は、その1,000倍の1,000,000倍の画像を観察することができる。

電子顕微鏡は、電磁レンズで電子線の行路を偏向させて拡大画像をつくる装置で、ドイツのマックスとエルンスト・ルスカが開発した（1931年）。高い分解能（倍率）が得られるが、電子線をつくる高圧電源や装置内を真空に保つ機構が必要で、構造は大きくなる。電子顕微鏡には、「透過型電子顕微鏡」と「走査型電子顕微鏡」の2種類がある。

①透過型電子顕微鏡（TEM）

試料に電子線を当てて、透過してきた電子線を電磁レンズで拡大して画像をつくる。拡大倍率は、数百倍から数百万倍（原子配列構造観察が可能）と広い。分光装置を取り付けると分析型電子顕微鏡（AEM）の機能が加わり、元素の分析等が行えるようになる。観察試料は、電子線を透過させるために薄くする必要がある。

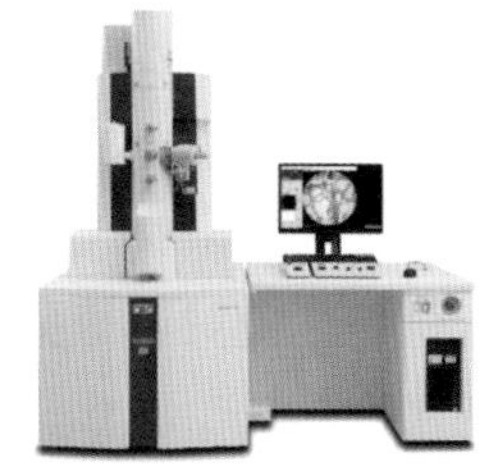
透過型電子顕微鏡
画像提供：株式会社日立ハイテク

②走査型電子顕微鏡（SEM）

電子線を試料表面に走査（スキャン）しながら照射し、試料表面から放出される二次電子と、表面からの反射電子を検出器で捉えて画像にしている。試料の凸凹状態を反映した画像になる。さらに、試料元素の分布状況を観察することもできる。写真は、本学理科実

走査型電子顕微鏡
画像提供：株式会社日立ハイテク

験室に整備されている卓上式走査型電子顕微鏡（日立ハイテク　MiniScope TM3000　拡大倍率15倍～30,000倍）で、試料を薄くする必要がなく立体画像を映し出すことができる。

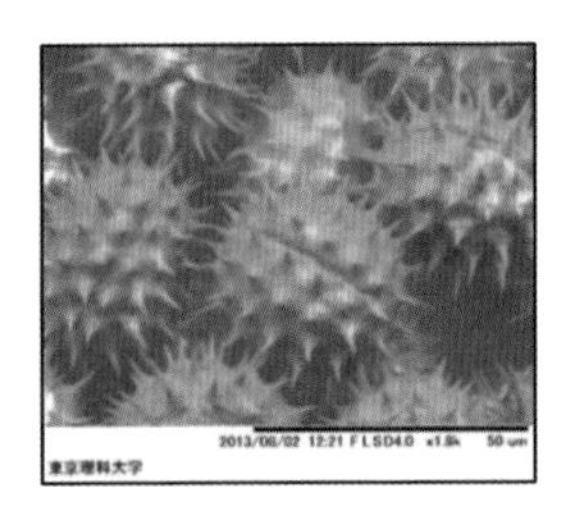
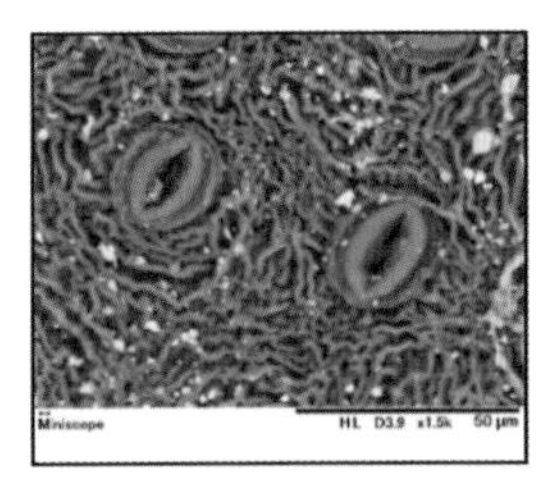
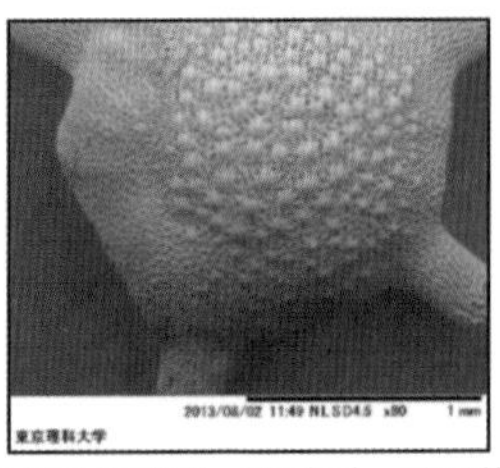

本学での撮影写真（左から　ひまわりの花粉、葉の気孔、星の砂）

⑵核磁気共鳴画像法（MRI: Magnetic resonance imaging）

MRIは、トンネル自体が巨大な磁石であり、何かが回転しているわけではない。物質が強力な磁場の中に置かれて特定周波数の電波を照射されると物質中の水素原子が同じ方向を向くようになる（磁気共鳴・励起と呼ぶ）。しばらくして、この電波を切ると、各組織（水・脂肪・骨・癌(がん)などなど）は独自の速さで元の方向に戻っていく（緩和と呼ぶ）。この戻る速度差を白黒で表現したものがMRIである。

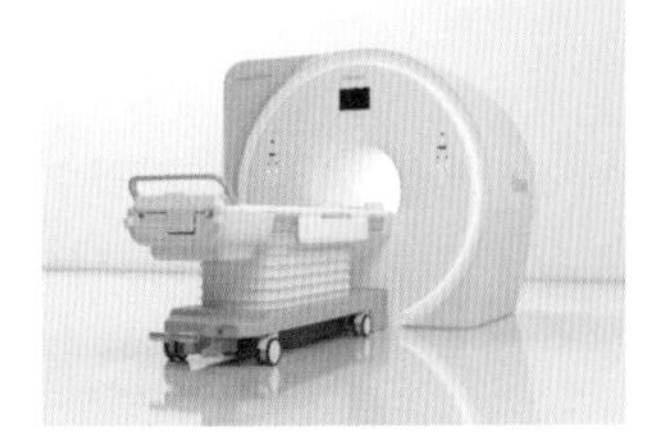

Canon 製 MRI(Vantage Orian)

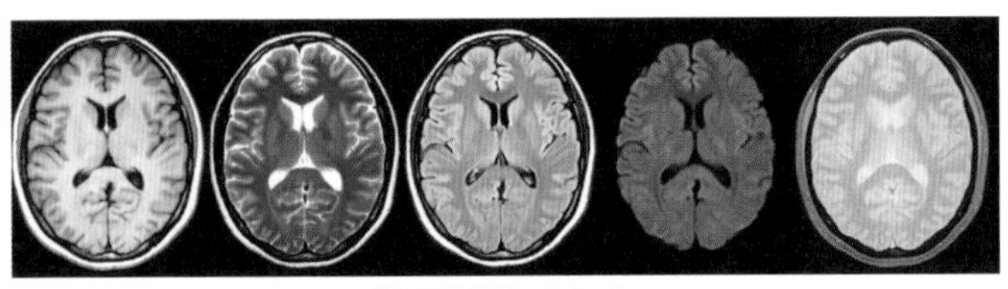

脳　画像提供：キヤノン

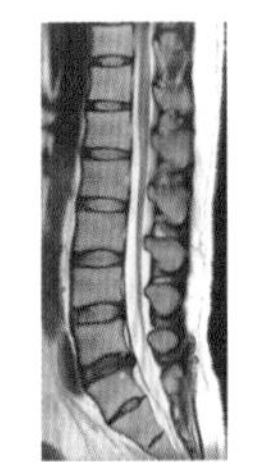

腰椎　画像提供：キヤノン

トンネル内まで患者を移動させた後、傾斜磁場を印加する。このとき磁場の変化により空気が振動して音が発せられる。縦横軸に沿って傾斜磁場を少しずつ変化させて、マトリックス数（例えば256個）の水素原子の「励起、緩和」を繰り返して画像をつくる。高画質（マトリクッス数が多くなる）な画像を得るには、より多くの撮像時間が必要になる。

⑶リニア新幹線

最高速度500km/hで疾走する「夢の超特急」は、2037年に品川―名古屋間で開業、2045年には大阪までを1時間でつなぐ予定である。

車両の超電導磁石はＮ極、Ｓ極が交互に配置され、地上の推進コイルに電流を流すことにより発生する磁界（Ｎ極・Ｓ極）との間で、交互に起こる引き合う力と反発する力により車両が前進し、車両の超電導磁石が高速で通過すると、地上の浮上・案内コイルに電流が流れ電磁石となり、車両を押し上げる力と引き上げる力が発生して車両を浮上させる。

参考資料・文献

『PSSC物理』山内恭彦ほか訳　1969年6月　岩波書店

『科学は歴史をどう変えてきたか』マイケル・モーズリー＆ジョン・リンチ　2011年8月　東京書籍

『物理学は歴史をどう変えてきたか』アン・ルーニー　2015年8月　東京書籍

『世界を変えた150の科学の本』ブライアン・クレッグ　2020年2月　創元社

『科学思想のあゆみ』Ch.シンガー　1970年6月　岩波書店

『日常生活の科学』小池守・内田恭敬・永沼充　2014年3月　青山社

『人物でよみとく物理』藤嶋昭監修　2020年5月　朝日新聞出版

『科学史年表』小山慶太　2016年12月　中公新書

「屋井先蔵」東京理科大学、一般社団法人電気工業会

http://www2.iee.or.jp/ver2/honbu/30-foundation/data02/ishi-06/ishi-2425.pdf

「SEMと友だちになろう」日立ハイテク

https://www.hitachi-hightech.com/jp/science/products/microscopes/request/sem_guide/

「What is MRI?」キヤノンメディカルシステムズ株式会社

「Vantage Orian」キヤノンメディカルシステムズ株式会社

https://jp.medical.canon/products/magnetic-resonance/vantage_orian

「山梨県立リニア見学センター」ホームページ

https://www.linear-museum.pref.yamanashi.jp/index.html?ref=nomove

第5節 放射線

放射線に関しては、観察や実験を行うには限度がある。授業のヒントとなりそうな内容を精査し、放射線についての知識のみならず、どのような経過で放射線が発見され、どのように活用されてきているかを、科学史をひも解きながら紹介する。

1 放射線の理論を確立させた科学者

⑴ウイルヘルム・コンラッド・レントゲン

レントゲン

レントゲン（1845～1923ドイツ）は、ビュルツブルグ大学の教授だった1895年の秋、陰極線の実験を本格的に始めた。特に陰極線の発する蛍光に興味を持ち、部屋を暗くして陰極線管を黒い紙で包んで実験したところ、かなり離れたところに置いてあった白金シアン化バリウムを塗った紙が光っていたことに気付いた。この紙を隣の部屋に持って行って陰極線を働かせると、ここでも光った。

ワンポイント

イギリスのウイリアム・クルックスは、レントゲンが発見する10年ほど前に真空放電管を使ってX線を発見しました。ところが、研究の視点が違っていたので深く追求することをせず、X線のことを発表しませんでした。

このことから陰極線管からは目に見えない未知の放射線が放出され、空気中をかなり遠くまで行くらしいことが分かった。これをきっかけに、この放射線の透過力について様々な物質を使って調べられた。

その結果、密度が大きくて、重い金属は透過力を弱めること、特に鉛には透過力を弱める働きがあることが分かった。なお、発見当時はこの未知の放射線の正体が分からなかったので、「X線」と名付けられた。

レントゲンは、1895年12月、X線に関する最初の論文を発表し、世界中の物理学者の関心を引いた。1901年、X線の発見に対して初代ノーベル物理学賞が授与された。この発見によって、原子物理学の世界で様々な研究が進んだ。今日では、X線の応用は医療診断に欠かすことのできないものとなっている。

レントゲンによるX線発見に興味を持ったアンリ・ベクレル（1852～1908フランス）は、机の引き出しに入れておいた黒い紙に包んだ写真乾板を数日経って現像したところ、日光が当たっていないにもかかわらず感光していることに驚いた。

この引き出しには金属容器に入れた蛍光試料がしまってあり、この蛍光試料（ウランの化合物）がX線に似たものを出しているのではないかと考え、実験を重ねてウランが未知の光を発していることを見出した。

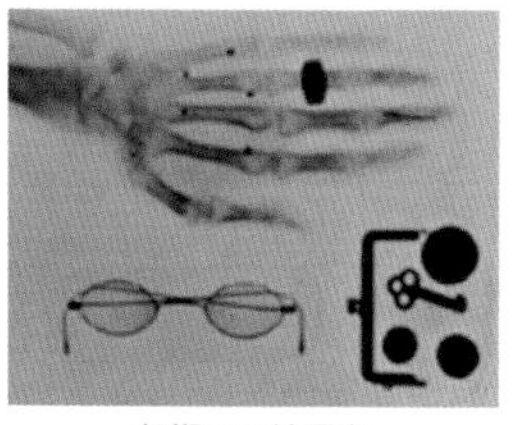

初期のX線写真
（島津製作所）

日本では1896年3月、東京帝国大学の山川教授が苦労して実験を成功させている。また、1896年10月に島津製作所がX線写真撮影に初めて成功した。

1913年、寺田寅彦はX線を結晶に当てて、結晶の原子構造を調べる実験（ラウエ斑点の実験）を始めた。この研究は、日本における原子物理学の研究の先駆けとなった。

⑵マリ・キュリー

ベクレルの発見にマリ・キュリー（1867～1934ポーランド）は強く関心を持ち、この現象は、ウランだけでなく、他の元素からも出ているのではないかと考え研究を続けた。

その結果、トリウムからも同様に出ていることを突き止めた。この研究の過程で新たな元素を2つ発見し、これらの元素をポロニウムとラジウムと命名した。

マリ・キュリー

これらの研究により1903年ノーベル物理学賞を受賞した。また、1910年にラジウムを金属として取り出すことに成功し、翌年ノーベル化学賞が送られた。

ポロニウムは、発見者の故郷ポーランドにちなんで名付けられました。ラジウムは、放射能を持つ元素という意味で命名されました。

1914年、パリにラジウム研究所が作られ、マリはその所長となり、ラジウムを使った癌の治療法の研究を進めた。

調べてみよう　　マリ・キュリーの生涯
マリ・キュリーの生涯は、伝記などにも紹介されているので、詳しく調べて、発表しましょう。

2 放射線に関する基本事項

⑴放射線に関する単位（当時の科学者の名前が用いられている）

・レントゲン（R）……放射線の照射線量を表す単位

レントゲンはCGS単位系での単位であり、国際単位系（SI）では用いられていない。

霧箱 (cloud chamber)

撮影・伊知地国夫

気象の研究をしていたウイルソン（イギリス）は、霧を発生させるために密閉容器の中に水分を含んだ空気を入れて急激に減圧して 過飽和状態を作り出すという実験を行っていたとき、偶然に放射線によって霧が発生することを発見しました。

これは放射線の飛跡を観察できるという大変な発見でした。ウイルソンは、霧箱の発明により1927年ノーベル賞を受賞しました。その後、多くの研究者が霧箱を利用して研究成果をあげ原子物理学が大きく進歩しました。

湯川秀樹が1934年に中間子理論を提唱し、アンダーソン（アメリカ）が1937年に霧箱を用いて宇宙線の中に中間子らしいものを発見ました。1947年にはパウエル（イギリス）らが確認しています。これにより湯川は1949年に日本人として初めてノーベル賞を受賞しました。

- **キュリー (Cl) ……放射能を表す単位**

ラジウム1 gが持つ放射能の強さを表したものである。現在はベクレルが用いられている。

- **ベクレル (Bq) ……放射能を表す単位**

1秒間に何個の放射線を放出したかを表した数値がベクレル（Bq）で、1ベクレルは1秒間に1個の原子核が崩壊して放射線を出す能力である。

- **グレイ (Gy) ……放射線のエネルギー吸収量を表す単位**

実際に物質が吸収した放射線エネルギーの量を表している。1 kgの物質に1 J（ジュール）の放射線のエネルギーが吸収されたときの吸収線量を1 Gyという。ルイス・ハロルド・グレイ（1905～1965イギリスの放射線測定者）を記念して1975年に定められた。

- **シーベルト (Sv) ……吸収線量の人体への影響を考慮した単位**

放射線エネルギー吸収線量グレイから求めた人体への影響を考慮した値である。スウェーデンの放射線防御研究者ロルフ・マキシミリアン・シーベルト（1896～1966）の名前を記念して名付けられた。

なお、1時間当たりに受ける被曝線量は、毎時ミリシーベルト（mSv/h）で表す。（1ミリシーベルト〔mSv〕は10^{-3}シーベルト、1マイクロシーベルト〔μSv〕は10^{-6}シーベルト）

調べてみよう　　身のまわりの放射線

環境省が発表している「身のまわりの放射線」によると、次のような値です。

- 胸部X線集団検診0.06 mSv　(1回当たり)
- 胸部 CT 検査2.4～12.9 mSv (1回当たり)
- 自然放射線から受ける日本での1年間平均が2.1 mSv
- 航空機、東京とニューヨークを1往復が0.11～0.16 mSv
- 富士山頂0.10 μSv / h
- 国際宇宙ステーション20.8～41.6 μSv / h
- 東京都0.028～0.079 μSv / h

では、自分が住んでいる地域の自然放射線量はどのくらいでしょうか。

放射線はどこからくるの？
太陽は核融合反応を繰り返しています。このとき、高いエネルギーを持って高速で飛ぶ粒子や波長の短い電磁波を放出します。これらが放射線となって宇宙に放出され、地球にも降り注いでいます。
植物の生長に必要な肥料は窒素・リン酸・カリです。実は、このカリウムという物質の中に、カリウム40が0.012％程度含まれていて、これが自然に崩壊するときに放射線を出します。

放射能ってなに？
放射線を発生させる能力のことで、放射能を持つ物質を放射性物質といいます。例えば、カリウム40は放射性物質です。

人工放射線ってなに？
胸部レントゲン撮影や胃のX線写真撮影時の放射線、原子力発電所の事故で放出される放射線などがあります。

自然放射線ってなに？
宇宙からの放射線、太陽からの放射線、大気中の放射線、地面や地下の岩石に含まれる放射性物質からの放射線などがあります。

地球上では地球の磁気圏がバリアの働きをして、宇宙や太陽から来る宇宙線を守ってくれています。地球周辺の宇宙空間には、数百 keV ～数十 MeV の高いエネルギーを持つ電子が集まる「バン・アレン帯」という領域があり、地球磁場の活動に応じて激しく変動しています。

⑵放射性物質 (radioactive substance)

放射性物質とは、放射能を持つ物質のことで、放射線を放出する。例えばウラン、プルトニウム、ヨウ素131、ストロンチウム90、ラジウム、カリウム40などがある。

原子炉事故などでヨウ素131が発生したら、放射線を出さないヨウ素127（ヨウ素剤）を服用すると、摂取を防ぐことができます。体内に取り込んでしまうと甲状腺障害を引き起こすことがあるので、すぐ対応する必要があります。

⑶放射性同位体 (radioisotope)

放射性同位体は、同じ元素で中性子の数が違い不安定なもので、時間とともに放射性崩壊して放射線を放出する。例えば、炭素14、カリウム40、ヨウ素131、プルトニウム239などがある。

放射性元素の崩壊
例えば1秒間に1個崩壊するというのは、長い時間で見たときの確率を表しています。ウラン・ラジウム崩壊系列では、ウラン238が、α崩壊とβ崩壊を繰り返して、最終的には安定な鉛206になります。

⑷半減期（half life）

放射性物質には半減期があり、一定時間経つとその強さが半分になる。例えば、ヨウ素131の半減期は8.04日、ラジウム226は1600年、カリウム40は12.8億年、プルトニウム239は2.4万年、ウラン238は44.6億年である。

半減期という言葉の意味
半減期は、原子が一斉に崩壊して半分になるということではなく、早く崩壊するものや崩壊するまで時間のかかるものもあり、全体としてみたときに半分になるという時間を表しています。

⑸放射線の種類と透過力

放射性物質から出る放射線には、α（アルファ）線、β（ベータ）線、γ（ガンマ）線などがある。

① **α線**：α線は、ヘリウムの原子核と同じ粒子で、透過力は紙やアルミ箔で防げる程度である。

② **β線**：β線は、電子の高速な流れで、透過力は数ミリの厚さのアルミ板で防ぐことができる。

③ **γ線**：γ線は、波長の短い電磁波で、α線やβ線に比べてはるかに大きいエネルギーを持っており、透過力が強いので、鉛や厚い鉄板で防ぐ必要がある。

放射線の透過力（略図）

調べてみよう　放射線源の代わりに光を使って透過性を調べてみよう
光は放射線ではありません。さえぎる物体がなければどこまでも届きます。では、途中に新聞紙を1枚置いたらどうでしょうか。新聞紙を2枚、3枚と重ねておいたらどうなるでしょうか。調べてみてください。

⑹放射線の種別

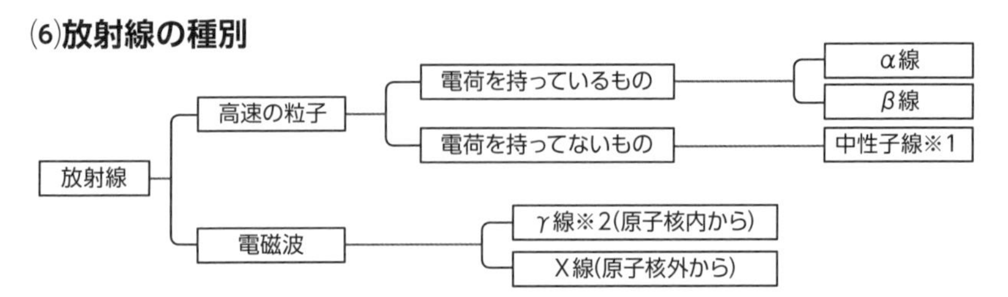

※1　中性子線は、中性子の高速な流れで透過力が強く、水や厚いコンクリートで防ぐことができる。
※2　γ線とX線は波長の短い電磁波であり、これらは波長(振動数)で明確に区別はされてはいない。
発生のメカニズムに違いがあるが、いずれも高エネルギーの電磁波である。

⑺放射線の生体への影響

放射線は、そのイオン化作用を通じて生体に影響を与える。生体が放射線を浴びることを被曝といい、宇宙線や原子力事故のように放射線が生体外部からくる場合を外部被曝、放射性同位体や放射性物質を食べ物や呼吸によって体内に取り込んだ結果起こる被曝を内部被曝という。

強い放射線の場合、DNAをイオン化して傷つけると、癌を引き起こす恐れがあるとされている。また、生殖細胞や胎児を傷つけると奇形の要因となることがある。

⑻放射線の防御

通常の日常生活では宇宙線や食べ物から年間1 mSv（ミリシーベルト）程度、健康診断等の医療からも同程度の放射線を浴びている。医療現場や原子力関連作業従事者は、被曝を最小限に抑えるために、以下のことなどに注意を払っている。

① 放射線を鉛などで遮る。
② 放射線源との距離をおく。
③ 放射線を浴びる時間を短くする。
④ サーベイメーターやフィルムバッチ等によって放射線量を常に監視する。

⑼自然放射線

①地球上の主要な放射性元素

ウラン、トリウム、カリウムがある。花崗岩（かこうがん）には、これらの放射性元素が他の岩石よりも比較的多く含まれている。そのため、一般的に花崗岩が露出している地帯では自然放射線量が高い。

②α崩壊とβ崩壊

カリウムに含まれる放射性同位体カリウム40（^{40}K、半減期約12.8億年）は、β崩壊により^{40}Caとなる。また、軌道電子を捕獲して^{40}Arにもなり、このときにガンマ線が放出される。

ラジウム226（^{226}Ra、半減期1600年）は、α崩壊によりラドン222（^{222}Rn、半減期約3.8日）となる。さらにα崩壊でポロニウム218（^{218}Po）に崩壊する。

③自然放射線量

地域や建物の内外など場所によって異なるが、いずれもレベルが低いので人体に影響を与えることはない。しかし、ブラジルのガリバリやイランのラムサールでは高レベルの場所がある。

日常の放射線源

北アルプスなどの岩稜は、起伏が見事で素晴らしく、山歩きの醍醐味があります。花崗岩帯は特に素晴らしいです。実は花崗岩の中にはごく微量の放射線をだすものが含まれていますが、特に人体に影響するほどではないので、誰も気にしないで山歩きを楽しんでいると思います。

観光地の多くには温泉が多くありますが、温泉の成分にも放射性物質のラドンやラジウムを含んでいるものがあります。昔は、ラジウム温泉は体に良いと人気でしたが、最近は放射線事故のこともあってか、あまり宣伝文句には使っていないようです。

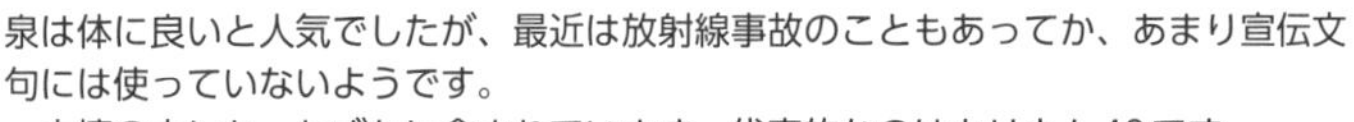

土壌の中にも、わずかに含まれています。代表的なのはカリウム40です。

園芸用肥料で硫酸カリというものがありますが、わずかに放射線を出しますが、人体には影響ない程度なので心配することはありません。

⑽放射線の利用

①医療への利用

X線撮影やCTスキャン、PET検査などで医療診断や放射線を用いた癌治療に欠かせない。

CTスキャン

CTとはComputed Tomographyの略で、X線を当てて体の断面図を撮影する検査のことで、体を輪切りにしたようなコンピュータ画像で、病変を詳しく調べます。

PET検査

PETとは、Positron Emission Tomography（陽電子放出断層撮影）の略で、放射性薬剤を体内に投与し、特殊なカメラで撮影して画像化します。全身を一度に調べることができます。

②生体高分子の構造解明

X線や中性子線は、結晶構造の解析やタンパク質などの生体高分子の構造解明に利用されている。

③様々な分野での利用

金属内部や貴重な試料を破壊しないで検査する非破壊検査、空港の手荷物検査、放射性炭素を用いた遺跡の年代測定など様々な分野で利用されている。

農業分野ではジャガイモの発芽抑制、害虫駆除などに利用されている。

調べてみよう　半減期を利用した年代測定

大気中に存在する放射性同位体の^{14}Cは半減期が5730年で、安定な^{12}Cとの存在比が長年にわたって一定です。そのため、生きている植物内の存在比も一定で、植物が枯れると内部の^{14}Cは崩壊によって減少していきます。この存在比の減少を調べることによって、その植物が生きていた年代を推定することができます。具体的な例を調べてみましょう。

⑾原子核に関連する科学や技術

核力と結合エネルギー、質量とエネルギーの等価性、核分裂と核融合、核エネルギーの利用と危険性、素粒子、加速器(サイクロトロン、線形加速器など)、宇宙探査、生命の起源と宇宙など、様々な分野に及んでいる。
これらの研究や活用に当たっては、人体に対する影響や環境への負荷という点で今後ますます配慮することが必要である。

参考資料・文献
『Newton 世界の科学者100人』竹内均監修　1990年12月第1刷　教育社
『物理学読本』第2版　朝永振一郎編　1970年9月第3刷　みすず書房
『基本を知る放射能と放射線』藤高和信　2011年7月　誠文堂新光社
『核物理学』野中到　1958年初版第2刷　培風館
「島津製作所HP　会社案内 - 沿革」
https://www.shimadzu.co.jp/aboutus/company/history.html
「放射線による健康影響等に関する統一的な基礎資料」(平成30年度版)
https://www.env.go.jp/chemi/rhm/h30kisoshiryo.html
「自然・人工放射線からの被ばく線量 - 環境省」
www.env.go.jp/chemi/rhm/kisoshiryo/at...
「放射線治療の種類と方法」国立がん研究センター
https://ganjoho.jp/public/dia_tre/treatment/radiotherapy/rt_03.html
『改訂理科指導法』2019年　東京理科大学教職教育センター

化学編

第1節 物質の性質

物質が状態を変える温度は、それぞれ異なっている。密度や電気伝導度、溶解度などにも違いがある。中学校では、多くの実験を通して、物質には様々な性質があることを理解させていく。この学習は、やがて、その性質がどこから生じるのか、分子・原子など物質を微視的に捉える学習に発展していく。この学習展開は、科学が歩んできた道のりとよく似ている。したがって、生徒には、その時々の現象を印象深く理解させ、学習が連続していくことに興味を待たせるよう工夫していきたい。

1 状態変化

物質が固体から液体や気体に変化する温度は、常に一定であるのはなぜか。また、物質によって、その温度が異なるのはなぜか。この状態変化のメカニズム解明には、長い年月にわたって研究が重ねられ、物質を構成する粒子間に働く力と周囲の温度と圧力の関係から説明する考え方に整理された。

⑴氷の融点、水の沸点の測定

氷が融けて水になって蒸発するように、物質が固体・液体・気体に状態を変えることは古くから知られていた。しかし、正確な温度計がなく、定量的実験を進めることができないでいた。17世紀に、ガリレイが温度計開発に力を注いだが、十分なものを開発できなかった。

ホイヘンス

そのような状況の中、1657年、イタリアのフィレンツェの「実験アカデミー」で、液体温度計を使って氷の融解温度が常に一定であることが立証された。さらに、オランダの物理学者クリスティアーン・ホイヘンス（1629～1695）が、水の沸騰温度も常に一定であることを突き止めた（1665年）。氷の融解温度と水の沸騰温度が一定となる発見は、セルシウスの温度計開発につながっていく（参照　物理編「熱」）。

ホイヘンスは同時期に「土星の環の発見」「振り子時計の開発」なども行っている。また、1675年に「ゼンマイ式時計（世界初の機械式時計と言われる）」を、1690年に「光の波動説」を提唱している。

⑵気体の体積と圧力

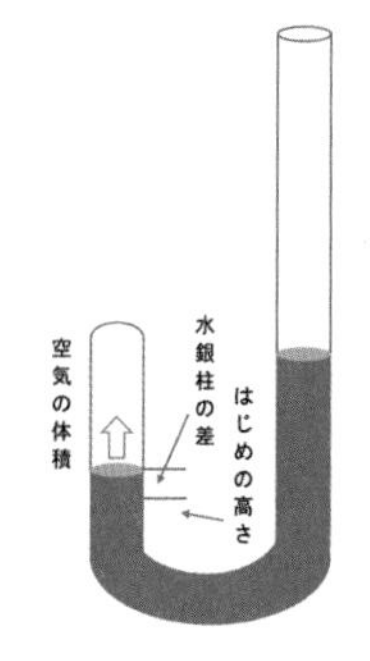

当時はベルギー領であったフランドル（フランダース）の化学者・錬金術師ファン・ヘルモント（1579～1644）は、空気はあらゆる物質が燃えて成分要素が放出された秩序のない状態であるとし、ギリシャ語「Chaos（カオス・混迷）」から「Gas（ガス・気体）」と名付けた（1600年頃）。

錬金術に批判的であったアイルランドの物理・化学者ロバート・ボイル（1627～1691）は、『懐疑的化学者』という本の中で、Ｊ字管の開放口から水銀を流し込み空気を圧縮する装置（右図）を用いて、加えた圧力と空気の体積には反比例の関係があることを解明した（1666年）。彼は、空気は微粒子で形成されており、圧力が加わると、互いが接近して体積が減少すると解説している。この考えは、当時の学会には受け入れられず、空気内の微粒子（分子）を追究する研究は進展されなかった（参照　化学編「化学変化」）。

ボイルの法則（現代の理論）

一定温度で、一定量の気体の体積 V は、圧力 P に反比例する。

$V = \dfrac{k}{P}$　または　$PV = k$（k は比例定数）

気体が連続的に変化するときは、$P_1V_1 = P_2V_2 =$ 一定となります。

この法則は、「シャルルの法則（1787年）」「ケルビンの絶対温度（1848年）」と合わせて、「ボイル・シャルルの法則」にまとめられていきます。ボイルが気体の体積と圧力の関係を発見してから120年以降のことになります。

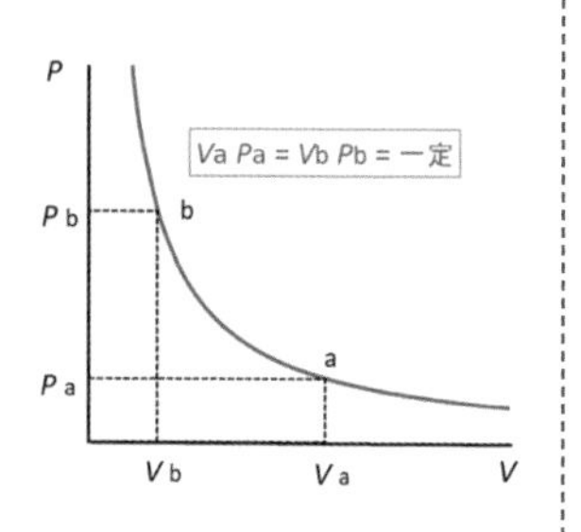

ボイル・シャルルの法則

一定量の気体の体積 V は、圧力 P に反比例し、絶対温度 T に比例する。

$\dfrac{PV}{T} = k'$ または　$PV = k'T$　（k' は比例定数）で表される。

⑶潜熱の考え方

ジョゼフ・ブラック（1728～1799イギリス）は、液体の温度が上昇し沸点に達すると、液体のすべてが蒸発するまで温度が一定に保たれることを発見し、潜熱の概念を定着させた（1761年）。

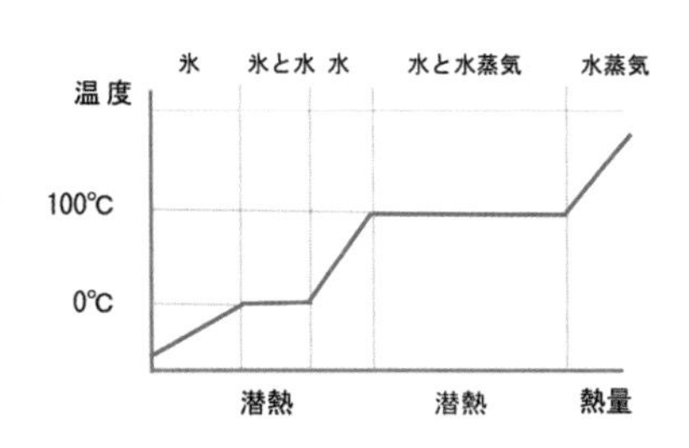

液体中の分子が自由に飛び回る気体になるには、それなりのエネルギーが必要となります。例えば、1気圧（1.013×10^5Pa）、100℃の水1㎏を蒸発させるには2,257kJの熱量が必要となります。液体状態（液相）から気体状態（気相）に移行するために必要な熱量を蒸発潜熱（蒸発熱）、固相から液相に移行するために必要な熱量を融解潜熱（融解熱）といいます。

⑷気体の分子運動論

18世紀末に「熱の運動説」が定着し、気体を分子の運動から説明するようになる。イギリスの物理学者マクスウェルは、気体を完全弾性球である分子が衝突し合う集団とし、確率的に分子の運動を計算した。分子の速度は気体の温度に依存した釣鐘状の分布（マクスウェル分布）をなすとした論文を『フィロソフィカル・マガジン』に発表した（1860年）。

物質の三態（現代の理論）

固体　分子・原子が規則正しく配置され、互いに結合しています。熱のエネルギーによる振動で分子が平衡位置からずれることはあっても、大きく移動することはありません。したがって、一定の体積を持ち、変形しにくい状態です。

液体　分子間の距離は固体とあまり変わりませんが、各分子は自由に動き回り、相対的な位置を変えています。したがって、全体の形は自由に変形しますが、体積は固体とほとんど変わらず、一定の体積を維持します。

気体　分子間の距離は、極端に広く、体積は大きくなります。（例えば、1 molの氷や水は1気圧（1.013×10^5 Pa）で約18 ㎤ですが、水蒸気では100 ℃、1気圧で3.1×10^4 ㎤となり、約1,700倍になります）。各分子の運動は激しく、形や体積が自由に変化します。

プラズマ　固体・液体・気体に続く第4の状態。気体の分子が電離して陽イオンと電子に分かれて運動している状態で雷やオーロラ現象を起こします。アービング・ラングミュア（アメリカの物理・化学者）が「プラズマ」を命名しました（1928年）。

〈分子の運動論〉

原子・分子間の凝集力と熱運動の関係から状態が決定されます。

固体	熱運動≪凝集力	位置が固定
液体	熱運動＜凝集力	位置が可変
気体	熱運動＞凝集力	位置が自由

＊凝集力とは、原子・分子同士が互いに引き合う引力の総称であり、静電引力、化学結合力、ファンデルワールス力などがあります。

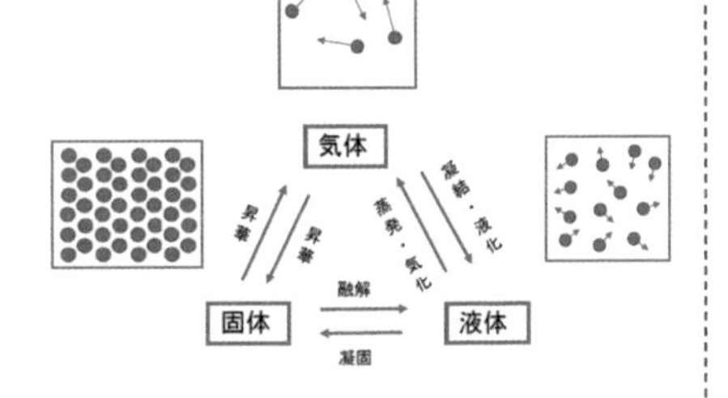

⑸状態変化と圧力の関係

分子・原子の熱運動が激しくなれば、物質は固相から液相、気相に変化し、圧力が強くなる。温度と圧力の関係を調べるために、加熱できるピストンに物質を入れ、温度Tと圧力Pを変化させ、その物質が固体、液体、気体のどの状態にあるか調べた結果を図示したものを「状態図」という。次ページの図は、水の状態図であり、1気圧での水の凝固点が0℃、沸点が100℃で表されている。

蒸気圧曲線上は気体と液体が共存していて、融解曲線上は液体と固体が共存している。昇華曲線と2曲線が交わる点を三重点といい、固体、液体、気体が共存する条件273.16K（0.01℃）、0.006気圧を示している。蒸気圧曲線とは、水が沸騰する際の蒸気圧を示している。圧力が下がると、沸点が下がり、低い温度で水が沸騰してしまうことが分かる。

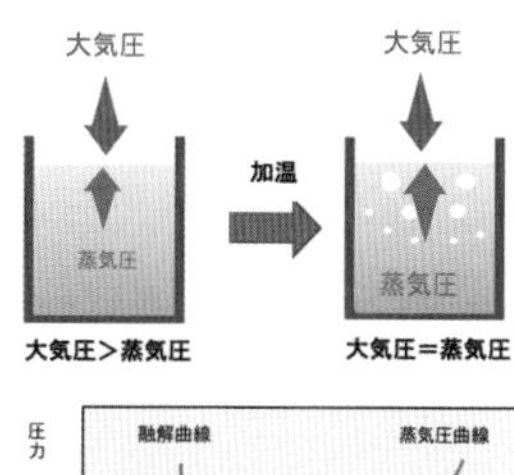

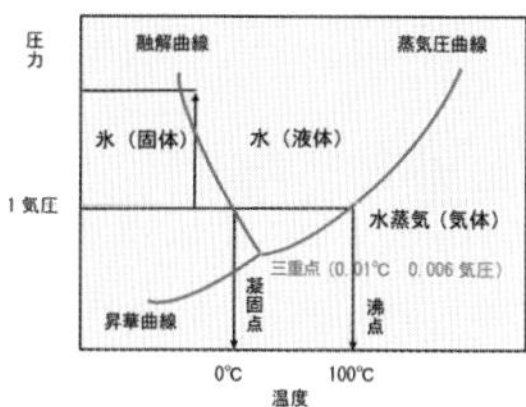

ずいぶん違うのね、だから性質っていうのね

整理してみよう
右表で数値を見比べるだけでは、物質の性質の違いはよく分かりません。温度－273～3,000 ℃の帯を作り、各物質の固体・液体・気体を並べてみると、違いが浮き上がってきます。

〈物質の融点・沸点等〉（1気圧・1モル）

物質	融解熱〔kJ/mol〕	蒸発熱〔kJ/mol〕	融点〔℃〕	沸点〔℃〕
水素	0.12	0.904	－259	－253
酸素	0.44	6.8	－218	－183
窒素	0.72	5.6	－210	－196
水	6.0	41	0	100
水銀	2.33	58.1	－39	357
銅	13.3	300.3	1085	2580
鉄	15.1	340	1536	2863
鉛	4.77	179.5	328	1750

「理科年表」(平成20年度版)より

⑹溶液の状態変化

不揮発性の溶質（食塩など）が溶けている溶液では、次の現象が起こる。

①蒸気圧降下

溶液表面では水分子が蒸発を繰り返している。そこに、蒸発しないNa^{+}、Cl^{-}が混在すると、水分子の蒸発を減少させ、蒸気圧が下がる。

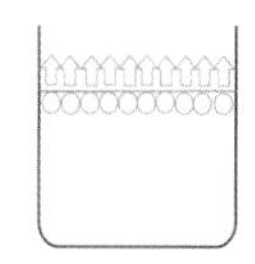

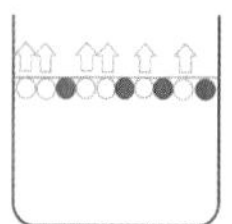

②沸点上昇

沸点に達すると、内部の水が気体に変わろうとする。溶質が混在していると、その変化が妨げられて蒸気圧が下がり、さらに温度を上げないと沸騰しなくなる。この現象を沸点上昇という。

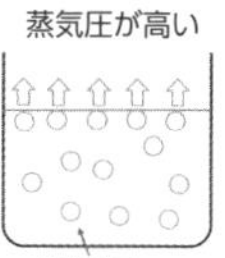

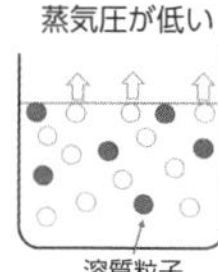

③凝固点降下

食塩水の温度を下げると、ある温度で氷が析出する。このとき、Na^{+}、Cl^{-}は氷の結晶に取り込まれず、

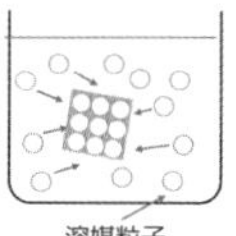

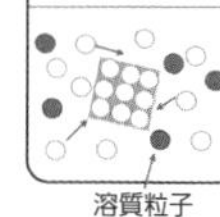

水分子の氷に向かう移動を妨げる。したがって、より温度を低くしないと、水分子が氷になることができなくなり、凝固点降下を起こす。

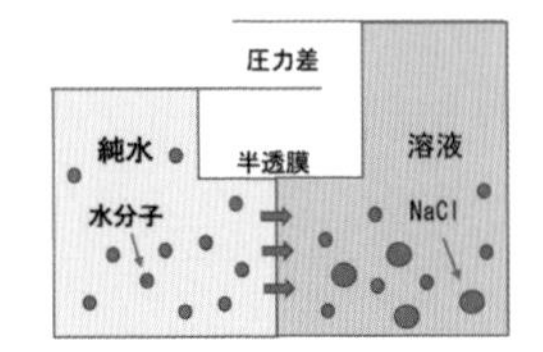

④浸透圧

純水と溶液の間を、水分子は通れるが溶質分子は通ることができない膜（半透膜）で仕切る。水分子は純水側から溶液側へ移動するものもあれば、溶液側から純水側へ移動するものもある。このとき、溶液側の溶質分子が、純水側に水分子が移動するのを妨げて、溶液内の水分子が増えて濃度が薄められる。このとき生じる圧力差を浸透圧という。

2 溶解

⑴溶解の仕組み

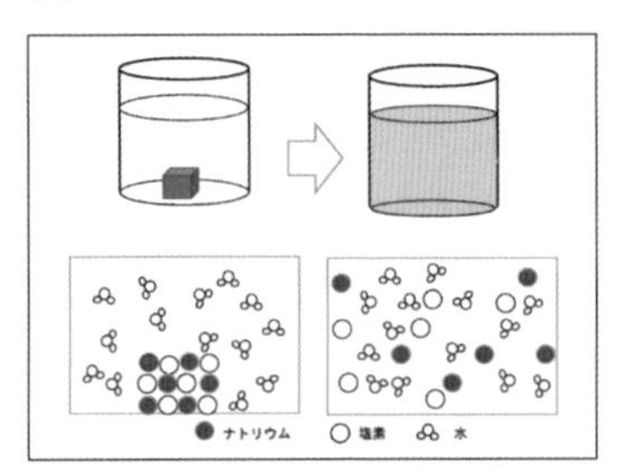

溶解とは、溶質の結晶構造が崩れて小さな分子やイオンになり、溶媒分子に引かれて溶液中に均一に入り込む現象である。溶質分子が溶媒和（溶媒分子と引きつけ合う現象、溶媒が水の場合は水和という）すると、持っているエネルギーの一部を放出する。これが溶解熱として表出する。

⑵溶解度曲線

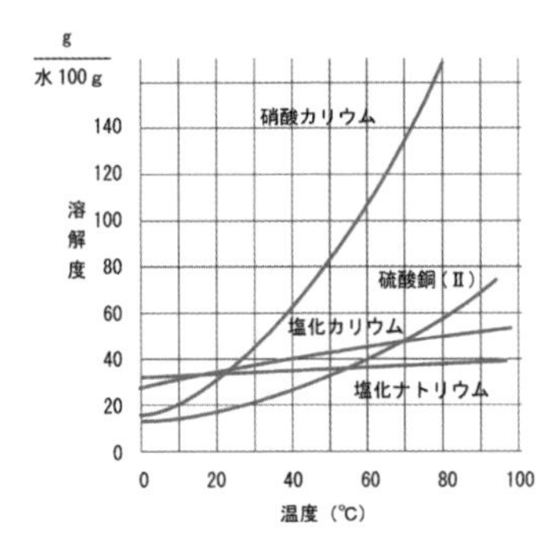

ある温度の溶媒に溶かすことができる最大量を溶解度といい、溶媒100gに溶かすことができる溶質の質量〔g〕で表す。固体の溶解度は温度が高くなるほど大きくなるものが多く、溶解度と温度の関係をグラフにしたものを溶解度曲線という。

3 状態変化と日常生活

⑴圧力鍋

密閉した容器を加熱し、食材をより高温・高圧で短時間に調理する調理器具。水の沸点は圧力が高いと上昇する。圧力鍋の内部では、2気圧で120 ℃程度になる。この高温・高圧で、野菜類の細胞壁が早めに破壊され、肉類のタンパク質や繊維が早く分解されるため、調理時間が1/4～1/3に短縮できる。また、加熱時に内部の食材の型崩れを押さえ、食材に含まれる水溶性の栄養素を逃がさない利点がある。

⑵フリーズドライ技術

水分を含んだ食品を－30℃程度に急速冷却し、さらに減圧して真空状態で水分を昇華させて乾燥させる凍結乾燥の技術。水は圧力が低いと温度にかかわらず気体になる。食品が凍結している状態で減圧すると、食品中の水分は気体になって外部に出ていき、食品中の水分だけを取り除いて乾燥させることができる。フリーズドライ技術によって、多様な食品を乾燥状態にすることができるようになった。材料、原料だけではなく調理済みの料理も乾燥させることができ、インスタント食品、非常用食品や携行食品、宇宙食品などに利用されている。

4 物質の性質に関わる先端科学（光触媒）

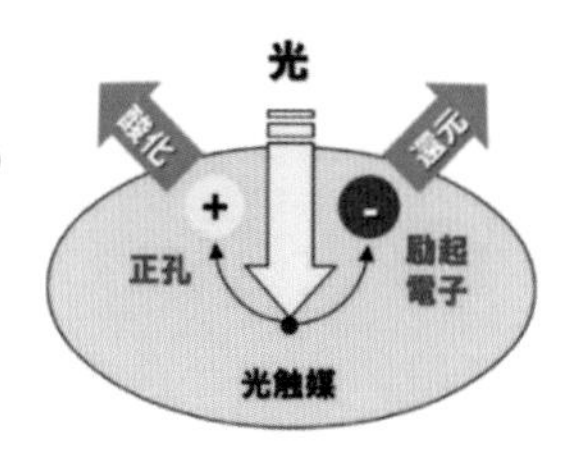

光触媒とは、光を照射すると触媒作用を示す物質の総称である。一般的には、酸化チタンに光を当てると水が分解するなど、光化学反応を進める物質を指す。（参考 「光触媒が未来をつくる」より）

⑴酸化チタンの酸化還元作用

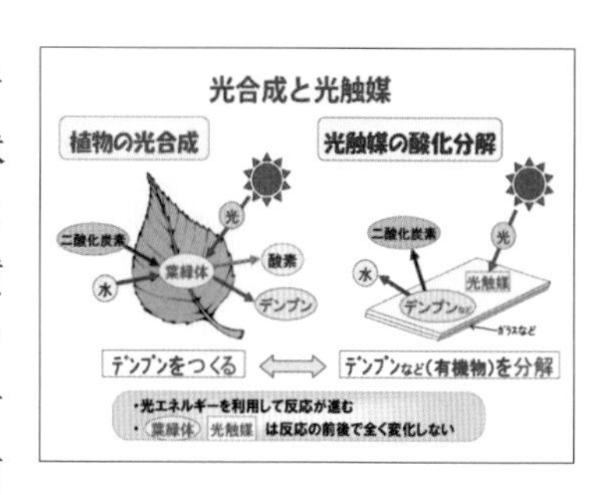

酸化チタンの表面に光が当たると、酸化チタン結晶中の電子（e^-）がエネルギーの高い状態（励起）になり、正孔（ホール）が生じる。この電子や正孔が酸化チタン表面上にある物質を酸化・還元する反応を起こす。酸化チタン表面に水があれば、水を酸素と水素に分解する。また、酸化チタンに紫外線が当たると有機化合物を二酸化炭素と水に分解する。その仕組みは、光合成とよく似ている。

⑵酸化チタンの殺菌作用

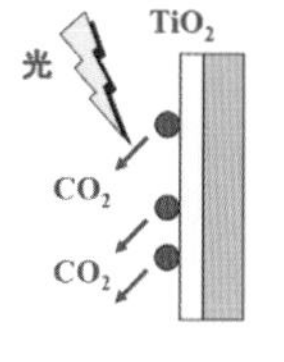

(1) 徐々にくる油汚れは強い酸化力で分解させる.

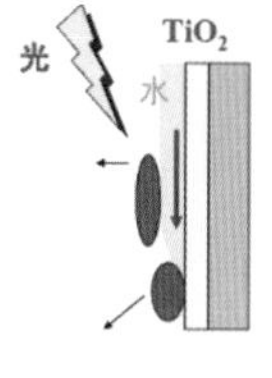

(2) かなりの油汚れも水をかけると超親水性効果で除去できる.

酸化チタンを表面に塗布しておくと、強い酸化分解力から細菌を死滅させる。多くの病院では手術室の床や壁タイルに酸化チタンが塗布されている。冷蔵庫や掃除機のフィルター、空気清浄機にも塗布されている。

⑶酸化チタンのセルフクリーニング効果

酸化チタンには酸化分解力とともに超親水性という性質があり、表面に塗布するだけで自動的に汚れを落とすことができる。自家用車のミラー、高層ビルの窓ガラスや外壁、東京ドームのようなテント材、道路の防音壁や標識など、様々な屋外の建造物に応用されている。

⑷光触媒技術の応用

酸化チタンの光触媒技術は、現代社会生活の中で広く活用されている。今後は、医療器具への活用、癌治療や歯科治療への研究が進められるであろう。

また、水素を効果的に収集してエネルギー問題を解決する研究や科学者の夢である人工光合成の実現に向けた挑戦が始まっている。

科学者　藤嶋　昭

1967年、東京大学大学院生のとき、水中に二酸化チタン（TiO_2）と白金（Pt）電極を沈めて、光を当てると二酸化チタンから酸素が、白金から水素が発生し、両電極間に電流が生じることを発見しました。1972年、科学雑誌『ネイチャー』に論文「本多・藤嶋理論」を発表すると、「光を当てるだけで水が酸素と水素に分解される夢のエネルギー発見」と脚光を浴びました。1977年に酸化チタンの超親水性についても『ネイチャー』に発表し、「光触媒」の第一人者となりました。東京大学教授、名誉教授、特別栄誉教授を経て、東京理科大学第９代学長を務め、現在、東京理科大学栄誉教授として研究を継続されています。

参考資料・文献

『化学の歴史』アイザック・アシモフ　2012年6月　ちくま学芸文庫
『科学思想のあゆみ』Ch,シンガー　1970年6月　岩波書店
『科学は歴史をどう変えてきたか』マイケル・モーズリー＆ジョン・リンチ　2011年8月　東京書籍
『化学の理論』石川正明　2018年6月　駿台文庫
『化学のコンセプト』舟橋弥益男・小林憲司・秀島武敏　2012年3月　化学同人
『人物で語る化学入門』竹内敬人　2010年3月　岩波書店
『日常生活の科学』小池守・内田恭敬・永沼充　2014年３月　青山社
『光触媒が未来をつくる』藤嶋昭　2012年1月　岩波ジュニア新書
『天寿を全うするための科学技術～光触媒を例にして～』藤島昭　2012年1月　かわさき市民アカデミー講座ブックレット

化学編

第2節 化学変化

中学校では、第２学年で「化学変化」を学習する。異なる物質が反応して別の物質ができる実験を体験させ、化学変化に規則性があることから、物質が原子から構成されていて、異なる原子が結合して多様な物質が生じるという科学的な見方・考え方を培う重要な単元である。一つ一つの実験が、化学変化の体系的理解につながるよう丁寧に指導することが大切になる。

1 錬金術から化学変化へ

(1)錬金術師の夢

古代科学者アリストテレスが提唱した「四元素説」(物質はすべて「土」「水」「空気」「火」から構成されていて、その組成を変えることであらゆる物質を作り出せるという考え方）は、17世紀に入っても信じられていた。

ギリシャでは、歴代の皇帝が安価な金属から「黄金」を生成するよう命じて、ついには不老不死の霊薬「飲む黄金」を生成するよう命じている。錬金術師たちは「飲む黄金」を作ろうとし、図らずも「火薬」を作ってしまい、12世紀に全国に広がったと言われる。

ドイツの錬金術師ヘニッヒ・ブラント（1630～1692）は、鉄や銅を純金に変える「賢者の石」を作ろうとした。彼は、効能があると信じられていた人の尿を集め、煮詰めて砂と混ぜて濃縮させてワックス状の物質を生成させた。そこには「金」は存在せず、暗い場所で輝きを発した。彼は、ギリシャ語で「輝き」を意味する「リン」と名付けて、「万能薬」として商品にした。「リン」は「金」に匹敵するほどの価格で売れた。しかし、後に「リン」の有毒性が明らかになり、「悪魔の成分」と呼ばれるようになる。

科学の道のりは、誤解や失敗の連続でした。それを正したのは、突然現れた天才科学者ではありません。丹念に定量実験を重ね、真理を追究してきた多くの科学者たちです。

錬金術にしても、錬金術師が残した実験器具は、近代科学の礎になっています。

錬金術で用いられた蒸留装置

⑵錬金術に対する批判

ロバート・ボイルは、ブラントの実験を再現して「リン」を生成した。しかし、彼は、それを薬にせずにマッチを作ったのである。火打ち石で火を起こす時代に、確実に火を起こせる「マッチ」は画期的な発明となった。彼は「錬金術」はもっと科学的に研究を進めるべきとの批判的主張を込めて『懐疑的化学者』という本を出版した（1666年）。その本の中で、「物質は根源的に単純で混じりけのない微粒子から構成されている。それは、他のものから作ったり、作り変えたりすることができない成分要素である」と、各物質を構成する元素を予言し、四元素説を否定している。また、「気体の圧力と体積の関係（後のボイルの法則）」にも触れている（参照　化学編「物質の性質」）。しかし、「四元素説」が信じられていた時代に、この本は受け入れられなかった。

⑶化学変化の時代

18世紀になると「錬金術」は姿を消し、物質と物質を反応させて異なる物質を作る「化学変化」の研究に移行していく。

〈当時の化学変化の一例　ルブラン法〉

昔から石鹸やガラスつくりに必要なソーダ（炭酸ナトリウム）は、鉱物や木を燃やした灰を原料にした。資源の枯渇を心配したフランス政府は、1783年に無尽蔵に取れる食塩を原料にしたソーダ製造を懸賞金付きで募集した。それに応えたニコラ・ルブラン（1742～1806フランス）が、「ルブラン法」を開発し、ソーダの大量生産を成功させた（1791年）。この技術は19世紀まで使用されたが、反応生成物であるHCl、CaSが環境問題を引き起こすことになる。

ルブラン法

①食塩と硫酸を反応させて硫酸ナトリウムを作る。

$2NaCl + H_2SO_4 \rightarrow Na_2SO_4 + 2HCl$

②それに炭酸カルシウムと石炭を加えて炭酸ナトリウムを生成する。

$Na_2SO_4 + CaCO_3 + 2C \rightarrow Na_2CO_3 + 2CO_2 + CaS$

ソルベー法

「ソルベー会議」の主宰者エルネスト・ソルベー（1838～1922ベルギー）が、1863年に食塩とアンモニアを用いた安全なソーダ生成法に改良。

高さ20mの反応塔上部からアンモニアを溶かした食塩水を流し、下から二酸化炭素を吹き込むと水に溶けにくい炭酸水素ナトリウムが沈殿する。それを加熱して、炭酸ナトリウムを取り出す。

$NH_3 + CO_2 + H_2O \rightarrow NH_4HCO_3$

$NaCl + NH_4HCO_3 \rightarrow NaHCO_3 + NH_4Cl$

$2NaHCO_3 \rightarrow Na_2CO_3 + CO_2 + H_2O$

調べてみよう　　化学変化の種類

物質が反応して別の物質に変わる変化を化学変化といいますが、どんな化学変化があるでしょうか。具体的な例をあげて化学変化の種類を整理してみましょう。実にたくさんの化学変化があり、私たちの身の周りの多くの物質は、化学変化の生成物として存在していることが分かります。

〈例〉

・化合　・酸化　・硫化　・塩化　・分解　・熱分解　・中和　・燃焼
・電気分解　・還元　・消化　・合成　・光合成

2 化学変化の規則性

⑴質量保存の法則

「物質が化学変化を起こすとき、反応物の質量の合計と生成物の質量の合計は等しい」ことは、当時の科学者たちも認識していた。しかし、実験を通して定量的に実証し、法則までに導いたのはアントワーヌ・ラボアジェであった。

彼の研究の素晴らしさは、質量計測が難しい気体までを含めて法則化したことにある。彼は、反応で生じた気体を逃さないため「ペリカン」と呼ばれるガラス器に酸化水銀を入れて開放口を溶解してガラス器を封じた。そのガラス器を加熱すると水銀と気体（後に酸素と命名）が生成され、特注天秤で質量を測定して、「質量保存の法則」を導き出した（1774年）。

また、最初の元素表を作り上げ、固有の元素が多様な物質を作り出して、自然界に存在しているという新たな物質観を誕生させた（参照　化学編「元素と原子」）。

化学変化Ａ ＋ Ｂ → Ｃ ＋ Ｄでは、Ａの質量＋Ｂの質量＝Ｃの質量＋Ｄの質量となるのね。これを「質量保存の法則」というのよ。でも、この法則は、物質ＡとＢが互いに過不足なく反応に関与して、ＡもＢもすべてが完全にＣとＤに変化したときのことです。ＡやＢが少しでも残っているときは、こうはなりません。気を付けてね。

⑵定比例の法則

混合物と化合物の区別が明確でない当時は、物質を構成する成分の割合は、物質が採集された産地によるという考えが主流であった。ジョゼフ・プルースト（1754～1826フランス）は、いろいろな化合物の成分質量を測定し、「定比例の法則（化合物を構成する元素の質量比は常に一定）」を発表した（1799年）。この考えは、後のドルトンの原子説の根拠の一つとなる。

⑶倍数比例の法則

イギリスの物理・化学者ジョン・ドルトン（1766～1844）は、「Ａ、Ｂの２元素からなる化合物が２種類以上存在するとき、一定量のＡと化合するＢの質量は、簡単な整数比になる」という「倍数比例の法則」を発表した（1803年）。

ドルトン

彼は宗教上の理由から大学教育を受けることができず、独学で化学の研究を続けていた。彼は気体が粒子であれば、水に入り込むことができると推論し、この考えが原子説につながったものと思われる。論文『化学哲学の新体系』を発表し、元素は固有の原子からなり、その原子が集まった「集合体」であるという原子説も発表している（1803年）。

彼は「色覚異常」で、26歳のときに「色覚異常」についての論文を発表しています（このことから「色覚異常」を「ドルトニズム」と呼ぶようになりました）。1995年、保存されていたドルトンの眼球の調査が行われ、緑色を認識する視細胞に異常があることが確認されました。

説明してみよう　「定比例の法則」と「倍数比例の法則」

「定比例の法則」と「倍数比例の法則」は、どこが違うのか、いろいろな化学変化を例にして、ドルトンのモデルを用いて友達に説明してみましょう。「定比例の法則」「倍数比例の法則」の意味が分かってもらえると、同時に「質量保存の法則」や化学反応式も説明でき、ドルトンのモデルの素晴らしさが分かってもらえるよ。

定比例の法則　化合物Aが元素BとCから構成されているとき、Aの質量を変えてみても、BとCの質量の比は変わらない。

例えば、　二酸化炭素（88 g）→炭素（24 g）＋ 酸素（64 g）　炭素：酸素　3：8

二酸化炭素（132 g）→炭素（36 g）＋ 酸素（96 g）　炭素：酸素　3：8

倍数比例の法則　化合物Aが元素BとCから構成されていて、BとCの組み合わせが何種類かあるとき、それぞれのBに結びつくCの間には簡単な整数比が成り立つ。

例えば、一酸化窒素は、窒素（1.000 g）と酸素（1.143 g）

二酸化窒素は、窒素（1.000 g）と酸素（2.286 g）

窒素1.000 gに結びつく酸素の質量比は　1.143：2.286　＝　1：2

3 化学変化と原子・分子

(1)ドルトンの原子説

ドルトンは、ボイルが提唱した微粒子研究を再度取り上げた。彼はボイルと同様、密閉した容器中の気体が及ぼす圧力の正体は、気体内の微粒子が容器の内側の壁にぶつかる力と考えて原子説を導き出している。彼の研究の画期的なことは、物質を構成する原子がそれぞれに質量を持つとしたことである。彼は、水素の質量を1とし、他の元素には、その倍数を割り当てた（窒素は5、酸素は7、リ

Hydrogen	H
Azote	N
Carbon	C
Oxygen	O
Phosphorus	P
Sulphur	S
Magnesia	Mg
Lime	Ca
Soda	Na
Potash	K

Strontian	Sr
Barytes	Ba
Iron	Fe
Zinc	Zn
Copper	Cu
Lead	Pb
Silver	Ag
Gold	Au
Platina	Pt
Mercury	Hg

ドルトンの原子モデル

ンは9など)。これらの相対質量を「原子量」と呼び、2つの元素が結合して化合物を形成するときは、2つの原子量を合わせたものになるとし『化学哲学の新体系』を発表した(1803年)。当時の測定機器の精度から、現在の原子量とは異なるが、元素を質量により分類したことは、その後の科学研究に大きな貢献を果たすものであった。しかし、当時は、原子は仮説であり実在はしないと考えられ、アインシュタインが原子の存在を証明する1905年までは受け入れられなかった。

〈ドルトンの原子説〉
①すべての物質は、それ以上分割することができない最小粒子(原子)からできている。
②単体の中の原子は、その元素に固有な質量と性質を持っている。
③化合物は、異種類の原子が定まった数だけ結合してできた複合原子からできている。
④原子は消滅したり、無から生じたりすることはない。

⑵気体反応の法則

ジョセフ・ルイ・ゲーリュサック(1778～1850フランス)は、2種類の気体が反応して化合物を生成する際、同温・同圧のもとでは、それぞれの体積は簡単な整数比で表すことができるという「気体反応の法則」を発表した(1808年)。

ゲーリュサック

気体反応の法則
水素と酸素が反応して水蒸気を作る反応では
[水素の体積]:[酸素の体積]:[水蒸気の体積]＝2:1:2　となる。
この整数比は、化学反応式の係数に対応する。$2H_2 + O_2 \rightarrow 2H_2O$

⑶アボガドロの法則

アメデオ・アボガドロ(1776～1856イタリア)が、同温同圧のもとでは、気体の種類に関係なく、同じ体積中に同数の分子が含まれるという「アボガドロの法則」を提案し「ドルトンの原子説」では「ゲーリュサックの気体反応の法則」を説明できない矛盾を分子という考え方で解決させた(1811年)。

アボガドロ

しかし、彼の提案は実験を伴わないもので、当時は分子の概念がなかったことなどから、ほとんど注目されなかった。彼の死後4年(法則提案から50年後)の1860年にイタリアのカニッツァロが第1回国際化学者会議の特別講演で紹介したことから認められるようになった。

〈アボガドロの分子説〉
①気体はいくつかの原子が結びついた分子という粒子で構成されている。
②同温、同圧では、どんな気体でも同じ体積中には同数の分子が存在する。
③分子が反応するときは原子に分かれることができる。

アボガドロが残した謎　(アボガドロ定数)

酸素32 g（1モルに相当）は、0℃（273 K）、1気圧のもとでは体積が22.4 Lになります。では、その中に酸素分子は何個含まれているのでしょうか。「アボガドロの法則」では、どの気体でもその数値は等しいものとなり、分子や原子の存在を証明する鍵になります。これが「アボガドロ定数」であり、多くの科学者間で議論がなされていました。その論争に終止符を打ったのが、アインシュタインです。すでに発見されていた「ブラウン運動」の水粒子の振動を数式化すると、温度や圧力などの変数以外に一つの定数が存在することを突き止めたのです。アインシュタインは、この定数が「アボガドロ定数」であると結論し、「誰か実験で数値を確かめてくれ」と論文を締めくくりました（1905年）。その後、フランスのペランがアインシュタインの実験を再現して、原子の数が6.02×10^{23}個であることを突き止めました。「アボガドロ定数」を突き止めたことは、原子の存在や大きさを立証したことになり、彼は、その功績からノーベル物理学賞を受賞しています（1926年）。

考えてみよう　　化学変化が起きる理由

化学変化が起きる場合の規則性は、1774年のラボアジェ「質量保存の法則」を契機に次々に明らかになりました。では、そもそも、なぜ化学変化が起こるのでしょうか。互いに反応しやすい物質と反応しない物質が存在するのはなぜでしょうか。物質が結合する仕組みに違いがあるのでしょうか。

この疑問は、高等学校「原子の構造」「結合の種類」で学びますが、いろいろと考えてみましょう。当時の科学者は、答えがない中から想像を働かせ、実験を繰り返して、その仕組みを解明しました。「どうなっているのだろう」と考えることが、次の学習への刺激となり、深い学びにつながります。

⑷化学記号の提案

ドルトンの原子モデルは、原子ごとに図案化されて使用しづらいものであった。イェンス・ヤコブ・ベルツェリウス（1779～1848スウェーデン）が、元素名の頭文字を用いるよう提案し、水素はH、酸素はO、窒素はNと現代の化学記号の基礎をつくった（1813年）。彼は、セリウム、セレン、トリウムなどの元素を発見しており、触媒という概念を定着させてもいる（1836年）。

⑸モルの概念

物質相互の量的関係を明確にしないと化学変化の研究を進めることはできない。化学変化における量的関係を「化学量論（stoichiometry）」といい、国際単位系の一つが「モル」である。ドイツの化学者ヴィルヘルム・オストワルド（1853～1932）が最初に使用したと言われている（1900年頃）。

4 日常生活の中の化学変化

⑴アルマイト処理技術（酸化）

アルミニウムを陽極にして強酸性の液体につけて電流を流すと表面に酸化アルミニウム被膜ができる。耐食性（腐食しにくい性質）や耐摩耗性を高めることができるので、多くの生活用品に使用されている。1929年植木栄（理化学研究所）が発明して特許を取得した技術で、宮田聡（理化学研究所）が「アルマイト」と命名した。

⑵製錬技術（還元）　（参照　地学編「地球」）

鉄をはじめ多くの金属は、鉱石（酸化物）の状態で自然界に存在する。鉱石から酸素を取り除き、金属単体を製錬する工程は還元反応そのものである。このとき、用いられるのが石炭であり、石炭は燃料源だけではなく還元剤としても貴重な資源である（「製錬」は鉱石から金属を取り出す工程、「精錬」は不純物の多い金属から純度の高い金属を取り出す工程をいう）。

⑶使い捨てカイロ（酸化）

使い捨てカイロは日本の発明品である。1975年に旭化成工業が商品化したことが始まりとされる。袋の中には鉄粉や水、活性炭、塩類、保水材（バーミキュライト：蛭石（ひるいし）を原料とする園芸用の土）などが入っている。外袋を開けるとカイロを包む布の小さな穴から空気が入り、中の鉄粉の酸化が始まり熱を発生させる。水や塩は酸化のスピードを速め、活性炭は空気を多く取り込んで反応を持続させる役目を果たす。

⑷コンクリート（水和）

セメントに砂、砂利、水などを混ぜて凝固させたものをコンクリートと呼ぶ。セメントは、石灰石、粘土、珪石（けいせき）、酸化鉄、石こうなどを調合して作られる。セメントは、水に接するとカルシウムイオンが溶けだし、水に溶けにくいセメント水和物になり硬化する。この硬化体が砂や砂利を接着することで強固な材料となる。

参考資料・文献

『化学の歴史』アイザック・アシモフ　2012年6月　ちくま学芸文庫
『人物で語る化学入門』竹内敬人　2010年3月　岩波新書
『科学は歴史をどう変えてきたか』マイケル・モーズリーほか　2011年8月　東京書籍
『世界を変えた150の科学の本』ブライアン・クレッグ　2020年2月　創元社
『科学思想のあゆみ』CH.シンガー　1970年6月　岩波書店
『化学の理論』石川正明　2018年6月　駿台文庫
『化学のコンセプト』舟橋弥益男・小林憲司・秀島武敏　2012年3月　化学同人
『日常生活の科学』小池守・内田恭敬・永沼充　2014年3月　青山社
『心を揺する楽しい授業　話題源　化学』長谷川俊明編集代表　1987年9月　とうほう
『科学史年表』小山慶太　2016年12月　中公新書

化学編

第3節 元素と原子

中学校では、「物質の種類の違いは原子の種類の違いとその組み合わせによることを理解させる」ことがねらいである。現在118種類の元素が周期表に記載され、そのうち92種類が天然に存在している。多くの元素の単体は室温で固体であるが、11種類は気体、2種類（臭素、水銀）は液体である。身の回りの物質は、何でできているのか。この素朴な疑問は、118種の元素を発見させ、原子の存在までを明らかにした。2000年を超えて真理探究を継続させてきた科学の営みを生徒たちに伝えてほしい。

1 物質を構成する成分要素

(1)古代ギリシャの「四元素説」

タレス（前624頃～前546頃）は、「万物の根源は水である」とし、すべて水より生じて水に戻ると考えた。中学校数学「半円に内接する角は直角である」という定理を見出した人物である。また、アリストテレスは、地球上のすべての物質は四元素（土、水、空気、火）からできており、各元素とペアになった（熱、冷、湿、乾）から、物質の性質が作り出されると考えた。第5の元素として天界を作るエーテルがあるとも考えていた。

アリストテレス

火
熱　乾
空気　土
湿　冷
水

四元素説

この考えは、物質を構成する元素を変換することで、新たな物質を作り出せるという考えに発展して、「錬金術」の根拠になっていく。

(2)「四元素説」からの脱却

「四元素説」は熱の「フロギストン説」とともに17世紀まで信じられ、多くの科学者が錬金術に没頭していた。18世紀に、その考えの間違いが是正されるようになる。そのきっかけとなったのは気体の発見と水の電気分解であった。

①空気は元素ではない

〈水素の発見〉

ヘンリー・キャベンディッシュが、亜鉛、鉄、錫を酸で溶かすと可燃性の気体が発生し、その重さは空気の1/11であることを突き止め、『人工空気に関する実験についての3つの論文』を発表する（1766年）。彼は、この気体を金属から放出された「フロギストン」であるとしたが、後にラボアジェが「水素」であることを明らかにした。

〈酸素の発見〉

カール・ビルヘルム・シェーレ（1742～1786スウェーデン）は、ガラス容器内の炭酸銀に太陽光を当てて加熱し、分解された酸化銀をさらに加熱した。取り出した気体を燃えている物質にかけると火が激しくなり、動物をその気体の中に入れても死なないことを確認した。彼は、この気体を「火の空気」と名付け、論文『空気と火について』を1777年に発表した。

難しい気体の特定

目に見えない気体を特定するのに、当時の科学者が苦労している様子が分かります。
- 燃えている物に気体をかける。
- 気体の中に小動物を入れて様子を見る。
- 重さを比較する。
- 水に溶かしてみる。

ブラックは二酸化炭素を火のついたロウソクにかけて消えることを確認し、プリーストリーは、二酸化炭素を水に溶かして飲んでみて「清涼感」を味わったと言われます。

「水上置換法」も、この時期にイギリスの生物学者ヘイルスによって考案されています。

一方、自然哲学者ジョゼフ・プリーストリー（1733～1804イギリス）は、酸化第二水銀を太陽光で加熱して取り出した気体の中でネズミを飼育すると通常の空気より長生きをしたことから、この空気を「脱フロギストン空気」と名付けた（1774年）。プリーストリーの発表がシェーレの発表より先駆けていたため酸素の発見者とされている。この気体は、ラボアジェによって「酸素」とされた（1779年）。

〈窒素の発見〉

1754年に二酸化炭素を発見したジョゼフ・ブラックは、弟子のダニエル・ラザフォード（1749～1819イギリス）に分析を行わせた。ラザフォードは二酸化炭素とは別の気体を発見し、フロギストンで飽和された空気と結論付けた（1772年）。この気体が窒素であり、酸素の発見と合わせて空気の主成分が明らかになった。

②水は元素ではない

〈水の本性〉

水を沸騰させると容器内に残留物が残ることがある。これは「水」が「土」に変換されたものだと信じられていた。ラボアジェ（後述）は、100日にわたってガラス容器内で水を沸騰させ、残留物は溶けたガラスが底に溜まったものであることを突き止めた。1770年に『水の本性について、及び水の土への変換を証明すると称される実験について』という論文を発表し、「水」は「土」に変換されないことを証明した。さらに、手元にある銃を用いて、赤熱させた鉄の銃身に水蒸気を送り込み、酸素を鉄に化合させ、銃先から水素を補集する方法で水が酸素と水素に分解されることを突き止めた(1785年)。

〈水の電気分解〉

アンソニー・カーライル(1768～1840イギリス)は、ボルタの電池の金属部分に水をたらすと気泡が発生することを発見した。ウイリアム・ニコルソン(1753～1815)と協力し、水を満たした管の中に白金の針金を2本立て、片方を銀板に片方を亜鉛板に接続して電気を流し、銀側から水素が、亜鉛側からは酸素が発生することを突き止め、水が水素と酸素からなる化合物であることを実証した(1800年)。電気分解という新たな手法は、その後の元素発見に貢献していく。

「空気」や「水」は元素ではないことから、1800年近く信じられてきた「四元素説」を覆すことができました。これは、精密な定量実験を継続させた科学者たちの功績です。「四元素説」の壁が崩れると、「近代化学」の道が一気に広がっていきました。

⑶新元素の発見

「四元素説」に疑問が持たれ始めた頃から、次々に新しい元素が発見される(まだ、「元素」という呼称はなく、「単体」としての発見である)。

- **金**　金は人類が鉄や銅を製錬する以前の前6000年頃から製錬されていた。錬金術師が努力しても作り出せなかったことから単体と認識されるようになる。
- **リン**　ヘニッヒ・ブラント(錬金術師)が人の尿から「賢者の石」を作ろうとして、鍋一杯の尿を数日間かけて煮詰めて光を放つ物質を作り出した。「phosphprus(輝く)」と言う言葉から「リン(P)」と命名した(1669年)。
- **白金**　アントニオ・デ・ウジョーア(スペインの海軍士官)が、南アフリカ探検に参加し、川の砂に混じっている輝く粒(白金)を発見した(1735年)。
- **マンガン**　ヨハン・ゴットリーフ・ガーン(スウェーデンの化学者)が、二酸化マンガンと木炭を加熱して反応させてマンガンを取り出した(1774年)。
- **水銀**　古代ローマ時代から辰砂(しんしゃ)(硫化水銀を多く含む鉱物)を加熱して取り出した液体に水銀(hydraegyrum　銀の水)と名付けて18世紀初頭まで薬として服用されていた。
- **亜鉛**　アンドレアス・マルクグラーフ(ドイツの化学者)が、鉱物から亜鉛を単離させた(18世紀)。しかし、中国とインドでは、その数百年前から使用されていた。
- **ニッケル**　ドイツでは、有毒なニッケル鉱物を銅鉱物と思い込み、銅を取り出そうとして失敗した。製錬した金属を「オールド・ニック（悪魔の銅）」から「ニッケル」と名付けた（18世紀）。

- **銀**　ラテン語「argentum（輝く白）」から「銀（Ag）」と名付けられた。
- **ヒ素**　昔から「毒薬」として使用されていた。ヒ素を含む鉱物は、どれも目立つ色をしている。現在は、殺鼠剤や鉛との合金を作り自家用車のバッテリーに使用されている。

2 元素の誕生

(1)ラボアジェの「元素論」（参照　「化学変化」）

アントワーヌ・ラボアジェは、論文『化学原論』を発表し、科学的分析によって究極的に到達できる物質の構成要素を「元素」と定義し、元素と考えられる33種を整理した。光や熱、化合物が含まれていて十分と言えないが、新しい物質観の誕生である（1789年）。

アントワーヌ・ラボアジェ（1743～1794年）

プリーストリーが「脱フロギストン空気」を発見した4か月後の1774年10月、パリで開催された晩餐会で、ラボアジェはプリーストリーから酸化水銀を加熱して気体（後の酸素）を採集した話を聞きました。彼は、すぐに同様の方法で気体を取り出してみました。その後、その気体の中で水銀を加熱すると元の酸化水銀に戻り、質量に変化がなかったことから、「質量保存の法則」を発見したと言われます。また、燃焼とは、物質とその気体が激しく化合する反応で、その気体は物質を酸性にするものと考えて、「酸素」と命名しました（1779年）。プリーストリーは、自分の発見がきっかけであり、無断で発表されたと立腹したそうです。

ラボアジェは1789年に論文『化学原論』を発表し、発見されている33種の元素を整理しました（下の表）。また、それまで発見者が自由に命名していた化合物の名称を組成に基づく表記にしようと提案しています（例えば、グラウバー塩は硫酸ナトリウム、密陀僧は酸化鉛など）。こうした功績から「近代化学の父」と言われます。彼はフランス国王の徴税請負人であったことから、フランス革命で処刑されています（1794年）。このとき、数学者ラグランジェが「この頭を斬り落とすのは一瞬だが、これほどの頭脳を得るには1世紀あっても足りない」と叫んだといいます。

物質の元素とみなせる単体	酸をつくり出す非金属	酸をつくり出す金属	土の成分
・光 ・熱 ・酸素 ・水素 ・窒素	・硫黄 ・リン ・炭素 ・炭酸基 ・フッ素基 ・ホウ酸基	・アンチモン　・銀　・ヒ素　・ビスマス ・コバルト　・銅　・錫　・鉄　・マンガン ・水銀　・モリブデン　・ニッケル　・金 ・プラチナ　・鉛　・タングステン　・亜鉛	・石灰 ・マグネシア ・重土 ・アルミナ ・シリカ

ラボアジェの元素論発表後にも次々と新元素が発見される。

- **カリウム**　ハンフリー・ディビー（イギリスの化学者）が、ボルタの電池を用いて電気分解を行い、カリウムを単離させた（1807年）。彼は同様の方法で、ナトリウム、カルシウム、マグネシウム、ホウ素、バリウムも単離させている（参照　物理編「電気と磁気」）。

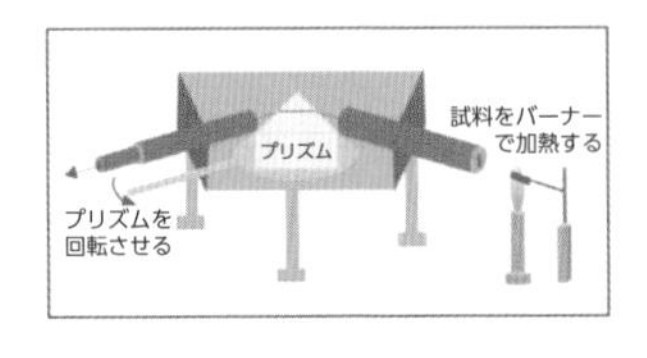

観測スペクトルには、資料に含まれる元素に応じた輝線が生じる。その波長を調べることで元素を特定できる。

- **セシウム**　ドイツのロベルト・ブンゼンとグスタス・キルヒホフは、精度の高い「分光器」を作り、バーナーで試料を加熱し、放出される炎をプリズムで分光させて、スペクトルから元素を特定する方法（炎光分析法）を開発し、金属「セシウム」を発見した（1860年）。観測されるスペクトルは元素固有のものであり、彼らは「元素の指紋」であるスペクトルを分類・整理することで、物質中に含まれる元素も特定させている。ブンゼンは、現代のガスバーナーの原型「ブンゼンバーナー」を用いた実験中の事故で右目を失った。

調べてみよう　　セシウムという金属

「セシウム」は、アルカリ金属内で最も反応性に富む金属です。空気や水に触れると爆発して炎上します。このような金属だから、ガスバーナーで燃やす実験で発見できたのでしょう。保存するには、真空ガラス管に封入します。現代では、「原子時計」の材料に使われています。「セシウム」以外でも、ラボアジェが整理した元素を調べてみましょう。当時の人々が身の周りの物質をどのように見ていたかが分かりますよ。

調べてみよう　　金・白金・銀の違い

「金」「白金」「銀」は、どんな金属なのかを調べてみましょう。当時の人々が、貴金属と重用した理由や採掘方法などを調べると、人々が「金探し」に没頭した様子が分かりますよ。

金　他の元素とあまり反応せず、独特の黄金色を示す。単体で存在し、岩石の中に小さな粒として入り込んでいるので岩石を砕いて取り出す。3300年前のツタンカーメン王の仮面にも使用されている。

白金　「銀白色」に輝き、高温でも他の金属と反応しない。単体は、腐食も変色もしないが加工しにくい。鉱石から取り出すには、特殊な技術が必要。「プラチナ」とも呼ばれる。

銀　「銀白色」に輝き、腐食しにくく、手入れをすると輝きが戻る。単体で存在するが、主に鉱石から取り出す。成形しやすく、硬貨、ブレスレット、食器に用いられる。

- **臭素**　アントワーヌ・ジェローム・バラール（フランス）が、塩沼から取ってきた水を熱した。水が蒸発して残った液体に塩素ガスを吹き込むと液が赤橙色に変色した。これが臭素である（1826年）。
- **フッ素**　1800年代から蛍石（フローライト）には、未知の元素が含まれていると知られていた。アンリ・モアッサン（フランス）がフッ素の単離に成功した（1870年頃）。

元素の名前は、発見された地名や発見の経緯から命名されることがよくあります。また、化合物の色から命名されることも少なくありません。（クロムはギリシャ語「chroma(色)」、インジウムはラテン語の「indicium（青）」、セシウムは「caesium（青）」、ヨウ素はギリシャ語の「iodetur(紫)」がある）。その他、強い刺激臭のある臭素は、ギリシャ語の「bromos（におい）」から命名され、日本語「臭素」に翻訳されました。

フッ素は、空気中に放出されると人を殺してしまう危険な気体で、彼は、何度と中毒になりながら単離を成功させた。

(2)メンデレーエフの周期表

ドミトリ・メンデレーエフ（1834～1907ロシア）は、当時知られていた63の元素を分類しようと考えた。彼は、1枚のカードに元素の原子量や化合物の情報を書き込み、原子量の順に並べた周期表を作成した（1869年）。

右上図は最初の周期表、下はその改訂版で現在の周期表の原型になったものである。

			Ti=50	Zr=90	?=180
			V=51	Nb=94	Ta=182
			Cr=52	Mo=96	W=186
			Mn=55	Ph=104.4	Pt=197.4
			Fe=56	Ru=104.4	Ir=198
			Ni=Co=59	Pl=106	Os=199
H=1			Cu=63.4	Ag=108	Hg=200
	Be=9.4	Mg=24	Zn=65.2	Cd=112	
	B=11	Al=27.4	?=68	Ur=116	Au=197?
	C=12	Si=28	?=70	Su=118	
	N=14	P=31	As=75	Sb=122	Bi=210
	O=16	S=32	Se=79.4	Te=128?	
	F=19	Cl=35.5	Br=80	I=127	
Li=7	Na=23	K=39	Rb=85.4	Cs=133	Ti=204
		Ca=40	Sr=87.5	Ba=137	Pb=207
		?=45	Ce=92		
		?Er=56	La=94		
		?Yt=60	Di=95		
		?In=75.6	Th=118?		

Reihen	Gruppo I. — R²O	Gruppo II. — RO	Gruppo III. — R²O³	Gruppe IV. RH⁴ RO²	Gruppe V. RH³ R²O⁵	Gruppe VI. RH² RO³	Gruppe VII. RH R²O⁷	Gruppo VIII. — RO⁴
1	H=1							
2	Li=7	Be=9,4	B=11	C=12	N=14	O=16	F=19	
3	Na=23	Mg=24	Al=27,3	Si=28	P=31	S=32	Cl=35,5	
4	K=39	Ca=40	—=44	Ti=48	V=51	Cr=52	Mn=55	Fe=56, Co=59, Ni=59, Cu=63.
5	(Cu=63)	Zn=65	—=68	—=72	As=75	Se=78	Br=80	
6	Rb=85	Sr=87	?Yt=88	Zr=90	Nb=94	Mo=96	—=100	Ru=104, Rh=104, Pd=106, Ag=108.
7	(Ag=108)	Cd=112	In=113	Sn=118	Sb=122	Te=125	J=127	
8	Cs=133	Ba=137	?Di=138	?Ce=140	—	—	—	— — — —
9	(—)	—	—	—	—	—	—	
10	—	—	?Er=178	?La=180	Ta=182	W=184	—	Os=195, Ir=197, Pt=198, Au=199.
11	(Au=199)	Hg=200	Tl=204	Pb=207	Bi=208	—	—	
12	—	—	—	Th=231	—	U=240	—	— — — —

上の周期表には、元素名が「？」となっている箇所があります。彼は、そこに入る元素が必ず存在すると予言しました。予言通りに、「ガリウム」が1875年に、「スカンジウム」が1879年に、「ゲルマニウム」が1885年に発見されました。原子量も性質も、彼が予想した通りの元素でした。この発見から彼の名声は不動のものとなり、1955年に発見された原子番号101の元素が、彼の業績を讃えて「メンデレビウム」と命名されています。

ワンポイント

国際周期表年2019

2019年は、メンデレーエフが「周期表」を発表してから150周年に当たります。メンデレーエフが「周期表」を整理した時代は、電子も陽子も見つかっていません。原子核のまわりを電子が回転しているなどは、想像もできないことだったでしょう。その時代に、元素の規則性を整理し、原子や電子の存在を予言した功績ははかり知れません。メンデレーエフが整理した63個の元素は、今や118種類に増えました。これからも増えていくでしょう。

調べてみよう　　性質が似ている元素と異なる元素

メンデレーエフの「周期表」では、性質が似ている元素は縦（同じ族）に並んでいます。また、性質が異なる元素は、横（同じ周期）に原子番号順に並んでいます。縦、横に並んでいる元素を取り出して、それぞれの性質を調べてみましょう。

例　横に隣り合う元素　　酸素と窒素
　　縦に隣り合う元素　　酸素と硫黄

それぞれの性質を調べた後、その違いが生じる理由を考えてみましょう。また、原子構造のどの部分の違いが、異なる物質を作り出すのか考えてみましょう。

3 原子モデルの誕生

1800年初頭にドルトンが「原子説」を発表するが、その考えは仮説とされて原子の存在は受け入れられなかった。その後「原子」の姿が徐々に分かってきた。

(1)電子の発見とブドウパンモデル

J.J.トムソン（1856～1940イギリス）は、陰極線が＋極に曲げられることから、負の電荷を持つ粒子であることを発見した（1879年）。

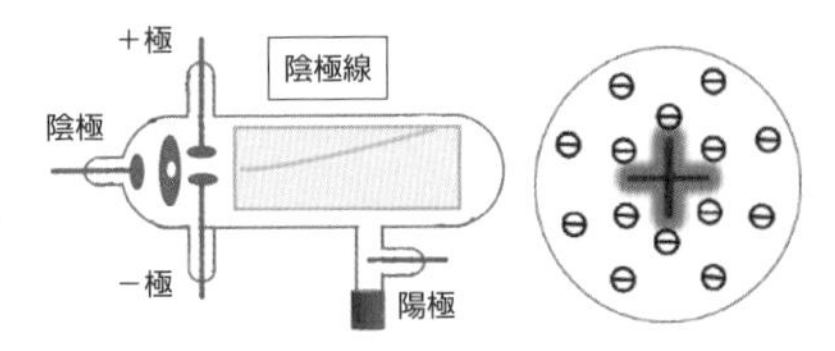

陰極線とブドウパンモデル

彼は、原子は正の電荷を帯びた球状の中に負の電荷を持った微粒子が散らばっていて、全体として電気的均衡が保たれているモデルを考えた（1904年）。このモデルは日本で「ブドウパンモデル」として紹介されている。

(2)土星型モデル

1900年、パリ万国物理学会でのアンリ・ポアンカレ（フランスの数学者）の講演「原子のスペクトル線に注目」に刺激された長岡半太郎は、研究を進めて原子の「土星型モデル」を発表した（1904年。1903年とする文献もある）。

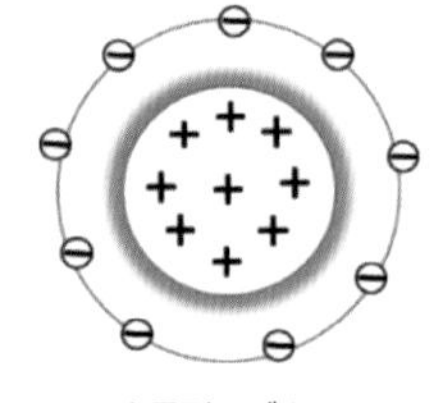
土星型モデル

長岡半太郎（1865～1950）

長崎県に生まれ東京帝国大学を卒業後ドイツに留学。帰国後、同大学の教授となり磁気や重力定数の測定などの研究を行い物理学上の功績は広範囲に及びます。また、イギリスの物理学者ジュールが最初に研究した「磁気のゆがみ」（鉄のような磁性体が磁化される際に生じるわずかなゆがみ）の研究を発展させました。この研究は、後輩の本多光太郎に受け継がれ、日本の磁気学の発展につながりました。

(3)核と太陽系モデル

アーネスト・ラザフォード（1871～1937イギリス）は、極めて薄い金箔にα線を照射すると、多くのα線は通過するが、ごくわずかのα線が曲がることを発見した。この現象から、原子の空間は何もない状態で、中心に質量を持ち、α線が曲がることから正の電荷を持つ原子核があり、その周りを電子がまわっているという原子模型を発表した（1911年）。

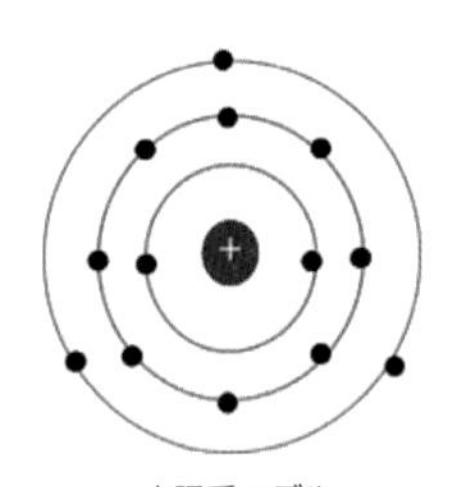
太陽系モデル

彼は窒素元素にα線を当て、世界で初めて水素原子と酸素原子に変換させた。水素原子は電子を離した最小の粒子であることから、ギリシャ語の「最初」を意味する「プロトン」(陽子)と命名した(1919年)。

⑷ボーアの原子モデル

ラザフォードのモデルでは、原子が発するスペクトルについて説明できないという問題があった。ニールス・ボーア（1885～1962デンマーク）は、原子内の電子軌道に着目し、電子には正の整数で表される安定軌道があり、その安定軌道上では電子は光を発することはないと考え、原子構造モデルを発表した(1913年)。

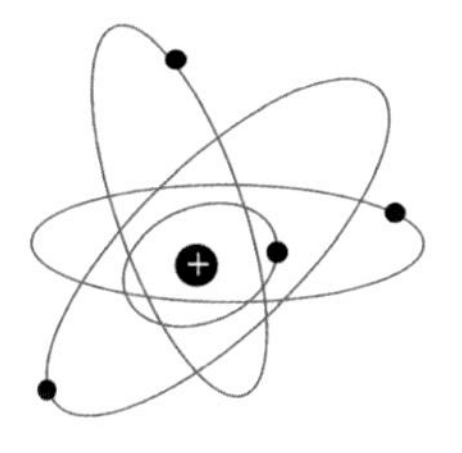
ボーアのモデル

ボーアのモデルは、水素原子の発するスペクトルを説明し、量子力学の先駆け（前期量子論）となりました。しかし、なぜ正の整数上の軌道だけが安定なのか説明するには至りませんでした。これを解決したのはドイツの量子力学やシュレディンガー（オーストリア）の波動力学です。第二次世界大戦中の当時、ボーアは核兵器の国際管理に向けて奔走し、ルーズベルト大統領に進言しましたが、聞き入れられずに原爆製造競争が始まってしまいました。この事態を案じながら77歳でこの世を去りました。

⑸現代の原子モデル

原子は陽子、中性子、電子からなり、陽子の数は元素によって決まっている。原子核は、陽子と中性子でできており、電気力よりずっと大きい力で結びついている。この力を核力という。今日の素粒子物理学研究では、原子核は陽子や中性子よりもさらに小さなクォークという粒子によって構成されていることが20世紀後半になって分かってきた。

クォークのような基本的な粒子を素粒子という。

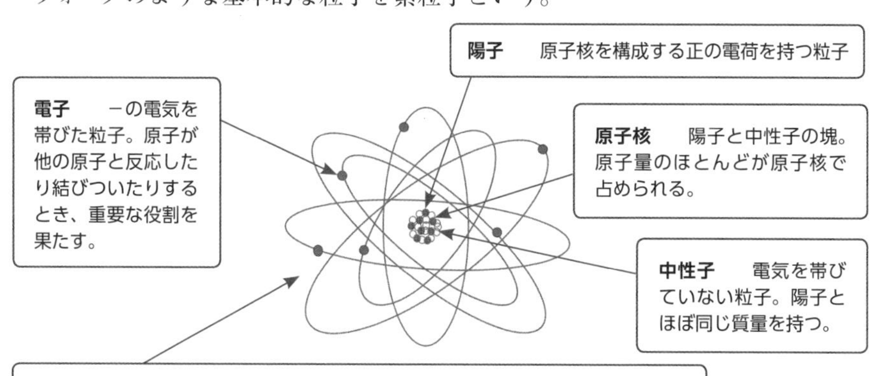

湯川秀樹博士は、1935年に核力を説明するために、核子間でキャッチボールする中間子という粒子を考案しました。 この粒子はパイ中間子 （パイオン：pion） と呼ばれており、パイ中間子は1947年にイギリスの物理学者パウエルらによって宇宙線中に発見され、さらに1948年には加速器によって人工的に生成され、その存在が確認されました。1964年には、陽子や中性子は「クォーク」という素粒子によって構成されているという理論が発表され、1969年にアメリカの加速器によってクォークが存在する証拠が見つかりました。こうした研究の積み重ねにより、物質の最小単位としての「素粒子」の正体が明らかになりましたが、まだまだ解決しなければならないことがたくさんあります。参考文献「50年をかえりみる　素粒子実験と加速器－戦後の日本を中心に－西川哲治」を読んでみましょう。

考えてみよう　　原子の大きさ

代表的な原子の半径は、おおよそ下記のようであるとされています。では、何倍の電子顕微鏡があれば、その姿を見ることができるでしょうか。また、半径1cmの球を同じ倍率に拡大すると、どのくらいの大きさになるでしょうか。原子がいかに小さいかが分かります。

水素	0.030	ナトリウム	0.186	カリウム	0.231
ヘリウム	0.140	マグネシウム	0.160	カルシウム	0.197
酸素	0.074	塩素	0.099	ゲルマニウム	0.122

単位：ナノメートル nm(10^{-9} m)

調べてみよう　　原子の誕生

現在118種の原子が確認されていますが、その原子はどのように誕生したのでしょう。原子核は陽子と中性子で構成され、電子が結びついて原子となりますが、それは、どのような状況で誕生したのでしょうか。実は、宇宙の誕生と密接な関係があります。ミクロの世界が、いきなり宇宙の世界へと興味が広がっていくよ。

4 元素に関する先端科学

⑴原子分光分析法

1860年にセシウムを発見したブンゼンとキルヒホフの「炎光分析法」は、バーナーで試料を加熱し、放出された炎をプリズムで分光させてスペ

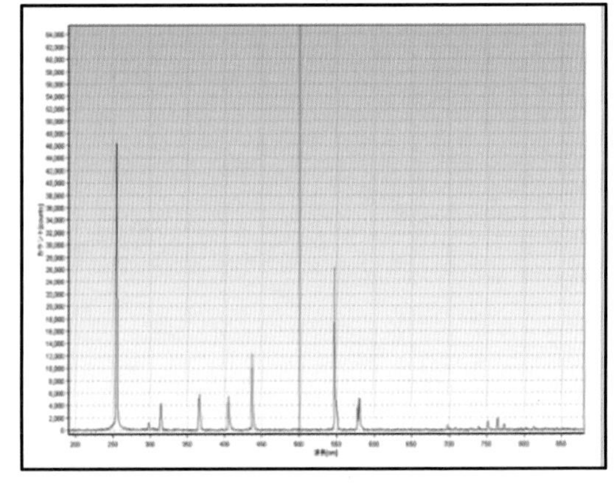

島津製作所製「原子吸光分光光度計 AA-7000J」と出力記録（横軸に波長、縦軸に出力感度が示され元素分析ができる）

クトルから元素を特定する方法である。

現在、この方法を参考に計測器内で自動的に試料を加熱し、発生したスペクトルを記録させ、元素の特定や定量分析を行っている。

⑵ガスクロマトグラフィー法

気体や液体中に含まれる化合物成分を定量分析する方法。試料を加熱して気化させてカラムに誘導する。そのカラム内を進む速度は成分要素によって異なるので、カラムの出口に到着する時間に差が生じる。カラム出口の到着時間とその量から、試料中の成分を分析することができる。

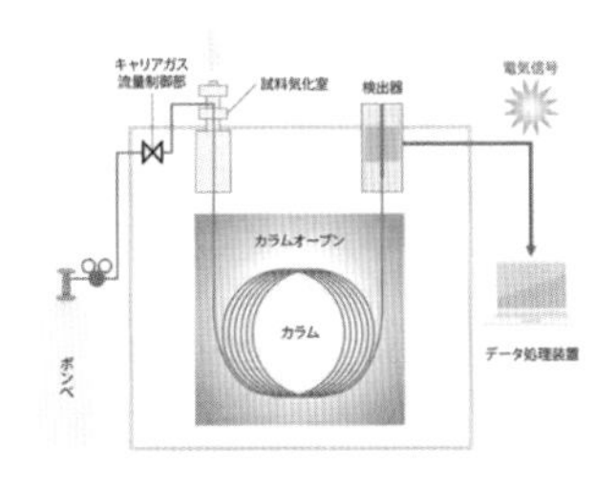

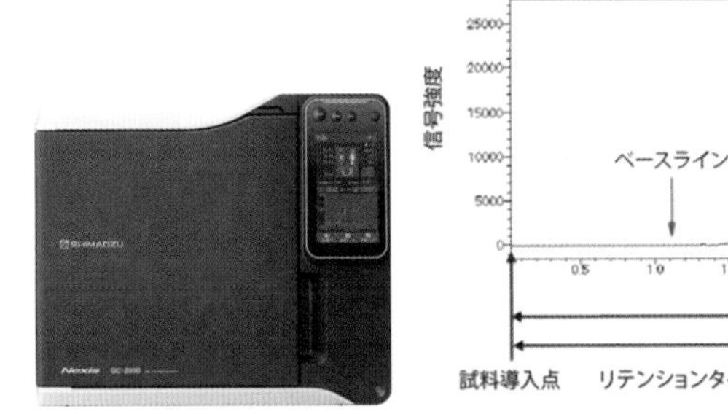

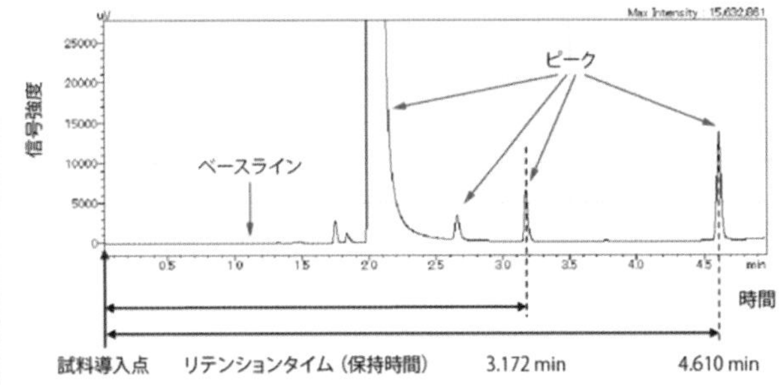

島津製作所製「ガスクロマトグラフ GC2030」と出力記録
横軸（出口までの到着時間）に対する縦軸（信号感度）が記録され、試料内の化合物成分を定量できる。

日本発の113番目の元素「ニホニウム（Nh）」が元素周期表に加わる!!

2016年11月に113番目の元素が、新元素として発表され、元素名は「nihonium（ニホニウム）」、元素記号は「Nh」と命名されました。

発見・命名したのは、理化学研究所の森田浩介グループ・ディレクター率いる研究グループです。

同グループは、理研の重イオン線形加速器「RILAC」を用いて、2003年9月から、ビスマス（Bi：原子番号83）に亜鉛（Zn：原子番号30）のビームを照射し、新元素の合成に挑戦してきました。

その結果、2004年7月に初めて原子番号113の元素の合成に成功しました。その後、2005年、2012年にも合成に成功しました。さらに、2008年から2009年にかけて113番目の元素がアルファ崩壊を3回起こして生成される原子核が、ボーリウム（Bh：原子番号107）の原子核であることが実験で確認されたことにより、新元素は113番の元素であると認定されました。さらなる新元素探しは今も続けられています。

参考資料・文献

『化学の歴史』アイザック・アシモフ　2012年6月　ちくま学芸文庫
『科学思想のあゆみ』Ch.シンガー　1970年6月　岩波書店
『人物で語る化学入門』竹内敬人　2010年3月　岩波新書
『科学は歴史をどう変えてきたか』マイケル・モーズリー＆ジョン・リンチ　2011年8月　東京書籍
『化学の理論』石川正明　2018年6月　駿台文庫
『元素と周期表』トム・ジャクソン　藤嶋昭監訳　2018年8月　化学同人
『化学のコンセプト』舟橋弥益男・小林憲司・秀島武敏　2012年3月　化学同人
『世界を変えた150の科学の本』ブライアン・クレッグ　2020年2月　創元社
「周期表の歴史を振り返る」Chem-Station　周期表生誕150周年特別記念
https://www.chem-station.com/blog/2019/05/periodictable.html
『物理学読本』第2版　朝永振一郎編　1970年第3刷　みすず書房
『Newton別冊 単位と法則 新装版』2018年5月　ニュートンプレス
「素粒子の発見と標準理論」東京大学素粒子物理国際研究センター
https://www.icepp.s.utokyo.ac.jp/elementaryparticle/standardmodel.html
「50年をかえりみる　素粒子実験と加速器－戦後の日本を中心に－西川哲治〈東京理科大学〉」日本物理学会50周年記念（第51巻, 1996）
www.jps.or.jp/books/50thkinen/50th_01/009.html
「原子吸光分光光度計」島津製作所　https://www.an.shimadzu.co.jp/aa/aa.htm
「GC（ガスクロマトグラフィー）とは？　GC分析の基礎」　島津製作所
https://www.an.shimadzu.co.jp/gc/support/faq/fundamentals/gas_chromatography.htm

化学編

第4節 イオン

中学校では、化学変化や電気分解、酸とアルカリ、中和反応などをイオンと関連させて理解させるよう求められている。現象そのものを見つめてきた学習から、現象を引き起こすイオンという隠れた存在を関連させることに、戸惑いや難しさを感じさせることがないよう丁寧に扱いたい。そして、今までの現象理解を「なるほど、そういうことだったのか」と深い理解に高め、科学の真髄を伝えていく授業を実現したい。

1 イオンの研究

1780年にボルタが電池を発明したことをきっかけに、1800年にカーライルとニコルソンが水を電気分解し、1807年にはディビーが電気分解でカリウム、ナトリウムを単離させている。それ以来、化学と電気は、切っても切れない関係になった。しかし、なぜ電気分解で化合物から単体を単離できるのかは分かっていなかった。

⑴電気化学二原論

ディビー（参照　物理編「電気と磁気」）は、電気分解は電気的引力で結びついている金属を電気の力で引き離すことで起こる（『電気化学二原論』）と説明した。実際は、物質が水に溶けて電離するのであるが、物質が正と負の電気を持つ部分が結びついているという考えは、不十分な箇所もあるものの現在の化学結合論につながる新しい考え方であった。

⑵イオンの発見

カエルの足から生じるように見える動物電気、摩擦で起こる摩擦電気、ボルタの電池から流れる電気と様々な電気が発見された。マイケル・ファラデー（1791～1867イギリス）は、「発生源は違っても電気の性質はすべて同じである（電気の同一性）」とし、「電気分解は、電荷を帯びた粒子（イオン）が移動して起こる」、「電気分解の作用は電気の一定量に対して常に一定で、電源、電極の大きさ、電流を通す導体の性質などの条件にはよらない」、「電気分解によって生じる物質の量

ファラデー

は、流れる電流の量に比例する」、「種々の物質が一定の電気量によって分解される相対的な量を「電気化学当量」と定義し、「電気分解によって生成される物質の量は、その電気化学当量に比例する」という『電気分解の法則』を発表した(1833年)。

ファラデーの電気分解の法則　(現代の理論)

第一の法則　一定の溶液において電極に析出(または放出)する物質量は、溶液に流れる電気量(電流×時間)に比例する。

$\omega = k \cdot I \cdot t = k \cdot Q$　　k：比例定数(電気化学当量)
I〔A〕：電流　t〔s〕：時間　Q〔C〕：電気量

第二の法則　種々の物質の1価のイオンは等しい量の電気量を運び、2価3価のイオンはそれぞれ2倍3倍の電気量を運ぶ電気化学当量を有している(化学当量に相当する)。

$$n = \frac{It}{zF} = \frac{m}{M}$$

n〔mol〕：物質量　I〔A〕：電流　m〔g〕：質量
M〔g/mol〕：分子量　t〔s〕：時間　z：イオン価数
F：ファラデー定数 = 9.6485 × 10^4〔C/mol〕

ワンポイント

ファラデーは、ギリシャ語「行く」から、移動する粒子をイオン(ion)と名付けました。その他にも、電気分解(electrolysis)、電極(electrode)、陽極(anode)、陰極(cathode)、電解質(electrolyte)、陽イオン(cation)、陰イオン(anion)などの用語も決めています。科学用語には、その言葉から想定される概念が含まれています。彼は、そのことをよく知っていて、用語作成に力を入れたのです。

科学者ファラデー

彼は、当時のイギリス階級制度のため小学校以上の教育を受けていません。製本屋の徒弟として住み込み、仕事の合間に『百科事典(ブリタニカ)』を読む勤勉な少年でした。ディビーの講義を聞く機会があり、克明にノートをとり図を施して製本し、ディビーに贈ったことが幸いして、ディビーの助手に採用されました(1813年)。

電磁誘導、電気力線、磁力線などの物理分野の研究成果もあります。化学分野では、ベンゼンの発見、塩素・二酸化炭素・硫化水素・アンモニアの液化などもあります。イギリス王立研究所の青少年向けクリスマス講演会では多くの講演を行っています。後半に行われた『ロウソクの科学』は 、出版されて世界中で購読されています。

(3)電離と電解質

ファラデーは移動する粒子を「イオン」と名付けたが、電気分解という特殊な状況下のことと考えていた。つまり、「電気化学二原論」に基づき、電気が引き離したのでイオンになったと考えていたのである。その考えが是正されたのは50年後のことである。

スバンテ・アレニウス(1859〜1927スウェーデン)は、「物質には、水に溶けた段階でイオンに分離(電離)するもの(電解質)がある」と論文『水に溶解した物質の電離について』を発表した(1884年)。この「電離説」は、電気分解の説明だけではなく、化学変化や溶液の「凝固点降下」現象の説明にも効果的な考えであった。彼は、1903年にノーベル化学賞を受賞している。

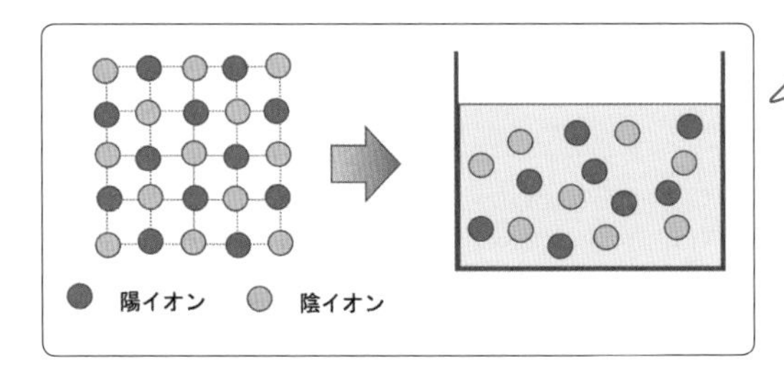

左図　イオン結晶の化合物
陽イオンと陰イオンが規則正しく配列している固体。
右図　電離
イオン結晶の化合物が水に溶けると陽イオンと陰イオンに分離し、自由に動き回る。

2 酸とアルカリの研究

(1)酸の歴史

中世から柑橘系の果汁が酸っぱく金属を腐食させる性質は知られていて、ラテン語「acere（酸っぱい）」から「acid（酸）」と呼ばれていた。中世の錬金術師も「王水（濃塩酸と濃硝酸を3：1の割合で混合させた液体）」で金や白金を溶かすのに用いていた。酸性の物質は、亜鉛、スズ、鉄など金属を溶かして水素を発生するという性質を共有するが酸の正体は分かっていなかった。

酸素の名付け親であるラボアジェは、すべての酸は酸素からできていると考えて「酸素（oxygen）」と命名している（1779年）。一方、ディビーは塩酸から酸素が取り出せないことから、ラボアジェの考えを否定している（1810年）。酸の正体が分かり始めたのは、それから70年後のことである。

調べてみよう　身の周りにある酸の不思議

身の周りには、酸性を示すものが多く存在します。それらを整理すると、いくつかの不思議な点が見つかります。友達と手分けして調べて、発表してみましょう。酸の性質がより深く分かりますよ。

〈例〉

(1)　多くの柑橘系果実の酸性度が強いのはなぜだろう。何か共通した理由があるのだろうか。
(2)　洗剤には、「酸性」「中性」「アルカリ性」がある。酸性洗剤は、どのような場面で使用するとよいのだろうか。
(3)　水道水は、中性なのだろうか。
(4)　酸性雨は、どのような環境から作り出されるのだろう。また、自然界にどんな影響を及ぼすだろう。
(5)　ヒトの胃液は強い酸性ですが、どうしてなのだろうか。
(6)　酸は金属を溶かして水素を発生させますが、なぜだろう。

まだまだありますよ。酸に関わる不思議を探してみましょう。

(2)アルカリの歴史

酸の性質を弱め、苦い味がして、染料の色を変えたりするアルカリの存在も古くから知られていた。木灰を煮詰めて作成した粉末は舌を刺す苦味があり、アラビア人は「alkali（木の灰）」と呼んでいた。その灰をさらに強熱するとより強い物質が残るので、ギリシャ語「basis（基礎）」から「base（塩基）」と呼ばれ、石鹸剤として使用されていた。中世には、ソーダ（水酸化ナトリウム、水酸化カリウム、炭酸ナトリウム、炭酸カリウム）や石灰などが知られていた。

リトマス紙

海岸の岩石や樹木に着生している「リトマスゴケ」から抽出した紫色の液体「リトマス」をアルコールに溶かして、アンモニア、塩酸を添加すると青色、赤色に変色します。これを「ろ紙」に浸して乾燥させて作成します。

⑶酸・アルカリの正体

酸の性質はどこから生じるか長い間議論の対象であった。ラボアジェは、酸素が主要な役割を果たすと考えた。一方、ディビーは塩酸からは酸素ではなく水素が取り出せることから、水素が主要な役割を果たすと考えた。こうして、酸の正体は、「酸素説」と「水素説」の両論から考えられるようになった。この考え方に終止符を打ったのが、「電離説」を唱えたアレニウスである。

①アレニウスの定義

塩化水素は水溶液（塩酸）になると水素イオン（H^+）と塩化物イオン（Cl^-）に電離する。他の酸性の水溶液も同じように電離する。彼は、酸性水溶液に共通して存在する水素イオン（H^+）が酸の性質をもたらすものと考えた。

同様に、塩基性の水溶液中に共通して存在する水酸化物イオン（OH^-）が塩基の性質をもたらすものとして、酸・塩基を以下のように定義した（1887年）。

アレニウスの定義

酸とは、水溶液中で水素イオンと酸基イオンに電離するもの。　$HCl \rightarrow H^+ + Cl^-$

塩基とは、水溶液中で金属イオンと水酸化物イオンに電離するもの。　$NaOH \rightarrow Na^+ + OH^-$

②ブレステッドとローリーの定義

物質が水溶液中で電離している状況下では、アレニウスの定義が成り立つが、それ以外では酸・塩基の性質はどのような仕組みから生じるのか、新たな疑問が生じてきた。

ヨハンス・ブレステッド（1879～1947デンマーク）とマーチン・ローリー（1874～1936イギリス）が、酸・塩基の性質は物質間での水素イオンの授受から起こることを突き止め、以下のように酸・塩基の定義を拡大させた（1923年）。

ブレステッドとローリーの定義

酸とは、相手に水素イオンを放出するもの。

塩基とは、相手から水素イオンを受け取るもの。

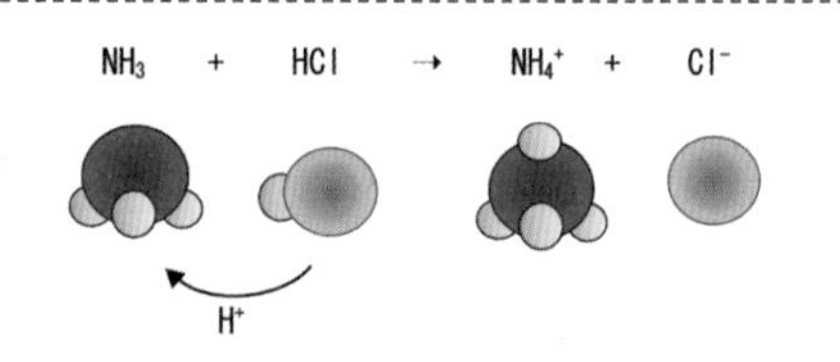

③酸・アルカリイオンの電気泳動実験

アレニウスの定義による「酸とアルカリの正体」を確認する実験を紹介する（著者が開発した実験方法）。

1　実験装置つくり

⑴　食塩水を作成する。
　シャーレに水道水（約50cc）を注ぎ、食塩を薬匙（小匙１杯）入れて溶かす。

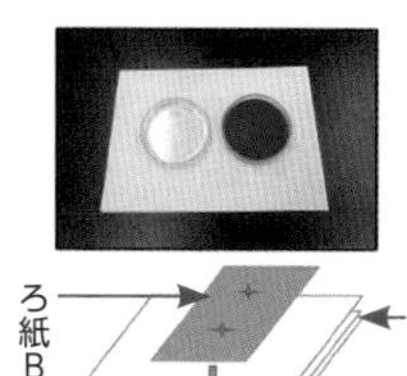

⑵　指示薬を作成する。
　シャーレに水道水（約50cc）を注ぎ、紫キャベツパウダーを薬匙３杯くらい入れて溶かす（BTB溶液でもよい）。

⑶　ろ紙Ｂの中央２か所に鉛筆で×印を記入する。
　これは、酸・アルカリ溶液の滴下位置を示すためである。

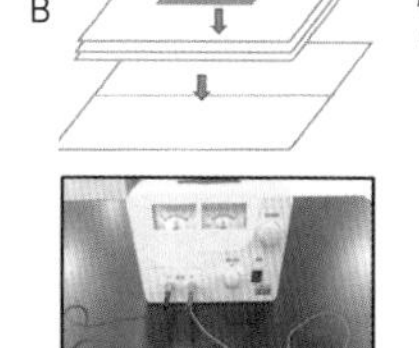

⑷　ろ紙Ａ３枚を食塩水に浸し、横に２枚並べたスライドガラス上にのせる。

⑸　ろ紙Ｂを指示薬溶液に浸した後、ろ紙Ａの中央部分にのせる。

⑹　全体をテッシュペーパーで軽くたたいて、水分を吸い取る。

⑺　スライドガラス両端を目玉クリップではさむ。

⑻　電源装置と接続し装置を組み上げる。

＊　ろ紙Ａはスライドガラス２枚分、ろ紙ＢはＡを横に二分した大きさ。

2　実験

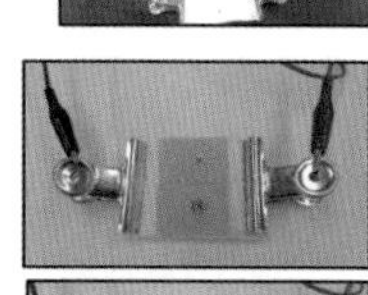

⑴　10Ｖの電圧（電流30mA）をかける。

⑵　綿棒に塩酸水溶液（5%）を少量付け、×印に押し付ける。

⑶　綿棒を変えて、水酸化ナトリウム水溶液（5%）を少量付けて、×印に押し付ける。

3　結果

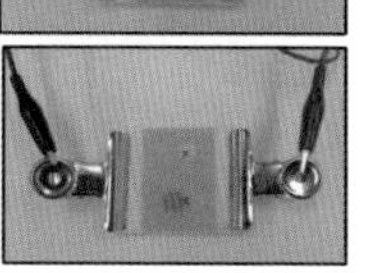

⑴　イオンが四方に染み込んでいく様子が観察できる。

⑵　１～２分後に酸イオンが陰極側へ、アルカリイオンが陽極側へ移動し始める様子が観察できる。

⑶　４～５分後には、イオンが電極側に移動している様子をはっきり確認することできる。

3 中和の研究

古くから、酸の効力を弱める塩基の働きは生活の中で使用されていた。しかし、酸と塩基が反応して中性の物質（塩）と水ができるという科学的な認識までには至っていなかった。酸や塩基の研究が進むにつれて、中和についても徐々に解明されてきた。

⑴中和の研究

イエレミアス・リヒター（1762～1807ドイツ）は、強酸である塩酸に強アルカリである水酸化ナトリウムを混ぜると食塩ができる反応に興味を持ち、酸・アルカリが互いの性質を完全に打ち消す（中和）には、酸の質量に対して一定量のアルカリが必要であることを突き止め、中和には酸とアルカリの量的関係があることを発表した(1792年)。

(2)中和反応と水

アレニウスの定義では、中和反応で中性の物質（塩）と水が生成される。しかし、水溶液中の反応なので、生成された水に着目することは難しい。また、アレニウス以外の定義からは、水は生成されずに塩ができる。したがって、当初は、中和反応は（酸＋塩基→塩）であると理解されていた。やがて、中和反応で水が生成されることが注目されるようになり、水素イオン濃度の定義へとつながっていく。

「塩」 現代での定義

広義では、中和反応で酸の陰イオンと塩基の陽イオンが結合した化合物をいいます。狭義には、酸と塩基が等量に混合したものをいいます。したがって、中和反応以外の反応でも塩が生じることがあります。

例				
	$HCl + NaOH$	→	$NaCl + H_2O$	中和反応
	$Zn + H_2SO_4$	→	$ZnSO_4 + H_2$	酸と金属の反応
	$CO_2 + 2NaOH$	→	$Na_2CO_3 + H_2O$	酸性酸化物と塩基との反応

(3)pH（水素イオン指数）の導入

セーレン・セーレンセン（1868～1939デンマーク）は、タンパク質とイオン濃度の関係を調べ、酸性度の指標として水素イオン指数（pH）を導入するよう提唱した(1909年)。

水素イオン濃度とpH

水はごくわずかに電離していて、次の平衡状態を保っていて中性です。

$H_2O \rightleftarrows H^+ + OH^-$　　$[H^+] = [OH^-] = 1.0 \times 10^{-7}$ mol/L

そのバランスが崩れたときの$[H^+]$の大きさで酸性の強さを指標化したものがpH（水素イオン指数）です。

$[H^+] = 1.0 \times 10^{-n}$ mol/L　　pH = n　　指数nが、そのままpH値になる。

4 イオンの先端科学（リチウムイオン二次電池）

リチウムイオン電池は、正極と負極の間をリチウムイオンが移動することで、充電や放電を繰り返す二次電池である。一般的に正極にリチウム遷移金属複合酸化物を、負極に炭素材料を、電解質に有機溶剤を用いている。実際には様々な素材が使用され、それぞれに特徴がある。

(1)開発までの経緯

1976年に正極に二酸化チタンを、負極に金属リチウムを用いた二次電池が開発されたが安全性に問題があり実用化されなかった。その後、正極材、負極材、電解液の研究が進み、1985年に吉野彰（旭化成）が負極に炭素材料を、正極にコバルト酸リチウムを用いた二次電池を開発した。負極を炭素材料にしたことで、発火の心配がなく、安全性や効率を上げるための安全素子、保護回路、電極構造、電池構造を開発し、現在の二次電池の原型を完成させた。

1991年にソニー・エナジー・テック社が、1993年にエイ・ティーバッテリー社（旭化成と東芝の合併会社）が、1994年に三洋電機が商品化している。1997年には、ソニー・エナジー・テック社と松下電機が電解質にゲル状のポリマーを使うリチウムポリマー電池を開発し、薄型・軽量化が図られたことから多くの電子機器に利用されるようになる。2008年に東芝が、負極にチタン酸リチウムを用いた電池を開発し、安全性、長寿命、急速充電、低温動作に優れており、ハイブリッド自動車、電力貯蔵用バッテリーに活用されている。

⑵電池の原理

リチウムイオンが正極と負極間を行き来して充電・放電を繰り返す。

〈充電反応〉　外部電源からの電流により、正極（金属）結晶からリチウムイオンが電解液中を移動し、負極（炭素）結晶に入り込む。

〈放電反応〉　炭素結晶からリチウムイオンが抜け出し、正極結晶に取り込まれて電子を移動させて電流の流れを作る。

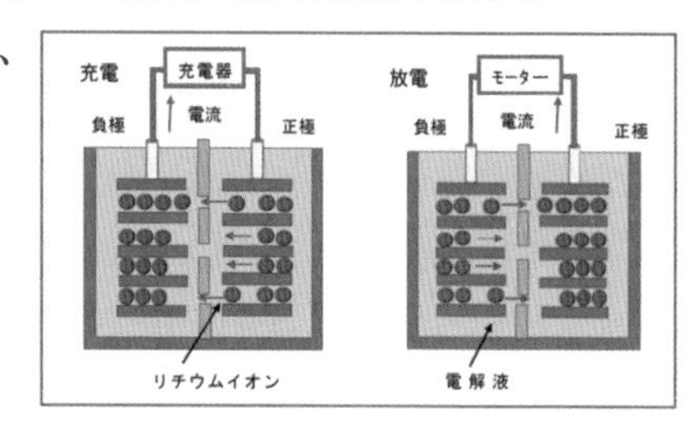

⑶リチウムという金属

リチウム（Li）は原子番号3（原子量6.941）のアルカリ金属である。白銀色の柔らかい元素で、1817年にベルセリウス研究所のアルフェドソンが「葉長石」から発見し、ベルセリウスが「リチウム」と命名した。リチウムは反応性が高く単体では存在せず火成岩中に多く存在する。また、海水中にも多く含まれており、水分が蒸発した塩湖には全体埋蔵量の50%を占めると推定されるボリビアのウユニ塩原がある。

科学者　吉野　彰

吉野　彰

1948年に大阪に生まれ、子供のころから科学に関心があり、愛読書が『ロウソクの科学』だったといいます。京都大学工学部石油化学科卒業後、旭化成工業に入社し研究活動に従事します。コバルト酸リチウムを正極に、炭素素材を負極にした「リチウムイオン二次電池」を開発しました（1985年）。

リチウムイオン電池開発に貢献したジョン・グッドイナフ（テキサス大学）とスタンリー・ウィッティンガム（ニューヨーク州立大学）とともに、2019年ノーベル化学賞が授与されました。

「リチウムイオン二次電池」商品化には、「安全性」確保という命題があり、吉野先生は相当に苦労された様子が著書に示されています。

今だから話せる開発秘話（『リチウムイオン電池が未来を拓く』から引用）

ライフル弾貫通試験などの安全性試験をクリアしただけで商品化できるものでなく、安全性については改良に次ぐ改良の連続だった。特殊な条件で24時間、充電と放電を繰り返していた実験室に顔をだすと、電池をつなぐリード線だけが残っていて、電池が跡形もなくなっていた。実験室の隅々を探すと、電池の容器は見つかったが中身は空だった。試験中に破裂したらしい。すぐに、原因追究をはじめ、特殊な条件で再現させることができ、電解液を改良すれば、この現象が起きなくなることが分かった。「リチウムイオン二次電池」を実用化するまでに、この種の綱渡りは何度も経験したのである。

参考資料・文献

『化学の歴史』アイザック・アシモフ　2012年6月　ちくま学芸文庫

『科学思想のあゆみ』Ch.シンガー　1970年6月　岩波書店

『人物で語る化学入門』竹内敬人　2010年3月　岩波新書

『科学は歴史をどう変えてきたか』マイケル・モーズリー＆ジョン・リンチ　2011年8月　東京書籍

『世界を変えた150の科学の本』ブライアント・クレッグ　2020年2月　創元社

『化学の理論』石川正明　2018年6月　駿台文庫

『化学のコンセプト』舟橋弥益男・小林憲司・秀島武敏　2012年3月　化学同人

『日常生活の科学』小池守・内田恭敬・永沼充　2014年3月　青山社

『心を揺する楽しい授業　話題源』長谷川俊明編集代表　1987年9月　とうほう

『リチウムイオン電池が未来を拓く』吉野彰　2016年10月　シーエムシー出版

『科学史年表』小山慶太　2016年12月　中公新書

生物編

第1節 植物

植物の誕生は地球上に大量の酸素を放出させ、すべての生物の多様性と進化を支えてきた。人類が誕生したのが約400万年前、恐竜はおおよそ2億年前であることが分かっている。植物は、約35億年前出現したことが化石の研究から分かり植物がいかに古いものかが理解できる。

1 植物の研究

⑴植物の進化

植物とは、光合成を行い成長し、生体を維持する栄養を生成する生物のことである。植物は、先カンブリア時代に誕生したシアノバクテリアから進化が始まり、その後多様に進化した。

初期：海水中の栄養を利用し、シアノバクテリアが登場(光合成の始まり)。
オルドビス紀：コケ類が陸上へ。
石炭紀：シダ植物類が表れる。維管束を持つ。
ベルム紀：乾燥に強く丈夫な種子で増える。
白亜紀：胚珠が子房で守られる被子植物が登場。
進化の過程「藻類→コケ植物→シダ植物→裸子植物→被子植物」になる。

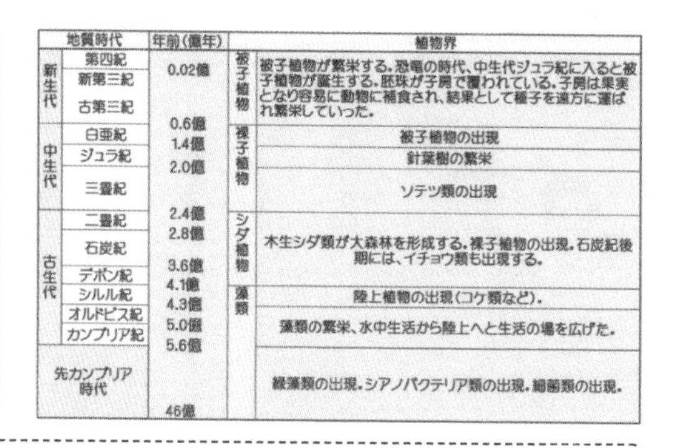

地質時代		年前(億年)	植物界	
新生代	第四紀	0.02億	被子植物	被子植物が繁栄する。恐竜の時代、中生代ジュラ紀に入ると被子植物が誕生する。胚珠が子房で覆われている。子房は果実となり容易に動物に補食され、結果として種子を遠方に運ばれ繁栄していった。
	新第三紀			
	古第三紀	0.6億		
中生代	白亜紀	1.4億	裸子植物	被子植物の出現
	ジュラ紀	2.0億		針葉樹の繁栄
	三畳紀			ソテツ類の出現
古生代	二畳紀	2.4億 2.8億	シダ植物	木生シダ類が大森林を形成する。裸子植物の出現。石炭紀後期には、イチョウ類も出現する。
	石炭紀	3.6億		
	デボン紀	4.1億		
	シルル紀	4.3億	藻類	陸上植物の出現(コケ類など)。
	オルドビス紀	5.0億		藻類の繁栄、水中生活から陸上へと生活の場を広げた。
	カンブリア紀	5.6億		
先カンブリア時代		46億		緑藻類の出現。シアノバクテリア類の出現。細菌類の出現。

調べてみよう　藻類が誕生したと言われる先カンブリア時代について調べてみよう
- インターネットや図書館で図鑑などから、調べてみましょう。
- 各地域にある地質関係の博物館や科学博物館・化石館など施設を訪問し、調べるのも効果的な学びになります。ぜひ、訪問してみましょう。

①植物の陸上化を可能にした遺伝子進化

水中で暮らしていた藻類の中に、陸上の苛酷な環境に適応する能力を進化させたものが生まれ、陸上植物の祖先へと進化していった。その後、その子孫である陸上植物が、この能力を洗練することにより、陸上のほとんどの部分は植物で被われるようになった。これらの能力は遺伝子の進化によってもたらされたと考えられている。

現在生きている陸上植物が共通に持っている遺伝子を調べれば、陸上生活に必要な遺伝子が明らかになると仮説をたて「ヒメツリガネゴケ」のゲノムを解読に成功した（日・米・独・英など6か国の科学者、日本は自然科学研究機構基礎生物学研究所・長谷部光泰教授らが参加）。コケ植物のゲノム解析により、コケは花の咲く植物と似た遺伝子を持っていることが分かってきた。海水中の藻類からコケ類へと進化し、やがて被子植物へと遺伝子が進化していったと考えられている。

②生物の多様性

生物の多様性には、種の多様性、遺伝子の多様性、生態系の多様性という3つの要素がある。そのうち、種の多様性を見てみると、現在の地球上には、クモ類、昆虫類が102万5,000種、菌類が7万2,000種、軟体動物が7万種で、陸上の植物は27万種あり、そのうちシダ類が1万種、ソテツやイチョウなど、タネをつくる裸子植物がおよそ850種、被子植物は25万種もあり、ヒトを含む哺乳動物4,000種と比べると、昆虫と植物の種が、圧倒的に多いことが分かる。

考えてみよう
コケゲノムの解読から分かったことは何でしょうか。
(ヒント)
本文の中から考えられますので、まとめてみましょう。さらに、もう少し深く調べたい場合は、書物やインターネット検索などで調べてみましょう。

コケゲノムの解読：6か国の共同研究。研究発表は2007年12月米国科学誌『サイエンス』に発表されました。解読に使ったヒメツリガネゴケは、日本では自生していないそうです。ヨーロッパ、北アメリカなどに自生するとされています。右写真は、長谷部光泰教授より提供していただきました。

⑵光合成の発見

医師ヤン・ファン・ヘルモント（1579～1644スペイン）は、鉢植えのヤナギに水だけを与えて成長させる実験を行ったが、ヤナギが光合成によって、有機物や酸素をつくることに気付かなかった。

ジョセフ・プリーストリー（1733～1804イギリス）は、密閉したガラス瓶でロウソクを燃やしたとき、植物（ハッカ）があればマウスが生き続けることを発見した（1774年）。植物の光合成によって酸素が発生していることを示すことができた。

プリーストリーの発見に影響を受けた医師ヤン・インゲンホウス（1730～1799オランダ）は水草による実験を行い、「植物の空気浄化能力は葉の緑色部分にあり、光の影響を受ける」ことを発見した（1779年）。また、火を燃やすことができる「きれいな空気」と植物を入れた容器を暗闇に置くと、その容器内の空気の燃焼が起きない「汚れた空気」に変わることについても発見するのである。即ち今で言う「呼吸」ということである。

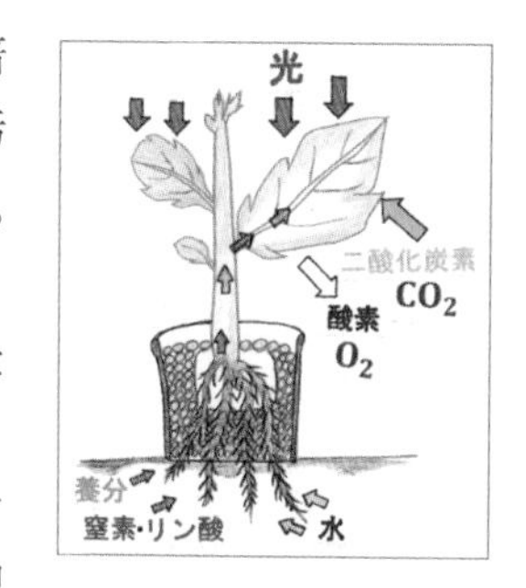

現代の光合成の理解に直接的に関連する発見をしたという意味では、プリーストリーとインゲンホウス、スイスの司祭のセネビエ、ドイツの物理学者のマイヤーの貢献が大きいと言われている。さらに、植物生理学者ユリウス・フォン・ザックス（1832～1897ドイツ）は、1862年、葉緑体に見られるデンプン粒が光合成の初期の産物であることを発見している。

考えてみよう

この写真は「ギンリョウソウ」という植物です。光合成を行う葉緑体を持っていません。では、どのようにして成長することができるのでしょうか。考えてみましょう。
（ヒント）
ギンリョウソウは、自分自身では養分を作れません。別の方法でエネルギーを得ています。

⑶呼吸と蒸散

①呼吸

植物は、光合成で得たデンプンなど炭水化物を分解してエネルギーをつくり葉・茎・根などが成長する。右図で孔辺細胞の開閉の過程をまとめると次のようになる。

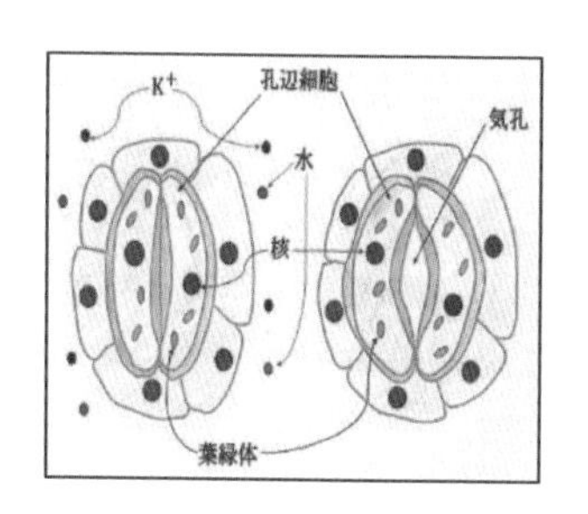

ア　孔辺細胞は、周囲の光量や水分量に応じて気孔を開閉し、光合成に必要なCO_2の取り込みや蒸散量の調節を行う。

イ　光量が増すと孔辺細胞の周辺にあるカリウムイオンや水が孔辺細胞内に取り込まれる。

ウ　水分量が減ると植物ホルモンの一つの「アブシシン酸」が作用し、開口とは逆の反応が起こり、カリウムイオンと水が孔辺細胞から外に出る。

②蒸散

蒸散作用は、葉の裏面の気孔から葉内にたまった水分を大気中に発散させることである。同時に水中や土壌中の無機栄養分を水とともに取り入れ、植物の葉や先端部分に供給する。植物が根から水を吸収できる原理は、蒸散作用と浸透圧である。浸透圧とは、イオン濃度が低いところから高いところへ水が移動する性質のことである。

考えてみよう　サボテンと光合成
- 環境が厳しい乾燥地帯で生活するサボテンは、光合成が普通の緑色植物とは反対になっているのはなぜでしょう。
- サボテンの刺(とげ)について考えてみましょう。
- CAM 型光合成について、まとめてみましょう。

(ヒント)
右側の補助説明を参考にしましょう。

世界一高い木：米国カリフォルニア州にあるメタセコイア（スギ科）が高さ115mだそうです。
サボテンの不思議：サボテンの多くは環境の厳しい乾燥地帯に生活しています。過酷な環境なので、体内の水分が失われないように葉をなくし、動物に食べられないように刺状になったと言われます。しかも普通の植物とは違って、光合成が反対です。つまり、昼間に気孔を閉じていて、夜間、気温が下がったときに気孔を開き二酸化炭素を取り入れて昼に養分を合成します。これを CAM 型光合成と呼んでいます。

⑷受粉と受精

受粉とは、花が咲く植物のめしべの柱頭に花粉がつくことである。受粉に関する研究は、1793年頃から始まったと言われている。19世紀にはチャールズ・ダーウィン（1809～1882イギリス）による『蘭の受精』（1862年）・『受精の研究』（1876年）が刊行され、ダーウィンが、この分野の発展に刺激を与えたと言われている。また、この時期に受粉方法の記録・分類が行われ、受粉様式が風媒・水媒・動物媒・閉花同花受粉などに整理された。20世紀に入ると、送粉生態学は生物学分野で重んじられることがなくなり、再び脚光を浴びるのは1950年代以降である。1955年にはドイツのクーグレルにより『花生態学』などが刊行されて研究が盛んになっていった。

ダーウィン

①植物の生殖

ア　有性生殖でふえる植物（花などが咲く植物）

主に種子植物であり花を咲かせる。被子植物（桜など）の花は、雄しべの葯(やく)（内部に花粉母細胞がある）という袋でつくられた花粉が、雌しべの柱頭に付着し、花粉管を伸ばし胚珠の卵細胞と受精する。

イ　それ以外の生殖

シダやコケなど胞子をつくって生殖する植物がある。ワカメやコンブなども、胞子による生殖を行う。ドクダミやヒメジオン、セイヨウタンポポでは、受精しないで種子をつくる。また、ジャガイモなど栄養体生殖をするものもある。

②生殖細胞と減数分裂

S・サットン

種子植物の花粉は、雄しべの先端にある葯という袋の中で形成される。この内部には花粉母細胞があり、減数分裂によって、4個の細胞を形成する。1個の花粉母細胞から生じた4個の細胞をまとめて花粉四分子と呼び、個々の細胞は小胞子（または花粉細胞）と呼ぶ。成熟過程で、花粉四分子の4個の細胞は互いに離れ、それぞれが花粉となる。小胞子は体細胞分裂するため、成熟した花粉は花粉管細胞と雄原細胞の2個の細胞からなる。裸子植物では細胞壁内に前葉体細胞と花粉管細胞、生殖細胞を生じる。被子植物ではまず花粉管核と雄原核に核の分裂が起きる。

ウォルター・S・サットン（1877～1916アメリカ）は、1902年にバッタの生殖細胞を用いて、減数分裂における染色体の観察から、染色体説を提唱した。卵や精子などの生殖のための特別な細胞（生殖細胞）ができるときに行われる特別な細胞分裂を「減数分裂」という。減数分裂によってできた生殖細胞は、染色体がもとの細胞の半分になる。

花粉管の発見：1869年フランスのバンティーゲームは花粉管が培地上で胚珠に向かうと報告しました。その後、多くの植物学者が胚珠に花粉管を誘発する物質を研究。しかし、同定できませんでした。2001年、名古屋大学、東山哲也教授のグループは「トレニア」（右写真）の花の卵の部分が母体組織から突き出るユニークな花を使い研究を進め、卵細胞の隣にある2つの「助細胞」という細胞が誘引物質を分泌することを発見したのです。突き止めたのは日本の科学者でした。

③菌類

菌類は、植物ではないが真核生物であり他の生物やその遺体などから吸収によって養分を獲得して生活する。細胞壁を持ち、多くは管状の細胞がつながった菌糸を形成し、胞子を形成する基本的に運動性のない微生物である。

ア　非常に細い：太さ2～10μm・先端が伸びて成長する（先端成長）

イ　菌糸同士は隔壁で区切られる

ウ　枝分かれ（分枝）と合体（吻合）を

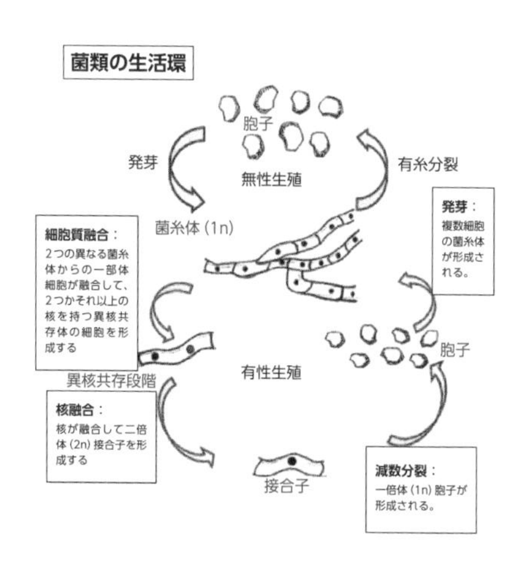

繰り返して、菌糸体と呼ばれる不定形の菌糸ネットワークをつくる

エ　細胞壁を持つ（主成分はキチンとβ-グルカン）

④菌類の減数分裂の不思議

菌類の胞子は発芽して菌糸になる核に一組の染色体を持っている。この状態の菌糸を一次菌糸と呼ぶ。一次菌糸は、他の菌糸や胞子から、単相核を受け取ることがある。菌糸の中で、由来の違う核は、融合することなく共存する。この状態の菌糸を二次菌糸、核が共存する状態をヘテロカリオン（異核共存体）と呼ぶ。やがて二次菌糸はきのこを作るが、一瞬だけ複相になり、すぐに減数分裂して有性胞子になる。こうして菌糸の生活環は、ついに完結を迎える。

2 光合成を利用した先端技術

(1)人工光合成の研究と紹介

ワンポイント

人工光合成は、無限の太陽エネルギーを使って、水と二酸化炭素から水素や有機化合物などを作り出す、夢の技術と言われています。その原理は、1967年に東京大学大学院生の藤嶋昭氏と本多健一教授により発見されました。ホンダ・フジシマ効果（水に白金と二酸化チタンを電極に使いそこに光を当てると水素と酸素が発生する）が応用されています。

人工光合成には、太陽光エネルギーの大半を占める可視光を効率的に吸収できる触媒材料・構造の開発が重要な研究テーマとなっている。人工光合成システムを研究している大阪大学大学院工学研究科正岡重行教授は、「金属錯体と半導体の研究が歩み寄ることで、一歩一歩、人工光合成の実現に向け近づいていくのは間違いない」と述べている。

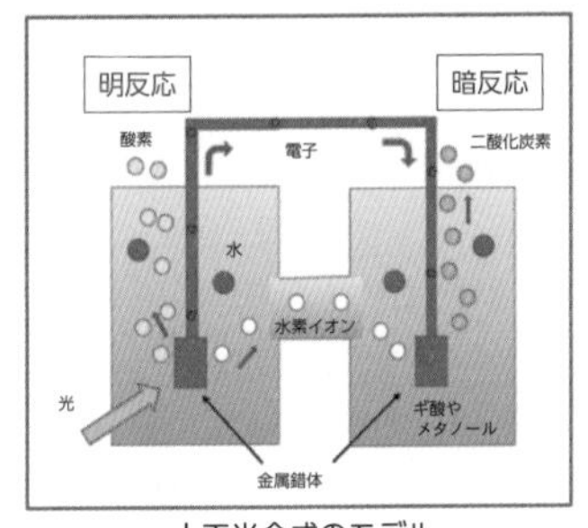

人工光合成のモデル

(2)地球温暖化と光合成（二酸化炭素を減少させる光合成）

NTT先端デバイス研究所の研究では、太陽光照射により半導体電極で電子と正孔が生成されることを利用し、電子の還元反応によって水素などの燃料を生成させている。また、水やCO_2から水素などの燃料を生成する人工光合成の研究を活用し、人工光合成パネルを製作して、屋外における実験を目指

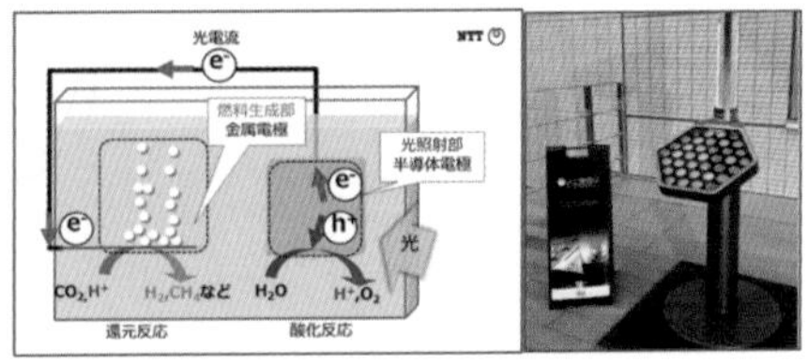

画像提供：NTT先端デバイス研究所

している。CO_2由来の燃料を使い、地球温暖化を防止する「炭素循環社会」を実現するための技術として注目されている。

⑶光エネルギーと再生エネルギー

太陽エネルギーを利用して、二酸化炭素を還元し、炭素化合物と酸素を生み出す技術開発は世界で進んでいる。

例えば、ロシアでは、マンガン錯体を用いて光合成によって水を酸素と水素に分解する触媒を発見したと伝えている。この発見は近い将来、車が水素で走る社会を作り出すかもしれない。

⑷植物プラント（植物工場）

日本でも産学官連携プロジェクトで進められている。2008年「農商工連携植物工場ワーキンググループ」の発足を契機に多くの企業が開発を始めた。植物の生育に最も大切な光に関しては、自然の太陽光を用いる「太陽光利用型」と、蛍光灯やLEDライトなどを用いる「完全人工光型」の2種類の方式がある。

3 光合成と葉緑体

⑴光合成

緑色植物は光（日光）を受けて、水と二酸化炭素からデンプンやブトウ糖などの有機物をつくり出す。この働きを「光合成」という。これは葉緑体を持っている植物が行う働きである。

光合成は、主に葉で行われる。原生生物の水中の藻類や、植物プランクトンなども葉緑体があり、光合成によって栄養分をつくる。しかし、菌類のカビ・キノコの仲間は、葉緑体を持っていないので光合成はできないので他から栄養分をとっている。図1は、カナダモの葉緑体を顕微鏡（100倍）で見たものである。図2は1粒の葉緑体をイラスト画で表現したものである。

⑵葉緑体

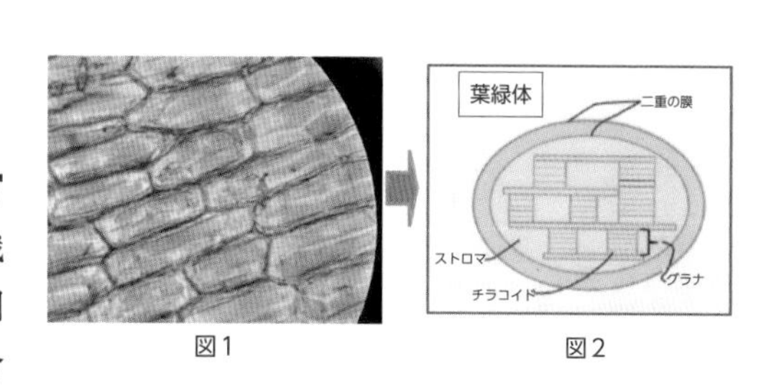

図1　図2

①**大きさ**

2～4μmの楕円形の粒。

②**葉緑体が含まれている器官**

葉の柵状組織、海綿状組織の細胞の中。しかし、孔辺細胞以外の葉の表皮細胞には含まれない。

③**ストロマ・チラコイド・グラナ**

種子植物の葉緑体は外側を二重の膜によって覆われており、その内側の部分をストロマという。ストロマ内には、多数の膜でできた薄い袋状の構造が並んでいる。この袋をチラコイドと呼ぶ。多数の小さなチラコイドは積み重なった構造があちこちにあって、これをグラナという。ストロマには独自のDNA（葉緑体DNA、cpDNA）が含まれ、それと対応して独自のリボソームがここに含まれている。チラコイド膜には、光合成色素や、光合成の光にかかわる反応に関する酵素が位置している。

④光合成のメカニズム

光合成には、葉緑体の他に、エネルギーとしての光、材料としての水と二酸化炭素が必要である。

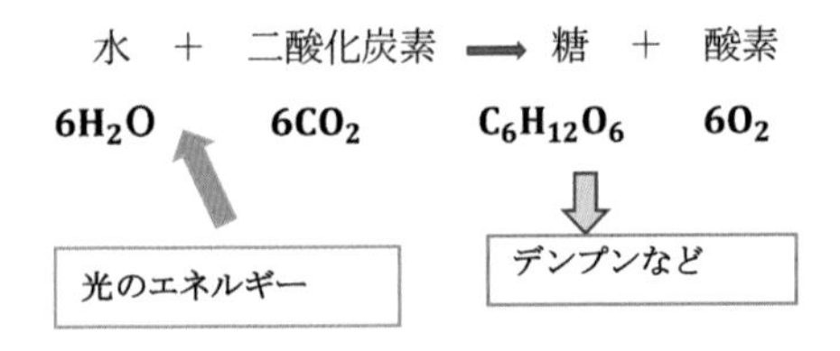

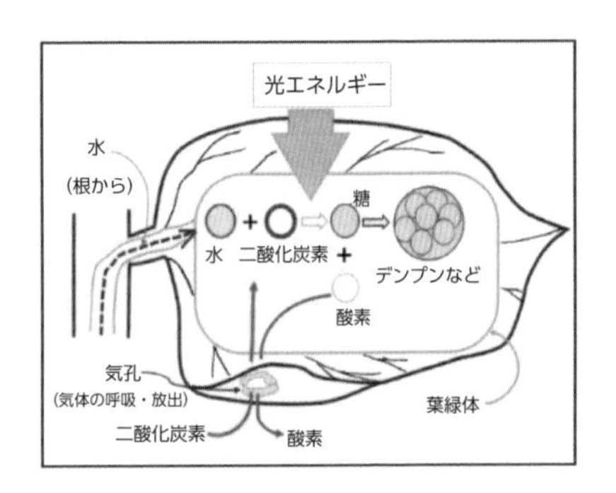

高等学校では、以下の式で説明する（カルビン・ベンソン回路）。

$6CO_2$ + $12H_2O$ + 光エネルギー → ($C_6H_{12}O_6$) + $6O_2$ + $6H_2O$

参考資料・文献

『植物たちの生』沼田真　1972年10月　岩波新書

『植物の進化を探る』前川文夫　1969年2月　岩波新書

『細胞学の歴史』A・ヒューズ　1999年12月　西村顕治訳　八坂書房

『改訂理科指導法』2019年4月　東京理科大学教職教育センター

『中学　学習事典（理科）』2006年3月　学研

『科学は歴史をどう変えてきたか』マイケル・モーズリー＆ジョン・リンチ　2011年8月　東京書籍

「基礎生物学研究所 生物進化研究部門 長谷部光泰教授」

https://www.nibb.ac.jp/sections/evolutionary_biology_and_biodiversity/hasebe/

「大阪大学大学院工学研究科 正岡研究室」

http://www.chem.eng.osaka-u.ac.jp/masaoka_lab/

生物編

第2節 動物

動物の学習は、「動物の分類」や「進化」などの観点から、そして「動物の生活行動」「生態」「遺伝」などの観点から、科学的な見方・考え方を深め、それぞれの生命を慈しむ気持ちを伸ばせるよう指導していきたい。

1 分類と進化の研究

(1)博物学

自然界の動物、植物、鉱物などの形状、性質、分布を記録し、それらを秩序よく分類することを目的とする学問と言われる。その始まりは、古代ギリシャ時代にさかのぼる。アリストテレスが書いた『動物誌』は、古代世界において優れた業績であると言われている。大航海時代の15世紀後半になると、世界中の動植物の標本が収集されるようになった。

①ビュフォンの『博物誌』

1739年に王立植物園の園長に迎えられたビュフォン伯（1707～1788フランス）は、ニュートンの自然観の立場から、リンネが確立していた生物の分類法と種の概念に対立し、『博物誌』の出版に携わった。新科学としての博物学を世に広めたビュフォンの理論は、後にダーウィンにより近代における最初の進化論の思想であったとされている。

ビュフォン

②新種の植物調査

ハンス・スローン（1660～1753アイルランド）は、幼い頃から博物学的なものや奇妙なものを収集していた。薬物への興味を持ちロンドンに出て植物学や薬学を学んだ。その収集経験が基となってジョン・レイやロバート・ボイルらと親交ができた。後にフランスに渡り、1683年医学博士号を取得。1687年、ジャマイカに向かう船団に医師として同行した。滞在は15か月だったが、そのジャマイカで、800種もの新種の植物を観察した。

調べてみよう　大航海時代

歴史的な意義や「動物・植物」の分類などに影響を与えたと言われます。15世紀における壮大な歴史がある「大航海時代」とは何か。ぜひ、調べてまとめてみましょう。

- インターネット検索、文献検索：『科学は歴史をどう変えてきたか』（マイケル・モーズリーほか著　久松清彦訳　東京書籍）などが参考になるでしょう。

⑵種の概念

ジョン・レイ

「博物学の父」と言われる。ジョン・レイ（1627～1705イギリス）は「種とは何か」を生物学的に定義した最初の人物である。種とは、生物分類上の基本単位である。

2004年現在、命名済みの種だけで200万種あり、実際にはその数倍から十数倍以上種の存在が推定されている。しかし、分類学者、遺伝学者、生態学者の考え方の違いやDNA解明の発達などにより、現在のところ一言で定義することは難しいと言われている。

レイは、1万8,000種もの植物を生育地、分布、形態、生理を基準に分類したそうです。これが自然界を科学的に整理しようとする最初の試みだったそうです。これが現在の「種」という概念の定義になったと言われています。

⑶動物・植物の分類

リンネ

「分類学の父」と呼ばれるカール・リンネ（1707～1778スウェーデン）は、動植物の情報を整理し分類し、体系化した。すべての生物を3つの「界」（動物・植物・鉱物）に分け、動物を脊椎動物と無脊椎動物に分類した。脊椎動物を「魚類・両生類・は虫類・鳥類・哺乳類」と分類した。さらに3つの「界」に「綱・目・属・種」を位置づけた。例えば、ヒトは、動物界、哺乳綱、霊長目、ヒト属、ヒト種となる。これらを体系化して『自然の体系』を1758年に発刊した。これが現在の分類の基礎となっている。

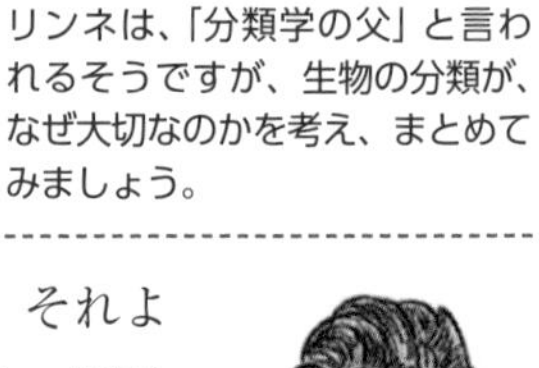

考えてみよう　生物の分類
「生物の分類」の研究を行ったリンネは、「分類学の父」と言われるそうですが、生物の分類が、なぜ大切なのかを考え、まとめてみましょう。

⑷進化という概念のひろがり

チェンバーズ

ダーウィンの『種の起源』の出版は1859年である。それより15年前の1844年に、ロバート・チェンバーズ（1802～1871イギリス）が『創造の自然史の痕跡』を出版し、進化論を論じた。その進化論は、生物だけでなく、宇宙や社会などすべてのものが進歩していくという考え方であった。彼は、そのような進化を発達という言葉で表した。また、社会学者であるハーバート・スペンサー（1820～1903イギリス）も『種の起源』が出版される前から進化論を主張し、チェンバーズと同様に、生物だけでなく宇宙や社会などすべてのものが進化していくと考えていた。

ダーウィンの前に、チェンバーズやスペンサーが進化論を論じていたんだね。チェンバーズは、著書『創造の自然史の痕跡』を匿名で発刊したそうです。その頃の社会の背景を考えてのことだったようです。

⑸ラマルクの環境適合説

ラマルク

ジャン＝バティスト・ラマルク（1744～1829フランス）は、生物は常に発展し変化する環境に適応する「獲得形質遺伝」をもとにした「用・不用説」を唱えた。キリンの祖先は首が短かったが、ある時点で樹上の食物を採らなければならないようになり、キリンは首を伸ばして食物を採ろうとする。その結果、首が発達し、子孫に伝えられ、次第にキリンの首が長くなったと説明している。ラマルクは1809年に『動物哲学』を発刊させた。しかし、親が獲得した形質が遺伝されるとすると、傷や疾病も遺伝されることになり、生き延びることと矛盾する。この問題を解決したのがダーウィンである。

⑹ダーウィンの自然淘汰説

ダーウィン

チャールズ・ダーウィン（1809～1882イギリス）は、海軍測量船ビーグル号の5年間を含め、20年間の研究成果を『種の起源』にまとめて自然淘汰説を1859年に発表した。自然淘汰説とは、厳しい自然環境が、生物に無目的に起きる変異（突然変異）を選別し、進化に方向性を与えるという考え方である。1859年にダーウィンとアルフレッド・ウォレスによってはじめて体系化された。しかし、ダーウィンは、形質が遺伝されるメカニズムを解明していない。それを解決したのがメンデルである。

ワンポイント

すべての動物は、意識無意識は別にして、できるだけ多くの子孫を、または、自分と同じ遺伝子をより多く残すように行動しています。より正確に言うなら、こうした行動をとる個体が、自然淘汰の結果、生き残ってきたわけです。

⑺始祖鳥化石の発見

始祖鳥は日本でつけられた俗称で、学名は、アーケオプテリクスという。ジュラ紀末（約1億4500万年前）のヨーロッパに生息していた。最初の化石の発見は1861年、ドイツのバイエルン州・ゾルンホーフェンの採石場であった。ダーウィンの進化論の正しさを立証するものであり、『種の起源』発刊2年後の発見で、あまりのタイミングのよさから、化石は偽物と噂されるほどであった。大きさは、ハトとカラスの間くらいである。

調べてみよう
「始祖鳥の発見」は進化論の正しさを立証しました。これからも、化石がもたらす重要性が分かります。植物・動物の進化や生息していた環境を知る上でも極めて大切であることが分かります。以下のことについて、調べてみましょう。
① 身近にある施設「化石館、博物（科学）館、石炭館、恐竜博物館など」を訪問し、化石について調べてみましょう。
② 化石には、「示相化石」と「示準化石」があります。それぞれについて、教科書や資料集を活用して、調べてみましょう。
③ 化石や化石がとれた地層から、分かることはどのようなことか。調べてまとめてみましょう。
以上の調べ学習からまとめ分かったことを中心に、発表し合いましょう。

⑻総合説の時代

現代になって動物の生態が明らかになってくると、動物の進化の過程を「自然淘汰説」などから単純に考えることは難しいことが判明してきた。1930～1950年代には、動物学、植物学、遺伝学、集団遺伝学、古生物学などの研究成果を進化のメカニズム解明に再構成して、進化を総合的に研究する取り組みが進められるようになってきた。この考え方を「総合説」という。

長谷川眞理子
総合研究大学院大学　学長

行動生態学の研究者長谷川眞理子は、著書『進化とはなんだろうか』の中で、「進化は、ある特定のものの見方ではなく、れっきとした現代生物学の一部であり、現代生物学を統合する総合的な理論です。正しくは進化生物学と言うべきでしょう。さらに、進化の中でも生物の行動は、自然との適応と自然淘汰が生物の美しさと多様性とを説明する理論です」と述べている。

2 動物の行動と分類

⑴動物の行動の分類

①生得的行動

ア　走性……一定の刺激に対する一定の反応で、位置の移動で現れる。例えば流れに向かうメダカ、光から逃げるミミズの運動など（走光性、走化性、走流性など）。

イ　反射……動物の生理作用のうち、特定の刺激に対する反応として意識されることなく起こるものを指す。例えば、食べ物を口に入れると唾液が出るなど。脊椎動物に限られる(脊髄反射、単シナプス反射、定位反射など)。

ウ　本能……動物（人間を含む）が生まれつき持っていると想定されている、ある行動へと駆り立てる性質のことを指す。現在、この用語は専門的にはほとんど用いられなくなっている。

②獲得的行動

ア　条件反射……動物において、訓練や経験によって後天的に獲得される反射行動のこと。

イ　試行錯誤……生体が、既知の解決法のないときに、手当り次第の反応を次々に試みていくことによって、最後には課題を解決するに至るような行動のこと。

ウ　慣れ……同じ刺激を繰り返し与えると、それに対する反応が次第に弱くなりやがて消失すること。

エ　模倣……模倣とは他者の運動を見てそれと同じ運動を行うこと。

オ　刷り込み……鳥類や哺乳類の生後ごく早い時期に起こる特殊な学習。その時期に身近に目にした動く物体を親として追従する現象で、鳴き声やにおいもこの学習の刺激となる。他の学習と異なり、一生持続する。

⑵宇宙船でのメダカの行動

（JAXA宇宙航空研究開発機構宇宙環境と宇宙での活動より）

1994年7月、スペースシャトル「コロンビア」の第2次国際微小重力実験室計画で向井千秋宇宙飛行士が、4匹のメダカの行動を15日間観察した。このメダカは脊椎動物として初めて、宇宙で産卵し、卵は正常に発生し、幼魚がふ化した。

選ばれた4匹のメダカは、日本宇宙少年団の子供たちにより、雄に「コスモ、元気」雌に「夢、未来（みき）」と名前がつけられました。当時、多くの子供たちがメダカの行動を楽しみにして、テレビ中継を見ていました。

①宇宙メダカ実験の目的

宇宙でメダカが産卵行動をできるか、産卵された卵が宇宙で正常に発生できるか、受精からふ化まで正常に進行できるかを調べる、それには、どのような条件が必要かを見つける、などである。

コロンビア号（STS-65）の打ち上げ
画像提供：JAXA/NASA

〈打ち上げまでの準備〉

一般に魚は微小重力下では、グルグルと回ってしまう。そこで、ジェット機を使い微小重力状態を発生させ、メダカをのせテストし微小重力に強いメダカの系統がいることを見つけ出した。周りの景色にも適応能力に優れたメダカを選んだ（雄が2匹、雌が2匹の計4匹）。

〈宇宙でのメダカの観察〉

地上で産卵を続ける雌雄のメダカ（雄：コスモ、元気。雌：夢、未来）2組を、水棲（すいせい）生物飼育装置で飼育した。スペースシャトル内では、３日ごとに給餌機構を動かし、新しい餌を与えた。

カセットに納められたメダカ
画像提供：JAXA/NASA

産卵を継続させるために14時間の昼と10時間の夜の明暗サイクルを繰り返し、水温は24℃を保てるようにした。

産卵を続けるメダカは毎朝1回、明期開始後2時間以内に産卵行動をとった。

産卵後の卵は、親メダカに食されないようにし、卵の発生していく様子を日々観察しビデオ撮影を行った。

最初の1匹のふ化を地上に報告したのは向井宇宙飛行士であった。（宇宙での産卵数）43個の卵が確認され、そのうち8匹がふ化した。

②結果（帰還したメダカの様子）

地上に戻ったメダカは、6時間後も水槽の底に沈んでいたが、やがて1匹、2匹と泳ぎだした。

親メダカは、宇宙では尾びれを使うことが少なく、主に胸びれで泳いでいた。このために親メダカは地上では水槽の底に沈んだようだ。

これに対し、稚魚メダカは地上でも正常に泳いでいた。

地上に戻り、4日目には、親メダカはほぼ正常に泳げるようになり、1週間後には産卵を始めた。ふ化した稚魚は、成長し産卵し1,300余匹に達した。

③メダカの走光性を使い受精させる（魚の背光反射性の応用）

地上でのメダカの交尾は、重力を利用していることは分かっている。しかし、それは単に姿勢を制御するために重力を用いているにすぎない。雌雄２匹がともに背中を同一の方向に向け、腹をそれと反対に向ければ交尾は実現できるのではないか。こう考えて、宇宙では光の方向で姿勢制御を行わせた。これによって、無重力で交尾することが可能となったのである。光を方向づけに用いなければ、重力が必要であった。つまり姿勢制御そして交尾や産卵という行動については、重力の役割は別のもの（例えば方向づけた光）で代用できるということである。メダカの宇宙実験の結果が示したことは、「魚の交尾・産卵、受精、そして受精卵の発生とふ化し稚魚誕生まで、重力は必ずしも必要ではない」ということであった。これが宇宙空間での魚類養殖にとって、明るい結論となった。

上のまとめは、JAXAの資料に基づきましたが、当時、東京大学井尻憲一助教授をリーダーとする「宇宙メダカ実験チーム」からの実験記録報告書がホームページに紹介されています。この提案により宇宙船でのメダカの実験が実現したそうです。報告書には詳しいことが書かれています。大変に興味深い報告です。

考えてみよう　メダカは超能力を持つのか

- 宇宙船の中でメダカは、泳ぐ姿勢をどのように制御しているのでしょうか。
- 姿勢をコントロールするための反応を何から得ているのでしょうか。

上のまとめの文章から考えてみましょう。

(ヒント)

ほぼ無重力の宇宙船の中で、メダカは何を基準にしながら受精し、卵を産むのか考えてみましょう。

参考資料・文献

『改訂理科指導法』2019年　東京理科大学教職教育センター

『進化とはなんだろうか』長谷川眞理子　2019年6月　岩波ジュニア新書

『科学は歴史をどう変えてきたか』マイケル・モーズリー＆ジョン・リンチ　久松清彦訳　2011年8月　東京書籍

『時代を変えた科学者の名言』藤嶋昭　2011年4月　東京書籍

『生物学の歴史』太田次郎訳　2018年5月　講談社学術文庫

「宇宙メダカ実験のすべて」
宇宙メダカ実験 代表研究者 東京大学 助教授 理学博士 井尻憲一
http://cosmo.ric.u-tokyo.ac.jp/spacemedaka/IML2/j/BOOKCONTENTS_J.html

「向井宇宙飛行士がメダカを宇宙に持っていった実験とはどのようなものですか」
宇宙環境と宇宙での活動に関するQ&A　https://iss.jaxa.jp/iss_faq/env/env_014.html

生物編

第3節 細胞

生物はすべて細胞からできている。細胞の構造は基本的には同一である。しかし、その形や大きさは、生物の種類や、同じ生物の体の中でも器官によって異なる。植物の体や動物の体は、小さな箱のようなものが集まってできている。このような箱が細胞である。細胞は、生命維持のために必要な様々な活動を行っている。成人の人間の場合は、約60兆個の細胞で体がつくられている。

1 細胞の研究

⑴細胞の観察

生物の体は「小さな箱(細胞)」からできている。これは1665年、ロバート・フック（1635～1703イギリス）により発表された。フックは自分で製作した顕微鏡でコルクの切片を観察し、

フック

シュライデン

シュワン

コルクが多数の「小さな部屋」からできていることに気が付いた。それらの一つ一つの部屋をcell（セル：細胞）と呼んだ。しかし、フックが観察したのは、死んだコルクの細胞壁で、核や細胞質などには気付かなかった。1838年にマティアス・ヤーコプ・シュライデン（1804～1881ドイツ）が植物の体が細胞という単位でできていることを発見し、翌年にはシュライデンの友人テオドール・シュワン（1810～1882ドイツ）が動物の体が細胞を単位としてできていることを唱えた。ただし、シュライデンとシュワンが発見したとする細胞分裂の形成過程は、現在明らかになっている形成過程とは異なり、誤りであった。1855年、ウィルヒョウ（ドイツ）は、「すべての細胞は細胞から生ず」を提唱したのである。

ワンポイント

フックは、1660年に王立協会の実験監督となり、弾性についてのフックの法則を発見したことで有名です。自分で右図のような顕微鏡を作り、コルクの切片を観察し、細胞（cell）を唱えました。

フック製作の顕微鏡

調べてみよう　フックとニュートンとの論争
なぜ有名な２人の科学者が論争したのでしょうか。調べてみましょう。
（ヒント）インターネット検索や図書館での文献を活用してみましょう。面白いことが分かるかもしれません。

①細胞の形

細胞の形は、大きさなど違うが、基本的には球形または正多面体である。

球形（花粉、クロレラ、動物の卵）　板状（植物の組織）　管状（植物の道管、師管）　星形（動物の神経細胞）　紡錘（ぼうすい）形（動物の筋肉細胞）　らせん状（スピロヘータ類）　不定形（アメーバー）

②細胞のつくり

どの細胞にも同じつくりが見られる。細胞は、核と細胞質からできていて、細胞質を細胞膜が包んでいる。

ワンポイント

動物と植物の細胞の構造について、まとめてみましょう。次のページの動物と植物の細胞を表したイラスト画を使って、細胞の構造を説明してみましょう。少し、専門的な用語も入りますが、できるだけ分かりやすく話します。

ア　核の発見

ほとんどの生物の細胞には、中心に「核」と呼ばれる部分がある。核は、染色体（DNAとタンパク質からなる）を持ち、遺伝情報をつかさどる。核の発見は、ロバート・ブラウン（1773～1858イギリス）により1831年に再発見され、ロンドン・リンネ協会で発表された。ブラウンは顕微鏡下でランの研究をしている際、花の外層の細胞に不透明な領域を発見した。核は、核膜という二重の膜で覆われる。ところどころに空いた核膜孔で核内外の物質の輸送を行っている。核膜の内部には核液という液体が入っている。そこに染色体（DNA＋タンパク質）と核小体が浮かんでいる。核小体は、細胞小器官の「リボソーム」が使うRNAをつくる。

〈真核細胞と原核細胞〉ほとんどの生物の細胞には核が存在するが核が存在しない細胞からなる生物もいる。核のある細胞を真核細胞、核のない細胞を原核細胞という。原核細胞は、細胞内に染色体はあるものの核膜に覆われておらず核という形にまとまっていない。主に細菌類やラン藻類などが原核生物に当たる。

イ　葉緑体

葉緑体は、光合成を行う植物に存在する。右図はイラスト画で表したものである。葉緑体は2重膜でできていて、顕微鏡で見ると緑色をしている。また、葉緑体も、ミトコンドリアと同様に、独自のDNAを持つことが知られる。葉緑体の内側の部分はストロマといい、チラコイドという薄い袋状の構造が並んでいる。多数のチラコイドが重なったものをグラナと呼んでいる。

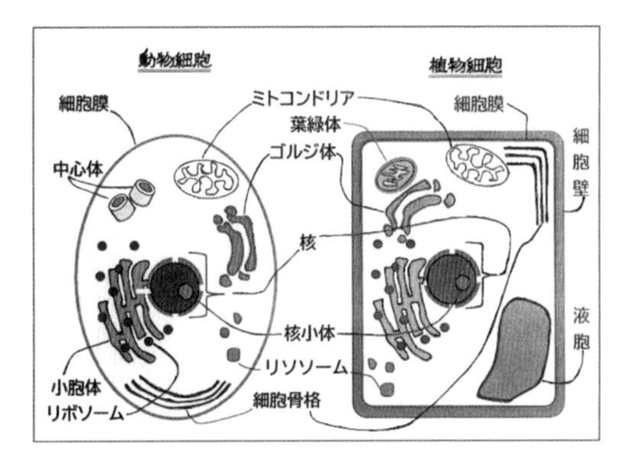

ウ　液胞

液胞は、膜の中に細胞液という液体を含んだ構造をしている。液胞の膜は原形質に属し、中身の細胞液は後形質に属している。細胞液には無機塩類、糖、色素（アントシアン等）が貯蔵されている。また、液胞の機能は、浸透圧の調整や、細胞内の各物質の濃度調節を行う。

エ　細胞膜

細胞膜は、動物細胞や植物細胞ともに、細胞質を包み込んでいる膜のことである。細胞膜は選択的透過性という性質を持っており、細胞に必要な物質のみを細胞内に取り入れ、不要な物質を外に出す役割がある。また、細胞の外からの情報をキャッチする役割を持っている。

オ　細胞壁

細胞壁は、主に植物細胞で見られる。細胞壁は細胞膜のさらに外側にあり、細胞膜を囲んでいる。その成分は、セルロースやペクチンを主成分とし、細胞の形を守る役割を持っている。

カ　ミトコンドリア

細胞中にある小器官。酸素とグルコース（糖）でエネルギーをつくる。人体の発電所といわれる。コリカー・ベンダ（ドイツ細胞学者）が1857年に発見した。1889年に命名され、1952年に電子顕微鏡で捉えられた。

キ　ゴルジ体

カミッロ・ゴルジ（1843～1926イタリア）が1899年に発見した。真核生物の細胞に見られる細胞小器官の一つで、分泌タンパク質や細胞外タンパク質の糖鎖修飾や、リボゾームタンパク質のプロセシングなど、小胞体（粗面小胞体）により生産された各種前駆体タンパク質の化学的修飾を行う。また、各々のタンパク質を分類し、分泌顆粒、リソソームあるいは細胞膜にそれぞれ振り分ける働きを持つ。さらに、分泌顆粒そのものの生成（特にゴルジ体により生成される小胞をゴルジ小胞と呼ぶ）も行い、細胞外へ分泌などを行う。植物細胞にもあるが未発達である。

糖鎖修飾：糖鎖は糖が２つから複数個つながった化合物です。生体内では、糖鎖は細胞の接着や形態の維持だけではなく、細胞の分化、シグナル伝達など様々な役割を担っています。
化学的修飾：生体内の高分子である有機化合物（アミノ酸など）の働きを化学的に変化させて、活性や反応性などの機能を変化させています。

ク　中心体

ほとんどの動物細胞に存在し、植物細胞では、藻類の細胞やコケ植物・シダ植物の細胞の一部にのみ存在する。中心体は、２つの中心粒と呼ばれるものの周りに、糸状構造が放射状に分布する。

ケ　小胞体

細胞質基質中に広がる細胞小器官で、袋状の部分と管状の部分からなる。表面にリボソームが付着した袋状の部分を粗面小胞体、付着していない管状の部分を滑面小胞体という。細かいリボソームが付着している。表面がザラザラと荒っぽいため粗面小胞体ともいわれている。粗面小胞体はリボソームで合成されたタンパク質を取り込み、ゴルジ体へと輸送する働きをしている。滑面小胞体は、脂質を合成するための酵素を持っている。

コ　リボソーム

直径が25 nm（ナノメートル）ほどしかない小さな粒で、リボソームRNAとタンパク質でできている。小胞体で説明した粗面小胞体の表面に付着したり、細胞質基質中に漂ったりしている。

サ　リソソーム

光学顕微鏡で観察できるほどの大きさのものもある。細胞内消化を担っている。

シ　細胞骨格

細胞質内に存在している。細胞骨格は細胞の形態を維持し、また、細胞内外の運動に必要な物理的力を発生させる細胞内の繊維状構造である。細胞内での各種膜系の変形・移動と細胞小器官の配置、また、細胞裂、筋収縮、繊毛運動などの際に起こる細胞自身の変形を行う重要な細胞小器官である。細胞骨格はすべての細胞に存在する。かつては真核生物に特有の構造だと考えられていたが、最近の研究により原核生物の細胞骨格の存在が確かめられた。細胞骨格という概念と用語は、1931年、発生生物学者ポール・ウィントレバート（1867～1966フランス）によって提唱された。

⑵細胞分裂の指導

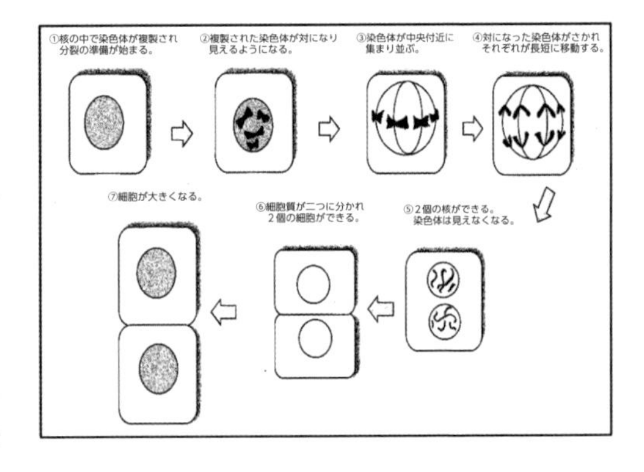

細胞には大きく分けて2つの種類がある。子孫を残すための生殖細胞と、それ以外のすべての細胞である。動植物の体細胞分裂は、中学校と高等学校「生物基礎」で学習する。1個の細胞が2個以上の娘細胞（ジョウサイボウ）に分かれる生命現象である。核分裂とそれに引き続く細胞質分裂に分ける。単細胞生物（ゾウリムシ等）では細胞分裂が個体の増殖となる。多細胞生物では、受精卵以後の発生に伴う細胞分裂によって細胞数が増える。それらは厳密な制御機構で成り立っている。

体細胞分裂を観察する場合は、タマネギの根端などを用いて染色体を酢酸カーミン溶液で染色して行う。生徒にとっては難しい観察で、全員がよい結果を得るとは限らない。染色体が分配されて細胞が分裂するプロセスは、上図を用いて指導する。

⑶遺伝の研究

①メンデルの遺伝の実験

グレゴール・ヨハン・メンデル（1822～1884オーストリア）は、8年にわたりエンドウを研究し、1865年に「優性の法則」「分離の法則」「独立の法則」の3つの法則を発表する。メンデルは、生物の形や性質を現すもとになる遺伝子を考えた。

②染色体の発見

ウォルター・フレミング（1843～1905ドイツ）は、1879年サンショウウオの胚の細胞が分裂するとき、糸のような物質がつくられることを可視化し、体細胞分裂の間の染色体の動きを最初に発見した。

③DNAの二重らせん

ジェームズ・ワトソン（アメリカ）、フランシス・クリック（イギリス）、モーリス・ウィルキンス（イギリス）が1953年に、DNAの分子構造が二重らせんになっていることを発表した。

調べてみよう　DNAの二重らせん

「DNAの二重らせん」分子構造の発見は、1953年でした。科学者ワトソン（アメリカ）とクリック（イギリス）は、ノーベル生理学・医学賞に輝いた当時は今世紀の科学界で最も注目された発見と言われました。「DNAの二重らせん」について、調べてみましょう。
（ヒント）文献：『二重らせん―DNAの構造を発見した科学者の記録』著者：J・D・ワトソン、和訳：江上不二夫・中村桂子。出版社：タイムライフブックスで調べるか、インターネット検索してみましょう。まとめたら発表してみましょう。

2 再生医療への道

2006年（平成18年）山中伸弥教授によって発見されたiPS細胞（人工多能性細胞）は、再生医療への利用が期待されている。山中先生は、2012年（平成24年）ノーベル生理学・医学賞を受賞された。

(1)ノーベル生理学・医学賞を受賞した日本の科学者

1987年（昭和62年）利根川進教授が初受賞者である。現在まで5名の先生方が授与され、人類が不治の病と言われる病気を治すための研究で世界をリードしている。

受賞年度	受賞者	受賞理由（功績）
1987年（昭和62年）	利根川　進	多様な抗体を生成する遺伝的原理を解明する
2012年（平成24年）	山中伸弥	様々な細胞に成長できる能力を持つiPS細胞の作製に成功する
2015年（平成27年）	大村　智	感染症の治療（イベルメクチンの抗生物質を発見する）
2016年（平成28年）	大隅良典	細胞がタンパク質などを分解する「オートファジー」の解明
2018年（平成30年）	本庶　佑	体内で異物を攻撃する免疫反応に対するブレーキをかける役割のタンパク質（PD-1）を発見する

> **調べてみよう　ノーベル生理学・医学賞**
> 近年、前ページの表のように日本の研究者がノーベル生理学・医学賞を受賞されています。このノーベル生理学・医学賞について、詳しく調べてみましょう。
> (ヒント) インターネットや図書館の文献を活用してみましょう。調べたらまとめて、発表し合いましょう。

⑵万能細胞

一般的には、心臓や胃腸など、どんな器官にもなり得る細胞を万能細胞と呼んでいる。しかし、万能細胞という生物学用語はなく、正確には幹細胞という。たった一つの受精卵が分裂を繰り返して胚盤胞となり、体の組織や器官を作り上げていく。このような細胞が幹細胞である。以下に、『iPS細胞』(黒木登志夫著) を参考にしてまとめる。

①受精卵から胚盤胞へ

卵巣を出て受精をした一つの受精卵は、子宮に移動しながら、分裂を重ねて16～32個の細胞「桑実胚」になる。桑実胚の頃、体を作る細胞と胎盤を作る細胞に分かれ、100個以上の細胞である「胚盤胞」となり、子宮に着床する (図1)。

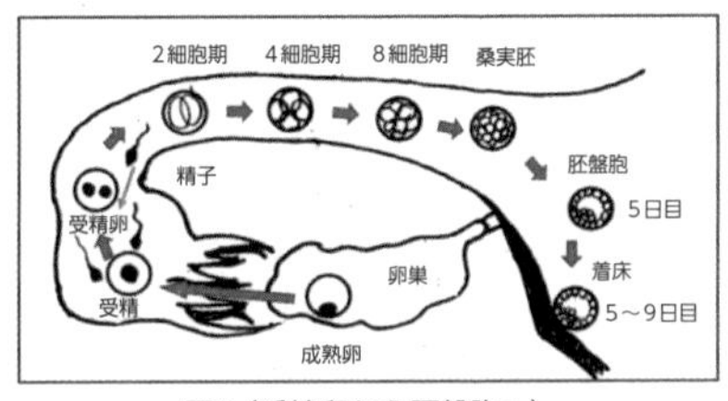

図1 (受精卵から胚盤胞へ)

胚盤胞の内部には、「内部細胞塊」と呼ばれる細胞の塊があり、胎児の組織や器官を作り上げていく。この細胞が「幹細胞」である。内部細胞塊の細胞は、生殖細胞となる生殖細胞系と体を作る体細胞系に分かれる。体細胞系は、さらに、内胚葉(食道から腸までの消化器を作る)と中胚葉 (心臓、血管、筋肉、骨などを作る) と外胚葉 (皮膚や脳神経を作る) に分かれていく (図2)。

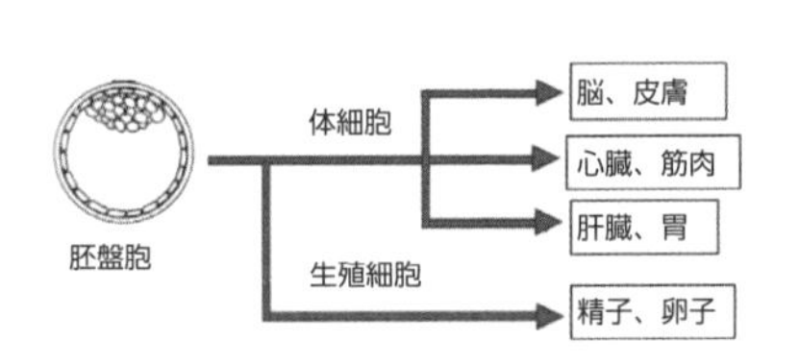

図2 (胚盤胞から器官へ)

②ES細胞とiPS細胞

胚盤胞内の内部細胞塊の細胞を分離して培養すれば、あらゆる組織、器官を人工的に作り出すことが可能になる。この培養細胞を「ES細胞」(胚性幹細胞embryonic stem cell) という。1981年、イギリスで、異なるマウスの内部細胞を取り出して培養したES細胞を他のマウ

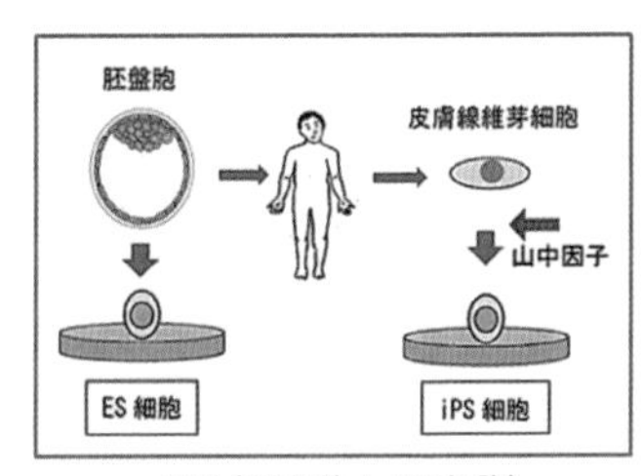

図3 (ES 細胞と iPS 細胞)

スの胚盤に注入する実験が行われ、両方の形質を持つマウス（キメラマウス）を誕生させた。これを機に、ES細胞を培養して器官を作り上げる研究が進められたが、受精卵を傷つけることや人のクローン化につながりかねないとの倫理的問題から研究が制約されている。

人間の組織には、その一部が損傷しても回復・修復する細胞が多数存在する。皮膚が再生する、白血球・赤血球を造血する、一部を切除した肝臓がもとに戻るなどは、その細胞のお陰であり、胚性幹胞に対比して、組織幹細胞、成人幹細胞、体性幹細胞と呼ばれている。大人の皮膚から分離した皮膚繊維芽細胞に4種類の遺伝子（山中因子）を注入し細胞を初期化して培養するとES細胞と同様にあらゆる組織を作り出す幹細胞となる。この培養細胞が「iPS細胞」（人工多能性幹細胞　induced pluripotent stem cell）である。（発見者である山中伸弥博士が命名。アップル社iPodにならってｉを小文字にしたとのことである。2006年6月カナダ・トロント国際幹細胞学会で発表。2012年ノーベル生理学・医学賞を受賞）。

③病気を治す（再生医療）

万能細胞と呼ばれる幹細胞であるES細胞やiPS細胞は、働かなくなった組織や細胞を生き返らせる再生医療の最先端として期待が寄せられている。倫理上の壁、免疫上の壁などが存在するが、骨髄移植、表皮細胞移植、細胞シート培養、拡張型心筋症、加齢黄斑変性、パーキンソン病、脊髄損傷の治療や研究が進められている。

調べてみよう　再生医療

「再生医療」については、山中伸弥先生のiPS細胞の研究が有名です。かなり研究の成果が報道されています。そこで、「再生医療」の研究について、詳しく調べてみましょう。
（ヒント）インターネット検索、図書館の文献調べ、新聞報道を参考にするなどが考えられます。調べたら、理科の時間に発表してみましょう。

参考資料・文献

『細胞学の歴史』A.ヒューズ　西村賢治訳　1999年12月　八坂書房

『時代を変えた科学者の名言』藤嶋昭　2011年4月　東京書籍

『生物学の歴史』アイザック・アシモフ 太田次郎訳　2018年5月　講談社

『改訂理科指導法』2019年　東京理科大学教職教育センター

『二重らせん』ジェームズ・D・ワトソン　1968年9月　タイムライフブックス

『iPS細胞』黒木登志夫　2015年4月　中公新書

生物編

第4節 人体

人体の学習に当たっては、消化、呼吸、血液循環、排出に関わる器官や運動・感覚器官などが働くことによって生命が維持されていることに目を向けさせることが重要である。栄養物を消化し吸収し、酸素や二酸化炭素を運搬する血液循環の機能を理解することが、自分の体を愛おしむ態度や生命尊重の心情につなげられるよう丁寧に指導していきたい。

1 人体の研究

古代エジプト・ギリシャや中国で人体解剖を行ったという記述があるが、その詳細は分からない。ギリシャの医学者ガレノス（129～200頃）がサルやブタの解剖を参考に人体構造を解説したが、その内容は稚拙なものであった。人間は神が創造したもので、解剖は不遜な行為であるという宗教上の理由から人体解剖が禁止された時代もあって、ガレノスの人体構造は17世紀末まで継承され、医療現場に影響を及ぼすことになる。

調べてみよう
ガレノスの解剖図
インターネットで「ガレノスの解剖図　画像」を検索すると、彼が描いた人体解剖図を閲覧することができます。サルやブタの解剖を参考にした人体構造は、本当に稚拙なもので、17世紀まで使用されたことに驚くばかりです。

(1)ダ・ビンチの人体解剖図

レオナルド・ダ・ビンチ（1452～1519イタリア）は、正確な人物描写を行うため、1489年からの20年間に30体の死体を解剖し、750枚の解剖手稿（スケッチ）を作成した。しかし、その公表を控えていたため、全容が明らかになったのは、彼の死の160年後のことである。

彼の解剖手稿は、傑出しており、観察の所見が丁寧に加えられている特徴的なものである。現在、「ダ・ビンチの解剖手稿」として多くの出版社から市販されている。

調べてみよう
ダ・ビンチの解剖手稿
インターネットで「ダ・ビンチの解剖手稿　画像」を検索すると、彼が描いた多種多様な解剖スケッチを閲覧することができます。また、ダ・ビンチは、5,000枚を超える絵画スケッチや建築物、構造物、機械工学や発明に関わるスケッチを残しています。「ダ・ビンチノート　画像」で検索すると閲覧することができます。「ヘリコプター」「潜水装置」など興味深いスケッチもあります。

⑵ベサリウスの人体解剖図

アンドレアス・ベサリウス（1514～1564ベルギー）は、医学生であった頃から多くの人体解剖を行っている。パドバ大学の教授になり、画家を雇い、それまでの成果をまとめて『ファブリカ（7巻）』を出版した(1543年)。

彼の解剖図は極めて精密なもので、それまで信じられていたガレノスの間違いを訂正し、記述の中で「1300年にわたって医学教育が損なわれてきた」と指摘したことなどから「近代解剖学の祖」と言われる。聖地巡礼旅行中に船が難破して、50歳で亡くなった。

調べてみよう
ベサリウスの人体解剖図
インターネットで「ベサリウスの人体解剖図」を検索すると、多種多様の人体解剖図を閲覧することができます。また、学校の図書室や公立図書館で『ファブリカ』を閲覧すると、鮮明な解剖図を見ることができます。「ガレノスの解剖図」と比較すると、その精密さが分かります。

⑶グレイの解剖学

ヘンリー・グレイ（1827～1861イギリス）は、若い頃から解剖に興味を持ち、外科医でイラストレータのヘンリー・バンダイク・カーターと協力して、『人体の解剖学』を出版した(1858年)。出版3年後、彼は甥の治療中に天然痘にかかり34歳で死亡するが、この本は『グレイの解剖学』として改訂され、現在でも版を重ねている。

調べてみよう
グレイの解剖学
インターネットで「グレイの解剖学　画像」を検索すると、カラー版のあらゆる解剖図を閲覧することができます。その精密さから、現代医学の参考書として活用されている理由が分かります。

2 消化と酵素の研究

⑴消化の仕組み

動物の消化作用は、胃のすりつぶし運動による物理的消化なのか、胃液による化学的消化なのか長い間の疑問であった。フランスの物理学者レオミュール（1683～1757）は、両端が金網で覆われた金属筒に肉を入れてタカに飲み込ませた。タカは消化できないものを吐き出す習性があり、吐き出した金属筒を見ると、内部の肉の一部が溶けていた。次に、タカにスポンジを飲み込ませ、吐き出したスポンジに染みついている胃液を肉に混ぜると肉が溶けだした。このことから、消化が胃液による化学的消化であることが実証された(1752年)。

⑵酵素の発見

①触媒という考え方

ロシアの化学者キルヒホッフ(1764～1833　電気回路のキルヒホフとは別人)は、デンプンを薄い酸で煮るとブドウ糖に分解され、薄い酸は消費されなかったことから、自らは変化せずに他の物質を分解する物質があることを発見した(1812年)。 後に、ベルツェリウスが、この働きを「触媒作用」と名付けた(1836年)。

②ジアスターゼの抽出

化学者アルセルム・ペイアン(1795～1871フランス)は、発芽した大豆から、酸よりも容易にデンプンを糖に分解する物質を抽出し、その物質をギリシャ語の「切り離す」という言葉から「ジアスターゼ」と名付けた(1833年)。

③ペプシンの抽出

生理学者テオドール・シュワン(1810～1882ドイツ)は、動物の胃液から、酸よりも能率的に植物を分解する物質を抽出し、「ペプシン(消化というギリシャ語)」と名付けた(1835年)。

④酵素の命名

生理学者ウィルヘルム・キューネ(1837～1900ドイツ)が、生体内の化学変化で触媒として作用する物質を「酵素」と呼称するよう提唱した。

酵素

生体内で作り出されたタンパク質の一種で、生体で起こる化学反応に触媒として機能する分子の総称。特定の化合物のみに作用して分解すると、次の化合物に移動するという性質を持ちます(基質特異性)。また、機能するための最適温度や最適pHが存在し、その環境がない場所では活性を失います(失効)。

ジアスターゼ(アミラーゼ)

ヒトの膵液(すいえき)や唾液に含まれる消化酵素。デンプンをブドウ糖(単糖類)マルトースやオリゴ糖(二糖類)に分解します。ダイコンやヤマイモにも多く含まれています。大根おろしでお餅を食べると胃もたれしないことをヒントに高峰譲吉が胃腸薬を考案しました。

⑤鍵と鍵穴説

エミール・フィッシャー(1852～1919ドイツ)が、酵素の基質特異性を説明するために、基質と酵素の「鍵と鍵穴説」を考案した(1894年)。

鍵と鍵穴説

酵素分子表面の鍵穴(活性部位)に合致する鍵を持つ基質のみが結合して、酵素と基質の複合体になり、酵素タンパク質によって分解されて離れていきます。酵素は、また次の基質の分解にとりかかるという説。

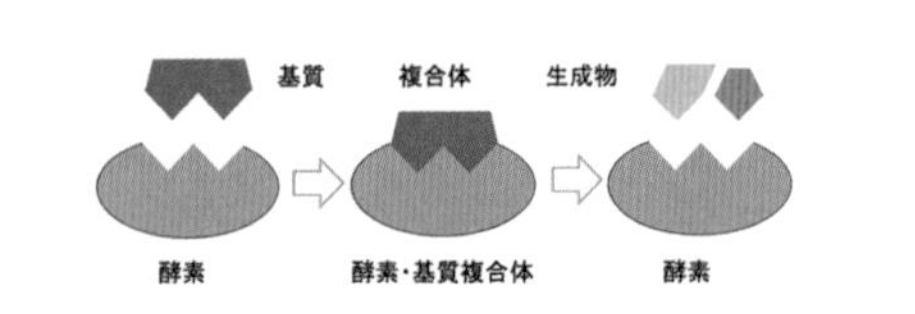

調べてみよう　酵素の不思議

酵素は、どうして特定の基質(栄養)だけに作用するのでしょうか。自分は変化せずに、どうやって基質だけを分解させるのでしょう。どうして、たくさんの種類の酵素があるのでしょう。酵素はどうやって作られるのでしょう。酵素の不思議は、まだまだありますよ。

3 血液と循環の研究

(1)血液循環説

医師ウィリアム・ハーベー（1578～1657イギリス）は、心臓が送り出す血液量が、１日当たり体重の3倍量になることを突き止めた。そんなに多くの血液を消費することは不可能であり、動脈と静脈がつながっていて血液が循環していると考えた。当時の顕微鏡では、動脈と静脈をつないでいる毛細血管を観察できないので、次の方法で検証した。上腕をきつく縛って深い部分にある動脈と浅い部分にある静脈の血流を止める。次に、少し緩めると、深い部分にある動脈の血液は流れだすが、浅い部分にある静脈は縛られている。動脈から流れてきた血液が静脈で滞留してコブになって現れることから、動脈と静脈はつながっていると証明した。心臓や静脈弁の機能も解明して、『動物の心臓ならびに血液の運動に関する解剖学的研究』を出版した（1628年）。

ハーベー

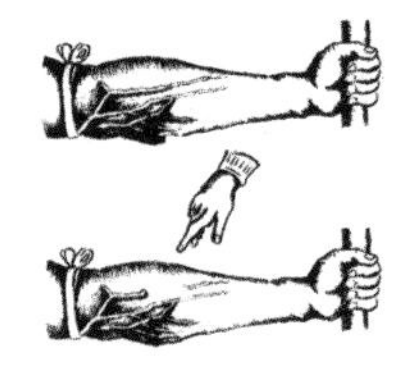

(2)赤血球の発見

アントニ・ファン・レーウェンフック（1632～1723オランダ）は、顕微鏡を改良してオタマジャクシの尾の血管中を流れる赤血球をスケッチした。生きている動物の赤血球を記録した最初の観察である（1673年）。彼は、動脈と静脈をつなぐ毛細血管の観察も成功させている。

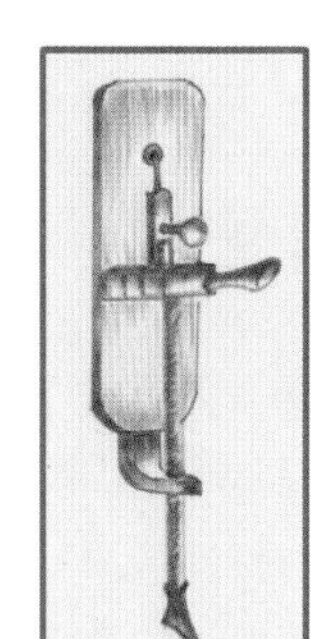

レーウェンフックが使用した顕微鏡

赤血球は酸素の運び屋さん

ヒトの血液1mL中に、約5×10^5個の赤血球があります。1個の赤血球には、約2.8×10^8個のヘモグロビンが含まれています。ヘモグロビンは、鉄分を含む「ヘム」とタンパク質「グロビン」からできていて、「ヘム」が酸素と結びついて、全身に酸素を届けます。ヘモグロビンが少なくなると、酸素が行き届かない「貧血」状態になります。手足の爪にへこみができるなどから「貧血状態」を発見できます。

赤血球

大きさは、直径7～8μm、厚さ2μmの中央がくぼんだ円盤状の血液細胞。核はないので分裂して増えることはできません。細胞質は水と鉄を含む赤いタンパク質のヘモグロビンが主成分で、他は酵素等です。

ヘモグロビンは、肺で酸素を取り込み、二酸化炭素の多い周辺細胞で酸素を離します（ボーア効果という）。二酸化炭素は、赤血球内に取り込まれて肺に向かいます。成人には3.5～5Lの血液があり、赤血球の総数は20兆個になります。中央がくぼんでいるのは、表面積を増やして酸素や二酸化炭素の交換を有利にするため、毛細血管内を通りやすくするためと考えられます。

⑶血液型の分類

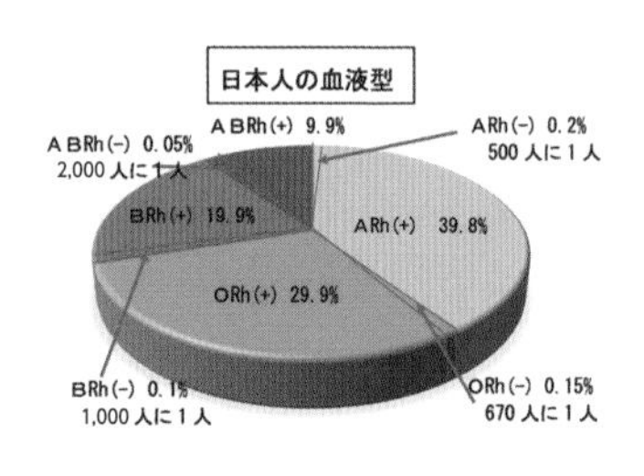

医師カール・ラントシュタイナー（1868～1943オーストリア）は、血液には赤血球を凝固させる血清に違いがあることを発見した。ある血清は、Ａという人の赤血球を凝固させるが、Ｂという人の赤血球を凝固させない。その逆の血清もある。また、両者ともに凝固させる血清、両者ともに凝固させない血清があることから、血液をA型、B型、ＡＢ型、O型の「ＡＢＯ式血液型」を発表した（1902年）。彼は、この功績から、1930年にノーベル生理学・医学賞を授与された。また、彼は血清学者アレクサンダー・ウィナー（1907～1976アメリカ）と協力して、アカゲザルと人間で共通した血液型抗原を発見し、アカゲザルの頭文字をとって「Rh因子」と名付け、赤血球内にD抗原（抗原の一種）があるものを「Rh^+」、存在しないものを「Rh^-」と区分した（1940年）。

4 脳と神経の研究

⑴脳の研究

医師トーマス・ウイリアムズ（1621～1712イングランド）は、多くの動物の脳（ミミズの脳も解剖している）や人の脳を解剖して、脳の各部位の所見を整理し『脳の解剖学』を出版した（1664年）。小脳、及びその周辺の部分は多くの動物に共通して見られるが、大脳皮質のような部分は人間だけに見られる。大脳の正中を走るのは神経線維で、人間の精神作用は高度な機能を持った部位に存在していることなどを解説し、その後の「神経学」「精神医学」の道を開いた。

⑵神経の研究

痛い、熱いなどの感覚は、どのように脳に伝達されるのか長い間の疑問であった。生理学者アルブレヒト・フォン・ハラー（1708～1777イギリス）は、神経が刺激を脳（脊髄）に伝達し、脳（脊髄）がそれを認識して、神経が各器官にその情報を伝達することで行動反応が起こるとの考え方を示した。

また、医師フランツ・ヨーゼフ・ガル（1758～1828ドイツ）は、神経は単に脳につながるのではなく、脳の表面にある「灰白質」につながっている。脳は、知覚や筋肉の運動ばかりではなく、感情や気質に関係するとの考えを示した。

ドイツの神経学者G・T・フリッチ（1838～1927）とE・ヒッチッヒ（1838～1907）は、生きている犬の脳を露出させ、電気針でいろいろな場所を刺激すると独特な筋肉運動を生じることを発見。脳の左側は体の右側の部分を支配し、脳の右側は体の左側を支配することを発見した。

このように、部分的な状況は分かってきたが、全身の刺激情報がどのように伝達されるかについては、よく分かっていなかった。

①ニューロン説

解剖学者ワルダイエル（1836～1921ドイツ）が、神経線維は神経細胞から伸びたもので電気刺激を伝達するという「ニューロン説」を発表した（1891年）。ニューロン同士は触れ合うことのない間隔があり、その間を「シナプス」が電気信号を伝達している。

ニューロン説

数百万個の神経細胞（ニューロン）で構成される神経回路に電気信号が流れて刺激情報が伝わるという考え。ニューロンは、神経線維という細長い突起が付いていて、その長さは1m以上のものもあり、様々な形をしている。

感覚神経は末端からの情報を、脊髄を通して脳に運ぶ。脳がその情報を認識し、行動の判断をすると、運動神経が脊髄を通じて情報を末端まで送る。脳の判断を待たずに、すぐ行動すべき情報は、脊髄から運動神経を通じて、末端に伝えられる。その速さは　320km/h (89m/s) を超えると言われている。

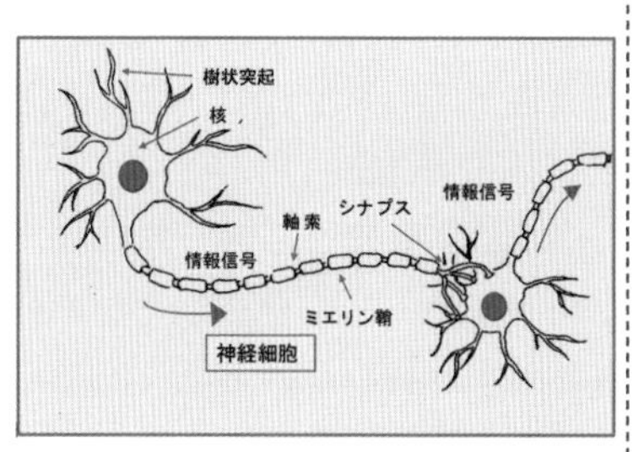

②反射

植物学者スティーブン・ヘールズ（1677～1761イギリス）は、カエルの頭を切り取ってから、体の皮膚を針で刺すと足をける運動を起こすことを発見した。脳の判断がなくても、機械的な反応（反射）をすることを確認した最初の実験である（1730年）。

③本能

生理学者チャールズ・シェリントン（1857～1952イギリス）は、反射反応が網状に絡み合った神経回路の中で、第２、第３の刺激となり、一連のまとまりとなった複雑な行動が「本能」であると解説する。

④条件反射

生物学者イワン・パブロフ（1849～1936ロシア）は、犬に食事を与えるときにベルを鳴らし続けると、ベルの音を聞いただけで、唾液を出すようになる行動を「条件反射」とし、すべての反射はこうした経緯から形成されたのだろうと解説する。

5 人体の不思議

⑴胃の不思議

胃液はpH0.9～1.6の強酸性である。タンパク質を分解するとともに食物の殺菌や異常発酵を抑える働きをする。胃液は１日に1.5～1.8L分泌され、その消化能力は高く、胃から取り出した胃液を肉にかけると溶けてしまうほどである。その強酸から胃を守るために胃の壁面は、アルカリ性のムチン粘膜で覆われていて中和反応を行っている。その粘膜が破れると胃の壁面が溶けてしまう。それが胃潰瘍である。また、消化途中の食物が食道に逆流すると、含まれていた胃液で食道が炎症を起こす。これが逆流性食道炎である。

胃液の中のペプシンはタンパク質を分解するのよね。胃もタンパク質でできているのに、どうして分解されないの。

⑵心臓の不思議

心臓は、心臓をらせん状に取り囲んでいる心筋が収縮・弛緩を繰り返して全身に血液を送りだす。右心房の上部にある心房中枢（洞房結節）から発せられるリズミカルな電気刺激が心筋に伝わると、心筋が連動して心臓全体が一つの生き物のように動き出す。心臓だけを取り出しても、その拍動を続けている。

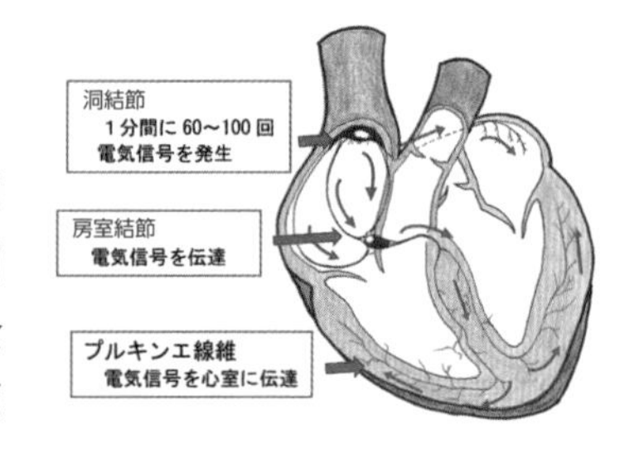

〈ヒトの心臓〉

質量	300 g
大きさ	握りこぶし程度
心拍数	１分当たり　60～90回
心拍出量	１回当たり　70～80mL １分当たり　5～6L

心臓は、自分で動いているのだね。すごいね。今も動いてくれていることに感謝ですね。

⑶赤血球の不思議

赤血球は分裂して増えないのだよね。古くなった赤血球はどうなるの。赤血球が少なくなると心配だな。

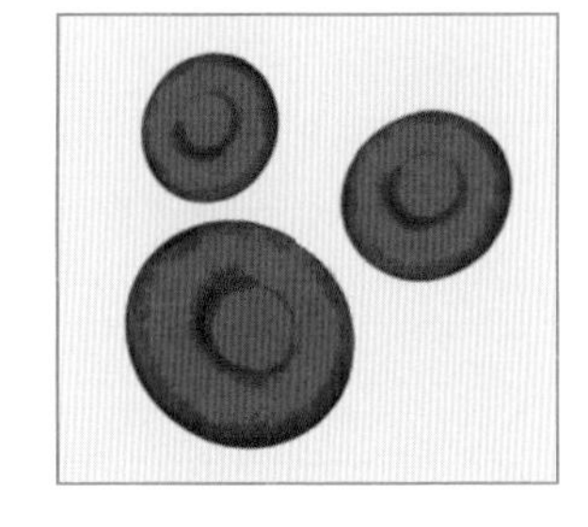

ヒトの全身には約60兆個の細胞があり、そこに酸素を運ぶ赤血球は約20兆個と言われる。赤血球は、骨髄の造血幹細胞から毎日2,000億個の割合で作られている。その寿命は120日で、その間に20～30万回、体内を循環している。古くなると、脾臓や肝臓のマクロファージ（白血球の一種で、死んだ細胞や細菌を消化し分解する）に捕捉され分解される。分解されたアミノ酸や鉄分は再利用され、その他は、胆汁や尿として排出される。骨髄には十分な赤血球産出能力があり、赤血球の排出などで低酸素状態になると腎臓からの指示で赤血球の産出量を増やす。腎不全などで腎臓の機能が低下すると赤血球の産出量が増えず、貧血状態が続くことになる。

〈赤血球の数〉			
男性	420～554万個／μL	女性	384～488万個／μL

6 ウイルスとの闘い

(1)ウイルス

「ウイルス」は細胞を持たず、自分で生命活動を行う仕組みがないことから、「限りなく生物に近い物質」と言われる。1898年に動物の「口蹄疫ウイルス」が、植物から「タバコモザイルウイルス」が同時に発見された。しかし、その姿はあまりに小さくて見ることはできなかった。1935年、アメリカのウェンデル・スタンレーが、ウイルスを結晶化させて電子顕微鏡による観察に成功した（彼は、その成果から1946年にノーベル化学賞を受賞している）。

ウイルス

ウイルスはDNA情報を持つ「核酸」が「カプシド（タンパク質）」で覆われています（カプシドというカプセルの中に核酸が入っている状態で細胞膜や細胞はない）。

なかには、カプシドの周りを「エンペロープ」と呼ばれる膜で全体に包んでいるものもあります。このエンペロープもタンパク質で、寄生する宿主（しゅくしゅ）を特定する働きがあると言われます。

その大きさは、生物の細胞やバクテリアよりも小さく、光学顕微鏡では観察できません。ウイルスは、宿主の細胞の中に入り込んで増殖していきます（感染）。宿主が死んでしまえば、自らも死んでしまうことになります。そこで、他の宿主に伝染させることで増殖を拡散させていきます。伝染を繰り返す中で形や機能を変えるものもいます。

〈ウイルスの増殖過程〉

①吸着　宿主の細胞表面に取り付く。
②侵入　細胞内に侵入する。
③脱殻　カプシドを壊し、核酸を細胞内に解き放す。
④合成　細胞内のタンパク質を利用して核酸を合成していく。
⑤成熟　宿主の細胞膜を突き破るほどに成長する。
⑥放出　宿主の細胞から飛び出して拡散する。

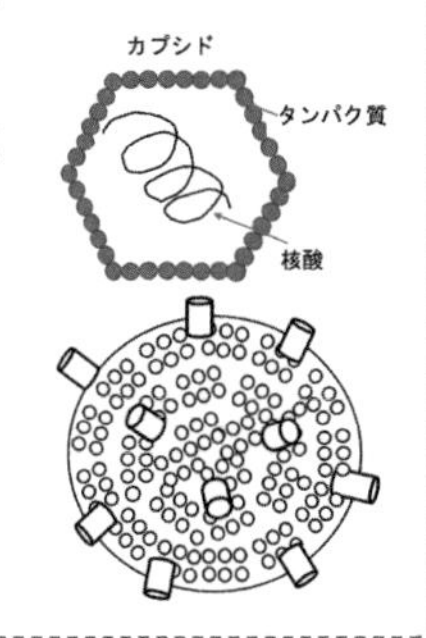

⑵ウイルスによる感染症

①天然痘

「天然痘ウイルス」により、高熱をもたらして顔面に豆粒大の発疹を生じ、「膿疱」となり全身に広がる。重い場合は、消化器や呼吸器に異常をきたして死に至る。医師エドワード・ジェンナー（1749～1823イギリス）が世界で初めて「ワクチン」を開発し、1980年WHOの「天然痘の根絶宣言」を導いた。

> **ジェンナーのワクチン**
> 当時、牛から伝染する「牛痘症」は広く知られていました。牛の乳搾りをする人は牛痘症にかかるが重症に至らないことをヒントに、彼は牛痘症にかかった人の膿を少年に接種し、2か月後には天然痘の人の膿も接種しました。少年が天然痘を発症しなかったことが最初のワクチンと言われています（1796年）。

②スペイン風邪

1918年から1919年にかけて、インフルエンザウイルスを病原体とする風邪が世界的に蔓延した。当時は、第1次世界大戦中で参戦国での感染情報は隠されていた。世界大戦に参戦していなかったスペインの情報が広く報道されて「スペイン風邪」と呼ばれるようになる。スペインが発症源というわけではない。当時の世界人口18億人の中の3割の6億人が感染し、2,000～5,000万人の命が失われた(1億人の命が奪われたとの指摘もある)。突然、健常者が発熱し、全身が痛み出し、口や鼻から血を流して死んでいくという状況であった。

③エボラ出血熱

1976年、ザイールのエボラ川流域で発生してアフリカ中部に流行した。近年では、2014年に西アフリカから始まり、瞬く間に世界中に拡散した。致死率が極めて高く内臓が溶けて全身から出血して死に至った（死亡率が90%）。コウモリを焼いて食べる風習の地域から発症していることから、コウモリに寄生しているウイルスが感染源と考えられている。2015年WHO統計では、感染者27,079名、死者10,823名との報告もあるが、実際はそれ以上だろうと言われる(510名の医療従事者も死亡している)。

④サーズ(SARS)

2002年に中国広東省で発生した「サーズ」は、またたく間に世界に広がった。2003年7月、WHOが終息宣言を行ったが、現在でも発症の報告が寄せられている。当初は、「ハクビシン」が発症源と考えられていたが、現在では「キクガシラコウモリ」が媒体者ではないかと言われている。

⑤HIV

「エイズウイルス（ヒト免疫不全ウイルス）」に感染すると免疫力が低下し、

何でもない菌やウイルスから病気になってしまう。チンパンジーを宿主としていたウイルスが人に感染し、注射器を使い回したため世界中に広がった。

⑥ノロウイルス

エンベロープを持たない直径30nmの小さなウイルスで、冬になると「胃腸風邪」の流行を引き起こす。十二指腸や小腸の上皮細胞を宿主とするので食中毒に似た症状が出る。発症者の嘔吐物から感染する。乳幼児や高齢者は、下痢などの脱水症状から死に至ることもある。85℃、1分の加熱で不活性化する。よく火を通した食品を食べ、手洗いやうがいをすることで予防できる。

新型コロナウイルス（COVID-19）

粒子の一番外側に「エンベロープ」を持っていて、宿主の粘膜に付着して、細胞内に入り込んで増えていきます。表面に付着したウイルスは時間がたてば壊れてしまいますが、24時間〜72時間くらい感染力を持つとも言われます。手洗いはウイルスを流すことができ、石けんを使うとウイルスの膜を壊すことができるので有効です。また、手指消毒用アルコールもウイルスの膜を壊すことができます。

一般的には飛沫感染、接触感染で感染します。閉鎖空間では、5分間の会話で1回の咳と同じ飛沫（約3,000個）が飛ぶと報告されています（WHO）。

感染した人は、軽症、治癒する人もいますが、約5〜7日程度で急速に悪化し、肺炎に至る人もいます。肺炎が重篤化すると、人工呼吸器など集中治療が必要となり、高齢者や基礎疾患（糖尿病、心不全、呼吸器疾患など）を有する人は重症化リスクが高いと考えられています。若年層の人でもサイトカインストームと呼ばれる過剰な免疫反応を起こして重症化する事例も報告されています。

国内事例（空港検疫事例、及びチャーター便帰国者事例を含む）における入院治療等を要する人は22,619人で、重症者は431人でした（2021年4月4日0時時点）。

厚生労働省「新型コロナウイルスに関するQ&A」より

参考資料・文献

『生物学の歴史』アイザック・アシモフ　2018年5月　講談社

『科学思想の歩み』Ch.シンガー　1970年6月　岩波書店

『科学は歴史をどう変えてきたか』マイケル・モーズリーほか　2011年8月　東京書籍

『世界を変えた150の科学の本』ブライアン・クレッグ　2020年2月　創元社

『日常生活の科学』小池守・内田恭敬・永沼充　2014年3月　青山社

『科学史年表』小山慶太　2016年12月　中公新書

『感染症の世界史』石弘之　2020年3月　角川ソフィア文庫

『新しいウイルス入門』武村政春　2013年1月　講談社

『ウイルスは生きている』中屋敷均　2016年3月　講談社現代新書

「厚生労働省　新型コロナウイルスに関するQ&A」

https://www.mhlw.go.jp/stf/seisakunitsuite/bunya/kenkou_iryou/dengue_fever_qa_00001.html#Q2-1

地学編

第1節 地球

太陽系には8つの惑星がある。その中で、大気や海を持ち、植物が繁茂し多くの生物が活動している惑星は地球ただ一つである。地球がどのように誕生し、どのような経過を経て、生物が生息できる環境を整えてきたのか、まだ分からないことも多い。高等学校で「地学基礎」や「地学」を履修する生徒が少ない現実を考えると、中学校で「生きている地球」の姿をしっかり学習させ、地球規模で自然の事物・現象を考察する態度を育てておきたい。

1 地球の誕生

(1)地球は、どのようにして誕生したか

① 約46億年前に銀河系の片隅に物質が集中するところと、そうでないところができた。その後、物質が集中した濃い部分を中心として、ガスと塵(ちり)で構成される原始太陽系星雲が誕生した。この星雲の塵が次第にまとまり、大きくなった塵の塊が微惑星と呼ばれる天体となった。

この微惑星から主に岩石や金属から構成される地球や金星などが誕生したと考えられている。

② 地球化学者クレア・パターソン（1922～1995アメリカ）は、アリゾナ州にある巨大なバリンジャー・クレーターで、1955年にキャニオン・ディアブロ隕石を発見した。

彼は、この隕石に含まれていた鉛の同位体を分析することによって、地球の年齢を間接的に算出した。その計算結果が45億5,000万年であった。これが、現在最も正しいであろうとされている約46億年の根拠である。

なお、このような放射性同位体による隕石の年代測定の他に、アポロ計画に

地球についての基本資料
- 太陽からの平均距離：1億4,960万km
- 大きさ（赤道半径）：6,378km
- 質量：5.974×10^{24}kg
- 平均密度：5.52g/cm^3
- 公転周期：365.257日
- 自転周期：0.9973日

地球の観察や観測　調べ方（例）

① 地表（身の回りで）の観察
- 山脈や火山、噴火湾、火山噴出物、鉱物
- 岩石や河川等の石の形や色
- 地質構造（地層、断層）、地形
- 地球の歴史（化石、生命の進化）

② 地球内部構造を調べる
- 場所による重力の違い、重力異常
- 地震の分布、地震波の強弱や方向
- 地殻の熱流量
- 地磁気の大きさと向き、地磁気の逆転
- 海洋底の構造

③ 地球外から調べる
- 地球の形
- 隕石の衝突痕
- 太陽系の惑星、小惑星
- 宇宙衛星からの観測

よって持ち帰られた月の岩石分析からも推定されている。

> **調べてみよう**
> **地球内部の構造**
> 地球の内部構造は実際に地下深くまで潜って調べることは不可能です。それなのに、なぜ地球の中心に金属の鉄・ニッケルがある、などということが分かるのでしょうか。

⑵地球の内部構造

地球内部の構造は、地震波の伝わりの様子から様々な分析が試みられた結果として、次のように考えられている。地表面、すなわち地殻は場所によって厚みが異なり、大陸で平均約50 km、海洋で平均約5 kmである。大陸の地殻は主に花崗岩質、海洋地殻は主に玄武岩質の岩石からできている。

地殻の下には深さ約2,900 kmまでマントルがあり、主にかんらん岩からできている（マントルの上部には流動しやすい部分がある）。その上にマントルの最上部と地殻がある。中心には金属の鉄・ニッケルからなる核があり、固体である内核と液体である外核に分かれている。

⑶海や大気は、どのように生成されたか

原始地球には、様々な成分（原子や分子さらには火山ガスなど）が大量に漂っており、これらが長い年月の中で、拡散したり化学変化を起こしたりして今日のような大気が形成されたと考えられる。

① 水素原子や水素分子などの軽い成分は宇宙空間に拡散していったが、重力によって他の大部分の成分は地球に留まり、これらの成分は太陽の紫外線などによって、別の分子に変化した。これを繰り返すうちに CH_4 や NH_3 は、CO_2 や N_2 などに変化した。

② 大量に存在した水蒸気は、地球が冷えてくるにつれて雨水となり、やがて海を形成した。そして、水によく溶ける CO_2 によって石灰岩が作り出された。このようにして、原始地球を取り巻いていた窒素が大気の主成分として残った。

③ 酸素の生成と生物の関係で注目すべきものにシアノバクテリアがある。原始の生命は太古代に海の中で誕生したと考えられる。これらは核を持たない単細胞生物で25～30億年前に、光合成をするシアノバクテリアと呼ばれる生物が誕生し、大量の酸素を大気中に放出した。

> **ワンポイント**
> シアノバクテリアの中には、浅い海で長い年月をかけてストロマトライトと呼ばれる岩石（生物岩）をつくったものがあります。
> シアノバクテリアが分泌する粘液によって、炭酸カルシウムとともに細かい堆積物が沈着します。シアノバクテリアは、日中は光を求めて沈着物の表面に出て光合成を行い、夜間は活動を休止します。この繰り返しによって炭酸カルシウムを含む固い層状構造が形成され、ストロマトライトと呼ばれる生物岩が長い年月をかけてゆっくりと成長していったのです。
> ストロマトライトは、1960年代に西オーストラリアのシャーク湾で生きた群生（いわば生きた化石）が発見されました（1991年世界遺産登録）。

考えてみよう　ストロマトライトの研究
先カンブリア紀に、シアノバクテリアが出現し、浅い海の中でストロマトライトという構造体を作った、ということですが、これはどのような研究によって明らかにされたのでしょうか。文献調査をして発表しましょう。

④　酸素濃度が高まると成層圏にオゾン層が形成されるようになった。オゾン層は生物にとって有害な紫外線を遮断するので、生物が陸上に進出しやすくなる。その結果として、やがて陸上の植物が繁茂するようになり、石炭紀には高さが 20 ～ 30 m もある大森林が世界中にできた。

なお、最古の陸上生物は、4 億 2500 万年前（シルル紀）のクックソニアという茎の末端に胞子の袋を持ったコケのような植物で、化石として発見されている。

⑤　光合成作用によって大気中の CO_2 は減少し、酸素が作り出された。しかし、光合成だけで CO_2 が減少したわけではなく、大気・陸・海をめぐる水の大きな循環が作用している。大気に含まれている CO_2 は炭酸として雨水に溶け込む。炭酸を含む雨が陸地に降ると、長い間に岩石が溶け出し、海へと流れ込む。

⑥　海では水が蒸発して雨となるが、岩石から溶かし出された成分は、蒸発せずそのまま海水中に蓄積されていく。この炭酸カルシウムなどの成分は、やがて海底に沈殿し岩石となる。日本の秋吉台など石灰岩の地層は、岩に閉じ込められた CO_2 によって形成されたものである。

考えてみよう　CO_2 のバランス
水の大きな循環が進めば、やがて大気中の CO_2 の量は少なくなって、温室効果が失われて地球は冷えてしまうと思うかもしれません。ところが、地球が冷えると水の大きな循環が弱まるので、CO_2 の減少度は弱まります。一方、海底に蓄積された石灰岩などは海底プレート運動によって地球内部にひきずり込まれ、やがて火山ガスとして大気中に戻ってきます。これらの活動のバランスがとれているので、CO_2 の総量は大きくは変化しません。
しかし近年では、このバランスが崩れ CO_2 が増加し、地球の温暖化が進んでいると言われていますが、その原因としては、どのようなことが考えられるでしょうか。

⑷地磁気はどのように作られたのか。

①　探検家ロアルド・アムンゼン（1872 ～ 1928 ノルウェー）は、南極点の初到達、北極海の北西航路の開拓などを成し遂げ、観測によって磁極の位置が絶えず動いていることを発見した。現在では、地球の岩石に残された残留磁気の測定から、地磁気の変動だけでなく磁極の向きが反転（地磁気反転）したことが分かっている。

②　地震波の研究から、地球の核は内核が固体、外核が液体でできていると推

定されている。固体の内核が鉄やニッケルなどの合金でできているため、液体の外核の中でこの内核が回転運動をすると電流が発生する。それによって磁界が発生するため、地球全体が大きな磁石になっていると考えられている。これが、現在の最も有力な仮説である。

なお、この地磁気は地球を取り巻いて磁気圏を形成しており、バンアレン帯の形成に寄与しており、人体に有害な宇宙線などを防御するバリアの役割を果たしている。また、磁気圏が強い太陽風を受けると磁気嵐が発生し、地球の極地方でオーロラが見られる。

考えてみよう　バンアレン帯の働き

バンアレン帯は、地球を取り囲むようにドーナツのような形をしていて、放射線を帯びています。これは、米国の物理学者バン・アレン（J. Van Allen）が米国の最初の人工衛星エクスプローラー１号に搭載した放射線測定器（ガイガーカウンター）によって発見したので、この名前で呼ばれています。

もし、バンアレン帯がなかったら、地上の生物は生きていられるのでしょうか。

調べてみよう　オーロラがきれいに見えるとき

極地方ではオーロラがよく見えます。しかし、いつもきれいで立派とは限らず期待するほどでなく、ガッカリするときがあります。オーロラは、太陽の活動とバンアレン帯の作用によって、いろいろと変化することが分かっています。どのような関係があるのか、文献で調べてみましょう。

磁石のＮ極がさす向きと地球の自転軸の北極とは違うのですか？

東京では、磁石のＮ極が示す向き（地磁気の偏角）は、現在は北から７度西です。伊能忠敬が地図を作成した200年前は、ほぼ北を向いていました。このように、地球の自転軸と、地磁気の方向は年月とともに少しずつ変化しています。これを永年変化といいます。なお、地磁気が反転した時期があることが分かっています。最も新しい逆転が起こったのは78万年前だそうです。

もし、地磁気反転の時代に生きていたら、地球環境はどんな変化をするのだろうか。きっと怖いことが起こるだろう、気になるなあ～

地磁気反転の証拠「チバニアン」千葉県市原市田淵の地磁気逆転地層

国際地質科学連合によって2020年1月17日、約77万4000年前から12万9000年前までを「チバニアン」と呼ぶことを決定しました。日本にもそのような地層があるなんてすごいな。私も探してみたいな。

2 鉱物や岩石の分類

⑴観察に基づく地質学の基本理念

ハットン

ジェームス・ハットン（1726～1797スコットランド）は、野外での観察を好み、スコットランドを広く旅行しながら様々な岩石と地形を調べた。特に山全体が巨大な岩の塊になっていたり、このような岩が水平な地層の下から上に垂直に切れ立っていたりしているのに感銘し、地層と岩石の研究にのめりこんでいった。
　ある日、ハットンはガラス工場で高温に溶けたガラスをゆっくりとゆっくりと冷やすと不透明な硬い結晶ができることを知った。このことをハットンの友人の化学者ホールが聞き、ゆっくり冷やすのと急激に冷やすのでは何らかの違いが起きるのではないかと考え、実際に花崗岩のかけらを溶かしてから急激に冷却してみた。その結果、ガラス状になった岩石を作り出すことができた。この岩石が黒曜石である。火山の近くの地層に黒曜石があるのはこのことと関係がある。

調べてみよう　黒曜石の産地

　トルコ中部アナトリアのカッパドキア付近は、火山灰と溶岩が重なってできた不思議な地形が形成されています。この付近では大理石や黒曜石が多く産出し、昔は交易品として各地に流通していました。黒曜石は、日本でも花崗岩地帯で多く産出され、関東近辺では伊豆諸島の神津島が有名です。
　日本の黒曜石の産地は、神津島の他にどこがあるでしょうか。そこには、どのような火山があるでしょうか。

⑵岩石

　岩石は大きく分けると、下記の3種類になる。

堆積岩……既存の岩石破片や生物の遺骸などが沈積してできた岩石。
　　砂岩、泥岩、礫岩、凝灰岩、石灰岩、チャート、石炭など
火成岩……マグマが固結してできた岩石で、火山岩と深成岩に分類できる。
　火山岩……地表や地下の浅いところで急速に冷えて固結したもの
　　玄武岩、安山岩、流紋岩など
　深成岩……地下の深いところでゆっくりと冷えてできたもの
　　かんらん岩、斑れい岩、閃緑岩、花崗岩など
変成岩……堆積岩や火成岩が高温・高圧のもとで変成作用を受けてできた岩石で、変成岩の多くは薄く割れやすい性質がある。
　　ホルンフェルス、結晶片岩など

3 地殻変動の証拠

⑴地球科学の基礎を築いたウェゲナー

　1912年、アルフレッド・ウェゲナー（1880～1930ドイツ）はドイツ地質学会で、測地学・地質学・地球物理学などの広い分野の研究からの裏付けとして大陸移動説を発表したが、このときはまったく問題にもされず、かえって反論を浴びてしまった。

ウェーゲナー

しかし、それに挫けることなく研究を続け1915年には『大陸と海洋の起源』と題して研究成果を出版し、1922年には第3版を出版した。さらに、1929年に出版した第4版ではマントル対流についても述べているが、大陸を移動させる原動力を解明するには至らなかった。

(2)化石の発見

フランスのパリは、周りを山地や高地に囲まれた盆地になっている。この盆地の主な地層は、浅海堆積物による白亜層と淡水堆積物による硬い層が重なっている。このことから、過去に3回海水の出入りがあったことが分かっている。

ジョルジュ・キュビエ（1769～1822フランス）は、これらの地層から哺乳動物の化石を丁寧に収集し、様々な部位の化石骨を調べることから動物全体を復元できることを明らかにし、例えば化石骨を発掘してパレオテリウム（ウマの先祖）の復元図を完成させた。

(3)造山運動

大陸は大部分が平らである。しかし、大陸のへりの付近には、例えばヨーロッパアルプスやヒマラヤのように、標高8,000 mを超えるような高い山々が連なっている。なぜ、このような山脈があるのかは、第二次世界大戦後の1950年代になって海洋底の詳しい調査が世界的に進むまでは謎であった。

海洋底調査で、大西洋の真ん中を南北に連なる大西洋中央海嶺のような膨大な海底山脈が発見され、海底も含めた全地球規模での造山運動が存在することが分かった。この現象を、理論的に構築したものが第2節「地震」で扱うプレートテクトニクスである。

ワンポイント

兵庫県にある玄武洞は約160万年前に火山の溶岩流によってできた柱状節理の岩石で、明治17年に地質学者小藤文次郎によって玄武岩と名付けられました。

愛媛県にある東赤石山は、かんらん岩の山で鉄分が酸化して、赤茶色の岩がゴロゴロしています。

(4)火山の特徴

一般に、火山の噴火の激しさはマグマの性質と密接な関連がある。例えば、伊豆諸島の大島火山は玄武岩質（SiO_2 量は50％強）の火山で、マグマの中のガスが逃げやすく溶岩の粘り気が小さいため噴火は穏やかで、小噴火を繰り返し溶岩流が発生しやすい。

一方、流紋岩質の粘り気が大きくマグマの中のガスが逃げにくい火山では、激しい噴火を起こす。例えば、伊豆諸島の神津島には流紋岩の露頭が見られる。また、新島には

コウガ石の彫刻

コウガ石という黒雲母流紋岩でできた軽石が多く産出される。コウガ石と同じ石はイタリアのリパリ島にしか存在しない。なお、近くのシシリア島にはヨーロッパで最も標高の高い活火山のエトナ山があり、最近では2019年10月に噴火した。

4 鉱物の活用例

⑴鉄

日本の粗鋼生産量は、長年にわたって世界第1位で、世界一の鉄鉱精錬技術を持っていた。しかし、粗鋼生産量は2000年以降中国が世界第1位となり、2018年にはインドが第1位となり、日本は第3位に後退した。

磁鉄鉱（主成分Fe_3O_4）、赤鉄鉱（主成分Fe_2O_3）などの鉄鉱石をコークス、石灰石とともに高温で加熱して銑鉄(せんてつ)を作る。なお、コークスを使うのは、コークスから出る一酸化炭素で鉄鉱石を還元するためである。さらに、石灰石を加えるのは、SiO_2やAl_2O_3などの不純物を取り除くためである。

$$Fe_2O_3 + 3C \rightarrow 2Fe + 3CO$$

$$Fe_2O_3 + 3CO \rightarrow 2Fe + 3CO_2$$

⑵銅

銅は、加工性が高い、耐食性が高い、熱や電気が伝わりやすい、抗菌作用があるなどの優れた特徴があり、身の回りの製品から工業製品、医療・船舶・建築業など幅広く活用されている。精製の仕方は、まず黄銅鉱（主成分$CuFeS_2$）に石灰石や珪砂(けいしゃ)（SiO_2）とともに溶解炉で加熱する。

$4CuFeS_2 + SiO_2 + 5O_2 \rightarrow 2\ (Cu_2S \cdot FeS) + 2FeO \cdot SiO_2$（スラグ）$+4\ SO_2$ ＋反応熱

次に、$Cu_2S \cdot FeS$（マット）を、転炉で高温に加熱すると純度99％程度の粗銅ができる。さらに、この粗銅を板にして陽極、純銅板を陰極にして電気分解すると99.99％以上の純銅ができる。

⑶アルミニウム

鉄より強さ／重さの比が高いので、銅、マンガン、シリコン等を添加して軽量で鉄に勝る硬度の合金を作ることができる。例えば、銅、亜鉛、マンガンを付加した合金は航空機などの部品に用いられている。ボーキサイト（主成分$Al_2O_3 \cdot n\ H_2O$）を水酸化ナトリウム水溶液で反応させ、空気を通じながら加水分解させた沈殿物を焼いてアルミナ（Al_2O_3）を作り氷晶石と混合して加熱して精錬する。

⑷ガラス

石英だけでガラスを作るには、1,723℃以上の高温が必要となる。実際は、珪砂70%、炭酸ソーダ約15%、石灰石約10%、ドロマイト約5%を約1,580 ℃で溶解して作る。

⑸陶磁器

陶器は、粘土に石英、陶石、蝋石、長石を配合して1,200～1,300℃で焼き上げる。磁器は、粘土に石英、長石、陶石を配合して1,300～1,450℃で焼き上げる。

5 ジオパークに出かけよう

地球科学的に重要な自然に親しむための公園をジオパークと呼んでいる。日本各地には43の「日本ジオパーク」があり、その中の9施設は、「世界ジオパーク」に認定されている（2021年4月現在）。

国内にある「世界ジオパーク」は、以下の通りである。

① 北海道：洞爺湖有珠山（火山地形、温泉、貝塚など）
② 北海道：アポイ岳（かんらん岩、高山植物、奇岩など）
③ 静岡県：伊豆半島（火山島が本州に衝突した痕跡、湧水など）
④ 新潟県：糸魚川（フォッサマグナ、ヒスイなど）
⑤ 島根県：隠岐（黒曜石、植物多様性、文化交流など）
⑥ 京都・兵庫・鳥取県：山陰海岸（長い海岸線、地形、海産物など）
⑦ 高知県：室戸（プレートテクトニクス、植物群落など）
⑧ 長崎県：島原半島（火山と災害、火山と人との共生など）
⑨ 熊本県：阿蘇（カルデラ、草原、水源など）

考えてみよう　ジオパークで大地の歴史を考える

それぞれのジオパークには地域独特のものがあるので、児童・生徒を連れて行って、自分の住んでいる大地の成り立ちを知るとともに、文化や歴史との結びつきを考えましょう。

調べてみよう　校外に出かけての観察

例えば関東近隣なら、奥多摩、秩父長瀞（ながとろ）、市原市のチバニアン、伊豆半島、三浦半島など、数え上げればきりがないほど多くの場所で特徴的な地質と岩石を見ることができます。行った先で見つけた石を持ち帰ることはしないで、写真に撮って図鑑で調べましょう。

秩父長瀞　結晶片岩の仲間

参考資料・文献

『Newton 世界の科学者100人』竹内均監修　1990年12月第1刷　教育社
「地下構造可視化システム」産業技術総合研究所活断層データベース
「ストロマトライト生きている化石」東京大学総合研究博物館データベース
「地質を知る、地球を学ぶ」産総研地質調査総合センター
「日本地質学発祥の地　ジオパーク秩父」https://www.chichibu-geo.com/
『小学館の図鑑NEO 岩石・鉱物・化石』2018年7月第8刷　小学館
「最近1万年間における三宅島火山のマグマ供給系の進化」『火山』第48巻（2003）第5号
『大島火山セミナーテキスト』2019年改訂版　大島町・大島観光協会
『新版地学教育講座③ 鉱物の科学』1995年初版　地学団体研究会東海大学出版会
『地学の調べ方』菅野三郎監修　1979年2月再版　コロナ社
『改訂地学基礎』2016年検定済教科書　東京書籍
『改訂理科指導法』2019年　東京理科大学教職教育センター

地学編

第2節 地震

この節では、地震に関連する諸々の事柄について深めた内容を紹介する。なお、地球の内部構造と大陸移動説については、第1節「地球」で触れているので、そのページを参照されたい。

1 大規模な造山運動や火山によってできた山脈や島の例

⑴山脈

①ヨーロッパアルプス

約1,200 kmに及ぶヨーロッパ大陸を横断する山脈、最高峰はモンブランで標高は4,810 m、中生代から新生代第三期にかけて、アフリカ大陸がヨーロッパ大陸へ衝突したことで、白亜紀に堆積した地層が圧縮され盛り上がってできた。その後の激しい氷河の侵食を受けて、現在のような険しい山体になった。

②ヒマラヤ山脈

東西約2,500 kmに及ぶ山脈で、8,000 m峰が14座あり、最高峰はエベレスト、標高8,848 m、ユーラシア大陸の下にインド亜大陸が潜り込むようにして衝突したことによって、海底の堆積物や三葉虫・ウミユリ・アンモナイト等の化石も一緒に押し上げられて大山脈となった。2020年12月、中国とネパールは標高を再測定した結果、8,848.86mだったと発表した。

> 1953年5月　イギリスのE，ヒラリーがシェルパとともに南東陵より初登頂
>
> 1956年5月　日本隊（隊長槇有恒）が日本人として初登頂

③ロッキー山脈

北アメリカ中西部、カナダから南北に約5,000km連なっている。もともとは大陸移動の際に生じた褶曲（しゅうきょく）運動にて形成された褶曲山脈である。日本列島、アンデス山脈とともに環太平洋火山帯に属しているが火山活動は活発ではない。最高峰はコロラド州のエルバート山、標高4,399 m。

④アンデス山脈

南アメリカ大陸の西側に沿って、北緯10度から南緯50度まで南北7,500 km、幅750 kmにわたる世界最長の連続した褶曲山脈、最高峰はアコンカグア、標高6,960m。

> **考えてみよう　このような高山が作られた理由**
> 　火山は、噴火によって押し出された溶岩によって高い山ができることは想像できますが、ヒマラヤは火山ではありません。もともとは海の中にあったものが、このように高い山になったのは、どうしてなのでしょうか。

⑵火山

①北アメリカ西海岸のカスケード山脈

環太平洋火山帯の一部、最高峰レーニア山、標高4,392 m、アメリカ本土で発生した歴史的な火山噴火は、すべてカスケード山脈の火山で発生している。

②アフリカ大陸最高峰キリマンジャロ（標高5,895m）

独立峰の火山としては世界最高峰、山域が大きく楕円形に 広がっている。

③ハワイ島のマウナケア山（標高4,205m）

海底から頂上までの高さではエベレストを抜き10,203 mである。

④イタリアのベスビオ火山（標高1,132m）

西暦79年に大噴火し、ポンペイの街を溶岩や噴出物で埋め尽くした。

⑤日本で標高が高い活火山

富士山（3,776 m）、御嶽山（3,067 m）、乗鞍岳（3,026 m）

⑶島

①ハワイ諸島

500万年前に海底噴火で隆起。その後プレートの移動で北西にずれて、各島が次々に造り出されている。

②小笠原諸島の西之島新島

2018年7月12日に再噴火、2020年7月にも再噴火、その後も活発な噴火が続いている。シソ輝石普通輝石安山岩、カンラン石単斜輝石安山岩が採取されている（参考：海上保安庁情報部海域火山データベース）。

> **ハワイ諸島の発見**
> 　ジェームズ・クック（1728～1779）は、イギリスの航海者で南半球の大航海を3回行い、オーストラリアやニュージーランドの海岸線を測量、オーストラリアに上陸してイギリス国旗を立て、イギリスの領土であることを宣言しました。
>
> 
>
> ジェームズ・クック
>
> 　ニュージーランドには世界遺産に登録されているクック山という風光明媚な山があります。3回目の航海では、1778年にハワイ諸島のカウアイ島を発見し上陸しました。ハワイ島のケアラクケア湾には記念碑が立っています。

2 プレートテクトニクス

⑴プレートテクトニクス（Plate tectonics）の考え

プレートとは「硬い板」、テクトニクスとは「地形などの構造が作られる過程を説明する理論」で、地球表面は10～20個のプレートに分かれており、プレートが水平に移動することによって、相互作用が生じて様々な地殻変動が起こる、と説明する考えである。

⑵大陸の移動

右図は、南北アメリカ大陸、ヨーロッパ大陸、アフリカ大陸を描いた模式図である。ウェゲナーは、大西洋をはさんで両側にある南北アメリカ大陸とヨーロッパ大陸、アフリカ大陸の海岸線の凸凹がよく似ていることから、約3億年前には一つの大きなパンゲアという大陸があったと考えた。

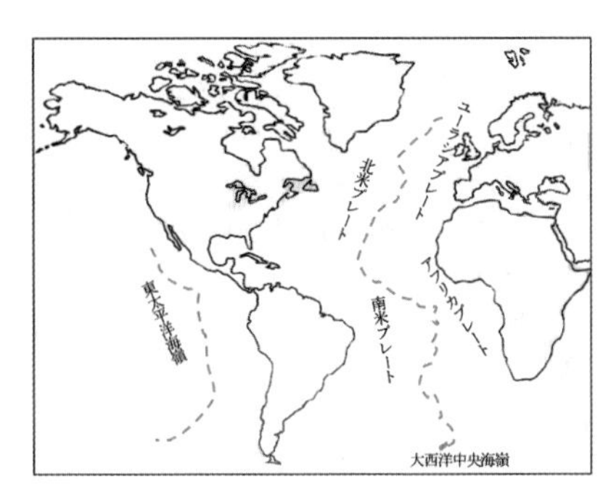

考えてみよう　　パンゲアを作って考えよう

ウェゲナーが考えたパンゲアがどのような形をしていたか、上の図をコピーして氷河の分布や化石、岩石の分布を、本などで調べて色分けして塗りましょう。その後、各大陸の海岸線に沿って切り取り、色分けした氷河の分布や化石・岩石の分布がつながるように配置して一つにまとめてみましょう。

ウェゲナーの大陸移動説では、大陸が移動するための原動力を説明するまでには至らなかったが、1970年代になるとプレートテクトニクスの考えによって大陸移動を説明できるようになった。

ウェゲナーが、大陸移動説の根拠とした数多くの証拠は今日の科学からみても、その大部分は正しい内容です。1950年代に入って、大陸や極の移動が古地磁気学（大昔の岩石に残されている磁気を調べた）や海底地質学（海底山脈とマントル対流の関係を調べた）によって、大陸が移動していることが解明されました。

⑶プレートの構造と動き

クロアチアの地震学者アンドリア・モホロビチッチ（1857～1936）は、1909年に発生した地震波の解析から、地下約50kmのところに不連続に変化する面があることを発見した。彼の名前をとって、モホロビチッチ不連続面（モホ面）と呼んでおり、地殻とマントルとを区別する重要な面である。

モホ面より上部が花崗岩質や玄武岩質の地殻で、モホ面より下部のマントル最上部はかんらん岩からなっていると考えられている。これらは硬く、リソスフェアと呼んでおり、これがプレートを構成している。このプレートは、大陸で150 km、海洋で90 km程度の厚さがある。

一方、リソスフェアより下は、高温のために柔らかく流動しやすいマントル（アセノスフェアと呼んでいる）になっている。そのため、プレートは流動しやすいアセノスフェアの上を滑るように動いていると考えられている。

プレートは１年に数 cm、別々の方向に移動しているということですが、それはどうしてなのですか？

とても良い質問です。これについては、海洋研究開発機構・地震津波海域観測研究開発センターの小平秀一センター長らが 2014年3月31日付の英科学誌『ネイチャージオサイエンス』のオンライン版に発表しました。この研究によって、プレートを動かす原動力が解明されました。

簡単には説明できないけれど、北海道南東沖100～700km の太平洋プレートで、深海調査研究船「かいれい」から人工的な地震波を出して反射波を観測する方法で、大規模な海洋地殻・マントル構造調査をした結果、「太平洋プレートの下にある、高温で粘性の低い上部マントルが動いて、地表側のプレートを引きずった。太平洋プレートが約１億2,000万年前に中央海嶺から生成したとき、下側にあるマントルの流動で力が加わって動きだした」ということが分かりました。

3 プレートの境界で起こる現象

⑴中央海嶺

前ページの図にオレンジ色の破線で示したライン（右）は大西洋中央海嶺で、北米・南米プレートとユーラシアプレート・アフリカプレートの境界に当たる。ここでは、左右に引っ張る力が働いてできた割れ目にマグマが上昇して、新たにプレートが作り出されている。そのため、中央海嶺は火山活動が活発な場所になっている。この大西洋中央海嶺は、アフリカ大陸を大きく回って南東インド洋海嶺、大西洋南極海嶺、さらに東太平洋海嶺とつながり、アメリカ西海岸サンフランシスコ付近まで達している。

⑵海溝

プレートがぶつかり合って地球内部へと沈み込んでいる場所が海溝で、日本近海では、日本海溝や伊豆小笠原海溝がある。海溝付近も活発な火山活動と地震が多発する地帯である。

⑶トランスフォーム断層

移動するプレート同士がすれ違うような場所で横ずれの断層ができる。これをトランスフォーム断層というが、その多くは海底にある。北アメリカ西海岸沿いに1,000 km以上にわたって連なるサンアンドレアス断層は陸上にあり、太平洋プレートと北米プレートの境界に沿ってできている。

⑷活発な火山

日本列島はプレートが沈み込む境界にあり、日本海溝や伊豆小笠原海溝から一定の距離のところに東日本火山帯や西日本火山帯があり、たくさんの活火山が分布している。

⑸プレートの境界でなくても存在する活火山

ハワイ諸島は、プレートの境界から遠く離れているがキラウエア火山のように活発な火山群が存在する。この地域は太平洋プレートの下方のマントル深部にマグマの源があり、ほとんど位置が変わることなく常にマグマを供給している。このようなところをホットスポットという。

4 プレートの動きと地震

⑴深発地震

プレートの沈み込み付近では震源の深さがおよそ600kmにも達する深部で地震が発生する。

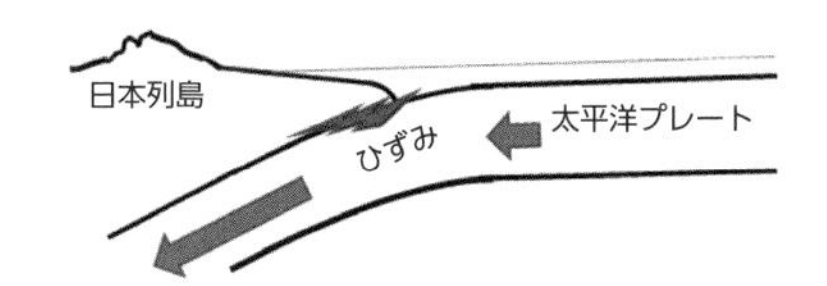

⑵ひずみの解放

日本列島のように、プレートの沈み込みの境界ではひずみが蓄積される。ひずみが解放されるとき大きな地殻変動が発生し、その衝撃が地震波となり、海面が上下に振動して津波を引き起こす。

⑶プレートが移動した足跡

伊豆半島は、フィリピン海プレートの東側に沿った伊豆諸島から小笠原諸島の北端に位置しており、フィリピン海プレートの北上とともに本州に衝突した。

伊豆半島にはおよそ2000万年前から現在までの火山岩類を主体とする地層がある。およそ200万年以前の地層の大部分は、海底で噴出した火山岩類と、それらの侵食とそれによる堆積物であり、これらの地層に残された化石や古地磁気の記録の調査から、伊豆半島がかつて南洋にあったことが分かっている。

調べてみよう　動いている伊豆半島

伊豆半島をのせたフィリピン海プレートは、本州に対しておよそ北北西方向に年間4cm の速さで移動しているそうです。この数値はどのような研究によって分かったのでしょうか。

「伊豆半島をめぐる現在の地学的状況」静岡大学教育学部静岡大学防災総合センター　小山真人研究室のホームページを参考にして調べてみましょう。

⑷断層面

プレート運動によるひずみの解放によって、ある面を境にして岩盤が急激に破壊される。その破壊された面が断層面で、それまでにあった断層を動かしたり、新たに断層を生じさせたりする動きを、断層運動という。断層運動は「正断層」、「逆断層」、「横ずれ断層」の3つの基本的なタイプに分けることができる。

正断層は、水平方向に岩盤が引っ張られたため、断層面をはさんで上側の岩盤が下へ滑り落ちる動きをしたときに生じる。逆断層は、水平方向から岩盤が圧縮されたため、断層面をはさんで上側の岩盤がずり上がる動きをしたときに生じる。横ずれ断層は、岩盤に圧縮や伸張がかかって、断層面をはさんで、それぞれの岩盤が横にずれる動きをしたときに発生する。

⑸プルームの存在

プレートは地球の表層を厚さ約100kmで覆っていて、この動きによって中央海嶺や日本海溝ができる様子を説明することができる。

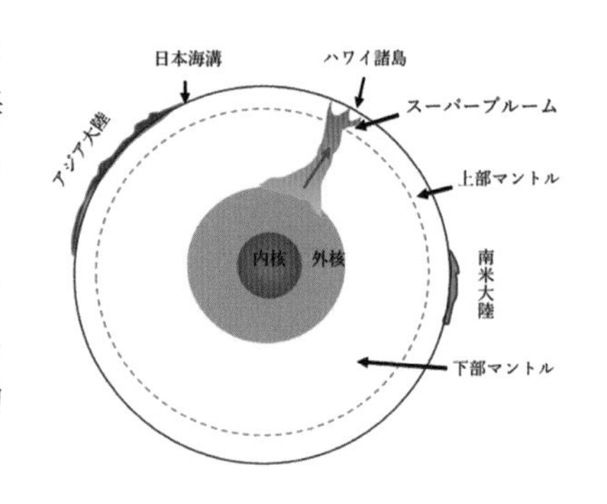

しかし、アジア大陸がのっているユーラシアプレートなどが移動したり分裂したりする現象を説明できるほどの原動力とはなり得ないと考えられる。

近年の研究で、地球内部を可視化する技術が開発され、地球内部で大規模なマントル対流があることが分かった。図のスーパープルームは、マントル物質が上昇している様子を示したものである。

なお、地下の冷たい海洋プレートが集積することで、温度が低下したマントル物質が降下する場所（コールドプレーム）があり、これらによってマントル内部に、ある種の対流運動が起きている可能性がある。

ワンポイント

地震波を使った地球内部構造の可視化

昔は、地球上の様々な地点で発生した地震を観測して、P波・S波の到達時間を調べて地球内部の大まかな構造を知りました。今日では、各地域で観測した地震波データをコンピュータで分析して画像化する手法が進んでいます。

すなわち、コンピュータ断層撮影（地震波トモグラフィ）によって、地球内部の構造が詳しく分かってきました。この方法は、医療で行っているCTスキャンと同じような方法と考えればよいです。

人間が直接出かけて行って調べることは不可能だけれど、この方法を活用して大規模なマントル対流の存在を発見したそうです。

参考「地下構造可視化システム」産業技術総合研究所活断層データベース

5 地震と日常生活

⑴地震波の種類

• P波（Primary wave）

縦波（地震波の進行方向に振動する波）、岩盤中で5～7km/s。

固体、液体、気体中を伝搬する。

• S波（Secondary wave）

横波（地震波の進行方向と直角な方向に振動する波）、

岩盤中で3～4km/s。液体中は伝搬しない。

• 表面波（Rayleigh wave）

地表面に沿って伝わる波、S波より少し遅れて到達。

⑵マグニチュード

地震のそのものの規模を表す尺度として、マグニチュード（M）が用いられる。規模の大きな地震でも遠くで発生した場合は地面の揺れは小さく、逆に小さな地震でもごく近くで発生すれば大きな揺れになるので、観測点での地震の大きさは別の表し方、例えば日本では震度も併用している。

地震の大きさ	マグニチュード
巨大地震	8～9
大地震	7以上
中地震	5～7
小地震	3～5
微小地震	1～3
極微小地震	1以下

マグニチュードが1大きくなると、地震のエネルギーは約32倍（$=10\sqrt{10}$）大きくなる。

1935年にアメリカの地質学者チャールズ・リヒターは、カリフォルニア州に発生する地震の規模を客観的に評価する尺度として、マグニチュードを導入した。それは、震源から100 km離れた地点に置かれた当時の標準地震計で記録された揺れの最大振幅をミクロン（μm）単位で表わし、その数値の対数をマグニチュード（M）として定義するものである。

マグニチュードの算出方法は国によって違う？

マグニチュードを計算するためには、地震計の種類や設置環境、観測網の状況などに応じた様々な経験式が用いられていますが、国際的に統一された規格はありません。日本では、約80年間にわたる一貫した方法で決定されている気象庁マグニチュード（地震時の地面の動き（変位）の最大値から計算される変位マグニチュード）が標準と位置付けられており、現在の地震活動と過去の地震活動とを比較したり、耐震工学的な基準を作る際のデータベースなどとして幅広く利用されています。

「気象庁マグニチュード算出方法の改訂について」報道発表資料 平成15年9月17日より

⑶日本における地震の研究

大森房吉

明治24年（1891年）、岐阜県・愛知県付近を震源とするマグニチュード8.4の濃尾地震が発生し、長さ数十km、落差が数mの根尾谷断層ができた。

この大地震がきっかけとなって、国立の「地震予防調査会」が設立された。日本の地震学の父ともいえる大森房吉（1868～1923）は、地震予防調査会の幹事を長年にわたって務め、地震予防対策に尽力した。大森の研究成果の一つに、水平振り子式地震計（大森式地震計）の開発がある。

⑷水平振り子式地震計（大森式地震計）

地震計の基本構造は、振り子のおもりの慣性を利用して、地面に置いた記録計が揺れても、おもりが揺れなければ、地震波の振動を記録できるというものであるが、糸で吊るしたおもりを使うとなると、糸の長さを数十mにしなければ地震波の小刻みな振動を詳しく検知することはできない。

そこで、大森は糸で吊るすのではなく水平振り子を用いて、振り子の棒が短くても地震波の振動を捉えることのできる地震計を考案した。大森は、初期微動継続時間〔s〕を7.42倍した値が、震央までの距離〔km〕になることを見出した。さらに、地震の揺れが初期微動と主要動、そして尾部（今日でいう表面波）の三段階あることを明らかにした。その他にも数々の功績を残した。

当時、過去の大地震の周期から想定して、近い将来に東京が大地震に見舞われるという学説によって、市中に不安が広がっていた。大森は、市民の不安を抑えるためにこの学説を否定していたが、奇しくも関東大震災が発生した年の11月に脳腫瘍でなくなった。

⑸現在の地震計（震度計）

現在は機械式のものではなく、加速度センサーで検知した地面の揺れをコンピュータでデータ処理し、気象衛星や地上回線を通して瞬時に地震情報を気象庁に送るようになっている。なお、この設備は日本全国の約670か所に設置されている。

考えてみよう　最も簡単な地震計をつくろう

地面が揺れても動かないものを考えれば、簡単な地震計が作れるはずです。大森房吉は水平振り子を活用しましたが、精度を度外視すれば糸の先におもりを付けて、ぶら下げるだけでもできそうです。考えてみてください。

⑹地震予知と防災・減災

日本列島は、その地質的構造により地震から逃れることはできない。それゆえ、地震災害の軽減を図るために、地震予知は欠かすことができない。火山噴火予知、地震予知の研究、モニタリング設置による高感度地震観測網などにより、観測精度を高めるための研究と設備の増強がなされているが、地殻内部の複雑な動きを予知することは至難の業である。したがって、大地震発生に備えた日頃の防災・減災の対策が必要である。

> 地震を予知するということは、地震の起こる時、場所、大きさの三つの要素を精度よく限定して予測することです。少なくとも「(時) 一週間以内に、(場所) 東京直下で、(大きさ) マグニチュード６～７の地震が発生する」というように限定されている必要がありますが、現在の科学的知見からは、そのような確度の高い地震の予測は難しいと考えられています。日本は地震国であり、地震が起こらない場所はないと言っても過言ではありません。日ごろから地震に対する備えをお願いいたします。
>
> 気象庁ホームページ「地震予知について」より抜粋

参考資料・文献

『GLOBAL世界＆日本MAPPLE』2018年5月第1版第20刷発行　昭文社

「西之島」海上保安庁　海上情報部海域火山データベース

「伊豆半島の火山とテクトニクス」小山真人『科学』1993年5月号

「伊豆半島をめぐる現在の地学的状況」静岡大学防災総合センター小山真人

「気象庁マグニチュード算出方法の改訂について」平成15年報道発表資料

「地震予知について」気象庁ホームページ

『Newton 世界の科学者100人』竹内均監修　1990年12月第1刷　教育社

地学編

第3節 気象

気象は生活と関係した自然現象であり、古代から研究の対象であった。古代インドや古代ギリシャ、古代中国で考察が進められていたが、多くは「観天望気（空を見て天候を伺う）」程度のものであった。17世紀にトリチェリが気圧を発見したことを契機に科学的解明が進められ、現在も研究が継続されている。なぜ、天気が変わるのか。日常的に実感していながら疑問は限りなく存在する。授業に当たっては、自然現象を科学的に解明する「面白さ」を伝えていきたい。

1 気象の研究

(1)気圧

天候の変化は気圧の状態が大きく影響する。この気圧の存在と大きさを測定したのはトリチェリであり、気象研究の窓口を大きく開くことになった。ガリレイの弟子であったイタリアの物理学者トリチェリ（1608～1647）は、片方が閉じたガラス管に水銀を満たして水銀槽に逆さに立てると、ガラス管上部に何もない空間（トリチェリの真空）が生じる現象から気圧の存在に気付いた。そして、高い山では水銀柱の高さが低くなることから、その地点にかかる空気の重さが関係すると推測した。（1643年）

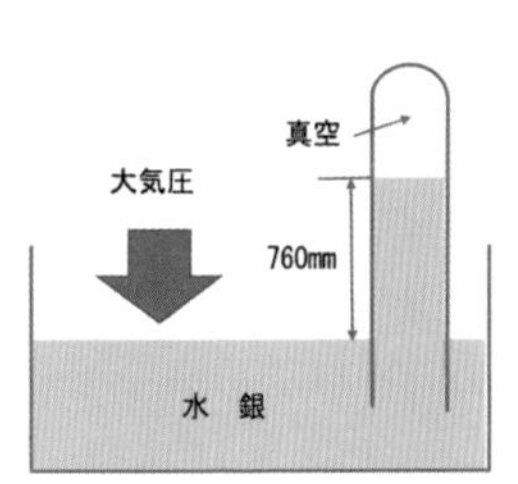

トリチェリーの実験

1気圧（atm）

トリチェリの水銀柱760mmHgや1,013mb（ミリバール）が1気圧の大きさとされていましたが、国際度量衡会議の国際単位系SIでは、1気圧の標準大気圧は1,013.25hPa（1Paは1㎡当たり1Nの力がかかる圧力）とすると決められました。日本では、1992年12月に、ヘクトパスカル表示に切り替えました。

考えてみよう　なぜ場所によって気圧が違うのでしょう

（ヒント）
- 地球は自転しながら太陽の周りを公転しています。
- 土地の高度や形状、緯度、経度によって、また、月日や時刻によって太陽からの熱量はどうなるでしょう。
- 地表で温められた空気はどうなるでしょう。
- 上昇してきた空気は、上空ではどうなるでしょう。

⑵気圧と風

風は、気圧の高い場所から低い場所に向かう空気の流れである。気圧の差（気圧傾度力）が大きいほど強くなる。地球が回転しているため、北半球では右向きの「コリオリ力」が働き、等圧線に直角ではなく右向きの風になる。また、風が噴き出す高気圧では時計回りの風向に、風を吸い込む低気圧では反時計回りの風向になる。気圧と風の関係が解明されたのは、トリチェリの気圧発見から200年経過した19世紀後半のことである。

地表では、「気圧傾度力」と「コリオリ力」との合力の向きに、地面やビルなどの「摩擦力」に引っ張られながら摩擦風が吹く。

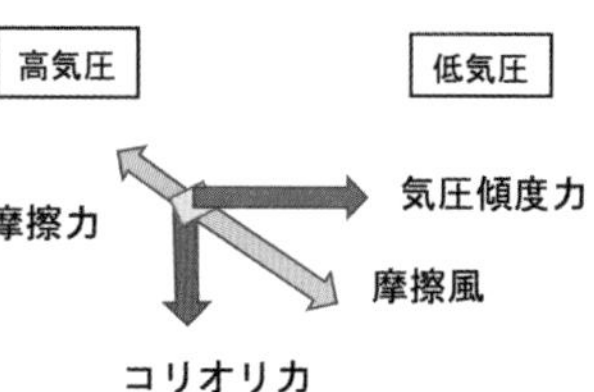

コリオリ力

フランスの物理学者コリオリ（1792～1843）が、自転している地球上の運動体には、北半球では右向きに働く力（コリオリ力）が存在すると発表しました（1835年）。

「コリオリ力」は、赤道上ではほとんど存在しませんが、緯度が高くなるほど大きくなります。また、運動体の速度は変えませんが、その向きを変えることから「転向力」とも言われます。

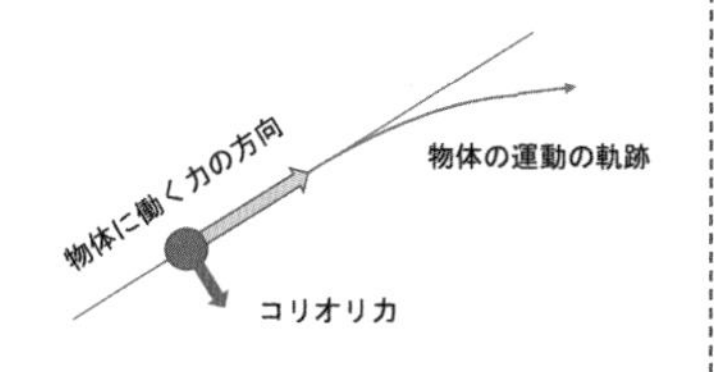

ワンポイント

地球が自転していることを実証したのは誰でしょう

フランスの物理学者フーコー（1819～1868）は、パリのパンテオンの天井から、28kgのおもりを67mのワイヤーで吊るした振り子を揺らし、その振動面が回転する様子から、地球が自転していて、「コリオリ力」が存在することを実証しました。コペルニクスが「地動説」を提唱してから300年後の1851年のことです。

考えてみよう　地球はどのくらいの速度で回転しているのでしょう

気圧に差が生じるのは、地球が回転しているからです。コリオリ力が生じるのも地球が回転しているからです。では、赤道上では、どのくらいの速度で回転しているのでしょうか。また、北緯36度の東京ではどうでしょうか。

（ヒント）　地球の一周約4万km　　$\sin 36^\circ = 0.59$　　$\cos 36^\circ = 0.81$

⑶偏西風と貿易風

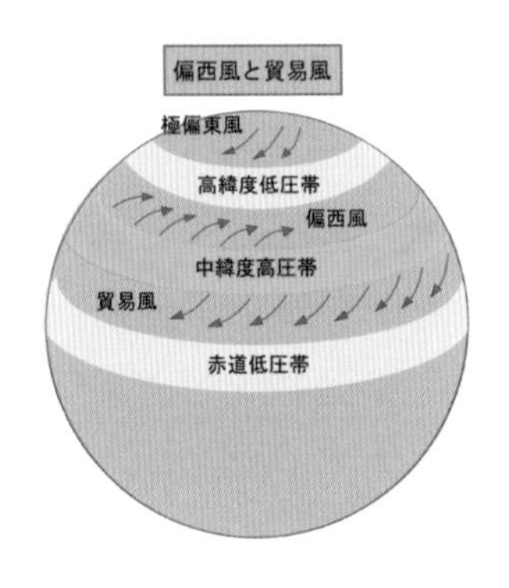

偏西風も貿易風も「コリオリ力」の作用によって生じるものである。太陽からの日射量が多い赤道付近では、気柱が温められて気圧が低くなる(赤道低圧帯)。その上空から押し出された空気は、中緯度上空に取り入れられて地上の気圧が高くなる(中緯度高圧帯)。

地上では、中緯度高圧帯から赤道低圧帯に北風が吹くが、「コリオリ力」によって右向きの東風になる。これが貿易風である。また、中緯度高圧帯から高緯度低圧帯に向かって流れる南風は、「コリオリ力」により右に曲げられて西風になる。これが偏西風である。日本の天候が西から変化するのは偏西風の影響からである。

偏西風の蛇行

偏西風は、絶えず南北に蛇行しているため「気圧の尾根」と「気圧の谷」が現れ、「気圧の谷」に風が吹き込み「温帯性低気圧」が発生します。「気圧の尾根」は「移動性高気圧」になり、「温帯性低気圧」とともに、偏西風で東に移動して日本の天気に変化をもたらしています。

偏西風は上空に行くほど強くなり、高度8,000～13,000m付近では秒速30m/sから100m/sになることもあります。この風をジェット気流といい、航空機が東に向かうときは、ジェット気流にのることで所要時間を大幅に短縮できます。逆に、西に向かうときは、ジェット気流を避けたルートを取ることになります。

参考　東京(羽田)　→　アメリカ(サンフランシスコ)　飛行時間　平均　9時間38分
　　　アメリカ(サンフランシスコ)　→　東京(羽田)　飛行時間　平均 11時間01分

https://www.airlineguide.jp/flight-time/sfo/

⑷前線と気団

①前線

前線が生じるメカニズムを初めて解明したのは、ノルウェーの気象学者ビヤークネ(1862～1951)のグループが考案した『ノルウェー学派モデル』で、現在の考え方の基礎となった(1920年頃)。

低気圧と前線　　ノルウェー学派モデル

中緯度高気圧（暖気）と極高気圧（寒気）の間にある高緯度低圧帯に暖気が南から反時計回りに吹き込んで渦をつくり、中心を持つ低気圧をつくります。寒気の勢力が強いと暖気の下に潜り込み「寒冷前線」をつくり、暖気の勢力が強いと寒気の上を這いあがり「温暖前線」をつくります。中学校で学習する内容であり、1920年頃に提唱された考え方です。

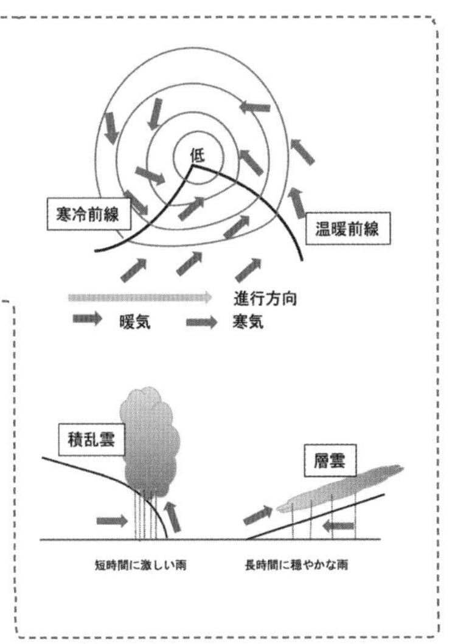

見てみよう　　前線を発見したら写真を撮ろう

時折、意識して空を見つめてみましょう。水平状に明暗が分かれる前線は、すぐに分かります。写真を撮って、日時、場所、方角を記録しておきましょう。

（令和2年8月25日5時30分　八王子市　東方向を撮影）

②気団

停滞性高気圧により、気温や湿度が同じ空気が水平に広がり塊になったもので、スウェーデンの気象学者ベルシェロン（1891～1977）が定義して地球上の気団を分類した（1930年）。彼は、1928年に気団と前線の関係を『大気の三次元解析』にもまとめている。ベルシェロンの研究を参考に、日本周囲の気団を分類して前線発生のメカニズムを整理したのは、日本の気象学者荒川秀俊（1907～1984）である（1935年）。

私たちが勉強している気団や前線は、1930年代に整理されたことなのね。

そうよ。まだ新しい考え方ね。でも、トリチェリが気圧を発見してから、300年の研究が必要だったのね。

調べてみよう　　日本列島の位置や形から生じる気象

日本は、外国の人からうらやましがれるほどはっきりとした四季を持ちます。それは、日本列島が中緯度に位置し、海に囲まれて、周囲に性質が異なる気団があるからです。

このような四季をはじめ、日本列島が南北に細長い島国であることから生じる気象の特徴を調べてみましょう。他の国にはない日本の良さがあるかもしれませんよ。

⑸雲

①蒸発と凝結

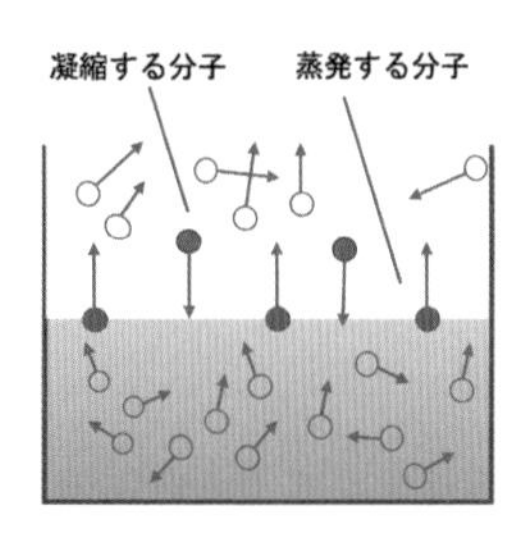

蒸発とは、どういう現象なのか。水蒸気の圧力から考えることができる。1気圧（1,013hPa）の空気は、窒素が78％（790hPa）と酸素21％（213hPa）が含まれている。そこに、4％の水蒸気が含まれているとすると、0.04気圧（41hPa）との和が全体の気圧になる。

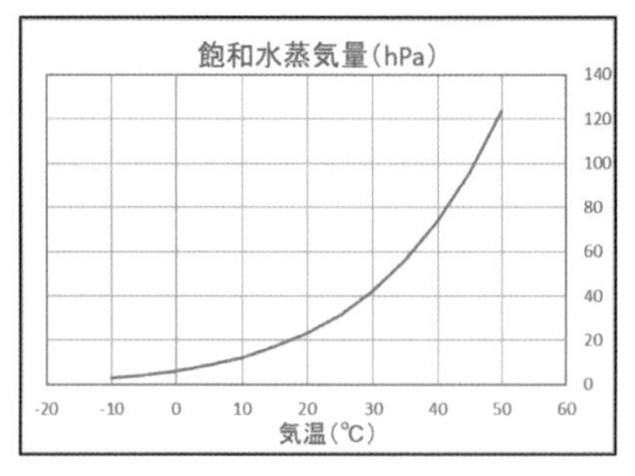

水の温度が上がると水分子の振動が激しくなり、表面から飛び出す分子が現れてくる。これが蒸発である。逆に、空中を飛び回る水分子が、水面表面に取り込まれることもある。これが凝結である。表面から飛び出す分子が多いと蒸発が進み、空気内の水蒸気圧が大きくなる。すると、表面に飛び込む分子も増え始め、拮抗する状態（気液平衡）になって飽和する。このときの水蒸気圧を飽和水蒸気圧という。

ワンポイント

蒸発しようとする水蒸気圧と空気内の気圧との関係で飽和状態が決まります。分子の数は圧力の大きさになるので、水蒸気圧を水蒸気量と置き換えて考えることもできます。

調べてみよう　雲の種類と成因

何が要因となって、形状も性質も違う雲ができるのでしょうか。特徴的な雲を取り上げて調べてみましょう。
（ヒント）世界気象機関では、雲を「巻雲」「巻積雲」「巻層雲」「高積雲」「高層雲」「積乱雲」「乱層雲」「積雲」「層積雲」「層雲」の10種に分類。

②雲の生成

中学校では、飽和水蒸気が凝結して水滴になると指導するが、雲の粒（水滴）になるには無数の水蒸気分子が必要となり、実際は凝結核に集合して大きくなるのである。大気には、エアロゾル（土ほこり、火山灰、煙に含まれているスス、岩塩粒子、化合物の分子などの小さな粒子）が漂っている（1 cm^3当たり1,000～1,500個）。飽和水蒸気圧をわずかに超えている空気（過飽和）がエアロゾルに触れると、水蒸気の分子が表面に付着して水分子の膜をつくる（凝結核）。凝結核は、付着する物質により大きさは異なるが、水蒸気分子が凝結して雲の粒へと大きくなっていく。

〈断熱膨張〉　高度が上がると気圧が減少し、空気は膨張して温度が下がる。

この現象は、水蒸気を含んだ空気が上昇し、飽和状態になり、凝結して雲になるメカニズムに重要な働きをする。空気の湿度によって、温度の下がり方は違ってくる。

- **乾燥断熱減率**：飽和前の乾燥空気は、1km上昇毎に約10℃下がる。
- **湿潤断熱減率**：飽和後の湿潤空気は、1km上昇毎に約4～6℃下がる

〈断熱圧縮〉　高度が低くなるほど気圧が増えて空気は圧縮され、1km下降するたびに約10℃上がる。このような下降気流では、雲は発生しない。

考えてみよう　性質の違う空気が上昇するとどうなるでしょう

通常の空気が1km上昇すると温度が約6.5℃下がります（気温減率）。では、通常の空気と乾燥した空気と湿潤の空気が一緒に上昇したらどうなるでしょうか（ヒント　地上で20℃の気温を1 km上昇させたと考えてみます）。

①大気の気温減率では、20℃　→　何度になるでしょう。
②乾燥断熱減率では、　20℃　→　何度になるでしょう。
③湿潤断熱減率では、　20℃　→　何度になるでしょう。

③の湿潤の空気は、周囲の大気より温度が高く軽いので、さらに上昇して積乱雲を発生させたりします。この現象を「大気が不安定な状態」と呼び、天気がくずれやすくなる指標として使われています。

2 気象観測と天気予報

⑴世界の気象観測網

世界中の気象観測所や船舶が、世界協定時（UTC）の0時から3時間または6時間ごとに地上観察を、0時と12時（日本時間では9時と21時）の2回高層観察を行っている。この観測データは全球通信網を通じて交換される。

世界の気象観測網

- 地上観測5,260地点　・船舶305地点　・ブイ729地点　・ゾンデ644地点　・航空機7,417地点
- 静止気象衛星　（Meteosat10号1,030地点　Meteosay8号939地点　ひまわり8号7,112地点　OES15号1,088地点　GOES13号1,112地点）
- 極軌道衛星　（NOAA15号3,225地点　NOAA18号2,876地点　NOAA19号4,999地点　Aqua3,001地点　Metop1号3,369地点　Metop2号4,801地点）

⑵日本の気象観測網

日本が1974年に世界に先駆けて導入した「アメダス　」（Automated Meteorological Data Acquisition System）による全国1,300か所の無人観測装置で降水量、風向、風速、気温、日照時間、積雪量などを観測している。また、気象台・気象観測所（全国160か所）、船舶、航空機、ゾンデなどでも観測を行っている。

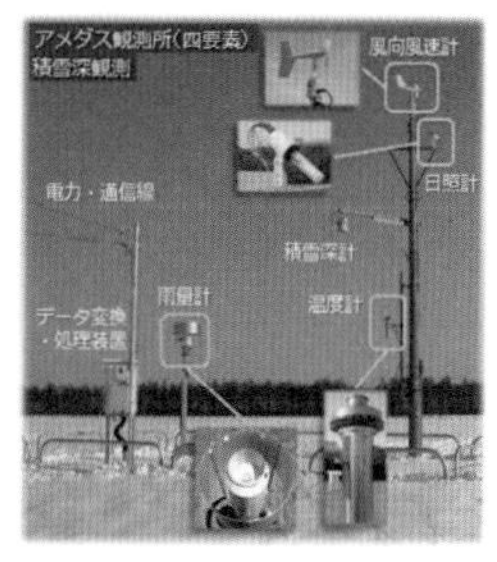

出典：気象庁ホームページ

新しい観測技術

・ウインドプロファイラ……電波を上空に発射して、その反射波から空の風向や風速、上気流、下降気流などを観測する地上観測技術。

・静止気象衛星ひまわり……赤道上空36,000km（地球半径の5.6倍）の軌道を回り、地球各地の様子を可視光線や赤外線を走査（スキャン）した画像を地球に送っています。走査するため、１回の観測には20分程度の時間がかかります。可視光線画像はそのまま解析に利用され赤外線画像からは雲の温度分布が、水蒸気画像からは雲の温度分布や大気中の水蒸気量の分布状況を解析することができます。

見てみよう　　気象観測衛星「ひまわり」の画像

気象庁ホームページ　＞　知識・解説　＞　気象の観測　＞　気象衛星観測について　＞　衛星観測画像の見方　＞　現在の衛星画像　＞　10分ごと　＞　最新のカラー動画を見ることができるよ。

出典：気象庁ホームページ

⑶天気予報（数値予報）

各種観測データは気象庁に集められ、地球の大気状態をコンピュータ内に作り、気象現況が分析される。天気予報には、「流体力学方程式」「質量保存式」「熱力学第一法則」「気体の状態方程式」などに観測データを入力して、全体の数値予報（シミュレーション）がなされる。莫大なデータと相互に関連し合う方程式を解析するには、大型スーパーコンピュータと相当な時間が必要になる。

数値計算された予報結果は、過去のデータから地域ごとに「補正」や「修正」がなされて「精度」を高めている。また、「晴れ」「くもり」など、人が理解しやすい表現に「翻訳」する作業もコンピュータ内で行っている。

見てみよう　　最新の天気図を見てみよう

気象庁ホームページの「天気図（実況・予想）」をクリックすると、最新の天気図をカラー動画で見ることができます。「ひまわり」の画像と照らし合わせると、気象の変化を読み取ることができます。

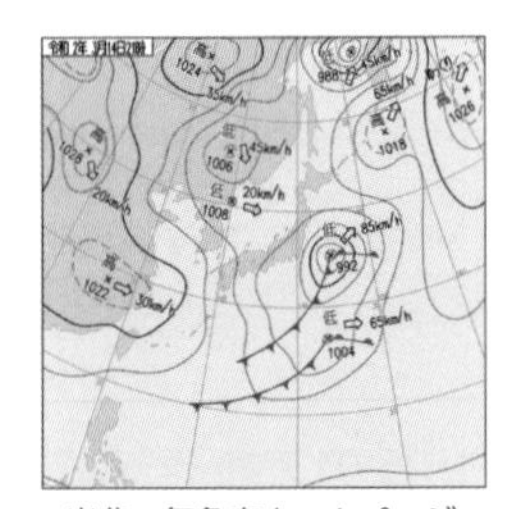

出典：気象庁ホームページ

3 地球温暖化

IPCC（Intergovernmental Panel Climate Change 気候変動に対する政府間パネル。1988年に国連に設立された専門機関）が、温暖化に対する科学的・社会経済的知見を報告書にまとめている。ここでは、第５次報告書（2014年）から地球温暖化について整理する。

⑴地球の大気温は上昇している

「地球の表面は1850年以降上昇し、北半球の1983～2014年は過去1400年において最も高温な30年間であった可能性が高い（中程度の確信度）。陸域と海上を合わせた世界平均地上気温は1880年から2012年の期間に0.85℃上昇している。また、各地域の観測データが揃う1901～2012年間でも、地球全体で気温の上昇が起きている」（報告書より）。

宮沢賢治も地球温暖化を予想

童話『グスコーブドリの伝記』に「カルボナード火山が噴火し、炭酸ガスが地球全体を覆うと5℃ぐらい暖かくなるだろう」と書かれている（1932年）。

(2)二酸化炭素の増加が温暖化の要因である

地球の大気は太陽日射を通過させるが、地表面から反射された赤外放射の一部を吸収して、逆に地表面に放射して表面を温めて地球の温度を恒常化させている。この温室効果をもたらす気体を温室効果ガスといい、水蒸気、二酸化炭素、メタン、亜酸化窒素（または、一酸化二窒素）、フロンがある。フロンは、1987年にオゾン層破壊物質に該当するので製造禁止となり、メタンや一酸化二窒素の絶対量は少なく、水蒸気量は増減がないので、最大の温室効果をもたらす気体は二酸化炭素と考えられる。IPCC報告書によれば、「20世紀半ば以降に観測された気温上昇は人間活動によるものであった可能性が非常に高い」とし、「最大の要因は、二酸化炭素の増加にある」と指摘している。上のグラフでも、1870年の産業革命までの大気中の二酸化炭素量は278 ppmだったが、その後、二酸化炭素量増加が始まり、2014年には397.7 ppmに達していることが分かる。

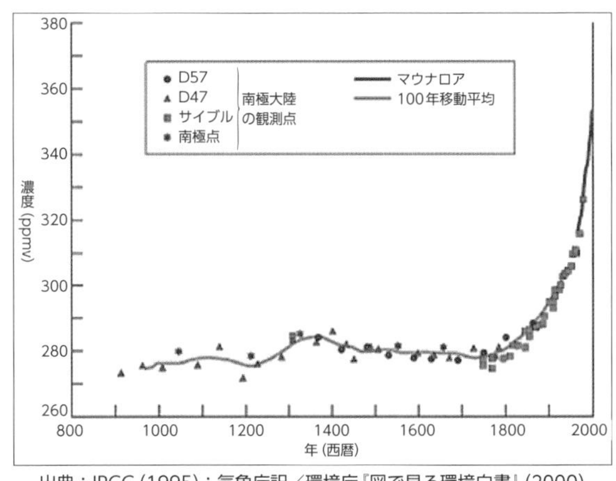

出典：IPCC（1995）：気象庁訳／環境庁『図で見る環境白書』（2000）

放出される二酸化炭素量	9.2GtC/年
内訳　石油・石炭・天然ガスなどの石燃料燃焼とセメント産業	8.3GtC/年
内訳　焼き畑や森林破壊などの土地利用改変	0.9GtC/年
吸収される二酸化炭素量	4.9GtC/年
内訳　海が吸収する	2.4GtC/年
内訳　緑色植物が光合成に使用	2.5GtC/年
大気中に残留する二酸化炭素量	4.3GtC/年

※ GtC／年：CO_2収支の単位

⑶対策を講じない場合の今後の予測

① 2081～2100年の世界平均地上気温は、1986～2005年に比べて0.3～4.8℃上昇する。その上昇は、高緯度地域が激しい。高緯度地域の氷河は太陽光を反射するが、氷が解けて地面が表出すると気温の上昇速度がさらに速くなり悪循環に陥る。

② 2050年夏頃には、北極の氷が消失する可能性がある。21世紀末までに世界の海面水位は26～82cm上昇する。海面が広がれば、気温がさらに上昇し、気圧や風の流れが大きく変化するだろう。

③ 2081～2100年の降水量は、1986～2005年に比べて、高緯度域と太平洋赤道域では増加して「集中豪雨」が、中緯度域と亜熱帯の乾燥地域では、降水量が減少して「干ばつ」が起こるであろう。

考えてみよう　地球温暖化対策

地球温暖化現象を軽減させるには、二酸化炭素の排出量を減らすことが最も重要なことです。では、どのようにして減らせばよいのでしょうか。身の回りでできることから考えてみましょう。その後で、下記資料から対策を調べてみましょう（環境省「地球温暖化対策」）。
https://www.env.go.jp/seisaku/list/ondanka.html

参考資料・文献

『図解・気象学入門』古川武彦・大木勇人　2011年3月　講談社ブルーバックス
『一般気象学』小倉義光　1999年4月　東京大学出版会
『Newton別冊 天気と気象の教科書』　2019年10月　ニュートンプレス
『基礎から学ぶ気象学』佐藤尚毅　2019年10月　東京学芸大学出版会
「気候変動2013（IPCC 第5次報告書）」気象庁訳　2015年12月1日
https://www.ipcc.ch/site/assets/uploads/2018/03/ar5-wg1-spmjapan.pdfi
「気象庁ホームページ」https://www.jma.go.jp/jma/index.html

地学編

第4節 宇宙

古代の人々は、天体への畏れと憧れを抱き、太陽や星の運行の仕組みを解き明かそうとした。ケプラーは惑星の運行軌道の法則を発見し、ニュートンは万有引力によりこれを解明し、アインシュタインは相対性理論で「宇宙」での物理学の礎を固めた。天文学から始まった様々な取り組みは、現代科学の思考や方法の基盤となり、現在の宇宙論の発展を支えている。古代の天文学から現在の宇宙論まで、宇宙を舞台にした科学者たちのチャレンジの世界をたどる。

1 天文学と宇宙論

⑴天文学の起源

古代の農業社会では、農作物の栽培や収穫の最適な時期を知ることが重要であった。エジプトやバビロンの天文学者や司祭は、季節の変化が太陽や星の動きと関係していることに気付いていた。天体観測を行い、正確な暦づくりを目指すことが、天文学や宇宙論の発達につながっていった。

紀元前3000年頃、メソポタミアでは、月と太陽の運行周期を体系化し太陰暦が作成された。前2000年頃、エジプトでは、一定の周期で氾濫を繰り返すナイル川の洪水での水位の変化を利用し、1年を365日とする太陽暦が作られた。

⑵古代ギリシャの天文学

現代の天文学や宇宙論の源はギリシャにある。天文学は古代ギリシャの自由な学問的伝統の中で、科学としての性格を備え発展した。紀元前6世紀のターレスによる日食の予言、紀元前5世紀のピタゴラスによる球形の地球の形や金星の発見、紀元前4～3世紀のアリストテレスの天動説やアリスタルコスの太陽中心説、さらに紀元前2世紀のエラトステネスによる地球の直径の測定、プトレマイオスの天動説、ヒッパルコスの恒星の星表などが知られている。

ローマ帝国の滅亡後、ヨーロッパではアリストテレスの自然観が支配的となった結果、古代ギリシャの実証的な自然観は否定され、ギリシャ天文学は停滞するが、受け継いだアラブ・イスラム世界でアラビア天文学が発達した。フワーリズミーの代数学や数理天文学の著作、バッターニーの恒星表や暦法の改良などが知られる。天文用語には恒星の名前などアラビア天文学の成果が数多く残る。

⑶天動説から地動説へ

16世紀の中頃、コペルニクス（1473～1543、ポーランド）が登場するまで、プトレマイオス（83～168年頃）の天動説が信じられていた。惑星は、地球を中心とする円と、その円の上に中心を持って回転する円（周転円）の上を運動していると説明し、さらに円軌道の中心を地球の中心からずらすという工夫を行うなど、惑星の運動の説明は複雑なものであった。

コペルニクスは、惑星の軌道を円軌道として計算した結果が観測データと一致していることを見つけた。そのことから、地球を含むすべての惑星は太陽を中心として回っていると考えるに至った。彼の地動説は、惑星の運動を簡潔に統一的に説明できるものであったが、教会の圧迫をおそれたため公表されず、彼の死後の1543年に『天体の回転』として出版された。

1610年、ガリレオ・ガリレイ（1564～1642）は自作した望遠鏡で木星を観測し、木星の４つの衛星を発見した。この発見は、地球は月を衛星に持つ特別の星であるという考えを覆し、地球も惑星の一つであることの証明となり地動説の確立に寄与した。

⑷ケプラーの法則

コペルニクスの地動説が発表されてから半世紀後、ヨハネス・ケプラー（1571～1630ドイツ）は、師であったティコ・ブラーエ（1546～1601デンマーク）の長年にわたる天体の観測結果をもとに、火星の軌道の解析に取り組み、惑星の軌道が、従来考えられていた円ではなく、楕円であることを発見した。当初、火星は円軌道からのずれが大きいため動きを特定することが難しかった。しかし、ティコ・ブラーエの観測データにあった地球から見た太陽と火星とのなす角度を用いて、地球と火星と太陽との間で三角測量の方法により地球の軌道を求めた。その結果、地球の軌道は円軌道ではないこと。そして、地球の動きは太陽の近くでは速く、遠くではゆっくりと動くことを発見した。また、火星の観測データに様々な曲線の軌道を当てはめた結果、火星は楕円軌道を描くことを発見した。これを他の惑星で確認した結果、惑星の軌道は太陽を焦点とする楕円であるとする結論を得た。

ケプラー

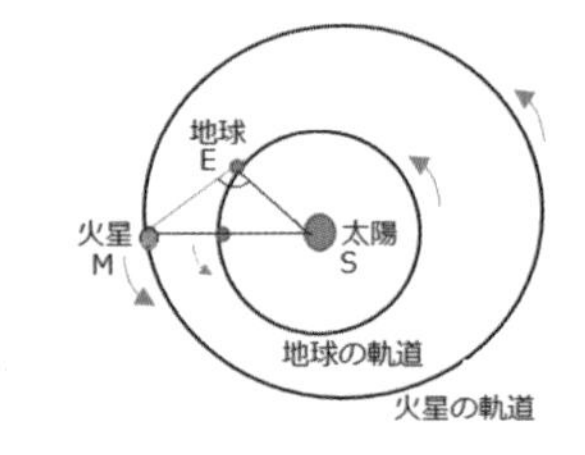

さらに、太陽系を一つの調和的なものであると捉え、惑星の運動の間には調

和に満ちた有意な関係があると考え、様々な惑星のデータを比較する中で、惑星の軌道と公転周期との間の規則性を発見した。これは、万有引力の大きさが距離の2乗に反比例する結果であることを示すものであった。

ケプラーの法則は、次の3つからなっています。当時は、コンピュータ等はなかったので、データ分析にはとても時間がかかりましたが、努力の末にこのような結果を得ることができました。

第1法則（楕円軌道）
　惑星の軌道は、太陽を焦点の一つとする楕円である。

第2法則（面積速度一定）
　惑星と太陽を結ぶ線分が単位時間内に通過する面積は、楕円軌道上の場所によらず一定である。

第3法則（調和の法則）
　惑星の公転周期の2乗は、太陽と惑星の間の長半径の3乗に比例する。

この法則により惑星が太陽の周りをまわっていることが確認でき、地動説が広く認められるようになった。

1687年、ニュートン（1643～1727）はケプラーの法則などから、万有引力の法則を発見した。この発見により、天体と地上の運動が同じ法則で成り立つことが明らかになり、地上での物体の運動と、月の周回運動や潮汐現象、彗星の回帰予測等の天体の運動が統一して説明できるようになり、天文学の飛躍につながった。

⑸天文学から宇宙論へ

17世紀に入ると、望遠鏡の観測精度の向上と万有引力の法則の発見により、天体の運動を力学的な視点で見る宇宙観が広がっていった。さらに、ガリレイにより星の年周視差が検出され、地動説が確認された。これらの取り組みを通し、観測の対象が太陽系から恒星へと拡大し、恒星天文学の誕生につながった。

19世紀末には、スペクトル分析技術や紫外線、電波による観測技術が発達した結果、観測対象が太陽系天体や恒星などから、銀河系や系外銀河へと拡がり、宇宙全体の構造や進化を扱う宇宙論が誕生した。20世紀に入り、銀河系の大きさや構造、銀河までの距離などの測定ができるようになり、さらに、宇宙の様々な天体から電波が放出されていることが発見され、電波天文学が始まった。

⑹宇宙物理学の発展　宇宙誕生の謎に挑む

1915年、アインシュタイン（1879～1955ドイツ）は「一般相対性理論」を発表した。物体に重力が働くとき、物体はまわりの空間を変形させるという理論である。この理論を用いて、ロシアの数学・物理学者アレクサンドル・フリードマン（1888～1922）は、宇宙は膨張していると主張した。1929年、エドウィン・ハッブル（1889～1953アメリカ）は、銀河からの光をプリズムに通し、光のドップラー効果（光の「赤方偏移」）を見つけ、宇宙が膨張していることを実験的に証明することに成功した。

宇宙膨張が明らかになった後、宇宙が膨張を開始する前の状態や膨張をするための力の起源など、膨張する宇宙の謎を解くための様々な研究が行われた。

1948年フリードマンの弟子ジョージ・ガモフ（1904～1968アメリカ）は、「ビッグバン宇宙論」を提唱した。宇宙は小さな一点から急激に広がる大爆発で始まり、多くの素粒子の集りの中から原子核が作られ、ごく初期の段階で水素やヘリウムができ、その後、大きな原子や物質の塊が作られ、星や銀河が形成され、現在の宇宙の姿になったという説である。火の玉理論とも呼ばれる。

1965年、アメリカのベル研究所のペンジャスとウィルソンが「宇宙背景放射」を見つけ、ビッグバンのあったことが確認された。宇宙放射とは、138億年前に宇宙がビッグバンを起こした後に出た光の名残りで、2.735 Kの黒体放射の電磁波として宇宙のあらゆる方向から地球にやってくる電波のことである。この電波をキャッチしたことで、宇宙が高温高密度の状態から始まったというビッグバンのアイデアが立証された。

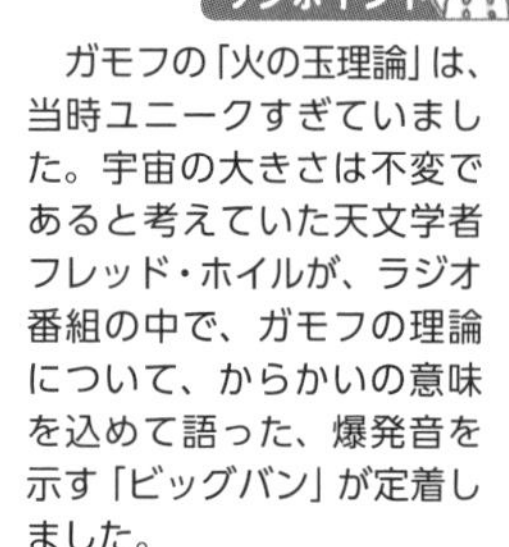

ガモフの「火の玉理論」は、当時ユニークすぎていました。宇宙の大きさは不変であると考えていた天文学者フレッド・ホイルが、ラジオ番組の中で、ガモフの理論について、からかいの意味を込めて語った、爆発音を示す「ビッグバン」が定着しました。

宇宙は誕生当時、高温でしたが、急激な膨張により温度が3,000Kほどに下がると、宇宙の光が直進できるようになり、あらゆる方向に伝播できるようになりました。この時期に放出された光の温度は、100億年以上の年を経て、3,000 K程度から2.735 Kまで下がったと計算されています。

現在の天文学や宇宙論では、ビッグバンの解明など、宇宙誕生の謎に迫ろうとする研究が盛んに行われています。20世紀後半からの望遠鏡技術等の観測技術の急速な進展に伴って、宇宙背景放射探査機（COBE）、ハッブル宇宙望遠鏡、ウィルキンソン・マイクロ波異方性探査機（WMAP）、宇宙背景放射の観測装置を備えた宇宙望遠鏡（プランク）などの様々な衛星が打ち上げられ、その結果、宇宙が膨張していることやブラックホールの発見などがなされています。

ハッブル宇宙望遠鏡　©NASA

宇宙での生命探しも活発に行われている。南米チリ北部の標高5,000 mのアタカマ砂漠に建設され、2011年に観測を開始したアルマ望遠鏡は、138億年前のビッグバンで誕生した宇宙の姿や銀河の誕生と進化の謎

アルマ望遠鏡
©ALMA (ESO/NAOJ/NRAO)

に迫るとともに、宇宙空間に漂う塵やガス、アミノ酸などの有機物を捉え、地球以外に生命が誕生する可能性を調べている。

日本の「はやぶさ２」は2020年12月６日、小惑星リュウグウから、生命の原材料を持ち帰るカプセルの帰還に成功した。表面の岩石採取だけではなく、衝突装置を惑星表面に打ち込み、直径数ｍのクレーターをつくり、放射線等にさらされていない内部の岩石を採取した。生命の材料のもととなる水を含む鉱物や有機物の発見が期待されている。

はやぶさ２　©JAXA

国際宇宙ステーションISSは、各国の研究者が共同して、地球、及び宇宙の観測や、宇宙環境を利用した様々な研究や実験を行うための有人宇宙ステーションで、地上から約400km上空を秒速7.7kmで飛行し、１日で地球を約16周しています。2011年より運用されて、日本は実験棟「きぼう」や宇宙ステーション補給機「こうのとり」に参加して、成果を上げています。

ISS　©NASA

2 宇宙誕生の謎に迫る

⑴分かってきた宇宙の姿

最新の観測結果では、宇宙を構成する成分の68％は、宇宙膨張を加速させる謎のエネルギー（ダークエネルギー）、27％が正体不明の物質（暗黒物質、ダークマター）、陽子や中性子など観測されている物質は５％しかなく、宇宙を占める95％ の主体は未だ不明である。

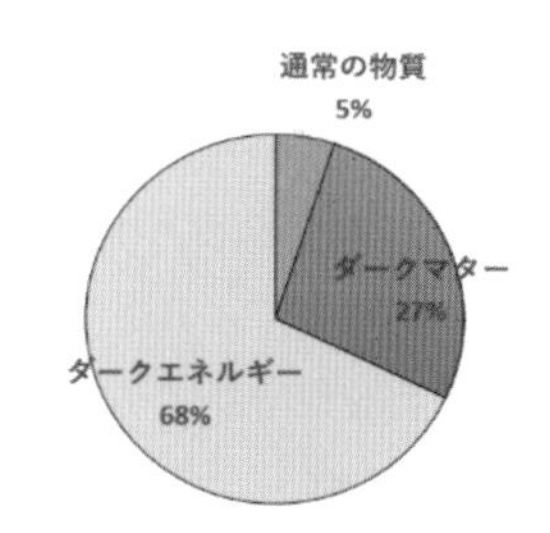

宇宙の構成
©Kamioka、Observatory, ICRR

宇宙には、星が数百億～数千億集まっている銀河や、銀河が数百個～数千個も集まっている銀河群や銀河団、さらに、１億光年の大きさにもなる超銀河団がある。さらに超銀河団同士もフィラメント状やシート状に連なった銀河とつながり、何億光年にまたがる多様な階層構造をつくっている。これらは「宇宙の大規模構造」と言われている。宇宙の大規模構造については、国立天文台４次元デジタル宇宙プロジェクトが作成した宇宙初期から現在に至るまでのダークマターの分布の進化を可視化した動画「ダークマターハローの形成・進化（II. 大規模構造の形成）」がある。https://www.nao.ac.jp/gallery/weekly/2016/20160223-4d2u.html

⑵宇宙の謎に挑む先端科学

太陽系は、天の川銀河の中心まで約26,100光年の距離にあり、秒速約220kmで、約2億2,000～2億5,000万年かけて天の川銀河を1周しているとされている。この速さで回るには大きな力が必要で、星の重力だけでは足りないため、何か銀河系中心付近にある目に見えない物質により引っ張られているのではないかと考えられている。

この物質は暗黒物質（ダークマター）と呼ばれ、原子を集め、星や銀河、惑星を作ったと考えられています。そのため宇宙の起源や未来を解き明かすには、暗黒物質を見つけ謎を解き明かすことが鍵と考えられ、現在、様々な取り組みがなされています。

①すばる望遠鏡

すばる望遠鏡　©NAOJ

ハワイ島マウナケア山頂にある日本のすばる望遠鏡は暗黒物質の謎を追っている。高い解像力を誇り、画素数9億という巨大なカメラを使って、暗黒物質分布の探査や、宇宙膨張を探る上で手がかりとなる遠方天体の観測などを行っている。

2018年、国立天文台、東京大学の大栗真宗助教らの研究チームは、すばる望遠鏡の観測データから、ダークマターの地図を作成した。約10億光年×2.5億光年の範囲、80億光年ほどの奥行きについてダークマターの分布を3次元的に示したもので、宇宙の加速膨張の謎を解き明かす手がかりになると考えられている。

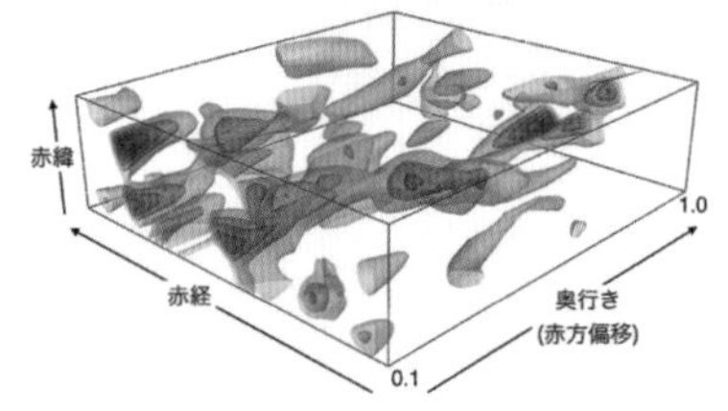

ダークマター3次元分布図
©The University of Tokyo/NAOJ

2019年には、ダークマターの正体は、原始ブラックホールではないことが明らかにされ、未知の素粒子である可能性が高まっている。

②スーパーカミオカンデ実験

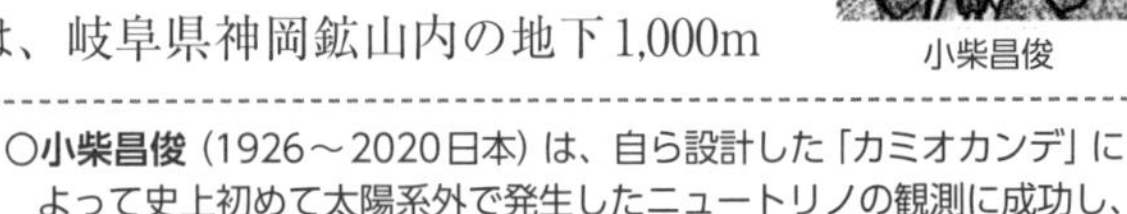

小柴昌俊

スーパーカミオカンデは、岐阜県神岡鉱山内の地下1,000mに5万トンの超純水を蓄えたタンクと、その壁に設置された光電子増倍管と呼ばれる約1万3,000本の光センサ

○**小柴昌俊**（1926～2020日本）は、自ら設計した「カミオカンデ」によって史上初めて太陽系外で発生したニュートリノの観測に成功し、ニュートリノ天文学を確立した。2002年ノーベル物理学賞を受賞。
○**梶田隆章**（1959、日本）は、「スーパーカミオカンデ」で、「ニュートリノ振動」現象を初めて捉え、ニュートリノに質量があることを証明した。素粒子標準理論の見直しを迫る画期的なものであった。2015年ノーベル物理学を受賞。

ーなどから構成される日本の誇る巨大実験施設である。タンク内に設置した検出器により、宇宙からやってくるニュートリノや、暗黒物質を直接捉えることで、宇宙の成り立ちや物質の起源の解明などに取り組んでいる。

③大型ハドロン衝突型加速器「LHC」

欧州合同原子核研究機関（CERN）が建設した大型ハドロン衝突型加速器LHCでは、陽子同士を高速で衝突させ、ビッグバンを再現しようとしている。2012年には、素粒子に質量を与えるとされるヒッグス粒子と考えられる新しい粒子を発見した。LHCに続いて国際協力でつくられている次世代の加速器・国際リニアコライダーILCでは、暗黒物質の正体となる粒子の解明や宇宙加速膨張やダークエネルギーの産まれる仕組みを解き明かそうとしている。

⑶「ビッグバン理論」による宇宙の誕生

①宇宙の誕生

今からおよそ138億年前、物質も空間も時間もない中で、素粒子が誕生・消滅することが繰り返されていた（「無のゆらぎ」と言われる）。あるとき「無のゆらぎ」の均衡が破れて、直径10^{-34}cm程度の小さな宇宙（時間と空間）が誕生した。そうした宇宙の一つが何らかの原因で消えずに成長したのが、私たちの宇宙と考えられている。

②インフレーション（宇宙の急膨張）

インフレーション理論によれば、宇宙誕生のおよそ10^{-36}秒後から10^{-34}秒後の極めて短い時間に、インフレーションと呼ばれる急激な膨張があり、その結果、直径10^{-34}cm程度であった宇宙が、直径1 cm以上になったと考えられている。さらに、急激な宇宙膨張の結果、宇宙のエネルギー密度が急激に下がり、真空の相転移が発生し、その際に放出された熱エネルギーにより宇宙全体の熱が急激に上昇し、ビッグバンにつながっていったと考えられている。

③灼熱のビッグバン（火の玉宇宙）

宇宙は誕生直後、とてつもない大量のエネルギーによって加熱され、超高温・超高密度の火の玉となった。ビッグバンの始まりである。ビッグバンのすさまじい高温は、その直前まで宇宙に満ちていたエネルギーが熱に変化したものと考えられている。

この段階の宇宙の直径は1cmほどで、1兆度以上の温度に達し、宇宙の誕生直後には、様々な素粒子が生まれ光速で飛び回っていた。この粒子は、ビッグバン開始の約1兆分の1秒後に形成された「ヒッグス場」の中で、質量を獲得していった。その結果、光よりも遅い速度で動くようになっていく。この時期に電磁気力、核力、弱い相互作用の力などの3つの力が誕生した。

質量獲得のメカニズムは、宇宙初期段階で最も重要なものの一つと考えられています。素粒子には2種類あり、それは「粒子」と「反粒子（粒子と反応すると光を放出し消滅する）」です。理由はまだ分かっていませんが、宇宙の初期に粒子よりも反粒子の方が10億個に1個ほど少なかったため、反粒子はすべて消滅し、わずかに残った粒子が、現在の宇宙の物質のもととなったと考えられています。何とも不思議なことです。

④宇宙の晴れ上がり

宇宙は誕生以来、高温で、原子核と電子がバラバラで飛び交うプラズマ状態であった。このため、光は電子と衝突してしまい直進できず、宇宙は雲のように不透明な世界であった。

宇宙誕生30万年後、宇宙の膨張により温度が3,000Kほどにまで下がると、電子は原子核と結合し「原子」となった。その結果、光が直進できるようになり宇宙の見通しがよくなった。これを「宇宙の晴れ上がり」と呼んでいる。このときの宇宙の直径は8,000万光年くらいである。このときに放たれた光はさえぎられるものがないため、今でも宇宙背景放射として観測することができる。1965年にベル研究所のペンジャスとウィルソンが宇宙膨張を確認できたのは、この電波の観測に成功したからである。

⑤星や銀河の誕生

宇宙誕生からしばらくして、恒星が誕生し水素の核融合反応で輝きだす。それらは太陽の重さの数百倍もある巨大な星で、内部で様々な元素を作り出した後、超新星爆発を起こし消えていった。この爆発によってまき散らされた元素が、星の種となり、新たな恒星が生まれた。

宇宙にある多数の恒星は、ダークマターによって集められ、つなぎ止められ銀河が誕生した。宇宙誕生の8億年後には、銀河が存在したことは観測から分かっているが、最初の星がいつ頃生まれたのかについては、正確には分かっていない。その後、宇宙誕生から92億年後に太陽系が誕生し、原始の地球が今から約46億年前に誕生した。

⑷太陽系の誕生の仕組み

宇宙誕生から92億年後、私たちの太陽系は誕生した。太陽や地球、他の惑星はどのようにして誕生したのであろうか。

①　ビッグバンのおよそ50億年後、宇宙のどこかで星の大爆発（超新星爆発等）が起こり、この爆風により、宇宙に漂う塵や薄いガスが、渦をつくり始めた。渦の中心には物質が集まり、衝突が繰り返され、どんどん高温となり、や

がて核融合反応が起き太陽が生まれた。

② 宇宙に残った塵やガスは、雲のようになって太陽の周りを回り始め、回転する渦の中で、この塵やガスが冷えて、細かな粒子ができ、粒子が集まり、塊ができ始めた。

③ 初期の太陽は、周囲の塵やガスを取り込んで成長していった。大きくなったことで塵やガスを引く力が強まり、塵やガスが太陽の周りを回る速度が速まっていった。

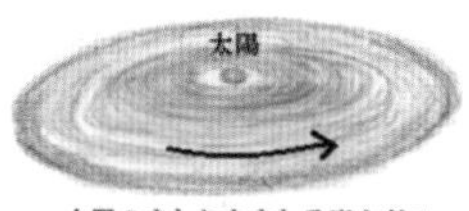

太陽のまわりをまわる塵やガス

④ 回転速度が速まった結果、太陽に近い雲の部分には、密度の濃い塵が集まり始め、お互いに衝突・結合を繰り返し、小さな塊の「微惑星」となった。

さらに「微惑星」同士が引き合い、衝突を繰り返し、金属や岩石からなる大きな塊の「原始惑星」となっていった。

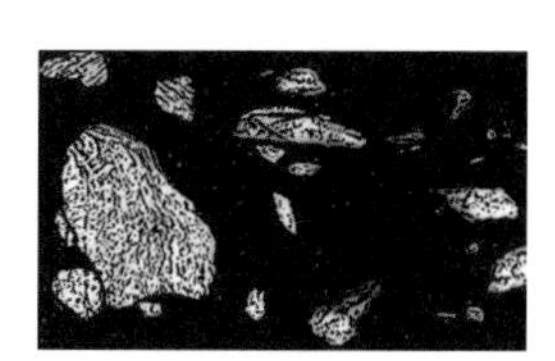
微惑星

⑤ 太陽から遠い場所では、ガスや氷の粒が大量に回り、引き合い・衝突を繰り返し、微惑星となり、氷の粒からなる大きな塊の原始惑星となっていった。原始惑星を比べると、氷でできた原始惑星の方が、金属や岩石からできた原始惑星の方より大きい。これは、宇宙に漂う塵の中には金属や岩石の粒よりも氷の粒が大量に存在していたため、より大きく成長できたからである。金属や岩石からなる原始惑星は、当初100個ぐらいあったと考えられているが、その後、衝突・結合を繰り返し、最終的には4つになった。これが、水星、金星、地球、火星で、岩石惑星と呼ばれる。原始の地球は約46億年前にできた。

⑥ 氷の粒からなる原始惑星は、周囲にあったガスを引き寄せ分厚いガスの層をつくった。特に太陽に近い2つの惑星は、分厚いガスの層をつくったので、巨大ガス惑星（木星、土星）と呼ばれ、残り2つは、ガスが周囲にあるもののほとんどが氷の塊からできているので巨大氷惑星と呼ばれている。

金属や岩石でできた惑星	岩石惑星	水星、金星、地球、火星
氷でできた惑星	巨大ガス惑星	木星、土星
	巨大氷惑星	天王星、海王星

考えてみよう
太陽が誕生してから終わるまでどのような経緯をたどるのでしょうか。また、太陽が終わるとき地球はどうなるか考えてみましょう。

⑦ 火星と木星の間にある小さな岩石の塊や長い尾を持つ彗星は、惑星ができるときに惑星になれなかった微惑星や小岩石の集まりである。

⑧　138億年前の宇宙には、水素とヘリウム、微量のリチウムしか存在していなかった。その後、これらを材料に星が生まれ、星の中で核融合反応が起こり、酸素や炭素、塵の原料の元素が生み出された。

⑸銀河系の中心には何があるだろか

①ブラックホールの発見

アインシュタインの提唱した一般相対性理論の予言するブラックホールは、極めて高密度で、強い重力のために物質だけでなく光さえ脱出することができない天体である。このブラックホールは、銀河中心核の正体であると考えられていたが、その存在は捉えられていなかった。

しかし、2017年、日米欧の国際研究チーム「EHT」が初めて発見した。チリ、アメリカ、メキシコ、スペイン、南極にある8つの電波望遠鏡が、今回ブラックホールが確認されたM87銀河に一斉に向けられ、延べ5日間の観測を行った結果、ブラックホールの姿を捉えることに人類史上初めて成功した。ブラックホール周辺の星の運動の様子や、周囲の物質がブラックホールに吸い込まれるときに発する強力なX線等を観測することによりその存在が確認された。この成功により、時空のゆがみの証拠が得られ、アインシュタインの一般相対性理論の正しさが検証された。

今後、銀河の起源、進化の解明の鍵になるのではないかと期待されている。

ワンポイント

「EHT」(Event Horizon Telescope) は、地球規模の電波干渉計を用いて「ブラックホールの影」の撮影を目指す国際共同研究プロジェクトで、世界の13機関から200名超の研究者が参加しています。

②見えないブラックホールをどのようにして捉えたのか

ブラックホールは、目に見ることはできないが、ブラックホールの周りに、光を放射するガスのようなものがあると、ブラックホールは影のように見えるはずである。一般相対性理論によると、ブラックホール周辺は重力が強く時空が曲がり、それに沿って光の経路が曲がる。

その結果、ブラックホールの周りにリング状に明るい部分が見えるはずである。図は、2019年4月に日米欧の研究チームがおとめ座の楕円銀河M87の中心にある巨大ブラックホールを捉えたものである。リング状の明るい部分の中心

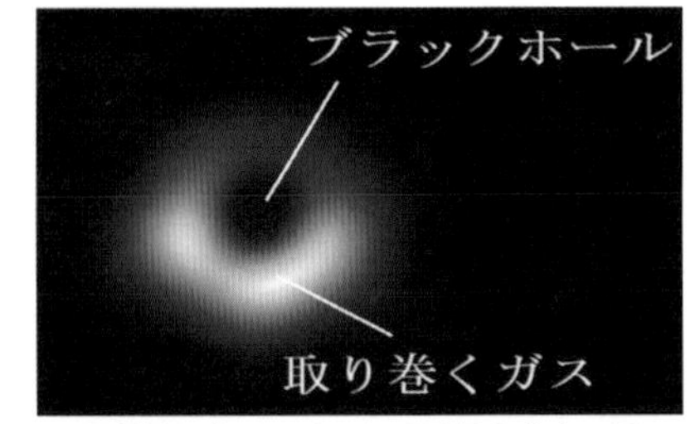

M87銀河のブラックホール　©EHT Collaboration

に黒い部分がはっきりと映し出されている。ここにブラックホールが存在することを視覚的に明らかに示している。

今回、撮影に成功したおとめ座銀河団の楕円銀河M87は、ウルトラマンのふるさとのモデルと言われている銀河である。そのブラックホールは、地球から5,500万光年の距離にあり、その質量は太陽の65億倍にも及ぶ。

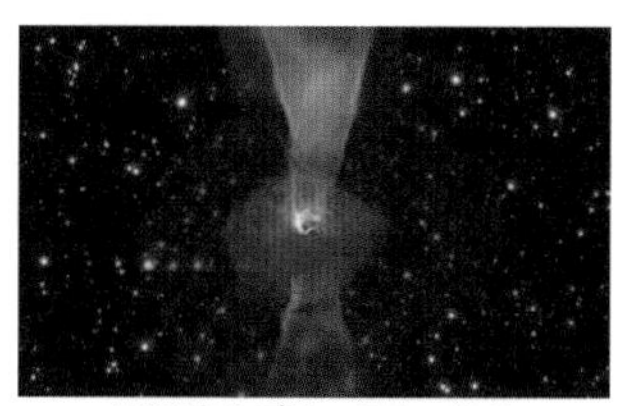
M87中心ブラックホールの周辺のイメージ　©NAOJ

2020年度のノーベル物理学賞は、ブラックホールの存在を理論的に証明したロジャー・ペンローズ（オックスフォード大学教授）、星の観測から銀河系の中心に超巨大なブラックホールがあることを発見したラインハルト・ゲンツェル（マックスプランク地球外物理学研究所所長）とアンドレア・ゲズ教授（カリフォルニア大学ロサンゼルス校）に贈られました。この研究によって、ブラックホールが存在することが確かなこととなりました。

もちろん、このような大掛かりな研究成果の後ろには、一緒に研究してきた多くの研究者がいることを忘れないでください。

考えてみよう　宇宙船がブラックホールに落ちるとどうなるでしょうか。

参考資料・文献

『歴史をたどる物理学』安孫子誠也　1995年　東京教学社

『天文学の歴史』アーサー C.クラーク　2008年　東洋書林

『Newton別冊 宇宙大図鑑200』2019年　ニュートンプレス

『Science Window別冊 宙と粒との出会いの物語』科学技術振興機構

「ハッブル望遠鏡」NASAホームページ　https://www.nasa.gov/

「宇宙ステーション・きぼう広報・情報センター」JAXAホームページ
https://iss.jaxa.jp/iss/images/construct_index_iss_image.jpg

「ギャラリー はやぶさ2プロジェクト」JAXAホームページ
http://www.hayabusa2.jaxa.jp/galleries/

「アルマ望遠鏡」国立天文台ホームページ　https://alma-telescope.jp/

「Naojニュース　ダークマター地図」
https://www.nao.ac.jp/news/science/2018/20180227-hsc.html

「Naojニュース　ブラックホール」
https://www.nao.ac.jp/contents/news/science/2019/20190410-eht-fig-full.jpg

「すばる望遠鏡（ハワイ観測所）」https://www.nao.ac.jp/contents/access/hawaii-subaru-tel.jpg

考えよう SDGs（エス・ディー・ジーズ）(Sustainable Development Goals)
持続可能な開発目標

持続可能な開発目標 (SDGs) とは、2001年に策定されたミレニアム開発目標 (MDGs) の後継として、2015年9月の国連サミットで採択され、2030年までに持続可能でよりよい世界を目指す国際目標です。

17のゴール・169のターゲットから構成され、地球上の「誰一人取り残さない (leave no one behind)」ことを誓っています。これらのゴールの中で、理科教育に関係するものをピックアップしてみましょう (以下の数値は、17のゴールに付けられた番号です)。

7　すべての人が、安くて安定した 持続可能な近代的エネルギーを利用できるようにしよう。
9　災害に強いインフラを作り、持続可能な形で産業を発展させイノベーションを推進していこう。
11　安全で災害に強く、持続可能な都市、及び居住環境を実現しよう。
12　持続可能な方法で生産し、消費する取り組みを進めていこう。
13　気候変動、及びその影響を軽減するための緊急対策を講じよう。
14　持続可能な開発のために海洋資源を保全し、持続可能な形で利用しよう。
15　陸上の生態系や森林の保護・回復と持続可能な利用を推進し、砂漠化と土地の劣化に対処し、生物多様性の損失を阻止しよう。

これらに関連することを、理科の指導の中でどのように取り入れていったらよいでしょうか。

出典：外務省ホームページ
https://www.mofa.go.jp/mofaj/gaiko/oda/sdgs/about/index.html

第3章

代表的な24の実験と解説

「無理に強いられた学習というものは、何ひとつ魂の中に残りはしない」。

これは、かの有名なプラトン（前427～347）が残した名言である。このことに反論する人は、まずいないであろう。今日「主体的・対話的で深い学び」の重要性が指摘され、授業改善が進められている。教えられて知識を頭に詰め込んでも、しばらくすると忘れてしまう。しかし、自分から進んで行う学びは、定着度が増すことは周知の通りである。

ファラデーは、王立研究所で若い人のためのクリスマス講演を実施し、その内容をまとめた「ロウソクの科学」はあまりにも有名である。この中で、ファラデーは、日常的に見逃してしまいそうな現象を、ロウソクを題材にして観察や実験をしながら聴衆に分かりやすく伝えている。このことは、まさに理科（自然科学）における観察や実験の大切さを訴えかけているものである。

本書の監修をお引き受けいただいた藤嶋昭先生は、『科学も感動から』という著書の中で、ご自身の研究生活を例にあげながら、「いちばん大事なのは『センス』や『ひらめき』『独創性』があるかどうか、融通がきくかどうかだと思っています」と書かれている。

私たち理科教員は、理科好きな生徒を育てるために、不思議と思うことに自らが疑問を持ち解決していく姿勢が必要である。

この章では、第2章で取り上げた各種の項目に関する実験の紹介とその解説を載せてある。単なる生徒実験のための紹介ではなく、生徒が進んで課題解決に迫ろうとする授業を組み立てるための参考資料となることを期待して編集してある。観察・実験の教材を作成するときの参考にして、生徒が目を輝かせる理科の授業を組み立てていただきたい。

物理編

1 ガリレイの斜面

ガリレイは、物体の落下時間は重さに関係なく同じであると考えたが、自由落下は速すぎて測定できないので斜面を使った実験を行った。斜面上に鈴を置き、斜面を滑り落ちる球が触れて音を出すまでの時間を求め、距離と時間の関係を導き出した。時間は桶の小穴から流出する水の量ではかり、斜面の角度を徐々に上げていき測定を繰り返した。次に示す２つの実験によって、物体が落下する場合、物体の重さによらず落下時間は同じであること。さらに自由落下は速さが増す運動であるという結論を得た。本実験でガリレイの思考を体験する。

1−1 実験1（移動距離と落下時間の関係）

(1)目的 斜面を転がる球の移動距離と時間の関係を調べる。

(2)準備 力学実験用斜面、鉄球、ストップウォッチ、定規

(3)方法

①力学実験用斜面を右図のように設置する。

②斜面の高さhを一定にし、球を斜面上で静かに転げさせる。

③はじめに鉄球の移動距離xを0.1 mとして、落下時間をストップウォッチで測定する。

④鉄球の移動距離xを0.1 mずつ変えて、③と同様に時間を測定する。

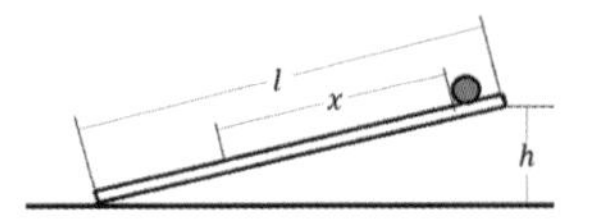

＊それぞれの移動距離について3回ずつ測定する。

(4)結果

①移動距離と落下時間（平均値）の値を記入する。

斜面の高さ h〔m〕	移動距離 x〔m〕	落下時間〔s〕			落下時間の平均 t〔s〕
		1回目	2回目	3回目	

②落下時間を横軸に、移動距離を縦軸にとり、時間の平均と移動距離の関係をグラフにする。

(5)考察

①ガリレイは、この実験から「移動距離は時間の２乗に比例する」ことを見出した。この実験結果は、ガリレイの結論に合致したものになっているかを考える。

②この実験から、斜面を垂直すなわち自由落下においても、ガリレイが見出した結論は成り立つと考えてよいかを考える（帰納的推論）。

1−2 実験2（移動距離と速度の関係）

(1)目的

ガリレイの斜面の実験から、自由落下の速度vと落下距離hとの間に、$v^2=2gh$（gは重力加速度）の関係や、自由落下が加速度運動であることを検証する。本実験は、速度測定器

を利用して斜面上の物体の移動距離と速度との関係を探る。

(2)準備

実験用斜面、鉄球、速度測定器5個、定規、セロテープ、スタンド

(3)方法

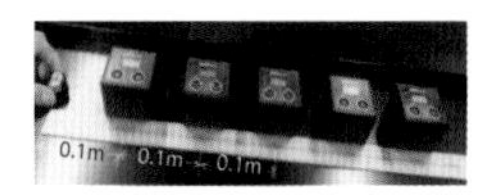

写真のように、斜面上に速度測定器を5個0.1 m間隔で並べ、金属球を斜面上方から初速0 m/sで転がし、始点からの移動距離xと、各速度計の速度vを記録して、移動距離xと速度vの関係を求める。

①最初の速度測定器は、球の中心を始点とし、始点から速度測定器の中心までの距離が0.1 mとなるように設置する。

②斜面の角度を15°に設定する。

③斜面上の金属球を静かに離して、各速度測定器を通過するときの瞬間速度vを測定する。

④同じ斜面の角度について3回ずつ繰り返し、各速度測定器の瞬間の速度の平均を求める。

⑤斜面の角度を変え、①〜④を繰り返す(2回目30°、3回目45℃、4回目60°、5回目90°)。

(4)結果

x	1回目 v	2回目 v	3 回 目 v	速度の平均 $\bar{v}$	速度の2乗 v^2
0	0	0	0	0	
0.1	0.47	・・	・・	0.49	
0.2	0.66	・・	・・	0.68	
0.3	・・	・・	・・	・・	

①金属球の移動距離xを横軸、瞬間速度の平均$\bar{v}$を縦軸にとって、グラフに表す。

②移動距離xを横軸、速度の2乗を縦軸にとって、グラフに表す。

(5)考察

①この実験から、$v^2 \propto x$の関係が得られたか考える。

②斜面を90°(自由落下運動)にした場合の実験結果から、重力加速度を求める。

ヒント:縦軸をv^2にしたときの傾きをkとすると、$k = 2g$より重力加速度gが求められる。

2 実験の解説

本実験のねらいは、ガリレイの思考体系や実験手法を追体験することにある。落下の法則を、どのようにしてガリレイが思考し実験し理論を確立したのか。法則や理論の持つ科学的な意義、関連する実験などの理解を深めることで、生徒たちの知的好奇心が高まることを期待し、ガリレイの斜面の実験を現代の実験器具を用いて再現したものである。本実験を行う前には、ガリレイの業績や実験の趣旨を指導するとより効果的である。

なお、ガリレイは斜面の実験を行うに当たって、次のようにして考え実験に取り組んでいる。「物体の落下の運動は、一様に加速される運動である。それゆえ、落下速度は落下時間に比例し、落下距離は落下時間の2乗に比例する」。空気抵抗がなければ物体はすべて一定の加速度で下降すると仮定し、仮説に従い物体の落下距離は落下時間の2乗に比例するはずであると数学的に論証し、斜面を使った実験を行い検証した。

こうして、ガリレイは、仮説・論証・実験という現代に通じる科学の方法を確立していく。これらの科学の手法についても授業の中で紹介したい。斜面の実験についてはガリレイの書『新科学対話』に詳しく載っているので、一読することを勧める。

2 重力加速度

本実験は、自由落下する物体を記録タイマーで測定した結果を分析し、重力加速度を求める実験である。本実験を通し、重力加速度と重力の関係を明らかにし、自由落下運動が等加速度運動であることを理解させたい。実験では、単に重力加速度の大きさを測定するというだけではなく、どうすれば精度の高い結果を得ることができるかという視点から、実験結果をもとに議論・発表をさせながら考察を深めさせたい。さらに、データ処理や分析の方法等についての指導も目標の一つとしたい。

1 実験

(1)目的 記録タイマーを用い、物体を落下させたときの重力加速度を測定する。

(2)準備 鉄製スタンド、記録タイマー、おもり（1kg程度の砂袋)、セロテープ、定規、電卓、衝突緩和用段ボール

(3)方法

①おもりが1m程度落下できるようにスタンドを設置し、記録タイマーをスタンドに固定する(右図)。

②記録テープを1.0 m程度の長さで切り取り、記録タイマーに通して下端におもりをつけ、ゆっくりと記録タイマーの端まで引き上げる。

③記録タイマーのスイッチを入れ、砂袋を自由落下させる。

④記録テープがスムーズに通過しないようであれば、再度やり直す。

(4)データの処理

＊1打点間の時間　交流電源の周波数が50 Hz周波数の場合、1打点間は0.02秒になる。

＊移動距離　始点からの距離を定規ではかる。

＊速さの計算　$v = (s_2 - s_1) / (t_2 - t_1) = (2.1 - 0.9) / (0.04 - 0.02)$ =60 cm/sと求め、各区間の中央時刻(0.03秒)の速さとする。

①右表のように、移動距離s〔cm〕と時間t〔秒〕を記録し、グラフ($s-t$グラフ)に表す。

②速さと時間の関係をグラフ($v-t$グラフ)に表す。

③$v-t$グラフの傾きから重力加速度を計算する。

時刻〔s〕		移動距離〔cm〕		中央時刻〔s〕	速さ〔cm/s〕
t_0	0.00	s_0	0		
				0.01	v_1
t_1	0.02	s_1	0.9		
				0.03	v_2
t_2	0.04	s_2	2.1		
				0.05	v_3
t_3	0.06	s_3	3.6		
				0.07	v_4

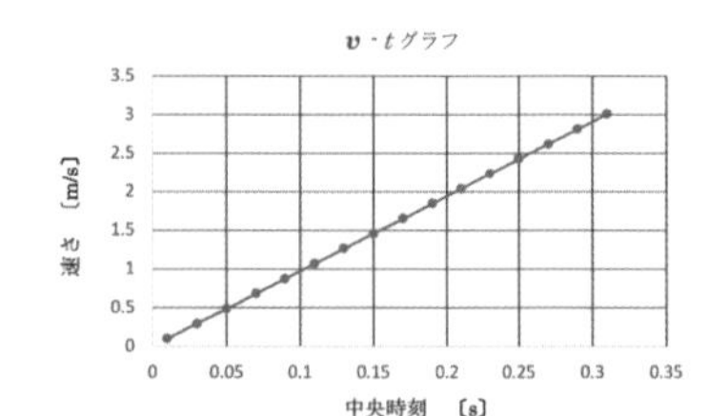

⑸結果と課題

①重力加速度の大きさを正確に測定できたか。誤差を少なくし、精度を上げるためにはどうすればよいか。よりよい実験方法を検討し、実際に測定してその効果を確認する。
②実験を生徒に興味深く行わせるためには、どのような工夫が必要か検討する。

2　実験の解説

⑴本実験のねらい

- 重力加速度を測定することができたか。
- 得られたデータを正しく処理できたか。
- 重力加速度と物体の落下の関係について理解することができたか。

⑵留意事項

実験では、重力加速度の値9.8 m/s^{2}を求めることが主眼になりがちである。しかし、本来は、物体に一定の力が働き続けたときに、物体はどのような運動をするのかという観点から行うべきである。重力加速度と重力の関係を明らかにし、物体に重力が働くことにより、物体はどのような運動をして落下するのかを考えさせたい。物体に生じた加速度と速度、力の関係を考えさせ、重力と物体の運動についての理解を深めさせたい。さらに、運動方程式の学習の終わった後に、重力加速度と落下運動について復習することも大切である。

⑶発展学習

〈課題学習〉「重力とは何か」について考えさせることも面白い。その際は、次のような重力加速度に関する興味深い話題や考察を準備し、課題として示しまとめさせたい。
①自由落下運動は、エレベーターの上昇あるいは下降中ではどうなるだろうか。また、月面ではどうなるか。
②航空機を使って無重量（無重力）状態を体験するにはどうしたらよいか。
③月は常に地球に落下しているか。
④国際宇宙ステーション（ISS）の中で無重量状態になるのはなぜか。
⑤地球の引力から脱出して宇宙旅行をするにはどうしたらよいか。
⑥重力の生じる原因はなぜか。
⑦重力波とは何か。

〈重力加速度の測定方法の検討〉

重力加速度は次にあげるような様々な方法で測定することができる。高度な学習者を対象として、重力加速度の測定方法を考えさせる学習も面白い。重力加速度の測定方法を考えさせ、それぞれの方法で測定させ、測定原理や測定精度を比較することで、重力に関する興味関心が高まると考えられる。
①単振り子の周期を測定して、重力加速度を求める。
②バネ定数の分かっているバネ振り子の周期を測定し、重力加速度を求める。
③落下する物体の速度を、落下途中に２台の速度計で測定し、重力加速度を求める。
④斜面を転がる球の速度を速度計で測定し、重力加速度を求める。
⑤記録タイマーで落下距離を測定し重力加速度を求める（今回提示した例）。
⑥鉛直落下物体の運動を高速度カメラで撮影し、落下距離から重力加速度を求める。

物理編

3　運動の法則

運動方程式は、物体の運動を表す非常に重要な式である。この$ma=F$の式がどのようにして作られたのか、確認させる実験である。実験を通して、質量、力、加速度とは何かをしっかりと考えさせることで、物体の運動の基本を正しく理解させたい。

1　実験

⑴**目的**　物体に生じる加速度は、加えた力の大きさに比例し、物体の質量に反比例することを実験で調べ、運動の法則をどのように整理するかを考える。本実験では、力と加速度の関係（質量一定の場合）、質量と加速度の関係（力が一定の場合）の2つの実験を行うことで、$ma \propto F$の関係を導く。

⑵**準備**　力学台車、記録タイマー、記録テープ、クランプ、バネばかり、おもり（レンガ）3個、セロテープ、ものさし、クランプ付き滑車、糸、台はかり

1-1　力と加速度の関係の実験（質量一定）

⑴**実験**

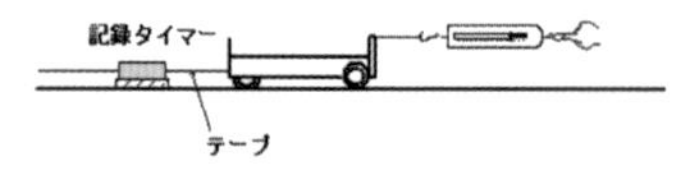

①机に記録タイマーを固定し1m程度の記録テープを通し、力学台車にセロテープでとめる。

②力学台車を押さえバネばかりのフックをかけた後、バネばかりの読みが40 gwになるよう引く。

③記録タイマーのスイッチを入れ力学台車を放し、バネばかりの目盛を一定に保ちながら引く。

④力学台車を引く力を80 gw、120 gw、160 gwと変え、①～③の実験を繰り返す。

⑤引く力ごとの記録テープの0.1秒ごと（5打点ごと）の長さを測定し表にまとめる（記録テープの打点が重なる部分を除き基準点を定めること）。

引く力 F〔kgw〕	F_1	F_2	F_3	F_4
時刻 t〔s〕	距離S〔cm〕	距離S〔cm〕	距離S〔cm〕	距離S〔cm〕
0.00				
0.01				
0.02				
0.03				

	F_1	F_2	F_3	F_4
中央時刻〔s〕	速さ v〔cm/s〕	速さ v〔cm/s〕	速さ v〔cm/s〕	速さ v〔cm/s〕
0.05				
0.15				
0.25				
0.35				

⑵**データ処理**

①右表のような記入用紙を用いて引く力ごとの各区間の平均の速さを求める。

②これらの値から、速度と時間のグラフ、及び加速度と時間のグラフを作成する。

1-2　質量と加速度の関係の実験（力＝一定）

⑴**実験**

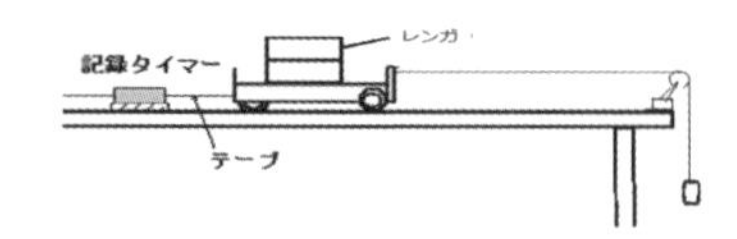

①滑車を実験台にセットし、糸の一方を力学台車に結び、一方におもりを吊るす。

②おもりは変えずに、台車の上に約1 kgのレンガ

をのせ、１個、２個、３個と増やして、実験1-1と同様の実験を行う。

③記録テープの打点から実験1-1と同様に処理をして、表にまとめる。

⑵データ処理

①右表のような記入用紙を用い、質量ごとの各区間の平均の速さを求める。

②これらの値から、速度と時間のグラフ、及び加速度と時間のグラフを作成する。

レンガ＋台車の質量〔kg〕	m_1	m_2	m_3	m_4
時刻 t [s]	距離S〔cm〕	距離S〔cm〕	距離S〔cm〕	距離S〔cm〕
0.00				
0.01				
0.02				
0.03				

	m_1	m_2	m_3	m_4
中央時刻 t〔cm〕	速さ v〔cm/s〕	速さ v〔cm/s〕	速さ v〔cm/s〕	速さ v〔cm/s〕
0.05				
0.15				
0.25				
0.35				

⑶結果と課題

①実験1-1、及び実験1-2の結果から、物体の質量m、加速度a、物体に加えた力Fの関係がどのようになっているかを指導する方法を考える。

②実験1-1で、バネはかりを使わないで、力学台車を一定の力で引く方法を考える。

2　実験の解説

⑴本実験のねらい

- 力学台車を使って、正確な実験ができるか。
- 得られたデータを正しく処理できるか。
- ニュートンの運動の法則　$ma \propto F$の関係を導くことができるか。

⑵留意事項

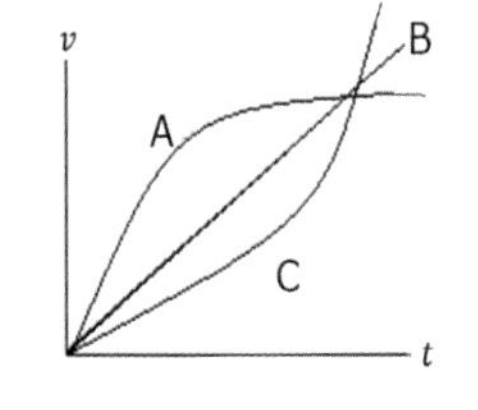

実験1-1では、次の２点を理解させたい。

①力学台車に一定の力を与えると、一定の加速度が生じる。

②生じた加速度の大きさは、引く力の大きさに比例している。

①についての生徒の理解は不十分な場合が多い。例えば、一定の力で台車を引くと台車はどうなるかという問いに対し、

「どんどん早くなる」と回答する者は、図中のCのグラフを選ぶ傾向がある。

「一定の速さになる」と回答する者は、図中のAのグラフを選ぶ傾向がある。

これは、v-tグラフの理解が不十分なためである。中学では、物体の運動はs-tグラフで取り扱っているため、どんどん速くなる（すなわち加速する）というイメージは、Cのように右肩上がりのカーブを描くことと思っている生徒が多い。A、B、Cともに、時間とともに速度は大きくなるグラフであるが、「一定時間に一定の割合で加速する」場合はBのようになるということをv-tグラフの指導を通してしっかりと理解させる必要がある。

実験1-2では、「慣性には大小があり、質量が大きいと慣性が大きくなり、加速しにくくなる」ことを定量的に実験で確認させたい。なお、本実験では、台はかりで、台車やレンガをはかっているので、正確には重量質量で慣性質量ではないことは、実験の指導者は理解しておきたい。

本実験結果からは、$a \propto F$の関係と、$a \propto 1/m$ の関係が得られる。考察では、$a \propto F/m$を導けるという段階で止めておきたい。$ma=F$を導くのには、その後の様々な実験や考え方があってのことである。

物理編

4 力学的エネルギー保存則

重力下において、物体の持つ力学的エネルギー（位置エネルギーと運動エネルギーの和）は常に一定の値を保つことを確認する実験である。

1 実験

(1)目的 力学台車とおもりを糸でつなぎ、滑車を通しおもりを落下させ、力学的エネルギーが保存されることを確かめる。

(2)準備 力学台車、速度測定器、おもり、滑車、糸、ものさし(1 m)、厚紙、セロテープ、上皿はかり、スタンド

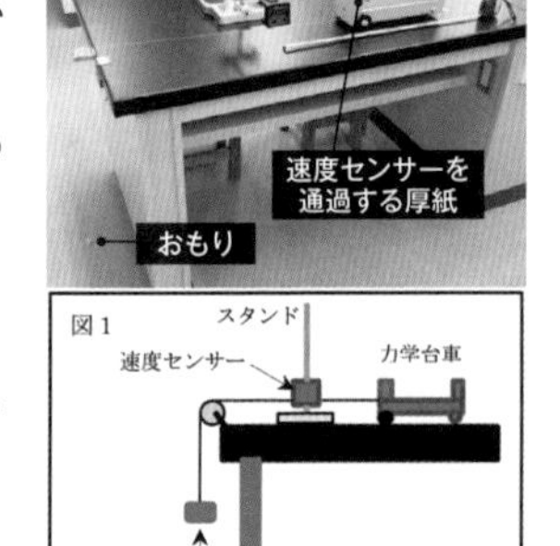

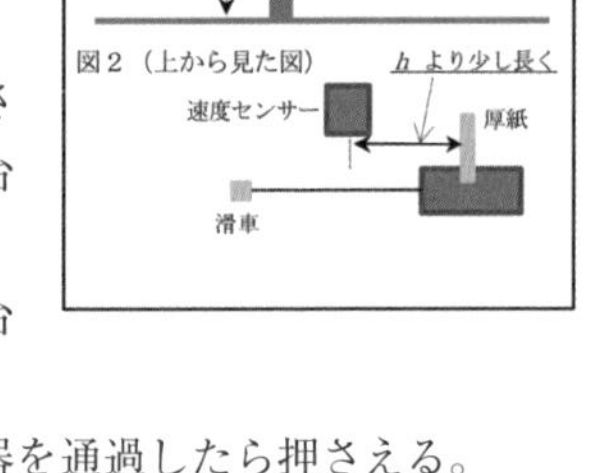

(3)方法

①おもりの質量mと力学台車の質量Mを測定する。

②力学台車に速度測定器のセンサーを通過するための厚紙を取り付け、速度測定器をスタンドで固定する。

③図1のように、力学台車に糸をつけ、滑車を通しておもりにつなぐ。

④図2のように、厚紙と速度測定器の間隔を、おもりの高さhより少し長くなるように力学台車の位置を決め、力学台車を手で押さえる。

⑤力学台車を静かに離して、おもりが床に着く直前の力学台車の速さを測定する。

※力学台車が机から落下しないように、厚紙が速度測定器を通過したら押さえる。

⑥おもりの高さhを変えて実験を行う。

※正確に興味深く実験させるには、どんな工夫が必要か整理しながら実験に取り組む。

(4)結果

おもりの質量 m〔kg〕	kg	力学台車の質量 M〔kg〕	kg

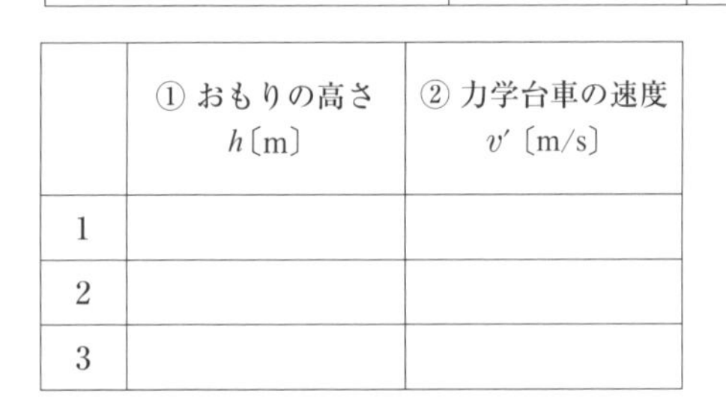

	① おもりの高さ h〔m〕	② 力学台車の速度 v'〔m/s〕
1		
2		
3		

③ 理論的な速度 v〔m/s〕	④ 相対誤差 $\left\lvert\frac{v'-v}{v}\right\rvert \times 100$〔%〕

⑸考察

①力学的エネルギー保存の法則より、理論的な速度v〔m/s〕を計算し、表の③に記入する。

理論値の求め方　$\frac{1}{2}(M+m)v^2=mgh$より、vを求める。

②それぞれの相対誤差を計算し、表の④に記入する。

③相対誤差が大きかったらその原因を考える。

2　実験の解説

⑴本実験のねらい

- エネルギーは仕事をする能力としてはかられることを理解できているか
- 運動エネルギーと位置エネルギーの物理的な意味が理解できているか
- 力学的エネルギー保存法則が成り立っていることを確認できたか

⑵エネルギー保存法則検証実験

〈実験1〉斜面から球を転がし木片に衝突させ、木片の移動距離からエネルギーを測定する方法（球の速度は速度測定器で計測する）

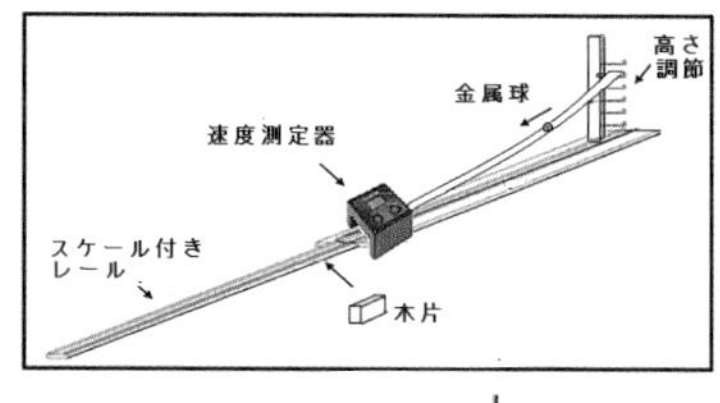

①球の質量と木片に与えた仕事の量との関係

②高さと木片に与えた仕事の量との関係

③球の速度と木片に与えた仕事の量との関係

④この装置で力学的エネルギー保存則の検証ができるか

〈実験2〉物体をある高さから落下させ、金属製の杭と衝突させることにより、杭が打たれた深さからエネルギーを測定する方法

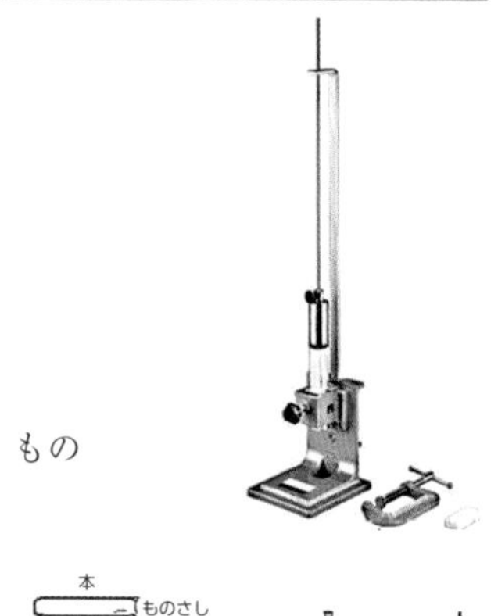

①落下を開始する高さと杭に与えた仕事の量との関係

②落下する物体の質量と杭に与えた仕事の量との関係

③落下する物体の速度と杭に与えた仕事の量との関係

④この装置で力学的エネルギー保存則の検証ができるか

〈実験3〉重ねた本にものさしをはさみ台車を衝突させ、ものさしを押し込む距離からエネルギーを測定する方法

①台車運動エネルギーと台車のした仕事との関係

②この装置で力学的エネルギー保存則の検証ができるか

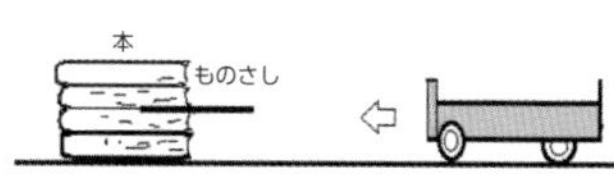

⑶留意事項

エネルギーの実験では、実験誤差が大きいと、力学エネルギーが一定であることを実感しにくい。ねらい通りの実験精度が出ない場合に「誤差がなければ本当は保存する」で終わらせているケースが見られるが、「なぜ誤差が生じたのか」という問いを発し、考えさせることがポイントである。

エネルギーを定量的に取り扱う実験を通して、位置エネルギーがすべて運動エネルギーの増加とはならず、一部は摩擦熱などに変化するが、全体ではエネルギー保存則が成立しているという事実を生徒に発見させることが重要である。

5 ジュールの法則

中学校では、初めて電気のエネルギーを測定する。電気のエネルギーは、水を温めた熱量で測定できることを知り、電力や電力量の学習につなげていく。高等学校でも同様の実験を行うが、精緻な実験を通して熱と電気のエネルギーには等価性があることを検証させる。同じ実験でも扱い方に違いがあるので注意したい。

1 実験

(1)目的 水熱量計を用いて発熱量と電気エネルギーの関係を調べる。

(2)準備 電熱線付き熱量計、デジタル温度計、直流電圧計、直流電流計、直流電源装置、接続コード（赤3　黒2）、ストップウオッチ、台はかり、ビーカー（300 cc）

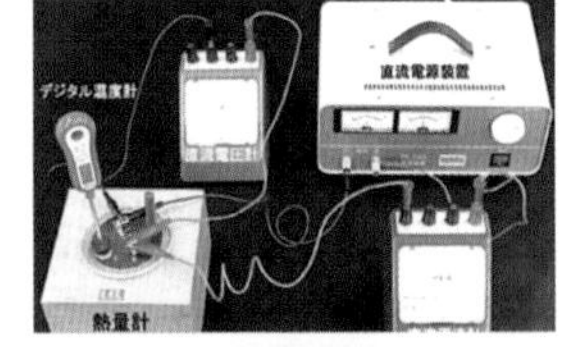

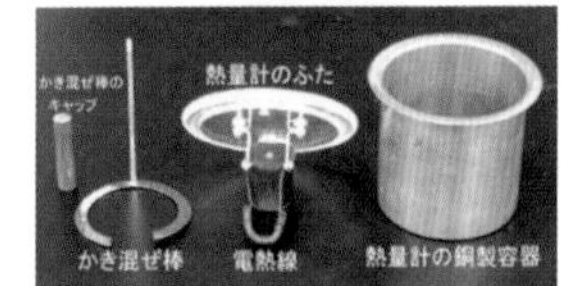

(3)方法

①熱量計の銅製容器とかき混ぜ棒の質量M_0をはかる。

②200 mL程度の水を銅製容器に入れて質量をはかる。そして、加えた水のみの質量mを求める。

③右上図のように配線し、電流を1.0 Aほどに調整し、直ちにスイッチを切る。

④かき混ぜ棒で熱量計の水をかき混ぜ、最初の水温をはかる。

⑤電源のスイッチを入れ通電する。５分間経ったらスイッチを切り、水をこぼさないようゆっくり10回程度かき混ぜ、水温をはかる。

＊水や電流を変えて同じ測定を繰り返して、班員一人一人が異なるデータを解析する。

(4)結果

容器の質量 M_0	g	最初の水温 T_0	℃
水の質量 m	g	通電後の水温 T	℃
電流 I	A	水温の上昇 $\Delta T = T - T_0$	K
通電時間 t	s	電圧 V	V

①容器と水が受け取った熱量Q〔J〕を求める。

容器の比熱$C_0 = 0.39$ J/(g・K)、水の比熱＝4.2 J/(g・K)として

$Q = (M_0 C_0 + 4.2m) \times \Delta T$　　より　　$Q =$　　　〔J〕

②電気エネルギーの大きさE Jを求める。

$E = I \cdot V \cdot t$　　より　　　　　$E =$　　　〔J〕

(5)考察

①電気エネルギーと発熱量の関係を考える。

②その関係解明には、どんな科学的意義があるのか考える。

③実験の誤差を少なくする方法を考える。

2　実験の解説

(1)学習上のねらい

この「ジュールの法則」実験は、中学校でも高等学校でも実施されるが、その扱いには若干の違いがある。指導に当たっては、この実験を行う学習上のねらいを見極めておくことが重要になる。

〈中学校〉

中学校では、簡易型水熱量計を用いて実験が行われる。発熱量が電圧や電流、時間に関係し、水温を上昇させた電気の仕事量は、電圧・電流・時間の積で計算できることを確認させる。電気の仕事量を定量的に計測させる実験であり、電圧が大きいほど、電流が多いほど、大きな仕事を行うことを理解させ、電力や電力量など電気が行う仕事に着目させた学習に発展させていく。

〈高等学校〉

高等学校では、精密型水熱量計を用いて実験が行われる。水の比熱、容器の質量や比熱を考慮して熱量を正確に測定し、電流・電圧・時間の積と等しくなることから、熱のエネルギーと電気のエネルギーが等価であり、「エネルギー保存則」が成り立つことを確認させる。この実験を通して、電気のエネルギーがどのように熱のエネルギーに姿を変えたのかを考えさせ、「熱の正体」、「電気の正体」を探る学習に発展させていく。

(2)考察の工夫

熱量と電気のエネルギーが等価であることを確認して実験を終えてしまっては、深い学びには迫れない。高校生であれば、「ジュールの法則」が意味すること、その後の科学に果たした功績、この実験を発展させた他の研究、この実験と関連した日常生活などについて調査研究を行い、実験で得た結果と関連させて考察を行うことは可能である。それぞれの考察を発表し合い、「ジュールの法則」が持つ科学的意義を協議検討するなどして、科学的思考力を育てて「深い学び」につなげていきたい。

〈考察の例〉

①水が受け取った熱量と電気エネルギーが等しいことから何が分かるのか。
水の温度上昇はなぜ起こるのか。電気は水に何をしたのか。そのことから、電気エネルギーとは何なのか。電流とは、電圧とは、電力とは何なのか。

②「ジュールの法則」は「熱の仕事当量」と関連させると、「熱」「電気」「力学的な仕事」の関係を考えることができる。それぞれ別の現象と考えられてきたこれらは、どのように整理することができるのだろう。

③「ジュールが果たした科学への功績」を整理する。
「ジュールの法則」は、その後の「電磁気」「化学反応熱（ヘスの法則）」「電気分解」「熱力学」など物理・化学分野で大きな影響を及ぼすことになる。ジュールの功績を整理し、そのきっかけとなった「ジュールの法則」の意義を整理する。

④「日常生活への活用や先端科学」を整理する。
「ジュールの法則」の活用事例や先端科学を整理し、実験結果と関連させて考察する。

6 気柱共鳴

長いガラス管の一端を閉じた閉管に水を入れ、水槽で水面の高さを調節して気柱（空気の柱）の長さを変化させおんさ（音叉）を鳴らし共鳴する位置を観測し、おんさの振動数を求める実験である。

1　実験

(1)目的　気柱の共鳴を利用して、おんさの振動数を測定する。

(2)準備　気柱共鳴装置、おんさ、ゴム付き槌、温度計

(3)原理

水槽
ガラス円筒
L1
L2

おんさの音と気柱が共鳴しているとき、気柱の振動の様子は図のように、管口がほぼ常波の腹となり、水面が節となっている。この図から、おんさの音の波長 λ は、

$\lambda = 2\ (l_2 - l_1)$ となる。

空気中の音速 V は、室温を t〔℃〕とすれば、

$V = 331.5 + 0.6t$ から求められる。ゆえに、おんさの振動数 f は

$$f = \frac{V}{\lambda} = \frac{331.5 + 0.6t}{2(l_2 - l_1)}$$ より求めることができる。

(4)方法

①室温 t を測定する（実験の前後で2回はかって平均をとる）。

②気柱共鳴装置の水槽を、その底がガラス管の上端にくるまで持ち上げておき、ガラス管の中に、ほぼいっぱいになるまで水を入れる。

（留意点） ガラス管の中に水を入れるとき、水槽を持ち上げておかないと、水を入れた後に、水槽を下げてガラス管中の水面を下げるのにつれて水槽中に水がいっぱいになり、水があふれ出てしまう。

③おんさを槌でたたいて振動させ、ガラス管の口から2 cmぐらい離れた位置に近づける。

（留意点） おんさでガラス管の口を割らないように注意する。

④上と同時に水槽を動かして水面を適当な速さで上下させ、気柱がおんさの出す音に共鳴して最も強く聞こえるときの水面の位置を求め、管口から水面までの距離 l_1 を測定する。

⑤さらに、水槽を下げて水面の位置を変え、再びおんさに共鳴する位置を求め、管口から水面までの距離 l_2 を測定する。

(5)実験結果（実験値例）

①測定値を表にまとめ、$l_2 - l_1$ の平均値を求めて、音波の波長 λ を求める。

測定回数	l_1 (m)	l_2 (m)	$l_2 - l_1$ (m)
1	0.16	0.51	0.35
2	0.15	0.49	0.34
3	0.14	0.50	0.36
		平　均	0.35

$\lambda = 2(l_2 - l_1)$　より

$\lambda = 2 \times 0.35 = 0.70$

$\therefore\quad \lambda = 0.70$ m

②室温 t を用いて音速 V を求める。(室温＝18℃の場合)

$V = 331.5 + 0.6\,t$　より　$V = 331.5 + 0.6 \times 18 = 342.3$　　$\therefore$　$V = 342.3$ m/s

③①で得た λ と、②で得た V により、おんさの振動数 f を求める。

$f = \dfrac{V}{\lambda}$ より　$f = \dfrac{342.3}{0.70} \fallingdotseq 489$　　$\therefore$　$f = 489$〔Hz〕

⑹考察

この実験で $4l_1$ を波長として用いないのはどうしてか。$4l_1$ で求めた波長と、上で求めた λ とを比較して、その理由を考えなさい(下記の開口端補正を参照)。

2　実験の解説

⑴開口・閉口管の振動

両端が開いている開管では、開管内に定常波ができると、両端が開いているので空気が大きく振動することができるので、管の両端が定常波の腹になる。基本振動は中央に節ができる。

一端が閉じている閉管では閉管内の気柱に定常波ができると、管の開いている方の口では空気が大きく振動し、定常波の腹になるが閉じている方は空気が振動しない。したがって、定常波の節になる。

⑵開口端補正について

気柱共鳴実験の開口端は、腹の位置が少し管の外に出たところにあるため、$4l_1$ が実際の波長より少し小さい値になる。この開口端より腹までの距離を「開口端補正」といい、この値は、管の半径のおよそ0.6倍である。

開口端補正は、管の端で管の中を伝わる音が反射する現象において、音の放射のための付加質量により管の長さが伸びたものとして扱われる。また、管の直径や管の端の形状により、その値が変わることが分かっている。これが、気柱共鳴で開口端補正を行う理由である。

⑶実験器具の工夫

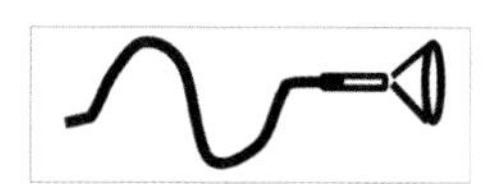

気柱共鳴装置の中にできる定常波の節になっていると思われる部分から音が大きく聞こえる器具を自作することができる。右図のようにゴム管にろうとをつなぎ活用するとよい。

⑷考察の工夫

振動数の分かっているおんさを用いて同様の実験を行い、音速を求め、室温から計算により求められる音速と比較を行い、実験の精度について検証を行う。

- 観測者を変えて、おんさの気柱共鳴管からの音を聞き取らせ、観測者による違いを見出させ考察する。
- 気柱が共鳴しているとき、気柱の中で「空気が振動しないところ」「空気の振動が最も激しいところ」「空気の疎密の変化が最も激しいところ」はどこか考える。
- 管の太さが異なる円筒で実験し、開口端補正値を求め、開口端補正値と管の内径の関係を考察する。

7 ヤングの実験

光の波長は非常に短い、そのため水面波や音波に比べて回折や干渉現象が目立たない。ただし、十分に狭いすき間（スリット）に光を通すと、下図のように、回折や干渉による明暗の縞模様を見ることができる。スリットの格子定数dを計算により求める実験である。4単位物理の内容であるが、科学史的に意味のある実験なので体験させたい。

1 実験

(1)**目的**　ナトリウムランプを使用し、回折格子の格子定数(d)を測定する。

(2)**準備**　ものさし(1m)、力学スタンド(2台)、ナトリウムランプ)、回折格子(1000本/10 mm)

(3)**方法**　右図のように装置を設置、$L = 1$mで回折格子を取り付ける。光源はナトリウムランプ（波長 $\lambda = 5.9 \times 10^{-7}$ m）を使用。ものさし上にできた明線間の長さx〔m〕を測定する。

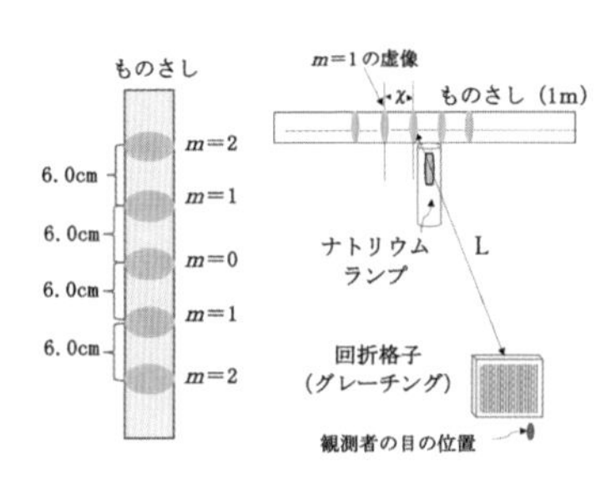

ものさし上の明線の位置は($m = 0$、1、2……)とし測定することがこの実験のポイントである。

(4)**実験による明線の測定結果**

- 明線(図の黄マーク)の間隔x〔m〕は図のように6.0 cmの等間隔になった。
- 明線の明るさは、$m = 0$の場所が特に明るく、$m = 1$、2と離れるに従って明るさは弱まっていった。しかし、明線間の距離は等しいことが分かった。

【格子定数dを求める】

計算式は$d\dfrac{x}{L} = m\lambda$ ($m = 0$、1、2、3……)を用いる。

この式を変形し、$d = m\dfrac{L}{x}\lambda$　（$\lambda = 5.9 \times 10^{-7}$ m、$L = 1$、$m = 1$とする）

$d =（5.9 \times 10^{-7}）/（6.0 \times 10^{-2}）= 9.8 \times 10^{-6}$

即ち、この回折格子の格子定数は、$d = 9.8 \times 10^{-6}$ mと求められる。

(5)**発展**

- 光源をカドミウムランプに変えると、明線の間隔はどうなるか実験する。
- 光源に色の異なるレーザー光を用いて回折格子に当てると、どうなるか実験する。

2 実験の解説

(1)**予備知識**　右図のようにナトリウムランプを置いて、回折格子を通して光を見るとa、b……のところに虚像が見える。このとき、光の波長をλ〔m〕、回折格子の格子定数をd〔m〕とすると

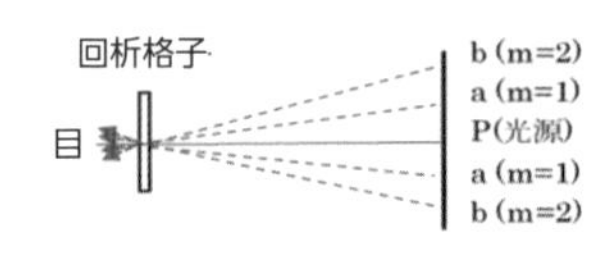

$d\sin\theta = m\lambda$　($m = 0$、1、2、3……)……①

と表せる。ここで、回折格子から光源Pまでの距離をL〔m〕、光源Pと虚像aまでの距離をx〔m〕とし、回折格子からみて光源Pと虚像aのなす角をθとすると

$\sin\theta = \dfrac{x}{\sqrt{L^2 + x^2}}$　となるので、これらの式からdは

$d = m\lambda\dfrac{\sqrt{L^2 + x^2}}{x}$ ………………②　　となる。

なお、θが小さいときは、$\sin\theta \fallingdotseq \tan\theta = \dfrac{x}{L}$　　となるので、

②式は$d\dfrac{x}{L} = m\lambda$ ……………③　　と表すことができる。

(2)測定　装置を左ページの図のように設置し、$L = 1$ mになるように回折格子の位置を調節する。次に、P−a間の長さx〔m〕を測定する。そして③式に、$\lambda = 5.9 \times 10^{-7}$m、$m = 1$を代入して$d$を計算する。

ナトリウムランプの使い方は、下の「線スペクトル光源装置の使い方」を参考にする。

(3)結果の考察　回折格子には、1 cm当たりの格子の本数が表記されているので、この値から格子定数dを求め、測定結果と比較する。

3　線スペクトル光源装置の使い方

(1)装置の外観と注意点

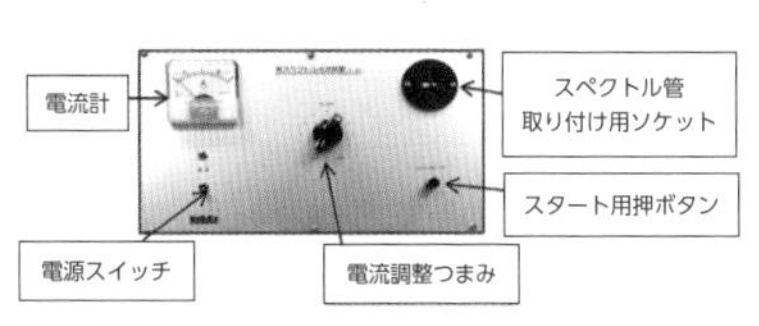

スタンドのソケット
(白のや矢印に注目)

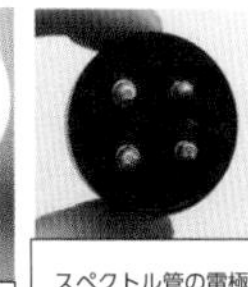
スペクトル管の電極
太い電極と細い電極が
それぞれ2本ある

スペクトル管
取り付け

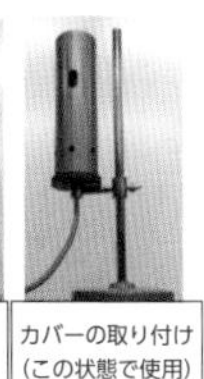
カバーの取り付け
(この状態で使用)

(2)操作手順

①電源スイッチがOFFになっていることを確認する。

②スペクトル管（ナトリウム）をスタンドに取り付ける。上記の写真を参考にし、スペクトル管の電極とソケットの穴の大きさに注意しながら取り付け、矢印の向きを合わせる。

③スタンドのプラグを本体のスペクトル管取り付け用ソケットにセットし、上記の写真のように、カバーを取り付ける。

④電流調整つまみをMIN側に回し、スイッチをONにする。

⑤電流調整つまみを1.2 A程度にして、スタート用スイッチを押す。

スイッチを押した瞬間には電流計の針が大きく振れることがあるので、その場合は、つまみをMIN側に回す。

⑥しばらくするとスペクトル管が発光するので、適切な光量になるように電流調整つまみで電流値を調節する。

⑦実験終了後は、電流調整つまみをMINにして、電源スイッチを切る。スペクトル管は高熱になっているので、冷えてから取り外す（※火傷に注意する）。

物理編

8 オームの法則

抵抗に関係する測定を行い、オームの法則のより深い理解に迫る実験である。簡単な実験なので、抵抗とは何か、電圧や電流との関係とは何かを意識して実験に取り組ませたい。

1 実験

(1)金属の長さ(太さ)と抵抗の関係

目的 金属の長さ(太さ)と抵抗値の関係を導き出す。

準備 ニクロム線(太さの違うもの2本)、電源装置、電流計、ワニグチクリップ付きコード

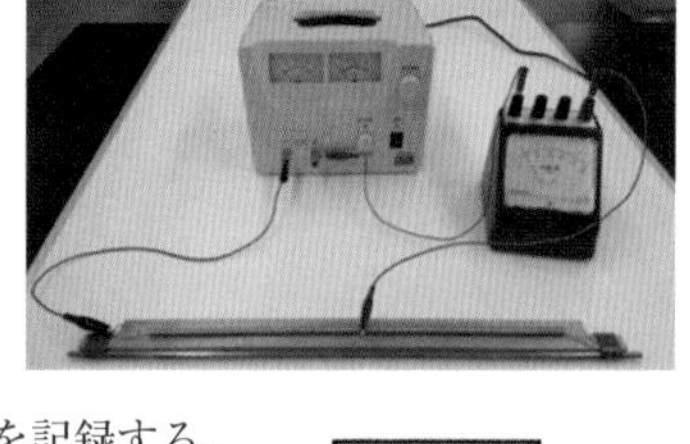

方法

①右の回路を組み、電源電圧を5Vに設定して固定する。次にワニグチクリップをニクロム線20cmの位置につなぎ、電源装置のスイッチを入れて電流計の目盛を記録する。

②ワニグチクリップの位置を40cmにして同様に測定する。

③順次20cmずらして100cmまで測定し、それぞれの抵抗値を求める。

＊太さの異なるニクロム線についても同様に行いグラフを作成する。

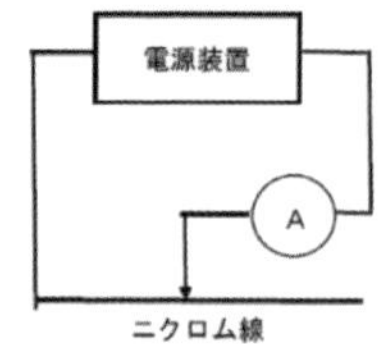

考察

• 長さ(太さ)と抵抗値の関係を整理する。
• そのような関係が生じる理由を説明する。

長さ〔cm〕	20	40	60	80	100
抵抗値(太)〔Ω〕					
抵抗値(細)〔Ω〕					

(2) 抵抗体の電圧と電流の関係

目的 抵抗体の電圧と電流の関係を調べる。

準備 抵抗体、電源装置、電圧計、電流計

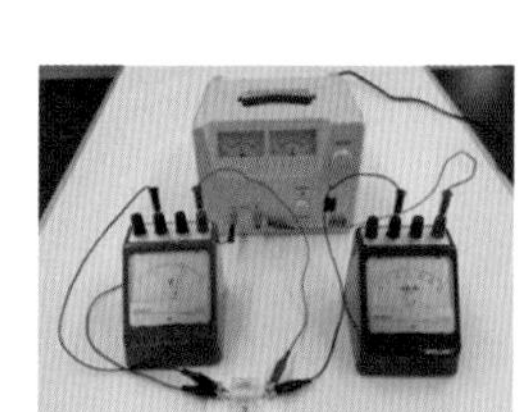

方法

①抵抗体両端の電圧、抵抗体に流れる電流を測定するために右の回路を組み、電源装置のダイヤルは0の状態にしておく。

②電源装置のダイヤルを回して、電圧計と電流計の目盛を読む。

③さらに、電源装置のダイヤルを回して、電圧計、電流計の目盛を読む。同様に5～6回の測定をして、電圧と電流の関係をグラフ化する。

電源装置　V　抵抗体　A

考察

• 抵抗体の両端の電圧と電流には、どんな関係があるか。
• その関係を「オームの法則」を用いて説明する。

	1	2	3	4	5
電流値〔A〕					
電圧値〔V〕					

2　実験の解説

(1)金属の長さ(太さ)と抵抗の関係

金属内部には、自由に動く自由電子（負の電荷）が存在している。金属の両端に電圧をかけると、自由電子が正極に向かって移動する。この流れが電流である（電流は正極から流れると決めてしまったため、自由電子の向きと逆になる）。自由電子は金属原子と衝突しながら移動するが、この自由電子の移動を妨げる働きが抵抗であり、金属によってその大きさが異なる(これを抵抗率という)。抵抗率は、物質の長さが1 m、断面積が1 m²のときの抵抗値で定義される。

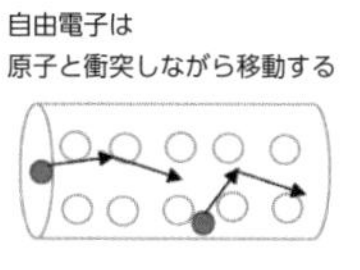

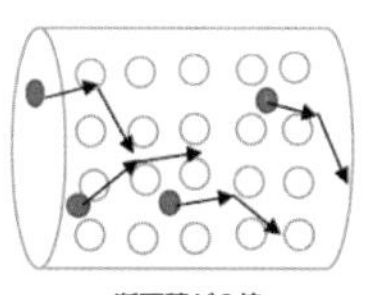
断面積が2倍
単位時間当たり2倍の電子を通すことができる

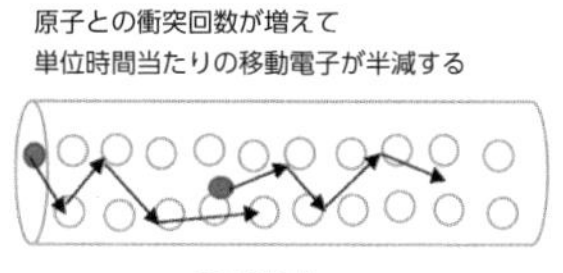

長さが2倍

導体の抵抗Rは、長さに比例し、断面積に反比例して、次式で求められる。

$$R = \rho \frac{l}{S}$$　　ρ:抵抗率〔Ω・m〕　　l:長さ〔m〕　　S:断面積〔m²〕

導体	抵抗率〔Ω・m〕	導体	抵抗率〔Ω・m〕
銀(Ag)	1.6×10^{-8}	タングステン(W)	5.3×10^{-8}
銅(Cu)	1.7×10^{-8}	アルミニウム(Al)	2.7×10^{-8}
金(Au)	2.2×10^{-8}	水銀(Hg)	9.6×10^{-7}
鉄(Fe)	9.6×10^{-8}	ニクロム	1.16×10^{-6}

(2)抵抗体の電圧と電流の関係

抵抗体両端の電圧と抵抗体に流れる電流の関係は、右のグラフになる。一つの抵抗体では、両端にかかる電圧に比例して電流は増えてくる。抵抗値が大きな抵抗体になると、電流が抑えられて電流値は下がってくる。「オームの法則」は、この電圧・電流・抵抗の関係を表しているが、次のように電流を中心に考えると生徒には分かりやすい。

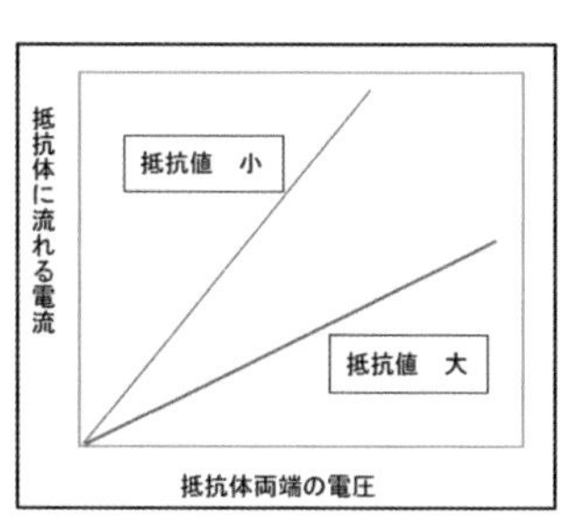

①電流は電圧が大きいほど強くなる(電流は電圧に比例する)。
②電流は抵抗が大きいほど流れにくくなる(電流は抵抗に反比例する)。
③上記を一つの式で表すと「オームの法則」になる。

$$I = \frac{V}{R}$$

物理編

9 電磁誘導

閉回路の導線上で磁界を変化させると瞬間的に誘導電流が発生すること、さらに、電流を流し続けるには磁界の変化を繰り返す必要があることを理解させる実験である。簡単な実験ではあるが発電技術の基本原理であり、多様な学習に発展させていくことができる。

1 実験

⑴発電に必要なエネルギーを実感する実験

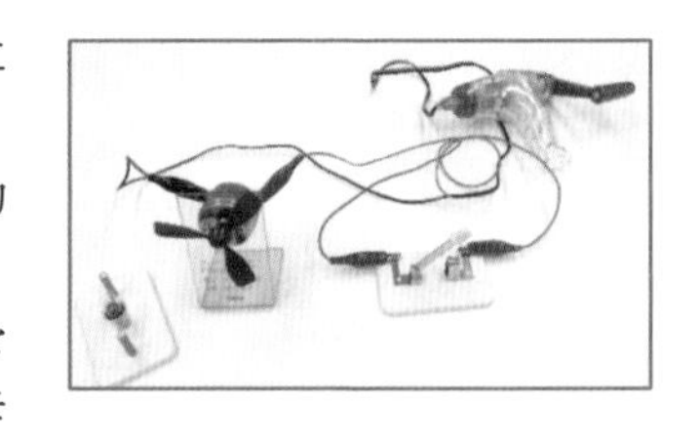

スイッチを介して手回し発電機をモーターや豆電球に接続する。

①スイッチを開けて（開回路）、手回し発電機を回して力の加減を確認する。

②手回し発電機を回し続けた状態で、友人にスイッチを入れて（閉回路）もらうと、手の力はどうなるか、モーターはどうなるかを確認する。

③上記を継続させた状態でスイッチを切る（開回路）と、モーターや手の力はどうなるかを確認する。

〈気付かせたいこと〉

• 閉回路にしたときに誘導電流が発生すること
• 重く感じる力が発電に使われる力であること
• 長時間モーターを回転させるには、重くなった力を継続させるエネルギーが必要であること

⑵コイルを用いた実験

①コイルと棒磁石

誘導コイル
巻き数の少ない1次コイルと巻き数の多い2次コイル、鉄心から構成されている。

• N極を近づけて検流計指針の振れの向きや大きさを確認する。
• そのN極を遠ざけて、同様に確認する。
• N極を連続的に近づけたり、遠ざけたりしてみる。
• S極についても同様に行う。
• 大きな電流を発生させるには、どうすればよいか考える。

②誘導コイルと直流電源

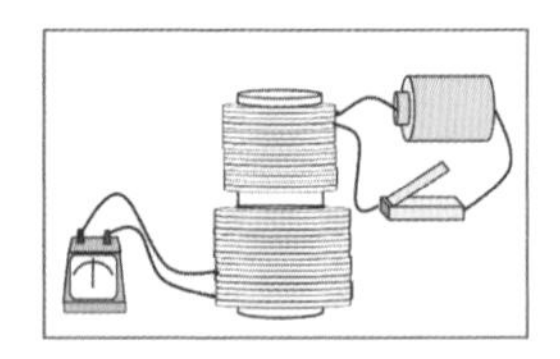

• スイッチを介して、1次コイルを直流電源に接続する。
• 2次コイルには検流計を接続する。
• スイッチを入れた瞬間、2次コイル側の検流計指針の振れの向きや大きさを確認する。
• スイッチを切った瞬間、2次コイル側の検流計指針の振れの向きや大きさを確認する。
• スイッチを入れたり切ったりすると、検流計の指針がどうなるか確認する。

③鉄心と誘導コイル

- コイル内に鉄心を入れて、同様に実験を行う。
- そのときの検流計指針の振れ方を比較する。

2　実験の解説

⑴ファラデーの電磁誘導の法則

高等学校「物理」では、次のように指導している。

- 誘導起電力は、誘導電流のつくる磁場が、コイルを貫く磁束の変化を妨げる向きに生じる。
- 誘導起電力の大きさは、コイルを貫く磁束の単位時間当たりの変化量に比例する。

N回巻き数があるコイルでは、次の関係式で示される。

$$V = -N\frac{\Delta\phi}{\Delta t}$$

V：誘導起電力〔V〕　N:コイルの巻き数
$\Delta\phi$：磁束の変化〔Wb〕　Δt:時間の変化

上式の（－）は、磁界の変化の向きと反対向きに誘導起電力が発生することを表す。

中学校では、次のように指導するとよい。

- 磁石が近づいて（遠ざかり）起こる磁界の変化を妨げる向きに磁界をつくるよう誘導電流が発生する。
- 磁石の磁力が強いほど、また、近づける（遠ざける）速さが速いほど、大きな誘導電流が発生する。

ここで、注意すべきことは、磁石が近づいてくる（遠ざかっていく）などして、磁界が変化しているときにだけ誘導電流が発生するということにある。磁石の動きが停止しているときは、誘導電流は発生しない。この関係を図示すると右のようになり、継続的に電流を発生させるには、磁石の往復を繰り返す意味が理解できる。磁界の変化を繰り返して得られた電流を交流といい、私たちの生活を支える電気は、こうして発電されている。

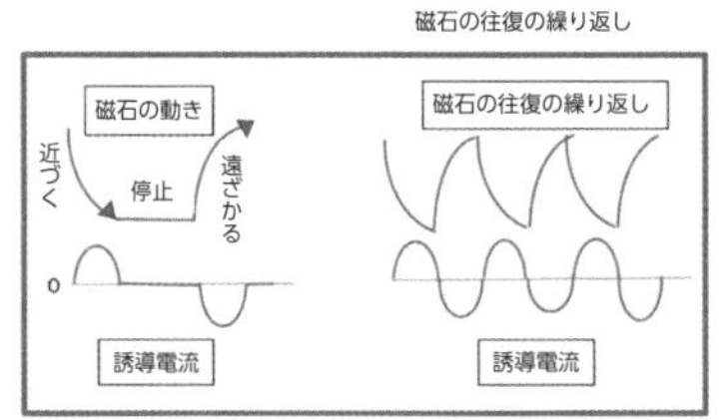

⑵相互誘導

接近した2つのコイルの一方（1次コイル）に電流を流すと磁界が発生する。その変化を妨げる向きに、他方のコイル（2次コイル）に誘導起電力が発生する。この現象を「相互誘導」といい、次のように整理できる。

- 1次コイルに流した電流の向きとは反対向きに2次コイルに誘導電流が発生する。
- 2次コイルの誘導起電力の大きさは、巻き数に比例して増減する。

$$V_2 = -\frac{N_2}{N_1}V_1$$

V_1：1次コイルにかけた電圧　N_1:コイルの巻き数
V_2：2次コイルの誘導起電力　N_2:コイルの巻き数

この原理を応用して、低電圧電流を高電圧に上げたり（昇圧）、高電圧電流を低電圧に下げたり（降圧）する機器を変圧器（トランス）といい、日常生活のあらゆる場所で利用されている。

＊この関係は交流電流で成り立つ。直流電流ではスイッチのON・OFFを繰り返さなければならない。

10 放射線

放射線に関する観察や実験は、危険を伴うので十分注意しながら、安全な範囲で行うことが必要である。ここでは、身のまわりの物質の放射線量を測定して、自然界にはどの程度の放射線が存在するのかを知ることがねらいである。以下に、取扱いに気を付ければ実施できる例を紹介する。

1 実験

(1)目的 自然放射線や放射能鉱物等の放射線量を測定し、身のまわりの放射線について調べる。

(2)準備 携帯用放射線測定器、放射能鉱物標本、園芸用カリ肥料、花崗岩(かこうがん)など

(3)方法

①携帯用放射線測定器を用いて、実験室の自然放射線量(バックグラウンド)を測定する。
②御影石(花崗岩)、園芸用カリ肥料から放射される放射線量を測定する。
③放射能鉱物標本(モナズ石、燐灰(りんかい)ウラン石)から放射される放射線量を測定する。

(4)結果及び考察

①それぞれの測定値を一覧表にする。

放射線量	バックグラウンド	御影石原産地インド	園芸用カリ肥料	放射能鉱物	
				モナズ石	燐灰ウラン石
μ Sv / h	0.10	0.22	0.91	3.57	19.82

(この値は、脂製キャップとアルミ板を外して1分間測定した測定値例である)

②自然放射線量に対して、他の物質は放射線量が何倍になっているかを概算で比較する。
③いろいろな場所での放射線量を、文献等で調べて発表する。

2 解説

(1)携帯用放射線測定器

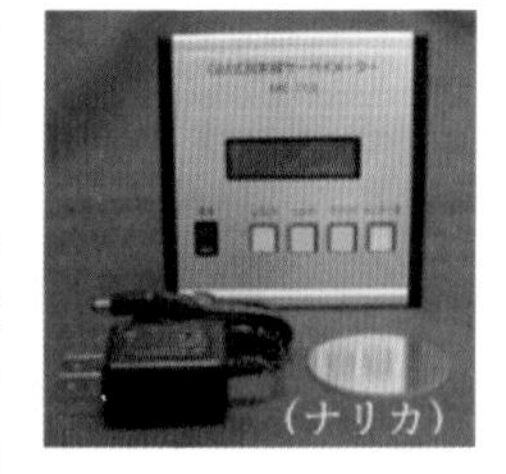
(ナリカ)

いろいろなタイプがあるが、ここでは写真のGM式放射線サーベイメーターを用いて測定する例を紹介する。本体裏面パネル内にGM管(放射線検出器)が取り付けられている。この装置では、空間線量(γ線)と衣服や皮膚、地表面などの表面汚染(β線)の測定、放射線の遮へい実験などに利用できる。充電しておけば野外で測定することもできるので、校外学習の折などに使用することもできる。なお、GM管は樹脂のキャップで保護されているが、硬いものにぶつけたり、落とすなど強い衝撃が加わると破損することがあるので取扱いには注意する。

⑵放射能鉱物標本

写真のようなもので、個々にケースに入れてある。

これらの標本は、中学校でも学習指導用の鉱物標本として入手できるが、取扱いには十分配慮が必要である。

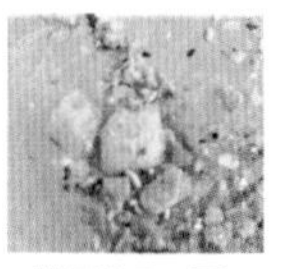

燐灰ウラン石

サマルスキー石

モナズ石

「放射能鉱物標本５種」ナリカ

⑶実験用放射線源と保管箱

放射線源は危険物なので、取扱いには十分注意する。使用しないときは保管箱に入れておく。なお、ストロンチウム90は、大学の学生実験用であるが、高校でも生徒実験用として保管している学校がある。中学校では用いない。

ストロンチウム90
日本アイソトープ協会

島津理化製

⑷使用上の注意

- 鉱物標本は、容器に入れたままにして、手で直接触れないようにする。
- ストロンチウム90は、β線を放出する。人体に対する危険が大きいとされているので保管箱に入れ、生徒には使用させない。放射線の透過性や距離による変化などを測定するときに用いる。
- 実験しないときは線源を保管庫に入れ鍵をかけ、紛失しないように管理する。

⑸霧箱を用いた飛跡の観察

大気中の霧は、空気中の水蒸気が塵などに付着して小さな水滴となったもので、水蒸気が過飽和状態のときに発生しやすくなる。高層を航行しているジェット機が飛行機雲を発生させるのは、ジェット噴出物が空気中の水蒸気を寄せ集めて霧を発生させるためである。この現象を応用したものが霧箱である。簡便な方法として、エタノールとドライアイスを用いる方法がある。例えば、プラスチックの箱を観察槽として用い、内部にエタノールを染み込ませてから蓋をし、下部をドライアイスで冷やすことによって低温での過飽和状態を作り出し、エタノールの蒸気を発生させる。

⑹放射線の透過性と距離による減衰の実験

GM管を用いた実験用放射線計測機器（高等学校向き）

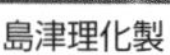

島津理化製

← GM管スタンド

〈操作方法〉

①電源スイッチをONにして、GM管の印加電圧を500Vにする。
②切り替えスイッチを1 min（1分間計数）にして、スタートボタンを押す。
③1分後に数値が変動しなくなるので、この値を読み取る。
④線源の位置やアルミ板の厚さを変えてリセットボタンを押し計数を行う。

〈実験　β線源からの距離や遮へい板の厚さによる計数値の違い〉

①右上図のGM管スタンドの中にβ線源を入れ、GM管からの距離を変えて計数する。

測定値例

距離〔mm〕	0	40	50	60	80	100
計数値〔カウント／分〕	—	4,673	2,807	1,777	847	560

②GM管からの距離を一定（40mm）にして、吸収用アルミ板の厚さを変えて計数する。

測定値例

アルミ板の厚さ〔mm〕	0	0.1	0.5	1.0	2.0	3.0
計数値〔カウント／分〕	4,673	3,869	2,326	1,414	316	40

※これらの計測を正確に行うには各100回実施し平均を出すことになるが、高等学校では1回の計測で、おおまかな傾向を調べる程度でよい。なお、これらの実験は、安全性の確保のため教師による演示実験にとどめることが望ましい。

測定結果のグラフ

① 距離による計数値の違い

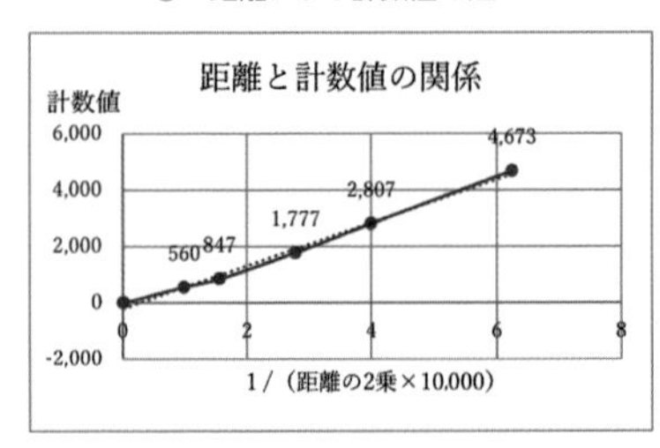

② 遮へい効果

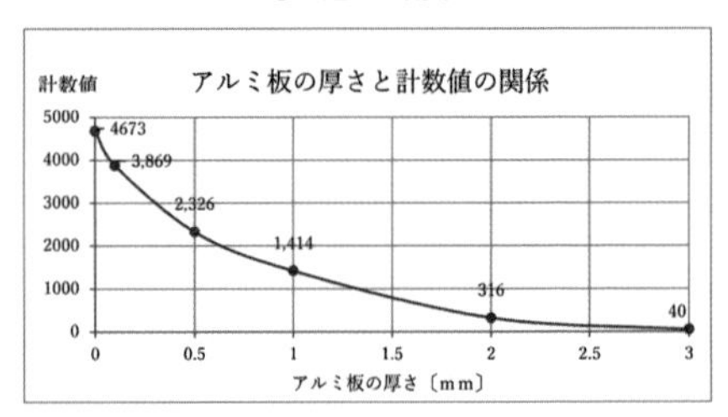

これらのグラフより、放射線の強さは距離の2乗に反比例して減少すること、アルミ板の厚さが厚いほど遮へい効果が大きいことが分かる。

3　学校でもできる模擬実験

例1　「透過性」の模擬実験

放射線を使って実験をするのは危険を伴うので、代わりに電球（または太陽）と新聞紙を使って模擬実験を行う。なお、可視光線は放射線ではないので誤解しないようにする。

【ねらい】電球を放射線源とみなして、新聞紙によって電球の光がどのように遮られるかを考える。

【予想】次の問いについて、班員同士で話し合い、結果を予想させる。

問1　新聞紙を通して電球の光を見ると、どのように見えるだろうか。

問2　同じ場所で新聞紙の枚数を増やしていくと、どのように見えるだろうか。

問3　新聞紙の枚数は変えずに、電球を遠ざけながら見ると、どうなるだろうか。

【実験】予想したことを確かめながら実験する。新聞紙の枚数は1～5枚程度で行う。

【考察】と**【まとめ】**実験結果を整理し、分かったことをまとめさせる。時間があれば、各班に発表させる。

例２　「半減期」についての模擬実験

実際の放射線源は半減期が長くて簡単に実験で調べることができない。また、半減期は放射性元素が半分になる時間をいうが、すべてが一斉に半分になるのではない。全体的に半分になる確率を意味している。そこでサイコロを使って半減期についての模擬実験を行う。

この模擬実験は、高校物理でよく行われているが、簡単な内容なので、半減期の意味を知るだけであれば中学生にも体験させることができる。

【ねらい】サイコロを使って半減期について考える。

【方法】、【予想】と【実験】

ここでは、サイコロを50個用いて、一斉に振り偶数の目が出たサイコロだけ集めて数え、それをまた振る。これを繰り返すと、どのような結果になるかを予想する。その後、実験によって予想と結果を比較する。

なお、サイコロを100個使えば、半分、その半分、さらにその半分になることが分かりやすい。生徒は遊び感覚で楽しみながら学ぶことができるので、授業に取り入れることを勧める。

ここでは、放射線の透過性と半減期についての模擬実験の例を紹介した。中学校では、いずれの場合も実物での実験は不可能であるので、日常的な材料を利用して模擬的に体験する内容とした。

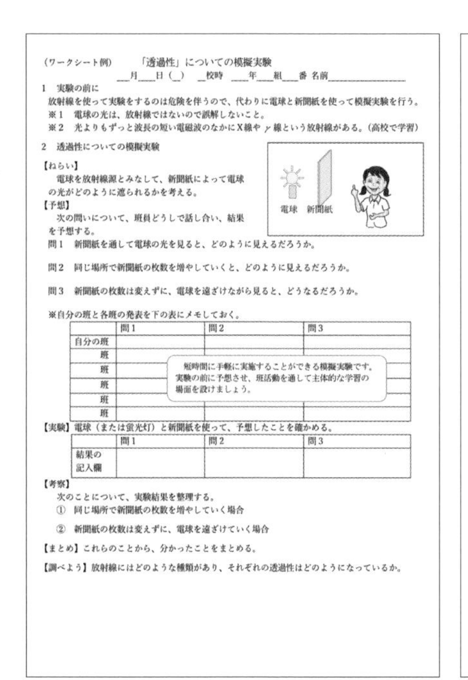

（ワークシート例）　「透過性」についての模擬実験

＿月＿日（＿）　＿校時　＿年＿組＿番 名前＿＿＿＿

1　実験の前に

放射線を使って実験をするのは危険を伴うので、代わりに電球と新聞紙を使って模擬実験を行う。

※1　電球の光は、放射線ではないので誤解しないこと。

※2　光よりもずっと波長の短い電磁波のなかにX線やγ線という放射線がある。（高校で学習）

2　透過性についての模擬実験

【ねらい】

電球を放射線源とみなして、新聞紙によって電球の光がどのように遮られるかを考える。

【予想】

次の問いについて、班員どうしで話し合い、結果を予想する。

問1　新聞紙を通して電球の光を見ると、どのように見えるだろうか。

問2　同じ場所で新聞紙の枚数を増やしていくと、どのように見えるだろうか。

問3　新聞紙の枚数は変えずに、電球を遠ざけながら見ると、どうなるだろうか。

※自分の班と各班の発表を下の表にメモしておく。

	問1	問2	問3
自分の班			
班			
班			
班			
班			
班			

【実験】電球（または蛍光灯）と新聞紙を使って、予想したことを確かめる。

	問1	問2	問3
結果の記入欄			

【考察】

次のことについて、実験結果を整理する。

①　同じ場所で新聞紙の枚数を増やしていく場合

②　新聞紙の枚数は変えずに、電球を遠ざけていく場合

【まとめ】これらのことから、分かったことをまとめる。

【調べよう】放射線にはどのような種類があり、それぞれの透過性はどのようになっているか。

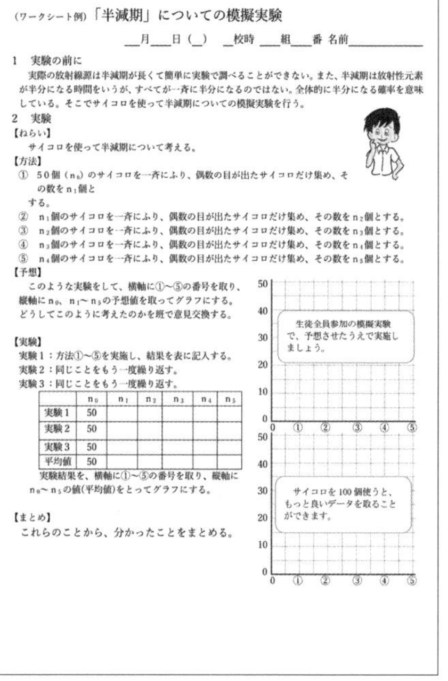

（ワークシート例）「半減期」についての模擬実験

＿月＿日（＿）　＿校時　＿組＿番 名前＿＿＿＿

1　実験の前に

実際の放射線源は半減期が長くて簡単に実験で調べることができない。また、半減期は放射性元素が半分になる時間をいうが、すべてが一斉に半分になるのではない。全体的に半分になる確率を意味している。そこでサイコロを使って半減期についての模擬実験を行う。

2　実験

【ねらい】

サイコロを使って半減期について考える。

【方法】

①　50個（n_0）のサイコロを一斉にふり、偶数の目が出たサイコロだけ集め、その数をn_1個とする。

②　n_1個のサイコロを一斉にふり、偶数の目が出たサイコロだけ集め、その数をn_2個とする。

③　n_2個のサイコロを一斉にふり、偶数の目が出たサイコロだけ集め、その数をn_3個とする。

④　n_3個のサイコロを一斉にふり、偶数の目が出たサイコロだけ集め、その数をn_4個とする。

⑤　n_4個のサイコロを一斉にふり、偶数の目が出たサイコロだけ集め、その数をn_5個とする。

【予想】

このような実験をして、横軸に①～⑤の番号を取り、縦軸にn_0、n_1～n_5の予想値を取ってグラフにする。どうしてこのように考えたのかを班で意見交換する。

【実験】

実験1：方法①～⑤を実施し、結果を表に記入する。

実験2：同じことをもう一度繰り返す。

実験3：同じことをもう一度繰り返す。

	n_0	n_1	n_2	n_3	n_4	n_5
実験1	50					
実験2	50					
実験3	50					
平均値	50					

実験結果を、横軸に①～⑤の番号を取り、縦軸にn_0～n_5の値(平均値)をとってグラフにする。

【まとめ】

これらのことから、分かったことをまとめる。

化学編

1 物質の性質

物質には、融点・沸点の違いや溶解度の違いなど、多くの固有の性質がある。実験によりその性質を数多く確認することで、固有の性質が生じることに疑問を感じさせ、物質を作る粒子の状態を想像させることができる。結果を整理して終了させずに考察に力を入れていきたい。

1 溶解度曲線

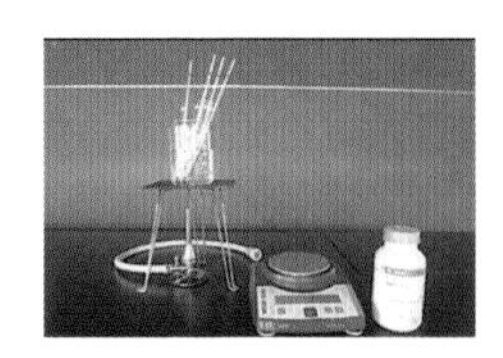

⑴目的 硝酸カリウムの溶解度曲線をつくり、温度と溶解度との関係を調べる。

⑵準備 試験管（4）、電子天秤、薬さじ、薬包紙、ビーカー、温度計（4）、ホールピペット（5 mL）、ピペッター、ガスバーナー、三脚、金網、硝酸カリウム（KNO_3）

⑶方法

①電子天秤を用いて硝酸カリウムを3.0 g、5.0 g、7.0 g、9.0 gをはかり取る。
②乾いた試験管に①の硝酸カリウムを入れ、ホールピペットを用いて純水を5 mLずつ加える。
③ビーカーにお湯を用意し、その中に上記の試験管を入れ固体が溶けるまで加熱する。
④はじめに固体が溶けた試験管を取り出し、温度計で静かにかき混ぜながら冷却し、試験管の中に硝酸カリウムの細かい結晶が析出し始める温度を測定する（温度計をガラス棒の代わりに使用するので取扱いに注意する）。
⑤方法④の直後に、もう一度試験管を④で測定した温度より少し高い温度のお湯に入れて、静かにかき混ぜながら温め、結晶が溶けてなくなる温度を測定する。
⑥飽和溶液になる温度として、④と⑤の温度の平均値を算出する。
⑦上記の結果は5 gの水に対する溶解度であるため、100 gの水に対する溶解度に換算する。
⑧100 gの水に対する溶解度と温度との関係をグラフ化する（溶解度曲線）。

硝酸カリウム〔g〕	3.0	5.0	7.0	9.0
④結晶が析出し始めた温度〔℃〕				
⑤結晶が溶けてなくなった温度〔℃〕				

⑷考察

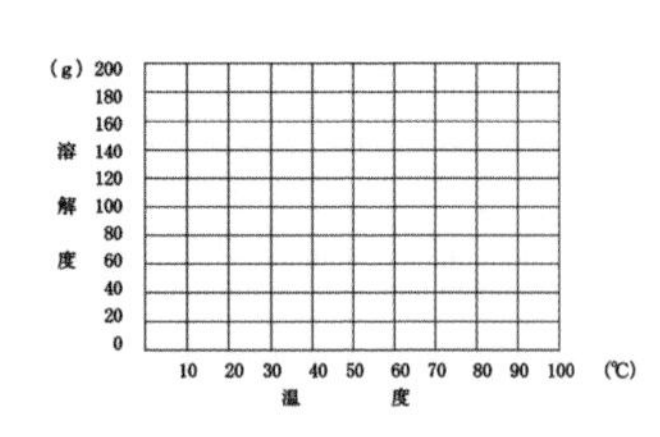

①温度と溶解度の関係を導き出す。
②方法④と⑤の温度は等しくなるはずであるが、その差が大きくなった場合には原因を考える。
③70℃の水100 gにおける飽和溶液を40℃まで冷却すると何gの結晶が析出するか。各自が作成した溶解度曲線のグラフをもとに計算する。

2　物質の極性と溶解

⑴**目的**　イオンからなる物質の性質を理解する。また、溶解という現象を物質の極性から理解する。

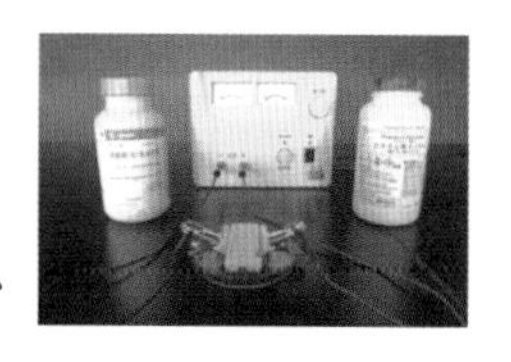

⑵**準備**　シャーレ、スライドガラス、ろ紙、目玉クリップ、ガラス棒、直流電源、ワニグチクリップ付きコード、三脚、三角架、るつぼ、マッフル、るつぼばさみ、電気伝導性確認装置、ガスバーナー、ビーカー（50 mL）、ビュレット、スタンド、エボナイト棒、駒込ピペット（2 mL × 4）、試験管（10）、薬さじ、硫酸銅（Ⅱ）$CuSO_4$、二クロム酸カリウム$K_2Cr_2O_7$、濃アンモニア水NH_3、塩化亜鉛$ZnCl_2$、シクロヘキサンC_6H_{12}、塩化ナトリウム$NaCl$、ショ糖$C_{12}H_{22}O_{11}$、ヨウ素I_2、エタノールC_2H_5OH、炭酸カリウムK_2CO_3

⑶**方法**

実験①（イオンの移動）

ア　シャーレに固体の硫酸銅（Ⅱ）を薬さじ（小）で1/3程度とり、濃アンモニア水を1滴加えて湿らせる。

イ　スライドガラスに、ろ紙を置いて左右を包むように折り曲げ、ろ紙を食塩水で湿らせ、目玉クリップ（極板）で留める。

ウ　両極板の中央に薬さじを使って微量のアの硫酸銅（Ⅱ）、及び二クロム酸カリウムの固体を置く。

エ　直流15 Vで5～10分間通電して、色の移動を観察する。

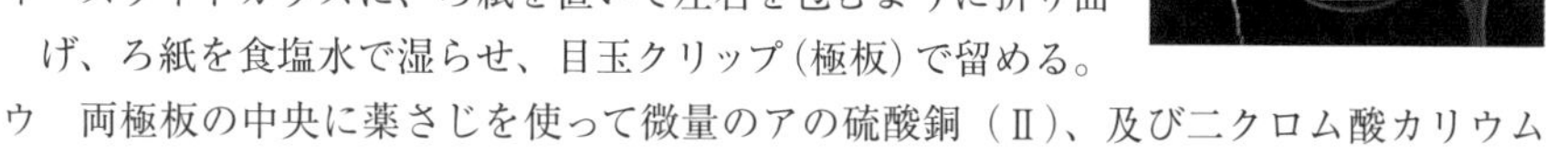

観察結果	

実験②（電気伝導性）

ア　50 mLビーカーに塩化亜鉛（固体）を1/5程度入れ、電極を差し込んで電気伝導性を調べる。

イ　るつぼに少量の塩化亜鉛（固体）を入れ、加熱して融解後、電気伝導性を調べる。

ウ　50 mLビーカーに塩化亜鉛水溶液をつくり電気伝導性を調べる。

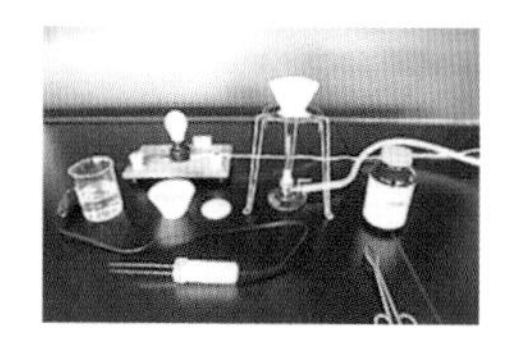

電気伝導性の有無	固体	融解液	水溶液

実験③（液体物質の極性）

ビュレットから純水、及びシクロヘキサンを流し出し、摩擦したエボナイト棒を近づけ、流れの変化をそれぞれ観察する。

純水	シクロヘキサン

実験④（溶解性）

ア　3本の試験管に純水を2 mLずつ入れ、塩化ナトリウム、ショ糖、ヨウ素をそれぞれ薬さじ（小）1/2杯加え、よく振る。

イ　3本の乾いた試験管にシクロヘキサンを2 mLずつ入れ、アと同様にする。

ウ　試験管に純水を2 mL入れ、エタノールを1 mL加え、よく振って静置する。

エ　乾いた試験管にシクロヘキサンを2 mL入れ、ウと同様にする。

溶媒＼溶質	NaCl	$C_{12}H_{22}O_{11}$	I_2	C_2H_5OH
純水				
シクロヘキサン				

実験⑤（溶媒と溶質の粒子の結合力の比較）

ア　200 mLビーカーに、純水100 mLとエタノール60 mLを混合し、様子を観察する。

イ　このビーカーに炭酸カリウム（固体）を少量ずつ入れてかき混ぜる。

ウ　液体の様子が変化するまで炭酸カリウム（固体）を少量ずつ入れてかき混ぜる。

⑷考察

実験①　•物質の色は何によるものか。
•小さな粒子であるイオンの存在は、何によって確認することができるか。
•色が電極に近づいていくのはなぜか。この現象から分かることは何か。

実験②　電気伝導性の有無により、物質を構成しているイオンの状態を説明できるか。

実験③④　溶解の仕組みを溶媒と溶質の極性により説明することができるか。

実験⑤　ここで起きた現象から、溶媒粒子と溶質粒子が引き合う力が物質の種類によって異なることを説明できるか。

◎予想した結果や仮説と一致しなかった場合、その理由として何が考えられるか。その場合には、次にどのような実験を行えばよいと考えるか。

3　実験の解説

⑴溶解度曲線　第2章化学編第1節「物質の性質」参照。

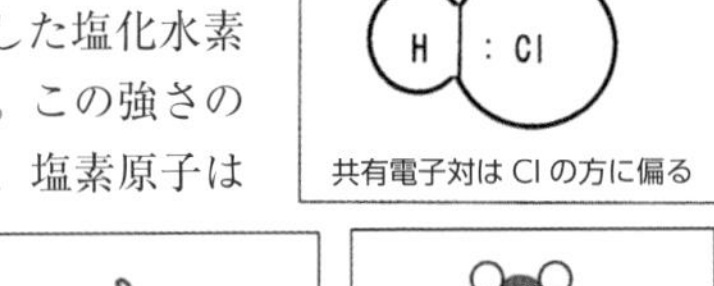

⑵極性と溶解　電子を共有して結合（共有結合）した塩化水素分子では、原子が電子対を引き寄せる力に差がある。この強さの程度を表した値を電気陰性度という。この差により、塩素原子はわずかであるが負の電荷（δ−）を、水素原子は正の電荷（δ+）を帯びることになる（右図）。この性質を極性があるという。

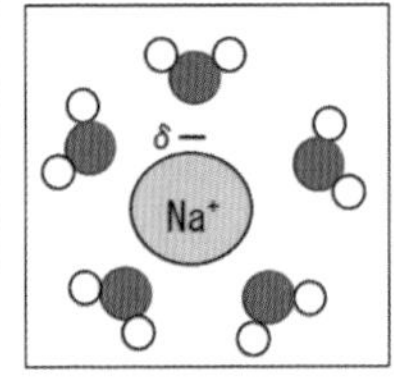

　水分子も、右図のように水素原子（白）と酸素原子（紫）の間で電荷の偏りが生じ、構造が折れ線型なので極性を持つ状態になる。塩化ナトリウムを水に溶解させると、Na^+とCl^-が極性を持つ水分子と静電気力で引き合い、水分子がイオンを取り囲み（この状態を水和という）、水中に広がっていく。これがイオン結晶の溶解である。飽和溶液とは、水和する溶液粒子の数と溶液から結晶にもどって析出する溶質粒子の数がつりあっている状態と考えられる（溶解平衡）。

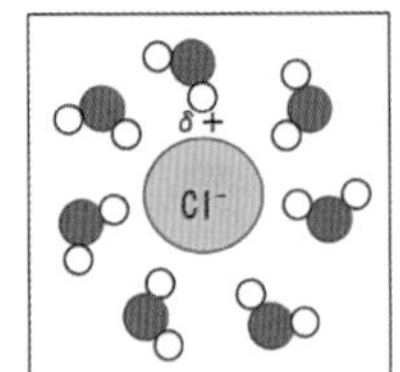

⑶電気伝導性

物質は原子で構成されていて、原子は原子核と荷電粒子である電子を持っている。固体状態では、結合に関与している電子は原子核の周りを運動していて、物質内を自由に動き回ることはできない。したがって、多くの物質は固体状態では電気伝導性はほとんどない（金属は自由電子を持つので電気伝導性がある）。

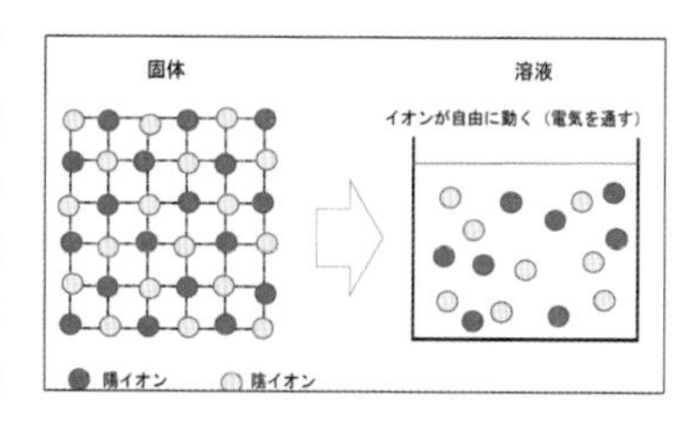

イオン結晶の物質では、融解して液体状態になったり、水に溶解したりすると、イオンが動き回るので電気伝導性を示すようになる。

⑷気体の溶解

気体が水に溶解する場合は、温度が高いほど溶解度は小さくなる。それは、温度が高いほど気体の熱運動が激しくなり、水分子との分子間力を振り切って、空中に飛散してしまうからである。また、圧力を低くすると、圧力をかけて溶解した気体が空気中に放出される。したがって、圧力が下がると気体の溶解度は小さくなる。一般に、液体に溶ける気体の量と圧力の関係は、以下の「ヘンリーの法則」で説明される。

ヘンリーの法則

一定温度で、一定量の液体に溶ける気体の質量（または、物質量）は、液体に接している気圧の圧力（混合気体の場合は分圧）に比例する。

気体の溶解度は、気体の分圧が1.013×10^5 Paのときに、一定量の溶媒（1L、または1 mL）に溶解する気体の物質量や体積（標準状態に換算した値）で表される。

（10^{-3} mol/ 1 L水　気体の分圧1.013×10^5 Pa）

	H_2	N_2	O_2	CO_2
0℃	0.98	1.06	2.19	76.5
20℃	0.81	0.71	1.39	39.0
40℃	0.74	0.55	1.04	23.7
60℃	0.73	0.49	0.88	16.6

圧力が急激に変わると

加圧した炭酸飲料の栓を開けると炭酸が吹き出るように、急激に圧力が減少すると溶解していた気体が一気に放出します。同様なことがダイバーにも起こります。海中深くから、急激に圧力が低く水温が高い水面に浮上すると、血液中に溶けていた酸素が一気に気泡になり、血管を詰まらせることがあります。これを潜水病といいます。

化学編

2　化学変化の量的関係

物質AとBが反応するとき、Bの質量が少ないとAが反応しきれずに残り、Bの質量が多いと反応しないBが残る。実験を通して互いに過不足なく反応する「量的関係」を見出すことがねらいである。化学変化における「物質量（単位：モル）」の理解を確実なものにする実験でもある。

1　実験

(1)目的　化学変化における物質の量的関係を調べ、化学反応式の係数の意味を理解する。

(2)準備　電子天秤（0.01 g）、200 mLコニカルビーカー、駒込ピペット、100 mLメスシリンダー、薬さじ、薬包紙

炭酸カルシウム（粉末 $CaCO_3$）6.00 g、4 mol/L塩酸（HCl）100 mL

(3)方法

①200 mLコニカルビーカーに4 mol/L塩酸を20 mL入れる。

②炭酸カルシウムの粉末を1.00 gずつ、6枚の薬包紙（No. 1～No. 6）にはかり取る。

③電子天秤に①のコニカルビーカーをのせて質量を測定する。

④No. 1の薬包紙の炭酸カルシウムをコニカルビーカーに少量ずつ入れて反応させる。

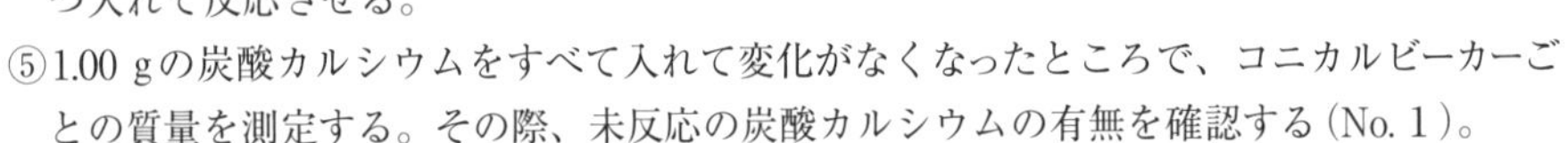

⑤1.00 gの炭酸カルシウムをすべて入れて変化がなくなったところで、コニカルビーカーごとの質量を測定する。その際、未反応の炭酸カルシウムの有無を確認する（No. 1）。

⑥No. 2の薬包紙の炭酸カルシウムを⑤のコニカルビーカーに少量ずつ入れて反応させる。

⑦⑤と同様の操作を行う（No. 2）。

⑧No. 3からNo. 6の薬包紙の炭酸カルシウムまで、同様の操作を繰り返す。

A：加えた炭酸カルシウムの質量の総和　　B：容器全体の質量

No	A	B	未反応の炭酸カルシウムの有無
0	0 g	g	
1	1.00 g	g	
2	2.00 g	g	
3	3.00 g	g	
4	4.00 g	g	
5	5.00 g	g	
6	6.00 g	g	

(4)結果及び考察

〈結果〉

①No. 1～No. 6について、加えた炭酸カルシウムの質量の総和に対して、発生した二酸化炭素の質量の総和を計算する。

②①の各質量を物質量に換算した表をつくり、横軸を炭酸カルシウムの物質量、縦軸を二

酸化炭素の物質量としてグラフを書く。
③使用した塩酸に含まれている塩化水素の物質量を求める。
④グラフから、この塩化水素と過不足なく反応する炭酸カルシウム、生成する二酸化炭素の物質量を読み取り、最も簡単な整数比で表す。

〈考察〉

①炭酸カルシウムがすべて反応したこと、または反応せずに残ったことから分かること。
②グラフから読み取れること。
③実験結果から導き出した量的関係（整数比）と化学反応式の係数との関係。
④予想した結果や仮説と一致しなかった場合に、その理由として何が考えられるか。その場合、次にどのような実験を行えばよいかを検討する。

2　実験の解説

(1)実験の内容

実験の化学反応式は　$CaCO_3 + 2HCl \rightarrow CaCl_2 + H_2O + CO_2$　であり、炭酸カルシウム1 molに塩化水素2 molが反応すると、塩化カルシウム、水、二酸化炭素が1 molずつ生成されることを示している。

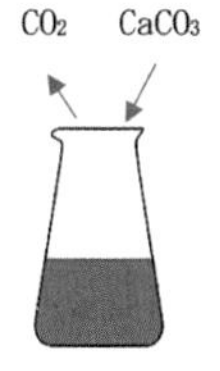

実験では、コニカルビーカー内の塩化水素に炭酸カルシウムを入れるたびに生成された二酸化炭素が空気中に放出され、容器全体の質量がはじめの容器の質量と加えた炭酸カルシウムの質量の和より軽くなる。やがて、反応する塩化水素が存在しなくなると二酸化炭素は生成されず、未反応の炭酸カルシムが確認できるようになる。実験結果をグラフにすると右のようになる。

グラフが折れ曲がるところから、0.08 molのHClと過不足なく反応する$CaCO_3$が0.04 mol であること、このときに発生するCO_2が0.04 molであることを読み取る。このとき、物質量比では$CaCO_3$ ： HCl ： CO_2　=　1：2：1になり、化学反応式の係数に一致していることが分かる。

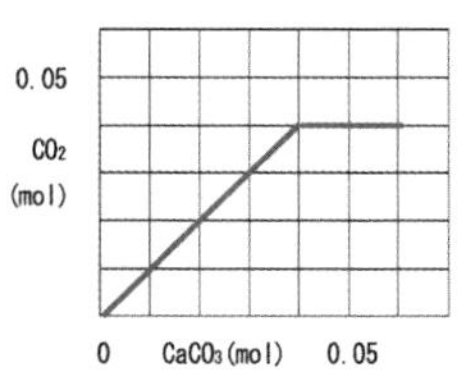

	$CaCO_3$	+ 2HCl →	$CaCl_2$	+ H_2O	+ CO_2
物質量〔mol〕	0.04	0.08	0.04	0.04	0.04
質量〔g〕	4.00	2.92	4.44	0.72	1.76

(2)考察の工夫

この実験は、いろいろな観点からの考察が可能である。生徒に多様な視点から考察させ、発表し合うなどして、化学変化の量的関係をより深く理解させていきたい。

〈考察の視点例〉

- 「質量保存の法則」から化学変化の量的関係を考察する。
- 実験結果から「化学反応式」の読み方を考察する。
- 「物質量（モル）」の概念を導入させ、「物質量」を用いることの有効性を考察する。
- 炭酸カルシウムと塩化水素の化学変化を解説する。

3 ヘスの法則

化学変化を起こすときに発熱（吸熱）するものがある。激しく反応したために熱が出たように見えるが、物質はそれぞれ固有のエネルギーを持っており、反応物が持つエネルギーと生成物が持つエネルギーの差が、反応熱（発熱・吸熱）として表出する現象であることを検証する実験である。

1　実験

⑴目的　反応物と生成物が同一であれば、反応経路に関係なく、反応に伴って出入りする熱量の和は等しくなることを確かめる。

⑵準備　水酸化ナトリウム、塩酸、保温カップ（100 mL）、デジタル温度計、電子天秤、メスシリンダー（100 mL）、ビーカー（300 mL × 3）、薬包紙、薬さじ、ボウル、ピペット、ガラス棒、ラベル用紙

①1 mol/L 水酸化ナトリウム水溶液50 mLを作る。

②1 mol/L 塩酸水溶液100 mLを作る。

③水酸化ナトリウム水溶液、塩酸水溶液、水（150 mL）の入ったビーカーを、水を入れたボウルで水浴させて同じ温度にする。

⑶方法

①〈反応①〉水酸化ナトリウム（固体）と塩酸水溶液との反応熱（溶解熱と中和熱）の測定

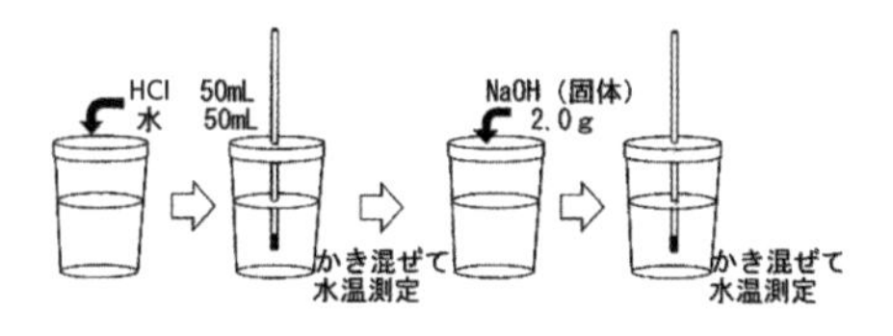

反応前の液温	℃
反応後の液温	℃
液温の上昇　T①	K

②〈反応②〉水酸化ナトリウム（固体）の溶解熱の測定

＊溶解熱　　1 molの物質が水に溶解するときの発熱量

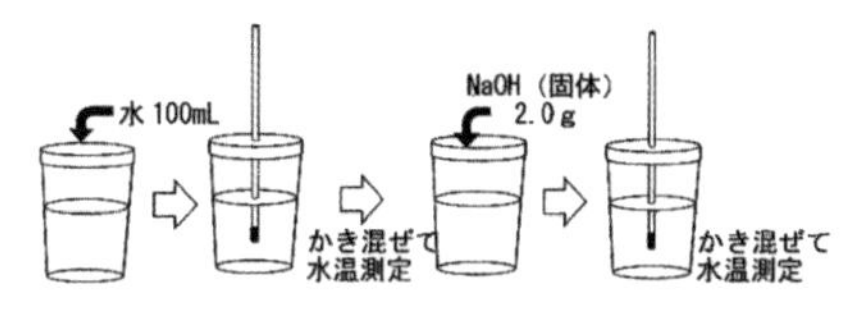

反応前の液温	℃
反応後の液温	℃
液温の上昇　T②	K

③〈反応③〉水酸化ナトリウム水溶液と塩酸水溶液の中和熱の測定

＊水酸化ナトリウム水溶液と塩酸水溶液の温度は同じにしておく。

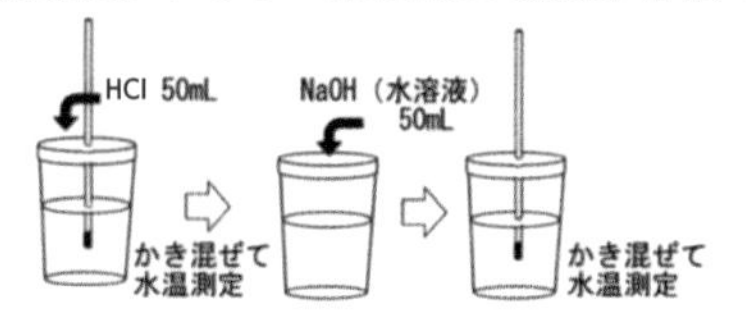

反応前の液温	℃
反応後の液温	℃
液温の上昇　T③	K

⑷計算の方法

以下の計算は、水や塩酸、水酸化ナトリウム水溶液の密度を1 g/mL（質量は体積と等しいもの）として行っている。正確な質量を用いて計算する場合は、反応①〜③の実験時に各水溶液の質量を測定しておくことが必要になる。

①溶解と中和での発熱量Q① Jを1 mol当たりに換算する。

50 mL中のHClは、1 × 50/1000=0.05 molであるので

発熱量Q ① J = 102 g × T①× 4.18 J/（g・K）×（1/0.05）で計算できる。

②溶解での発熱量Q ② Jを1 mol当たりに換算する。

NaOHの式量は40で、2 gで生じた発熱量を1 mol当たりに換算すると

発熱量Q ② J = 102 g × T②× 4.18 J/（g・K）×（40/2）で計算できる。

③中和反応での発熱量Q ③ Jを1 mol当たりに換算する。

50 mL中のHCl、NaOHは、それぞれに1 × 50/1000=0.05 molであるので

発熱量Q ③ J = 100 g × T③× 4.18 J/（g・K）×（1/0.05）で計算できる。

発熱量Q ①　　　　J	発熱量Q ②　　　　J	発熱量Q ③　　　　J

2　実験の解説

⑴実験の内容

ヘスの法則　ジェルマン・アンリ・ヘス（ロシアの化学者）が1840年に発表

化学反応で反応物から生成物をつくる複数の経路が考えられるとき、反応熱の総和は、変化の前後の物質の種類や状態だけで決まり、経路や方法には関係しない。

実験は、水酸化ナトリウム（固体）から塩化ナトリウム（水溶液）までの化学変化を2経路（3反応）で検討させている。

反応①　水酸化ナトリウム（固体）と塩酸（水溶液）との溶解熱と中和熱

NaOH（固）＋ HCl（水溶液）→ NaCl（水溶液）＋ H_2O ＋ 101 kJ

反応②　水酸化ナトリウム（固体）の溶解熱

NaOH（固）→ NaOH（水溶液）＋ 44.5 kJ

反応③　水酸化ナトリウム（水溶液）と塩酸（水溶液）との中和熱

NaOH（水溶液）＋ HCl（水溶液）→ NaCl（水溶液）＋ H_2O ＋ 56.5 kJ

それぞれの発熱量を測定し、発熱量Q①= 発熱量Q② ＋発熱量Q③となることを確認する。

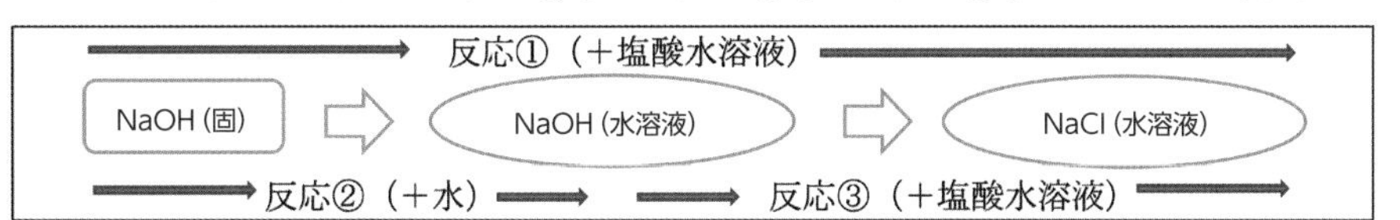

⑵考察の工夫

以下のことを調べ、実験結果と関連させて考察するとより深いものとなる。

- 化学反応における発熱、及び吸熱の原理
- 反応熱の種類
- 結合エネルギーと反応熱の関係
- エンタルピー変化

化学編

4 中和滴定

中和反応は、酸と塩基が互いに過不足なく量的関係が保たれたときに起こる。この反応を利用して、濃度が分からない物質の濃度を特定する実験である。水溶液を少しずつ滴下する方法や指示薬の扱い方など精密な方法を習得させ、高い実験技能を育成するというねらいもある。

1 実験

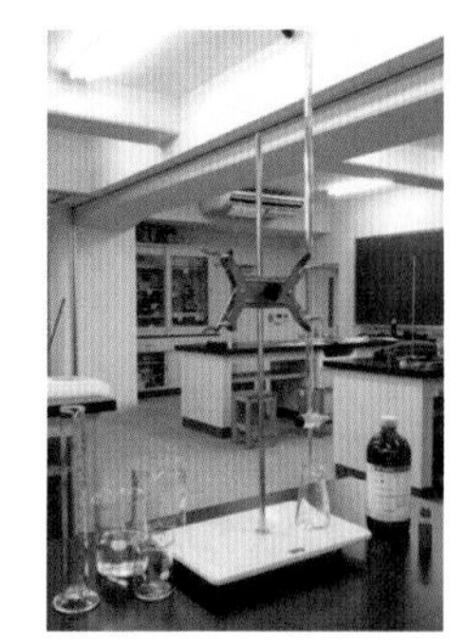

(1)目的 中和反応を利用して、酸や塩基の濃度を求める。

(2)準備 精密天秤、薬さじ、薬包紙、ビュレット（25 mL）、ビュレット台、ホールピペット（10 mL）、安全ピペッター、ろうと、メスフラスコ（100 mL × 2）、駒込ピペット、ビーカー（100 mL × 2、300 mL × 2）、ガラス棒、メスシリンダー（100 mL）、コニカルビーカー（50 mL × 2）

水酸化ナトリウム NaOH、フェノールフタレイン溶液、シュウ酸二水和物 $(COOH)_2 \cdot 2H_2O$、食酢

〈試薬の調製〉

(1)シュウ酸標準液（0.05 mol/L　100 mL）の調製

①この水溶液をつくるために必要なシュウ酸二水和物の質量を計算する。

②精密天秤で①の質量をはかり、50 mL純水を入れたビーカー（100 mL）に入れて溶かす。

③溶液をメスフラスコ（100 mL）に移し、ビーカー内を洗浄した液もメスフラスコに移す。

④メスフラスコの標線まで純水を加えて100 mLとする。

(2)水酸化ナトリウム水溶液（約0.1 mol/L　200 mL）の調製

①必要な質量を計算してはかり取る。

②ビーカー（300 mL）に約100 mLの純水を入れて、水酸化ナトリウムを溶かす。

③ビーカーにさらに約100 mLの純水を加えて攪拌（かくはん）する。

＊水酸化ナトリウムは潮解性があるため濃度は正確ではない。後の実験で標準液と中和させて、正確な濃度を決定する。

(3) 10倍希釈の食酢100 mLの調製

①ホールピペットを食酢で共洗いする。

②ホールピペットで食酢10.0 mLをメスフラスコ（100 mL）に取り、純水を加えて100 mLとする。

(4)市販の食酢の密度の決定

①ビーカー（100 mL）に市販食酢をホールピペットで10.0 mL取り、質量を測定する。

②密度を計算して求める。

食酢の密度〔g/mL〕	

〈水酸化ナトリウム水溶液の濃度の決定〉

①調製した水酸化ナトリウム水溶液でビュレットの共洗いをする。
②ビュレットに水酸化ナトリウム水溶液を入れ、活栓を開いて少量を流し捨て、ビュレットの先端まで液を満たすようにする。
③シュウ酸標準液でホールピペットを共洗いする。
④ホールピペットでシュウ酸標準液10.0 mLをコニカルビーカーに入れ、フェノールフタレイン溶液を1～2滴加える。
⑤ビュレットの液面の目盛を記録して（最小目盛の1/10まで読む）から、水酸化ナトリウム水溶液をコニカルビーカーに滴下する（右図）。

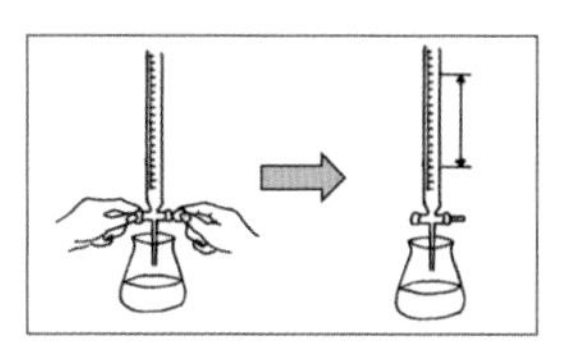

⑥滴下しながら軽く振りまぜ、うすい赤色が消えなくなったところの目盛を読む。
⑦この操作を3回繰り返して滴下量の平均を求める。ビュレットはそのままの状態にしておく。
⑧滴下した水酸化ナトリウム水溶液の体積から、水酸化ナトリウム水溶液の正確な濃度を決定する。

水酸化ナトリウム水溶液の正確な濃度	mol/L

〈10倍希釈の食酢の濃度の特定〉

①ホールピペットで10倍希釈の食酢10.0 mLをコニカルビーカーに入れ、フェノールフタレイン溶液を1～2滴加える。
②ビュレットから、水酸化ナトリウム水溶液をコニカルビーカーに滴下する。
③滴下しながら軽く振りまぜ、うすい赤色が消えなくなったところの目盛を読む。この操作を3回繰り返して滴下量の平均を求める。
④滴下した水酸化ナトリウム水溶液の体積から、10倍希釈の食酢の濃度を決定する。
＊水酸化ナトリウムの濃度は、前の実験で求めた正確なモル濃度を用いる。

	1回目	2回目	3回目	平均
滴下量〔mL〕	mL	mL	mL	mL

10倍希釈の食酢のモル濃度	mol/L

〈市販の食酢の濃度を求める〉

①10倍希釈の食酢のモル濃度から、市販の食酢のモル濃度を求める。
②市販の食酢の密度から、食酢中の酢酸の質量パーセント濃度を計算する。

市販の食酢のモル濃度	mol/L
食酢中の酢酸の質量パーセント濃度	%

〈考察〉

①シュウ酸と水酸化ナトリウムの化学反応式を用いて結果を考察する。
②食酢と水酸化ナトリウムの化学反応式を用いて結果を考察する。
③市販の食酢の酸度と計算した質量パーセント濃度を比較し、その違いについて考察する。

2　実験の解説

(1)実験の内容

酸と塩基の水溶液が中和するとき、以下の関係が成り立つことを確認する。

$C_1 \cdot M_1 \cdot V_1 \quad = \quad C_2 \cdot M_2 \cdot V_2$

C：酸・塩基の価数　　M：モル濃度(mol/L)　　V：水溶液の体積(mL)

この関係を利用して中和点を探る操作を「中和滴定」という。濃度が分かっている水溶液との中和滴定を行うことで、他方の濃度を求めることができる。

(2)中和滴定に用いる指示薬

実験ではフェノールフタレイン溶液を使用しているが、その他にメチルオレンジやＢＴＢ溶液などの指示薬がある。指示薬によって変色域が異なるので、中和させる酸や塩基によって適切な指示薬を選択する必要がある。

「中和滴定」の指示薬は、酸や塩基の性質や「滴定曲線」から、また、中和点に急激に色が変わる現象（pHジャンプ）が実験に適しているかどうかから選択する。このことを理解させた上で実験を行えば、指定された指示薬を用いる理由や「中和点」の微妙な量的関係を意識した科学的な実験になる。

フェノールフタレインとメチルオレンジの比較

(1)強酸と強塩基	滴定曲線が変色域を超えていて変色前後を広く確認することができます。中和点でのpHジャンプも鋭くフェノールフタレイン、メチルオレンジともに使用できます。
(2)弱酸と強塩基	メチルオレンジは中和点前に変色してしまうので使用できません。
(3)強酸と弱塩基	フェノールフタレインは中和点後に変色するので使用できません。
(4)弱酸と弱塩基	メチルオレンジは中和点前に変色し、フェノールフタレインは中和点後に変色するので、両者とも使用できません。指示薬での中和滴定は難しいのです。

(1)　強酸と強塩基
(HCl と NaOH)

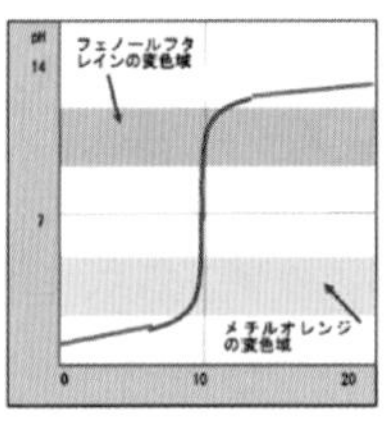

(2)　弱酸と強塩基
(CH_3COOH と NaOH)

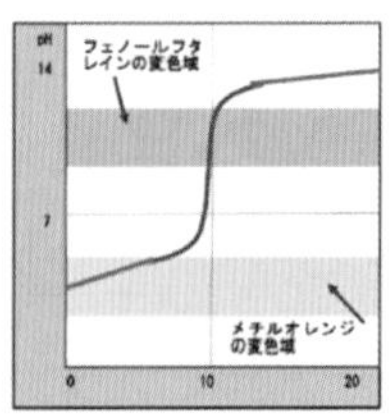

(3)　強酸と弱塩基
(HCl と NH_3)

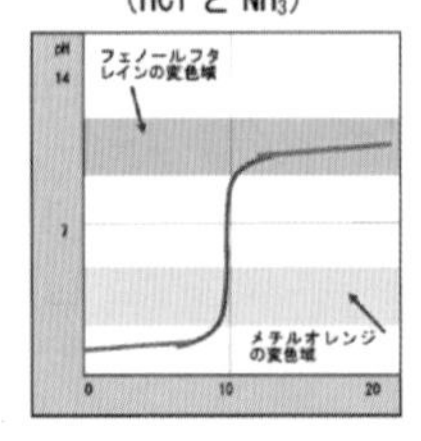

(4)　弱酸と弱塩基
(CH_3COOH と NH_3)

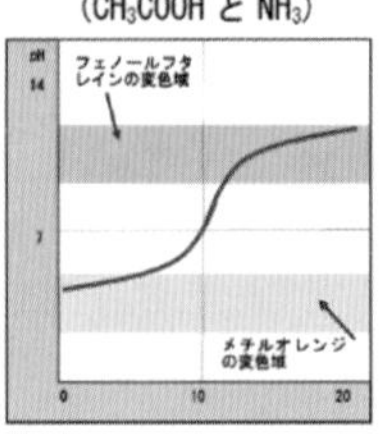

モル濃度で試薬を調製する方法に慣れよう

質量パーセント濃度に比べるとモル濃度での試薬調製は難しいものです。この実験で用いる試薬を例にして、調製方法を確実に習得しておきましょう。

〈シュウ酸標準液（5.00×10^{-2} mol/L　100mL）〉

①$5.00 \times 10^{-2}$ mol/L のシュウ酸標準液100mL 中にシュウ酸は何 mol 溶けているか計算します。5.00×10^{-2} mol/L は、1 L 中に5.00×10^{-2} mol 溶けている溶液なので、100mL 中には$5.00 \times 10^{-2} \times 100/1000 = 5.00 \times 10^{-3}$ mol 溶けています。

②①の物質量のシュウ酸二水和物は何 g か計算します。シュウ酸二水和物の式量は、$(COOH)_2 \cdot 2H_2O = 126$です。シュウ酸二水和物1mol = 126 g なので、5.00×10^{-3}mol は$5.00 \times 10^{-3} \times 126 = 0.630$ g

③精密天秤で②の質量のシュウ酸二水和物をはかり取り、あらかじめ約50mL の純水を入れたビーカー(100mL) に入れて溶かします。

④溶液をメスフラスコ (100mL) に移し、ビーカー内を洗浄した液もメスフラスコに移します。

⑤メスフラスコの標線まで純水を加えて100mL とします。

〈水酸化ナトリウム水溶液（約0.1 mol/L　200mL）〉

＊固体の水酸化ナトリウムは潮解性があるため正確な質量ははかれません。

①0.1mol/L の水酸化ナトリウム水溶液200mL 中に水酸化ナトリウムは何 mol 溶けているか計算します。0.1mol/L は、1 L 中に0.1mol 溶けている溶液なので、200mL 中には$0.1 \times 200/1000 = 0.02$mol 溶けています。

②①の物質量の水酸化ナトリウムは何 g か計算します。

水酸化ナトリウムの式量は、$NaOH = 40$

水酸化ナトリウム1mol = 40 g なので、0.02mol = $0.02 \times 40 = 0.8$ g

③天秤で②の質量の水酸化ナトリウムを素早くはかり取り、約100mL の純水を入れたビーカー(300mL) に入れて溶かします。

④ビーカーにさらに約100mL の純水を加えて撹拌します。

化学編

5 ビタミンCの定量

物質の定量分析には、物質の量や濃度と化学的測定値との関係をグラフ化した線（検量線）を用いることがある。本実験は、その検量線の作成方法を学び、作成した検量線を用いて「ビタミンC」の定量分析を行うものである。

1 実験

(1)目的　ビタミン飲料水に含まれるビタミンCの量をヨウ素との酸化還元滴定により求める。

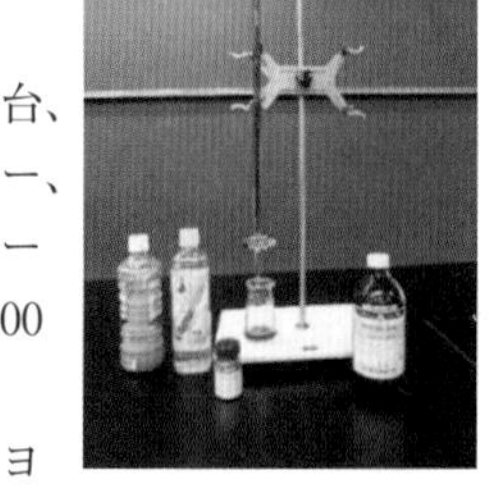

(2)準備

精密天秤、薬さじ、薬包紙、ビュレット(25 mL)、ビュレット台、ホールピペット(10 mL)、メスピペット(10 mL)、安全ピペッター、ろうと、メスフラスコ（100 mL × 2)、駒込ピペット、ビーカー(100 mL × 4、300 mL × 2)、ガラス棒、メスシリンダー（100 mL × 1、50 mL × 3)、コニカルビーカー(100 mL × 3)

L-アスコルビン酸（ビタミンC　$C_6H_8O_6$）0.050 g、市販のヨウ素溶液 15 mL（実際の濃度は、ラベル表記の0.05 mol/L以下になっている)、ビタミン飲料水（ビタミンC含有量 200 mg/100 mL程度のもの)、1 %デンプン溶液(純水100 mLにデンプン1 gを加え、加熱して溶かす)

〈試薬の調製〉

(1)　市販のヨウ素溶液の希釈

①100 mLビーカーに市販のヨウ素溶液を10.0 mLとり、純水を70 mL加える。

(2)　L-アスコルビン酸水溶液の調製

①精密天秤でL-アスコルビン酸50 mgをはかり取り、あらかじめ50 mLの純水を入れたビーカー(100 mL)に入れて溶かす。

②溶液をメスフラスコ(100 mL)に移し、ビーカー内を洗浄した液もメスフラスコに移す。

③メスフラスコの標線まで純水を加えて100 mLとする。

④③の溶液30.0 mLを純水で薄めて40.0 mLにする。

⑤③の溶液20.0 mLを純水で薄めて40.0 mLにする。

⑥③の溶液10.0 mLを純水で薄めて40.0 mLにする。

(3)　10倍希釈のビタミン飲料水100 mLの調製

①ホールピペットをビタミン飲料水で共洗いする。

②ホールピペットでビタミン飲料水10.0 mLをメスフラスコ(100 mL)に取り、純水を加えて100 mLとする。

〈酸化還元滴定〉

(1)　L-アスコルビン酸水溶液とヨウ素溶液による酸化還元滴定

①コニカルビーカーに試薬(2)-③の溶液をホールピペットで10.0 mLとり、デンプン溶液

を3 mL加え、ビュレットに入れた試薬(1)-①のヨウ素溶液を滴下して、薄い青紫色に変色するところを終点とする。

②試薬(2)-④〜⑥の溶液についても、同様の滴定を行う。

結果1　滴定に要したヨウ素溶液の体積　➡　検量線のデータ

L-アスコルビン酸水溶液	(2)-③	(2)-④	(2)-⑤	(2)-⑥
L-アスコルビン酸(mg/10mL)	5.0 mg/10mL	3.8 mg/10mL	___mg/10 mL	___mg/10 mL
ヨウ素　滴下始点	mL	mL	mL	mL
ヨウ素　滴下終点	mL	mL	mL	mL
ヨウ素　滴下量	mL	mL	mL	mL

(2)　ビタミン飲料水とヨウ素溶液による酸化還元滴定

①コニカルビーカーに試薬(3)-②のビタミン飲料水をホールピペットで10.0 mL取り、(1)と同様の滴定を行う。

結果2　滴定に要したヨウ素溶液の体積

	1回目	2回目	3回目	平均
10倍希釈をしたビタミン飲料水	10.0 mL	10.0 mL	10.0 mL	10.0 mL
ヨウ素　滴下始点	mL	mL	mL	
ヨウ素　滴下終点	mL	mL	mL	
ヨウ素　滴下量	mL	mL	mL	mL

〈結果の処理、及び考察〉

(1)　L-アスコルビン酸水溶液とヨウ素溶液との反応の量的関係を示す検量線の作成

結果1を用いて、検量線のグラフをつくる。

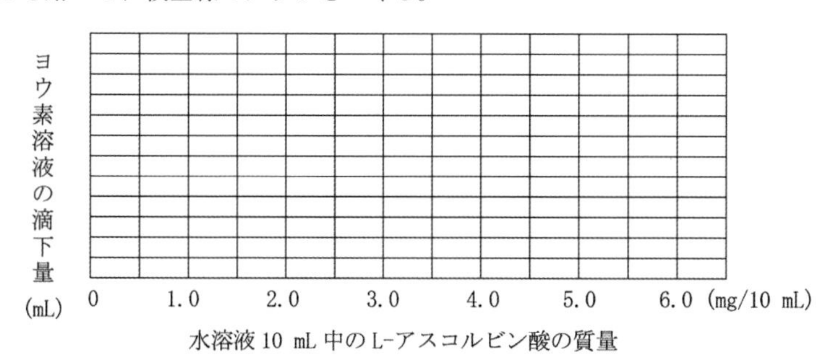

(2)　10倍希釈をしたビタミン飲料水10 mLに含まれるL-アスコルビン酸の質量

結果2を検量線のグラフに当てはめて、10倍希釈をしたビタミン飲料水10 mLに含まれるL-アスコルビン酸の質量を読み取る。　　　　mg/10 mL

(3)　市販（希釈前）のビタミン飲料水100 mLに含まれるビタミンC（L-アスコルビン酸）の質量を求める。　　　　mg/10 mL

(4)　この結果と製品表示を比較して分かることを考察する。

※この実験の妥当性について

ビタミン飲料水にビタミンC以外の還元性物質が入っているとヨウ素が反応してしまうので、正確にビタミンCを定量したことにはならないことに注意が必要である。

2　実験の解説

⑴実験の内容

L-アスコルビン酸（ビタミンC）の含有量が分かっている数種類の水溶液と濃度未知のヨウ素溶液との反応の量的関係を調べることで検量線を作成し、ビタミン飲料水に対するヨウ素溶液の反応量を調べ、作成した検量線に当てはめてビタミンCの含有量を求める実験である。

本実験は、高等学校化学基礎における「物質量と化学反応式」及び「化学反応」を学習する前であっても、中学校理科の「化学変化と物質の質量の関係」を使ってビタミン飲料水中のビタミンCの含有量を求めることができる実験である。ただし、その場合は「酸化還元滴定」という用語は使えないことに注意が必要である。

⑵酸化還元滴定

酸化還元滴定⑴の実験は、水溶液10 mL中に含まれるL-アスコルビン酸の質量が分かっている水溶液を4種類用意し、それぞれに反応するヨウ素溶液の体積を求め、L-アスコルビン酸の含有量と反応するヨウ素溶液の体積との量的関係を見出すものである。このデータを検量線としてグラフ化することにより、両者の間には比例関係があることが見出せる。

酸化還元滴定⑵の実験は、⑴と同じヨウ素溶液を使って希釈したビタミン飲料水と反応するヨウ素溶液の体積を求めるものである。ここで得られたデータを検量線に当てはめることで、希釈したビタミン飲料水中に含まれていたビタミンCの質量を求めることができる。このように、検量線を活用することで、ヨウ素溶液のモル濃度を決定することなくビタミンCの含有量を求められる実験となっている。

⑶酸化還元反応式と量的関係

高等学校化学基礎における「物質量と化学反応式」及び「化学反応」を学習した後であれば、酸化還元反応における２つの物質（酸化剤、及び還元剤）の量的な関係を使って、身近な物質の濃度を調べる実験として位置づけることができる。実験方法や結果の処理方法は中和滴定とほぼ同様であるため、生徒の主体的・対話的で深い学びが期待できるところである。なお、高等学校学習指導要領解説　各学科に共通する教科「理数」編（平成30年７月）には、「理数探究」の自然事象や社会的事象に関する探究例としてビタミンCの容量分析があげられている。

〈酸化還元反応式と反応の量的関係〉

ここで扱うビタミンC（L-アスコルビン酸）は還元剤として、ヨウ素は酸化剤として働き、次のような酸化還元反応が起こる。

$C_6H_8O_6$	+	I_2	→	$C_6H_6O_6$	+	$2HI$
L-アスコルビン酸		**ヨウ素**		**デヒドロアスコルビン酸**		**ヨウ化水素**

この反応式の係数が1、1、1、2であることから次のことが分かる。

①L-アスコルビン酸1分子とヨウ素1分子が反応して、デヒドロアスコルビン酸1分子とヨウ化水素2分子が生成する。

②L-アスコルビン酸1molとヨウ素1molが反応して、デヒドロアスコルビン酸1molとヨウ化水素2 molが生成する。

③L-アスコルビン酸とヨウ素は、物質量の比1：1で反応する。

この反応の量的関係を踏まえて、次のような実験方法が考えられる。この場合、検量線は作成する必要がない。

①正確な濃度が分かっているL-アスコルビン酸水溶液と濃度の分かっていないヨウ素溶液で酸化還元滴定を行い、ヨウ素溶液のモル濃度を決定する。

②ビタミン飲料水と①のヨウ素溶液で酸化還元滴定を行い、ビタミン飲料水中のL-アスコルビン酸のモル濃度を決定する。

③L-アスコルビン酸水溶液のモル濃度から、一定体積中に含まれるビタミンCの質量を求める。

ビタミンC

ビタミンC（L-アスコルビン酸）は、欠乏すると体内組織間のコラーゲンや象牙質、骨に異常をきたし、悪化すると血管に損傷をもたらして「壊血病」を発症します。

1753年、イギリスの海軍医師ジェームス・リンドらによって、柑橘系果実に含まれる「ビタミンC」が壊血病治療に効能があることが発見されました。

ビタミンCは水に溶け、ビタミンCから離れた電子（水素）が酸化した物質を還元するため、抗酸化剤、酸化防止剤としての能力を持ちます。ビタミンEの活性力を高める相乗効果もあり、免疫力を高め、酵素の働きを助けるなど健康上欠かせない物質です。しかし、人は体内でビタミンCを生成することはできないので、食物から摂取することになります。ビタミンCは、レモン、キウイフルーツ、イチゴなどの果物やパプリカ、ブロッコリーなどの野菜に多く含まれます。また、いろいろな食品に「酸化防止剤」として添加されてもいます。

化学編

6 イオン化傾向と化学電池

電気分解や化学電池の現象解析には、イオンについて十分に理解しておくことが必要となる。ここでは、金属イオンを含む塩の水溶液に金属を入れて金属が溶けていく様子から「イオン化傾向」を理解させ、「ボルタ電池」や「ダニエル電池」をつくり化学電池の原理を学習する。

1 イオン化傾向

⑴目的 金属のイオン化傾向を調べる。

⑵準備 試験管、5 mL駒込ピペット、双眼実体顕微鏡、光学顕微鏡、シャーレ、スライドガラス、カバーガラス、亜鉛板、銅板、銅線（電気コードの撚線の1本）、スズの金属片、2 mol/L塩酸、0.1 mol/L各水溶液、硫酸銅（Ⅱ）$CuSO_4$ 、硫酸亜鉛$ZnSO_4$、塩化スズ（Ⅱ）$SnCl_2$、硝酸銀$AgNO_3$

⑶実験

①試験管に0.1 mol/Lの金属イオンを含む塩の水溶液を5 mL取り、金属片を入れて変化の様子を観察する。

②試験管に2 mol/L塩酸を5 mL取り、金属片を入れて変化の様子を観察する。

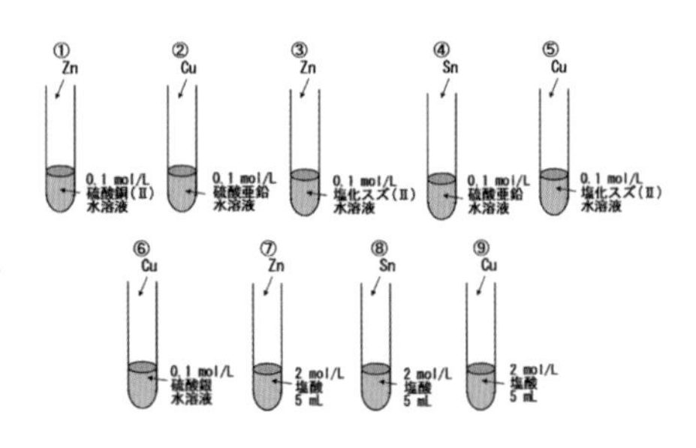

③金属樹の顕微鏡観察

ア　シャーレの中央に紙やすりで磨いた薄い亜鉛板を置き、0.1 mol/L塩化スズ（Ⅱ）水溶液を1～2滴、滴下して双眼実体顕微鏡で観察する。

イ　薄い銅板と0.1 mol/L硝酸銀水溶液で①と同様の観察を行う。

ウ　プレパラートに銅線を1本置き、0.1 mol/L硝酸銀水溶液を1滴、滴下してカバーガラスを置き、光学顕微鏡で観察し、スケッチする。

⑷結果

①実験①及び②の結果を記入する。

No	水溶液	金属	変化の有無	金属表面の生成物質	反応性の大小	イオン反応式
①	硫酸銅（Ⅱ）	Zn				
②	硫酸亜鉛	Cu				
③	塩化スズ（Ⅱ）	Zn				
④	硫酸亜鉛	Sn				
⑤	塩化スズ（Ⅱ）	Cu				
⑥	硝酸銀	Cu				
⑦	塩酸	Zn				
⑧	塩酸	Sn				
⑨	塩酸	Cu				

②①の表より、4種類の金属、及び水素のイオン化傾向を序列化する。

2 化学電池

⑴目的

①ボルタ電池とダニエル電池の違いを理解する。

②電池の実験を通して、酸化・還元反応の実例を知るとともに、電池の原理を科学的に考察する。

⑵準備

①共通器具等　銅板、亜鉛板、駒込ピペット、電極板ホルダー、サンドペーパー、直流電圧計、クリップ付きリード線（赤、黒）、豆電球（1.1V）、豆電球用ソケット、プロペラモーター（DC 0.4V～1.5V）、電子オルゴール、発光ダイオードなど

②ボルタ電池用　希硫酸（約10％水溶液、100 mL）、過酸化水素水（2～3％、10 mL）、ビーカー（200 mL）

③ダニエル電池用　硫酸亜鉛水溶液（0.1 mol/L、100 mL）、硫酸銅水溶液（0.1 mol/L、80 mL）、ビーカー（200 mL）、ビスキングチューブ

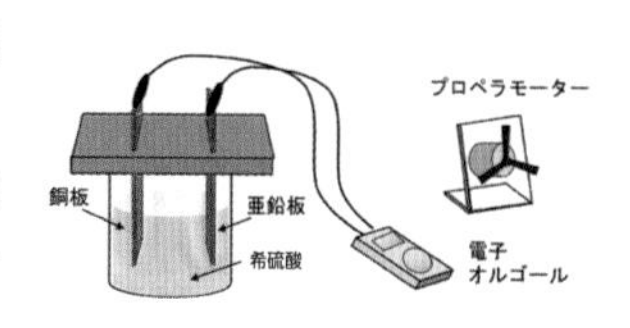

⑶方法

①ボルタ電池

ア　サンドペーパーでよく磨いた銅板と亜鉛板を、電極板ホルダーに固定し、ビーカーに入れて希硫酸に浸す。

イ　クリップ付きリード線を電圧計に接続し、起電力を測定する（銅板は赤リード線、亜鉛板は黒リード線に接続する）。

起電力　　　　　　V

ウ　電圧計を取り外して豆電球を取り付けて、点灯してから消えるまでの時間を測定する。

点灯時間　　　　　　秒

エ　過酸化水素水2～10 mLを銅板に沿わせるように滴下して、豆電球の明るさの変化を観察する。

点灯時間の変化

オ　豆電球を取り外して、プロペラモーター、電子オルゴールなどを接続して観察する。

②ダニエル電池

ア　銅板と亜鉛板をよく磨く。

イ　ビスキングチューブを筒状にして片方を縛り、硫酸銅水溶液を入れてビーカーの中に置く。

ウ　ビーカーに硫酸亜鉛水溶液を入れ、右図のように銅板と亜鉛板を別々の溶液に浸す。

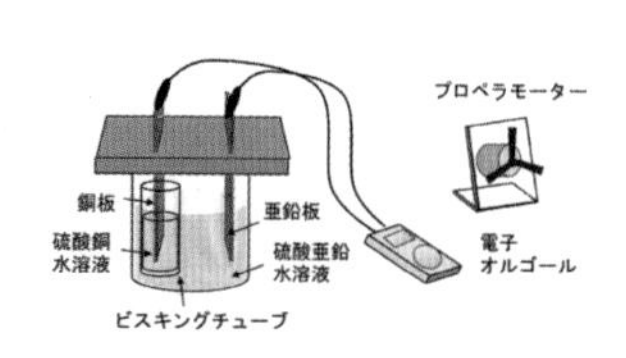

エ　電圧計を接続して、起電力を測定する。

オ　電圧計を取り外して、豆電球、プロペラモーター、電子オルゴールなどを接続して、ボルタ電池との違いを観察する。

起電力　　　　　　V

3　実験の解説

(1)イオン化傾向

イオンのなりやすさをイオン化傾向という。電解質水溶液に金属を入れると、イオン化傾向が強い方が陽イオンになり、他方は電子を受け取り単体となり析出する。中学校ではイオン化傾向は指導しないが、教員は化学電池や電気分解を説明する根拠として理解しておく必要がある。高等学校では、さらに酸化・還元と結びつけて学習することになる。

陽イオン　　K ＞ Ca ＞ Na ＞ Mg ＞ Al ＞ Zn ＞ Fe ＞ Ni ＞ Sn ＞ Pb ＞(H_2) ＞ Cu ＞ Hg ＞ Ag ＞ Pt ＞ Au

陰イオン　　(H_2O) ＞　OH^-　＞　Cl^-　＞　Br^- ＞　I^-

NO_3^-、SO_4^{2-}、PO_4^{3-}を含む水溶液ではH_2Oの方が酸化されやすくO_2を発生する。

(2)化学電池

電解質の中にイオン化傾向の異なる２種類の金属を浸し、金属間を導線で結ぶことで電流を取り出す装置である。

①ボルタ電池

イオン化傾向の大きな亜鉛が希硫酸内に亜鉛イオン（Zn^{2+}）となって溶け込み、このとき放出した電子は導線を通って銅板に流れる。銅板上では、水素イオンが電子を受け取り、水素ガスとなる。電子が流れ出す亜鉛板が負極、電子が流れ込む銅板が正極になる。銅板で発生した水素が水素イオンに戻る分極現象が起き、起電力がすぐに低下する欠点がある。

②ダニエル電池

負極と正極の間を素焼きの容器などで遮へいし、両極の溶液が混合しないようにしたもの。亜鉛板から銅板に流れ込んだ電子は、硫酸銅溶液の中の銅イオンと結合して金属銅となるので、水素による分極現象が起こらず、起電力も低下しない。

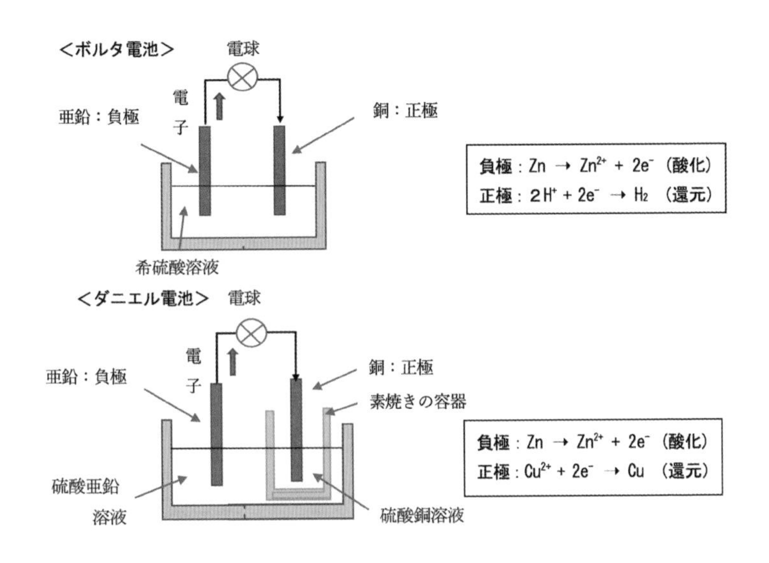

生 物 編

1 葉緑体

長ネギ（青ネギ）の白い部分と緑の部分を使い、光合成によりつくられる酸素や吸収される二酸化炭素を確かめる実験である。光合成はあらゆる生物の生命活動を支えていることに着目させたい。この実験は天候に左右されることなく室内で可能な観察・実験である。

1　長ネギを用いた光合成の観察・実験

⑴目的　葉緑体が存在する細胞は、光合成を行い、二酸化炭素を吸収することを確認する。

⑵準備　長ネギ（1本）、カミソリ、試験管（6本）、試験管立て、駒込ピペット、顕微鏡、ろ紙、スライドガラス、カバーガラス、BTB溶液、ペトリ皿、電気スタンド（3台）、ゴム栓、アルミホイル、ピンセット

6本の試験管

⑶方法

①葉片の採取：新鮮な長ネギの葉の緑色部分と白色部分を5 cmの長さで2枚むき取る。

②試験管の設置：6本の試験管にBTB溶液（呼気を吹き込んで黄緑色にしておく）を5 mLずつ入れる。BTB溶液に浸からないように、A・aに緑葉、B・bに白葉を入れ、すべてをゴム栓で閉じる。a b c試験管をアルミホイルで遮光し、陽の当たる場所に置くか、電気スタンド（複数）で照光する。

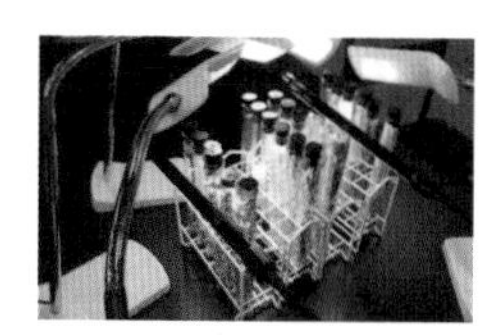
照光の様子

③プレパラートを作る：カミソリを使い厚紙の上で緑色葉を切る。切片を水の入ったペトリ皿に浮かべる。白色葉も同様に行う。切片をスライドガラスに取り、空気が入らないようにカバーガラスをかける。

④細胞の観察：緑色葉には葉緑体が存在し、白色葉には存在しないことが確認できる。

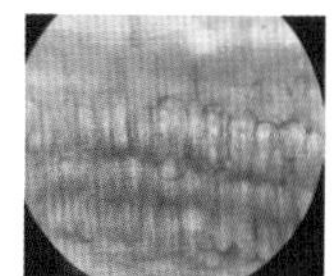
緑色葉

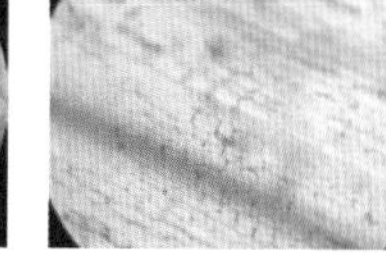
白色葉

照光後の様子

⑤試験管の観察：葉緑体に光が当たったAの試験管だけが光合成を行い二酸化炭素を吸収した。

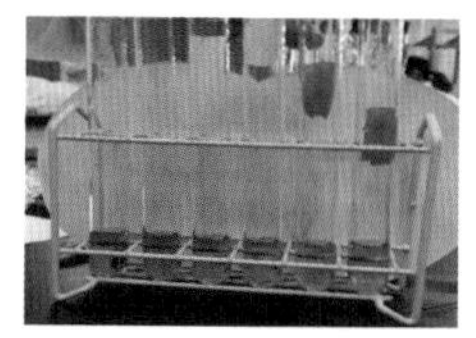

⑷観察結果・考察

①細胞の観察（緑葉・白葉の違い）

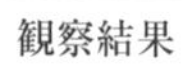

観察結果	

〈作成したプレパラートでの観察が難しいときは、標本プレートで確認する〉

②試験管の観察（対照実験の科学的意義にも触れる）

	A	a	B	b	C	c
ネギ	緑	緑	白	白	―	―
光	＋	−	＋	−	＋	−
BTBの反応						

2　観察・実験の解説

(1)対照実験の重要性

この実験の注目点は、Cとcの試験管の重要性である。Cとcには、黄緑色のBTB溶液が5 mLずつ入っているだけであり、長ネギは入ってはいない。さらに、c試験管はアルミホイルで遮光している。他の試験管は、Aは長ネギの緑葉、aは長ネギ緑葉を入れアルミホイルで遮光。Bは長ネギの白葉、bは長ネギの白葉を入れ遮光した、6本が準備されている。なぜ、長ネギが入っていない試験管Cとcを実験に加えなければならないのか。比較する結果と結論を考えてみよう。生徒に理解させることが科学的思考力の育成を図るために重要である。

対照実験：一つの対象に対するある条件の影響を明らかにしようとする実験（本実験）を行う際、目的とする条件以外は本実験と同じ条件で行う実験。両実験結果を比較検討することにより、その条件の影響が明らかになる。Cとcには、長ネギを入れないこと。アルミホイルで試験管a b cを遮光することが重要である。

(2)光合成の実験を行う際の留意事項

①試料とする植物は鮮度が良いものを用いる。休眠状態や枯れかけているものは適さない。

②光合成には、光、CO_2、水が必要であるが、実験の際には適切な温度を保つことに留意する。

③光合成反応は、実験に時間を要することから、実験計画と予備実験は必要である。

④検鏡する場合の刃物の取扱い等に安全上の配慮が必要である。

(3)考察の工夫

一般的にネギ（青ネギ）は、構造的に不思議な植物である。根・茎・葉の区別がどのようになっているのかあまり気にせずに食している。また、日本の地域によっては赤ネギというネギも生産されている。この観察・実験を通しネギについて発展学習として追究させたい。

- 長ネギ（青ネギ）の緑の部分と白い部分について考察するとともに、日本ではどのくらいの種類のネギがつくられているか調べてみる。
- ネギの葉・茎・根とはどこに当たるか。調べて考察する。
- 赤ネギの特徴について調べて考察する。

生物編

2 メダカの走流性

動物は、光や音、化学物資など外界から刺激を受け取り、それに応じた反応を示す。行動には、生まれつき備わっている生得的行動、経験により習得する学習行動がある。生得的行動の例として、刺激に対して一定の方向に移動する「走性」を取り上げ、メダカの行動を観察し行動を検証する実験である。

1 観察・実験（メダカの走流性）

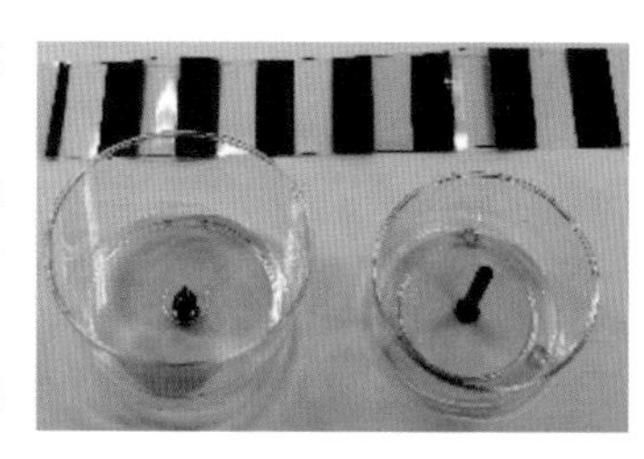

⑴目的　メダカは「目高」と書くように、目が体の高い位置についている。水の流れがあるところでは、その場所に留まるために、流れに逆らって泳ぐ習性があることが知られているが、その行動は視覚的な刺激が関係していることを確認する。

⑵準備　メダカ、メダカの走性の実験用水槽、白紙と筆記具（マーカーなど）、温度計

⑶方法

①実験用水槽の外側に明暗のスリットをつける。水槽には水を入れ、水温を測定する。

②実験用水槽にメダカを2～3匹程度入れ、メダカが水槽に慣れるまで時間をおく。メダカの泳ぎが静止してきたら、板や棒などで水槽の水を回転させる。メダカの泳ぐ方向が流れに逆らい、一定の位置に留まっている様子を観察する。

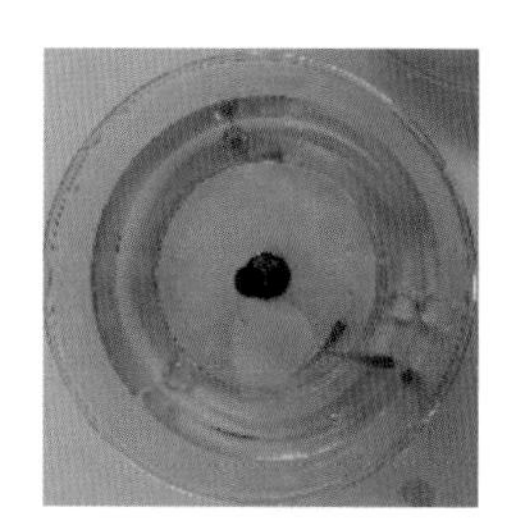

③水の流れが静止しメダカの姿勢が安定してきたら、スリットを取り付けたカバーをセットする。

④スリットを回転させ、メダカの動きを観察する。

⑤白い紙に、メダカの動きを引き出すと思われる図柄を考えて描いてみる。同様に、回転させメダカの動きを観察する。

⑷観察

①メダカの体の特徴（目の位置など）を観察し、特徴を把握する。

②水槽の水を回転させたときにメダカは、どのような行動をとるか。

③水槽の外側のスリットを回転させたとき、メダカはどのような行動をとるか。

④描いた絵とスリットについて、メダカの動きを比較する。

通常、魚には水圧や水流を感知する側線という器官が、体側にあります。しかし、メダカには、体の中央に側線はなく、頭部にある側線で水圧や水流を感知していることが知られています。

⑸考察

①メダカの走流性は、その仕組みから保留走性と言われる。メダカが位置を定める仕組みを班で検討する。
②メダカの走流性が、生息に有利であることを班で検討する。
③メダカの色覚等の視覚について調べ、描いた絵に対する反応について考察する。
④走性の例について、刺激の種類と走性を示す生物の種類を調べ、まとめる。

2　観察・実験の解説

⑴絶滅危惧種になったニホンメダカ

2003年（平成15年）環境省はニホンメダカを絶滅危惧種に指定した。ニホンメダカは環境問題と関わるからである。激減した理由としては、生活排水の悪化、外来種の影響などが考えられる。現在、保護活動が行われている。

⑵走流性とは

状況の変化に応じて生命や種族の維持のために起こす行動の中には、動物の種類によって決まる一定のパターンがある。それを走性という。メダカの走性はその一つである。メダカは、水流だけでなく視覚を通して同じ場所に留まろうと流れに逆らい自分の位置を調整している。

⑶走性について

第2章生物編第2節「2　動物の行動と分類」で述べたように、走性とは、一定の刺激に対して一定の反応を示すことである。メダカは流れに逆らって泳いでいるが、光に向かって移動するのが走光性、特定な物質（餌やにおい）への反応なら走化性、温度への反応なら走温性、さらには磁性を感知して行動する走磁性などもある。また、光刺激に対して、光に向かうのが正の走光性、光から逃げるのが負の走光性と呼ばれる。ミジンコの水槽に光を当てると、光から遠ざかるように移動する負の走光性を示す。この走性は、メダカのような動物だけではない。べん毛虫、細菌なども、特定な刺激に対して移動することが多く、走性を持っている。動物の精子も、刺激に対して一定方向に動く走性と同じ性質がある。

夜行性昆虫の走光性では、光に向かうだけではなく、光を使って飛ぶ方向を決めていることから、結果的に光源に向かっていることもある。光に集まる昆虫を観察すると、光源の周囲を回りながら、結果的に近づいているように見える。これは、月の光などを利用して飛ぶ方向を一定に保っているので、点光源である照明に対しては円を描いてしまうと解釈されている。光に集まるといってもその仕組みは昆虫によって異なる。

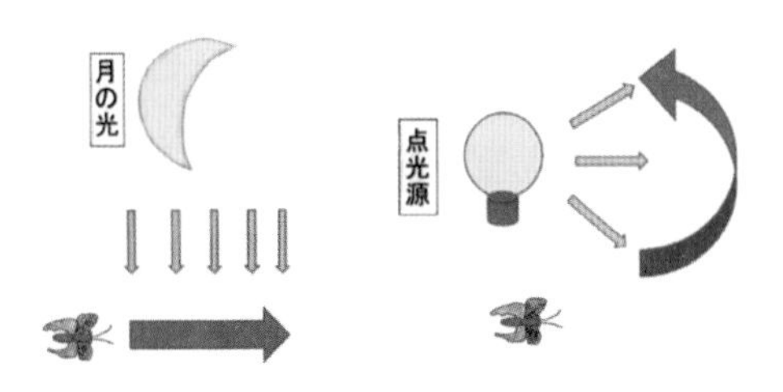

また、LEDライトに夜行性昆虫が集まりにくいことも知られている。蛍光灯は微弱な紫外線を出しているので、走光性を引き起こしやすいが、LEDライトの多くは紫外線を出さないことが理由である。その逆に、微弱な紫外線を使って害虫を集めて駆除する事例もある。

走性を引き起こす刺激を特定することにより、その動物の受容体の仕組みや行動のメカニズムを特定するための多くの情報が得られ、動物の識別能力や学習についての実験が可能である。

メダカで実験すると、メダカの中には、目標物を追わない個体もいる。動物の行動は、

感覚器官 → 感覚神経 → 中枢 → 運動神経 という経路で信号が伝達される

が、行動は高次の現象であり、内部環境や他の刺激との関係でも決まる。動物の行動を考えるとき、次のような観点で捉えてみてはどうだろう。

⑷考察の工夫

メダカの性質を観察する上で、予想できることを下の表のようにまとめてみた。グループごとに調べてまとめさせる。そして、発表し合い理科の見方・考え方を学ばせる。

メカニズム (どのようにして?)	行動するには、仕組みがある。 メダカは、視覚で対象を捉え、変化しないように泳ぐ。側線で水圧を感じる。 スリットの色を変える。
機能 (なぜ?)	行動には、何か目的がある。 メダカは、池や小さな川で、流されないようにしている。
発達 (生まれたときから?)	生まれたときから持っている行動か、成長してから出る行動かを調べる。
進化 (いつの頃から?)	特に生得的な行動は、進化の過程で獲得されてきたと考える。 その種にとって生存に有利な理由がある。

生物編

3 体細胞分裂

体細胞分裂は細胞の核の中の染色体が複製され、分裂したそれぞれの細胞に分配されることを学習する。ここでは、細胞の核の中にある染色体はどう変化するかを観察するため、真核生物（タマネギの根）を使い実験を行う。

1 観察・実験

⑴目的 タマネギの根の先端（根端）にある成長点で体細胞分裂が行われており、染色体が分配されている様子が観察できる。また、細胞の観察で行われる「固定」「解離」「染色」「押しつぶし」という操作を経験させる。

⑵準備 タマネギの根（新鮮なもの）、3％希塩酸（体積％）、45％酢酸（体積％）、酢酸カーミン溶液、ペトリ皿、顕微鏡、ビーカー、スライドガラス、カバーガラス、ろ紙、柄つき針、試験管、ピンセット、スポイト、ガスバーナー、金網、温度計、スマートフォンまたはCCDカメラ（画像撮影用）

⑶方法

①根の先端を数本5～10 mm程度切り取る。②酢酸に20分程度浸す【固定】。

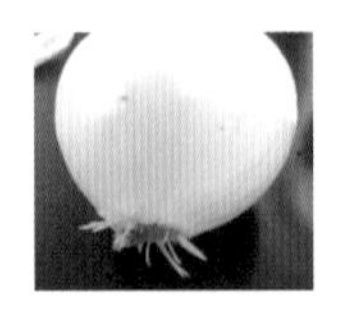

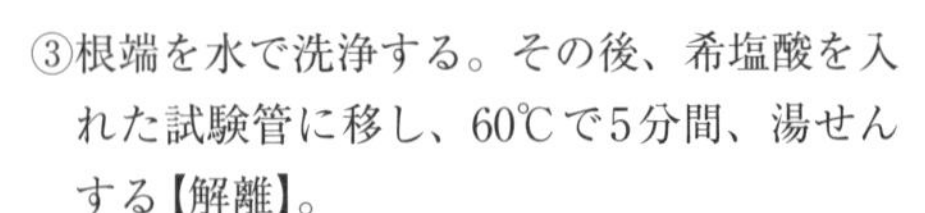

③根端を水で洗浄する。その後、希塩酸を入れた試験管に移し、60℃で5分間、湯せんする【解離】。

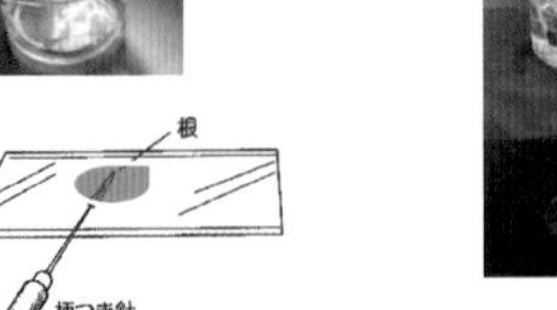

④試料を取り出し水で洗浄する。スライドガラスをのせ、酢酸カーミンを滴下して、5分間放置して染色する【染色】。

⑤カバーガラスをのせて、指や消しゴムで押しつぶし、プレパラートをつくる【押しつぶし】。

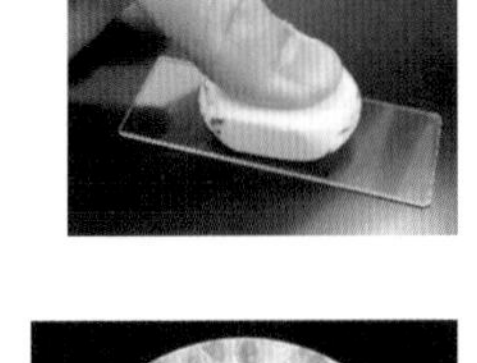

⑷観察

成長点の細胞は、小さく正方形に近い形をしている。縦長の細胞は、根の組織の細胞であり、分裂していない。押しつぶしたプレパラートは、時間が経過すると水分が減り、細胞が萎縮してしまうので、観察に時間がかかると観察できない。分裂過程の細胞を発見できないときは、標本プレパラートを用いて観察する。

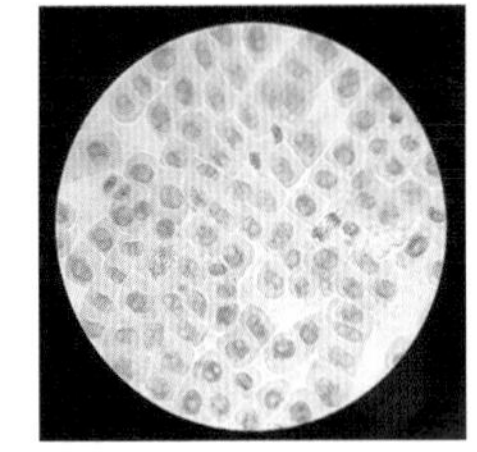

⑸考察

①顕微鏡の視野内の「全細胞数」と「間期」に当たる細胞を数えて、「周期の時間の割合」を算出してみよう。

②顕微鏡の接眼レンズにスマートフォンのカメラを近づけて撮影した画像をコンピュータに転送し、電子黒板で拡大し①の考察を追究しよう。
③細胞周期の間期では、DNAはどのような状態になっているか探究しよう。
④染色体の変化と体細胞分裂のプロセスをまとめてみよう。

2 観察・実験の解説

生物の体は、たくさんの細胞が集まって作られている。人もたった一つの受精卵という細胞から作られている。この受精卵という細胞から、「細胞分裂」という現象を繰り返して人の「体」がつくられたのである。細胞には大きく分けて2つの種類がある。子孫を残すための生殖細胞と、それ以外のすべての細胞である体細胞である。この体細胞が行う細胞分裂が「体細胞分裂」である。

⑴母細胞と娘細胞

細胞分裂では、分裂前の細胞を母細胞といい、分裂後の細胞を娘細胞と呼んでいる。体細胞分裂では、1個の母細胞にあるすべての遺伝情報を正確に複製し、2個の娘細胞に分配するのである。

① DNAの複製と分配

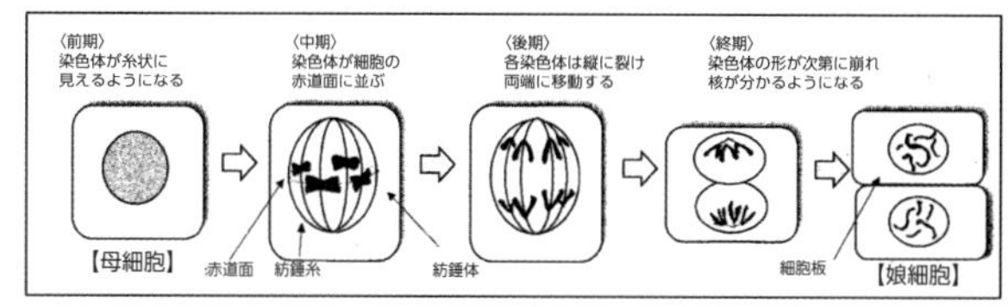

図のように、体細胞分裂の過程は、間期（前期前のことで、細胞分裂の準備期で、この時期の途中で染色体が複製される）と分裂期（前期・中期・後期・終期）に分けられる。DNAの複製は、間期の間に行われている。真核生物の染色体は、間期の間は核内に分散し、光学顕微鏡では観察できない。しかし、分裂期が始まると染色体は凝縮し太く短くなり、光学顕微鏡でも観察ができる。上図の中期に当たるが、複製されて2つになったものが、中央あたりにくっついた状態になる。このとき細胞のDNAの量は、細胞分裂直後に比べると2倍になっている。後期になると、染色体は中央部から分かれていく。さらに、終期に進むと分裂し2個の娘細胞へと移動する。このとき、複製されたDNAが分配されたことになる。

②細胞周期

細胞は、間期と分裂期を繰り返して増えていく。

ア　間期は、G１期、S期、G２期の3つの時期に分けられ、S期でDNAは複製される。
イ　分裂期（前期→中期→後期→終期）それぞれの細胞を発見できる（分裂過程の確認）。
ウ　顕微鏡視野の全細胞数と間期細胞数を数えることで、細胞周期の時間の割合を計算することができる（成長の度合いの確認）。

3 考察の工夫

水耕中のタマネギの根の生長が、この実験が上手にできる一つのポイントになる。実験中、根端（タマネギ）を解離させるとき、湯せん温度60℃で5分間丁寧に行うことが大切である。細胞分裂の写真は、スマートフォンのカメラで撮影ができることを体験させる。その写真から細胞分裂が図のようになることを検証させる。

生物編

4 消化酵素

対照実験の方法を取り入れ、消化酵素が基質を分解する働きがあることを理解させる実験である。また、酵素の消化能力が周囲の温度やpHにより変化することに気付かせ、人体内での消化酵素が働く最適環境を考えさせたい。

1 実験

(1)目的 だ液や大根に含まれている酵素がデンプンを分解することを確認する。

(2)準備 試験管4本、ビーカー(500 mL 2)、ガスバーナー、脱脂綿、温度計、ヨウ素液、ベネジクト液、デンプン、ダイコン、おろし金

> だ液を扱うことを嫌がる生徒もいます。また、衛生面からの懸念もある場合には、ダイコンおろしを用いて実験させるとよいでしょう。

〈デンプン溶液とダイコンおろしを作る〉

①250mLビーカーに、お湯(約60℃)を入れる。
②5 g程度のデンプンを入れて、よくかき混ぜる。
③体温(約37℃)になるまで冷まして、上澄みを取る。
④ダイコンをおろし金でおろしておく。

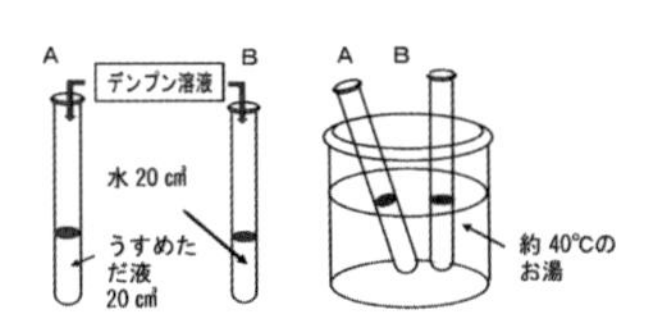

(3)方法

①脱脂綿を口に含み、噛んで、だ液を染み込ませる。
②試験管Aに水でうすめただ液を2 mL入れる。
③試験管Bに水を2 mL入れる。
④両方の試験管にデンプン溶液10 mLを入れてよく混ぜる。
⑤両方の試験管を約40℃のお湯の中に入れ5～10分間温める。
⑥試験管ABを半分にして試験管CDを作る。
⑦試験管ABにヨウ素液を滴下する。試験管CDにベネジクト液を入れて加熱する。
＊ダイコンおろしを用いて同様の実験を行う。

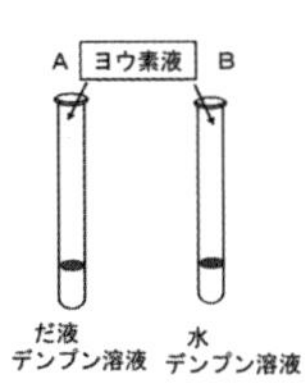

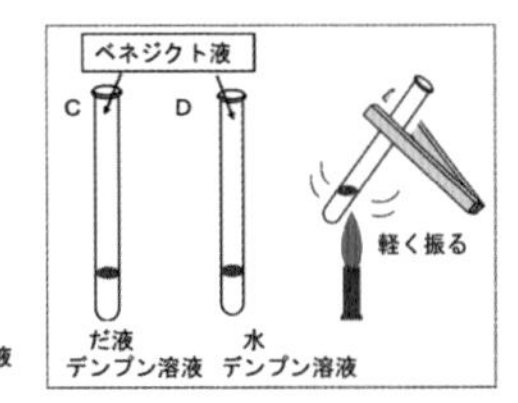

(参考『新編 新しい科学2』東京書籍)

(4)結果

試験管A	
試験管B	
試験管C	
試験管D	

(5)考察

2　実験の解説

⑴ベネジクト反応

ベネジクト液は、溶液中の糖（麦芽糖、乳糖、果糖、ガラクトース）を検出するための試薬である。青色をしたアルカリ性の液体で、糖と反応して酸化銅（Ⅰ）の赤褐色沈殿を生じる。反応する糖濃度により黄緑～赤褐色の反応色を示す。これを利用して糖濃度を調べることもできる。

ダイコンおろしを用いた実験の結果

⑵最適pH

酵素は、それぞれに活性化するpH環境がある。ヒトの体内は通常pH 7付近であるが、胃液中の酵素ペプシンの最適pHは1.5で、トリプシンの最適pHは約8と異なる。消化酵素を効果的に働かせる体内のpH環境を考えさせたい(右は概略図)。

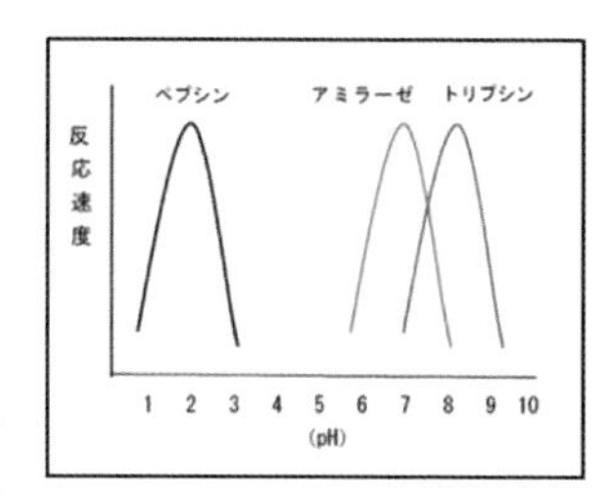

⑶最適温度

酵素には、最も激しく活動する最適温度がある。ヒトの通常の温度は35～37℃であるが、酵素の最適温度と一致するとは限らない。右下の図はアミラーゼの温度特性（概略図)であるが、60℃をすぎると急激に活性力が落ちる(失活)。　一方、デンプンを溶かすには60℃以上の温度が必要になる。このデンプン溶液を最適温度まで冷やすことが実験を成功させるコツとなる。生徒には、体温を意識させたいが、40～50℃くらいがよい結果が得られる。

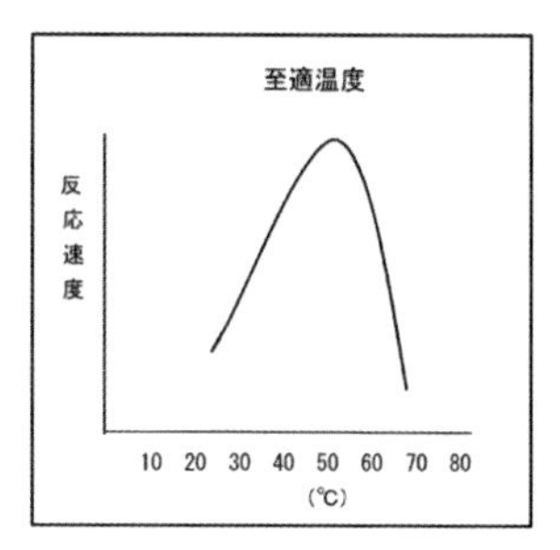

⑷基質の濃度

一般に基質の濃度が上がるほど反応速度は上がってくる。しかし、ある一定の濃度以上になると、反応速度は飽和状態になる。それは、酵素が触媒として働くことから、反応する基質の量が限られているからである。

⑸酵素の濃度

一般に、酵素濃度が2倍になれば反応速度は2倍になる。しかし、ここでも飽和状態が存在するので、実験では、酵素の濃度やデンプンの濃度をどの程度にすべきか予備実験をしておくことが重要となる。

⑹発展として考えられる実験

ダイコンおろし(ジアスターゼ)を用いた「探究的な学習」

①pH環境を変えて消化能力を比較し、最適pHを探る。

②温度環境を変えて消化能力を比較し、最適温度を探る。

③デンプン濃度を変えて反応速度を比較し、デンプン濃度による消化能力を考察する。

地学編

1 造岩鉱物

学校の敷地内、校外などの様々な場所で鉱物を観察することができるが、ここでは、鉱物標本プレパラートを用いて顕微鏡で観察する例について考える。

1-1 火山灰鉱物標本プレパラートを用いた鉱物の観察

⑴目的 双眼実体顕微鏡を用いて、火山灰に含まれる鉱物の特徴をまとめる。

⑵準備 火山灰鉱物標本プレパラート、火山灰、双眼実体顕微鏡

⑶方法

①鉱物の形状、色、割れ方等の特徴を双眼実体顕微鏡で観察する。

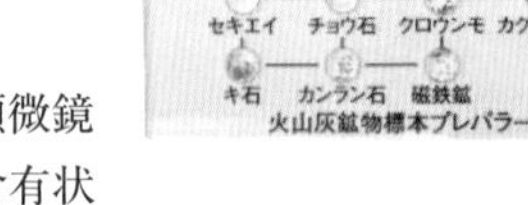

②少量の火山灰をスライドガラスにのせて、双眼実体顕微鏡で観察する。また、異なる火山灰を観察し、鉱物の含有状況の違いを調べる。

③岩石標本の黒雲母花崗岩を肉眼で観察し、石英と長石、黒雲母の見分け方をまとめる。

1-2 岩石標本プレパラートを用いた鉱物の観察

⑴目的 岩石に含まれる鉱物を識別する。

⑵準備 偏光顕微鏡、岩石標本プレパラート（黒雲母花崗岩、輝石安山岩、玄武岩）

⑶方法 偏光顕微鏡を用いてスケッチし、岩石に含まれる鉱物を識別する。

偏光板2枚と生物顕微鏡で偏光顕微鏡を作ります。
- 偏光板を4～5cmの正方形に切る（2枚作る）。
- 1枚をステージの上にのせ、その上に岩石標本プレパラートを置く。
- 1枚を持って、これ越しに接眼レンズをのぞく。
- 手に持った偏光板を回転させながら見る。

⑷発展 名前の分からない岩石の同定

- 岩石名が不明な岩石プレパラートを偏光顕微鏡で観察しながらスケッチする。
- 含有鉱物を識別して岩石を同定する。

2 実験の解説

⑴主要構成鉱物

- 黒雲母花崗岩：黒雲母、石英、カリ長石（正長石又は微斜長石）等
- 輝石安山岩：角閃石、輝石、磁鉄鉱（まれに黒雲母やかんらん石）、斜長石等
- 玄武岩：かんらん石、輝石、斜長石等

⑵鉱物の同定 右図を参考にして観察した岩石に含まれる鉱物を同定する。

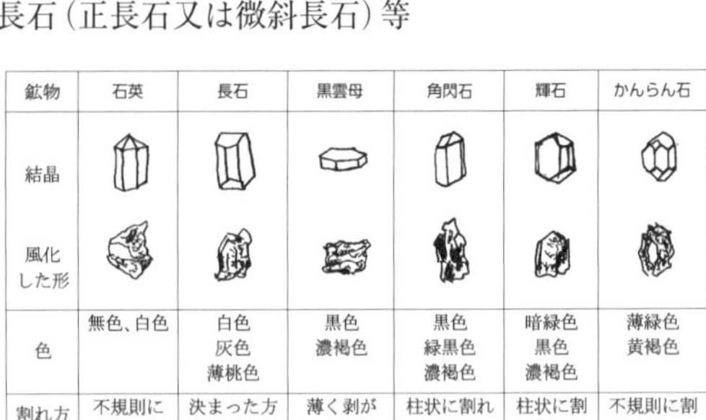

鉱物	石英	長石	黒雲母	角閃石	輝石	かんらん石
結晶						
風化した形						
色	無色、白色	白色 灰色 薄桃色	黒色 濃褐色	黒色 緑黒色 濃褐色	暗緑色 黒色 濃褐色	薄緑色 黄褐色
割れ方	不規則に割れる	決まった方向に割れる	薄く剥がれる	柱状に割れやすい	柱状に割れやすい	不規則に割れる

⑶鉱物を識別する手がかり

①へき開

鉱物がある特定の結晶面に沿って割れ、平らな面が現れることがある。この現象をへき開といい、現れた面を「へき開面」という。偏光顕微鏡で観察すると、複数の直線的で平行な筋や割れ目があるかどうかで判断することができる。例えば、雲母はへき開が見られるが、石英は見られない。

②多色性

偏光顕微鏡の偏光板を回転することによって、鉱物に色の変化が見られる。オープンニコルにすると鉱物本来に近い色を示す。オープンニコルでステージを回転させると、鉱物の色が変化することを多色性という。1回転させる間に2回同じ色に変わる。例えば、有色鉱物の黒雲母、普通角閃石、斜方輝石などがある。一方、石英・カリ長石・斜長石などは多色性が見られない。

オープンニコルは2枚の偏光板を同じ方向にすることです。クロスニコルは互いに直交する向きにすることです。これによって、同じ鉱物でも色が違って見えるので含有鉱物を識別しやすくなります。

③消光・干渉色

クロスニコルでステージを回転させると、それぞれの鉱物が明るくなったり暗くなったりする。このときに観察される鉱物の色を干渉色という。一つの鉱物に注目すると、ステージを1回転させたとき4回暗くなる。最も明るくなったときの結晶の位置を対角位という。なお、最も暗くなったときを消光位という。例えば、石英・カリ長石・斜長石は灰色〜白色、黒雲母・普通角閃石・輝石・かんらん石は黄・赤・緑・青など多彩な色になる。一方、ダイヤモンドや火山岩中のガラスは、消光位・干渉色はない。

④累帯構造

一つの結晶が中心部から周辺部に向かって成長していくとき、物理化学的な性質の違いによって縞模様ができる。これを累帯構造という。これはクロスニコルでの消光角や干渉色、時にはオープンニコルで色が異なっているので識別できる。累帯構造は、結晶が成長した時代の地学的・地球化学的過程を研究するときの手掛かりとなる。

⑷地質や岩石調査の注意点

岩石採集には許可が必要な場合が多い。岩石は持ち帰らず、接写レンズ付きのカメラで拡大して撮影する。山道では歩道を外れて歩かない。濡れた岩場は滑りやすいので注意する。川では荒瀬や淵は危険なので近寄らない。海岸では突然やってくる大波に注意する。

参考資料・文献

『新版地学教育講座③ 鉱物の科学』地学団体研究会編　1995年初版第1刷　東海大学出版会

『地学ハンドブックシリーズ14　新版火山灰分析の手引き』地学団体研究会　2001年

『地学の調べ方』菅野三郎監修　1979年2月再版　コロナ社

「地学のページ（鉱物、岩石、化石、隕石、地質現象、鉱物・岩石の調べ方）」

　倉敷市立自然史博物館　https://www2.city.kurashiki.okayama.jp/musnat/geology/geolo.html

地学編

2 プレートテクトニクス

ハワイ島キラウエア火山を基準としたハワイ諸島の形成年代と、ハワイ諸島キラウエア火山からハワイ諸島までの距離を用いると、太平洋プレートの移動速度を類推することができる。また、伊豆半島から甲府盆地にかけての地質や地形図を手掛かりにして、岩石の種類や地層とプレートとの関係を調べると、日本列島が大きなプレートの動きによって今でも変動していることが分かる。このことを、文献調査による演習として扱う。

1 プレートの移動速度（演習と解説）

⑴演習

①ハワイ島キラウエア火山を基準とした形成年代（概数）を文献調査して調べる。
②ハワイ諸島キラウエア火山からの各島までの距離（概数）を地図帳から求める。
③これらのデータから、グラフ作成ソフトを利用して太平洋プレートの移動速度を類推する。

⑵測定例

表1　ハワイ島キラウエア火山を基準とした形成年代（概数）

	ハワイ島 キラウエア山	ハワイ島 マウナケア山	マウイ島	モロカイ島	オアフ島	カウアイ島
年代〔百万年〕	0	0.4	1.3	1.8	3.4	5.1

表2　ハワイ諸島キラウエア火山からの距離（概数）

<table>
<tr><th></th><th colspan="2">ハワイ島
キラウエア山</th><th colspan="2">ハワイ島
マウナケア山</th><th colspan="2">マウイ島</th><th colspan="2">モロカイ島</th><th colspan="2">オアフ島</th><th colspan="2">カウアイ島</th></tr>
<tr><td>諸島間距離〔km〕</td><td>—</td><td colspan="2">54.5</td><td colspan="2">131.8</td><td colspan="2">90.9</td><td colspan="2">109.1</td><td colspan="2">186.4</td><td>—</td></tr>
<tr><td>累積距離〔km〕</td><td colspan="2">0</td><td colspan="2">54.5</td><td colspan="2">186.3</td><td colspan="2">277.2</td><td colspan="2">386.3</td><td colspan="2">572.7</td></tr>
</table>

（この値は、地図上の位置を定規ではかったため誤差が大きい）

表1の年代を横軸、表2の累積距離を縦軸にとってグラフにすると次のようになる。

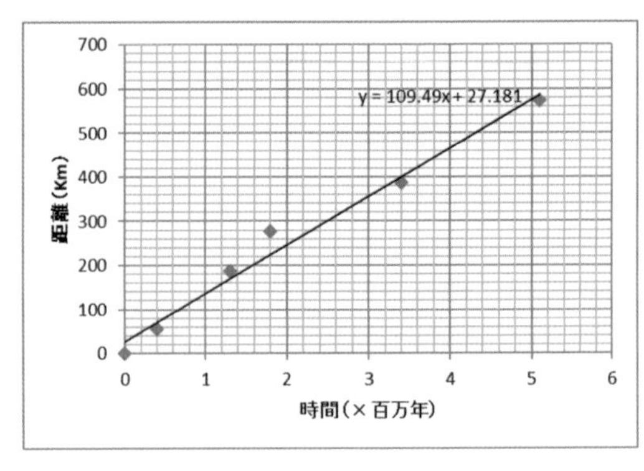

⑶解説

グラフの近似式（y ≒ 109.49 x）より、グラフの傾きは　約109〔km/百万年〕である。

ここで、1km=10^5cm、100万年＝10^6 年であるから109×10^5 / 10^6 ≒11 cm/年となる。

なお、1年でおよそ11cmでは誤差が大きいが、文献によると年10cm程度である。

2　プレート境界面での地殻変動（演習と解説）

⑴目的

地質や地形図を手掛かりにプレートの動きを調べ、地殻が動いていることを知る。

⑵準備

中学校理科の教科書、高等学校「科学と人間生活」「地学基礎」「地学」の教科書等、世界地図（ハワイ諸島付近）、パソコン（インターネット検索、グラフ作成ソフト）

図1　伊豆半島を中心とした地形図

⑶方法

①図１は、伊豆半島を中心とした地形図（概略図）である。この図中に、教科書や資料等の文献調査をもとに、南海トラフ、駿河トラフ、相模トラフ、さらに糸魚川―静岡構造線のおよその位置を太線で書き込む。

＊ここでは、およその位置を書き込んであるが、演習では書き込んでない地図を用いる。

②プレートの境界付近では、どのような現象が起きているかを調べる。

⑷解説

これらの地域は、太平洋プレート、フィリピン海プレート、ユーラシアプレート、北米プレートの4つが収束しているところに当たり、地震などの地殻変動が激しい。このように複数のプレートが集まっているところは、地球上で他に類を見ないほどの地質学的にまれな場所である。なお、これら4つのプレートの動き（相互作用）によって、日本列島は現在でも変動を続けている。

3　地質と山地の関係（演習と解説）

⑴演習

図２は、関東・山梨・静岡の地質図（概略図）で、代表的な岩石類や地層を記入したものである。

また、図３は、関東・山梨・静岡の山地（概略図）である。これらの図を比較して、岩石類や地層とプレート境界の地形の特徴は、どのように関係しているかを考える。

図2　関東近辺の地質図

⑵解説

この付近は、プレートの境界に位置し、活発な地殻変動・火山活動で知られている。図2と図3を比較しながら、まとめると次のようになる。

図3　関東近辺の山地

①南アルプス（赤石山脈）や関東山地（秩父等）
　白亜紀～古第三紀の堆積岩類と混在岩を主とする付加体から構成される四万十帯からなっている。

②甲府盆地西側から南東域の身延山地や御坂山地等
　①の堆積岩類を基盤として新第三紀中新世の玄武岩と安山岩類を主とする火山岩や堆積岩が分布している。

③甲斐駒ヶ岳の岩体や甲府岩体等
　中新世に活動した大規模な花崗岩類の貫入岩体が、甲府盆地の北西部から北東部をとりまくように分布している。

④甲府盆地北東部の黒富士火山
　第四紀前半にデイサイト質～安山岩質の火山岩や火砕流の噴火が起きた。

⑤南八ヶ岳火山
　第四紀後半に安山岩を主とする火山活動が始まった。

⑥富士山
　南八ヶ岳火山の活動が終了する頃、玄武岩質を主体とする火山活動が始まり、厚い噴出物を放出した。

⑦甲府盆地西縁
　糸魚川―静岡構造線がほぼ南北方向に走り、南東縁に沿って曽根丘陵断層群が存在し、盆地と山地・丘陵の境となっている。

参考資料・文献
『GLOBAL世界＆日本MAPPLE』2018年5月1版20刷　昭文社
「伊豆半島をめぐる現在の地学的状況」静岡大学地域創造学環　静岡大学教育学部
　静岡大学防災総合センター　小山真人研究室ホームページ
『改訂　地学基礎』平成28年2月22日検定済教科書　東京書籍
「南部フォッサマグナに関連する地形とその成立過程」貝塚爽平　東京都立大学理学部地理学教室
　1983年日本第四紀学会大会 シンポジウム（8月26日、静岡）
　『第四紀研究（The Quaternary Research）』23 (2) p. 55-70
「山梨の地学散歩」山梨県環境科学研究所地球科学研究室

地学編

3 地球温暖化

地球全体で気温は変化しているのだろうか。自分が毎日を過ごす町ではどうなのだろか。気温の歴年変化を調べてグラフ化することで、地球温暖化現象を自分たちの問題として認識させる演習である。地球温暖化に対する対策を真剣に考える態度を育てていきたい。

1 演習

⑴目的 世界や日本各地域の気温変化を確認して地球温暖化について考察する。

⑵方法

①世界の気温の変化

インターネットで「気象庁　世界の年平均気温偏差」を検索すると、過去30年間の平均気温偏差表を入手できる。その表をグラフ化すると、世界の温度上昇の状況を確認することができる。右の表は1981～2010年の30年間平均を基準値とした1990～2019年各年の平均気温偏差を表している。

数値は基準値からの偏差であり、実際の気温ではない。全体の気温から上昇分だけを比較するときは、ある基準値に対しての偏差を用いることが多い。生徒には、事前に伝えておきたい。

年	世界	年	世界	年	世界
1900	0.04	2000	0	2010	0.2
1991	－0.02	2001	0.12	2011	0.08
1992	－0.17	2002	0.16	2012	0.15
1993	－0.15	2003	0.16	2013	0.2
1994	－0.07	2004	0.12	2014	0.27
1995	0.01	2005	0.17	2015	0.42
1996	－0.09	2006	0.16	2016	0.45
1997	0.09	2007	0.12	2017	0.38
1998	0.02	2008	0.05	2018	0.31
1999	0	2009	0.16	2019	0.43

②日本の気温の変化

「気象庁ホームページ」から自分の住む地域のデータを収集する。

入手した年平均表に基準値からの偏差を付け加える。基準値は過去数十年間の平均気温を用いるが、生徒の計算時間を考慮して、初年度の気温を基準値にしても良いグラフができる。

右の表は群馬県館林市の1990～2019年各年の平均気温偏差を表している。

ホームページ＞各種データ・資料＞過去の気象データ検索＞地域の選択＞地点の選択＞年ごとの値表示

年	気温	偏差	年	気温	偏差	年	気温	偏差
1990	15.4	0	2000	15.5	＋0.2	2010	15.8	＋0.4
1991	15	－0.4	2001	15	－0.4	2011	15.3	－0.1
1992	14.6	－0.8	2002	15.4	0	2012	15.2	－0.2
1993	14.1	－1.3	2003	14.8	－0.6	2013	15.7	＋0.3
1994	15.6	＋0.2	2004	16.1	＋0.7	2014	15.5	＋0.1
1995	14.9	－0.5	2005	15	－0.4	2015	16.2	＋0.8
1996	14.4	－1	2006	15.3	－0.1	2016	16.1	＋0.7
1997	15.3	－0.1	2007	15.8	＋0.4	2017	15.5	＋0.1
1998	15.4	0	2008	15.3	－0.1	2018	16.4	＋1
1999	15.6	＋0.2	2009	15.6	＋0.2	2019	15.7	＋0.4

⑶考察

- この30年間に世界（日本）の気温は、どうなったのだろうか。

・１年間に上昇する割合は、どのくらいなのだろうか。
・この傾向が続くとすると、50年後には世界（日本）の気温はどうなるだろうか。
・私たちの生活は、どのように変化するだろう。

2　演習の解説

⑴内容

気象庁のデータを利用すると、自分たちでも「地球温暖化現象」を確認できることを学ぶ演習である。世界の気温上昇の状況を自分が住む町に当てはめることで、温暖化現象が自分たちの生活に直結する問題であることを認識させたい。

⑵結果

年平均気温偏差表をグラフ化すると、以下のようになる。

①世界の温度上昇

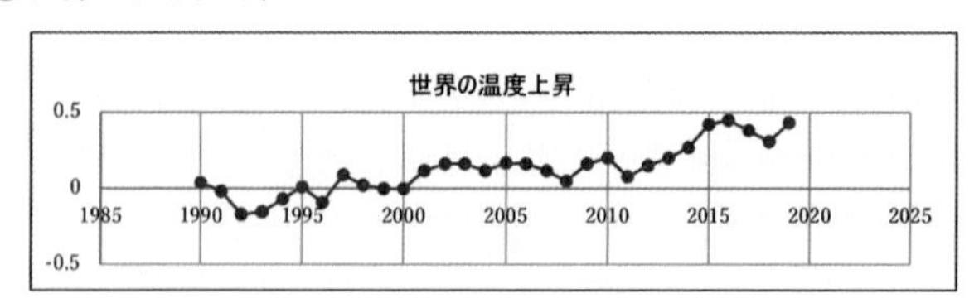

②群馬県館林市の温度上昇

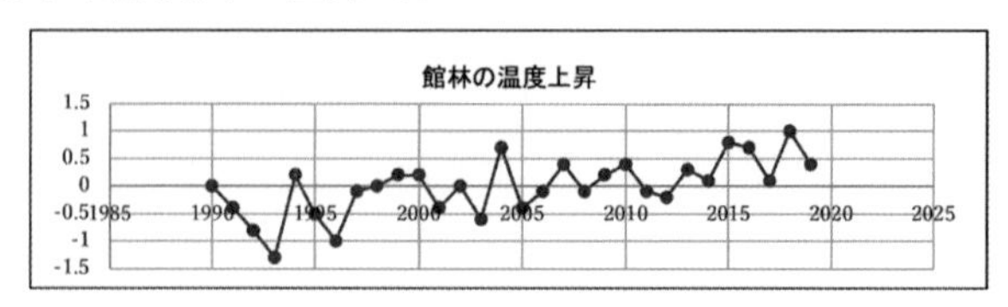

⑶考察

①世界の気温上昇について
・1年間にどのくらいの割合で気温が上昇しているのか。
・グラフは地球全体の様子を示しているので、地域の実態と合致するものではない。温暖化は緯度が高くなるほどは激しいと言われるが、どの程度違うのだろうか。

②日本の気温上昇について
・世界に比べると日本の気温上昇が激しいように見えるが、どう考えればよいのだろうか。
・世界の気温上昇変動とよく似ている年もあればそうでない年もある。どう考えればよいのだろうか。
・グラフに示された期間内に起きた「異常気象」を調べ、「地球温暖化」との関係を考える。

③温暖化防止に向けた対策
・地球規模の視点から整理する。
・日本の社会現状から整理する。
・自分たちの生活の視点から整理する。

地学編

4 エルニーニョ現象

エルニーニョ現象が発生すると、日本でも夏季は太平洋高気圧の張り出しが弱くなり気温が下がり日照時間が少なくなり、西日本海側では降水量が多くなると言われる。エルニーニョ現象とはどんな現象なのか、どのようなメカニズムで発生するのかを理解させる演習である。

1 演習

(1)目的 ペルー沖合の海水温が上昇する「エルニーニョ現象」が発生すると、オーストラリア東部全体の降水量に影響を及ぼすと言われているが、その事実を「南方振動指数」を用いてグラフを作成して検証する。

南方振動指数SOI (Southern Oscillation Index)

南太平洋のタヒチとオーストラリアのダーウィンの地上気圧の差を指数化したもので、貿易風の強さの目安を表し、正(負)の値は貿易風が強い(弱い)ことを表しています。SOIが負の値であるとエルニーニョで、値が小さいほどエルニーニョ現象が強いと言えます。SOIが正の値になると、エルニーニョ現象が起きていなかったことを意味します。

(2)方法 下の表は、オーストリアのビクトリア州(州都：メルボルン)にあるCanary Island(王立植物園)における年間降水量とエルニーニョの関係(指数としてSOIで表示)を調べたものである(参考：『改訂 地学基礎』平成28年2月22日検定済 東京書籍)。

①オーストラリア東部の降水量とエルニーニョ現象の間には、どのような関係がありそうか、表の数値を比較して予測する。

②横軸にSOIの値、縦軸に降水量をとってグラフに表し、これらの関係性を検討する。例えば、Excel等表計算ソフトにデータを入力してグラフ化し、このグラフからどのような傾向があるか、相関があるか否かを検定する。

年	SOI	降水量(mm)	年	SOI	降水量(mm)	年	SOI	降水量(mm)
1947	2.3	382	1962	5.4	383	1977	-9.9	231
1948	-1.2	286	1963	-2.0	431	1978	-1.7	471
1949	-1.1	331	1964	6.3	465	1979	-1.9	369
1950	15.4	493	1965	-8.4	335	1980	-3.1	328
1951	-0.7	380	1966	-4.2	400	1981	1.8	400
1952	-2.3	438	1967	3.2	156	1982	-13.1	123
1953	-6.8	360	1968	3.0	430	1983	-8.3	527
1954	4.1	381	1969	-5.4	443	1984	-0.1	336
1955	10.6	549	1970	3.9	406	1985	0.9	395
1956	10	635	1971	11	535	1986	-2	379
1957	-3.9	289	1972	-7.4	268	1987	-13.1	366
1958	-3.2	481	1973	7.3	812	1988	7.8	445
1959	0.0	283	1974	9.9	598	1989	6.8	488
1960	3.8	568	1975	13.6	441	1990	-2.2	278
1961	0.8	381	1976	1.1	269	1991	-8.8	321

(3)考察

①「エルニーニョ現象」とは、どんな現象か整理して、考察に反映させる。
②「エルニーニョ現象」が発生する要因を気圧の関係から整理する。
③「南方振動」とは、どんな現象なのか整理して、考察に反映させる。
④「オーストラリア東部の降水量」と「エルニーニョ現象」に相関関係があるか結論付ける。
⑤なぜそのような現象が起こるのか説明する。
⑥「エルニーニョ現象」が発生した後の周囲の気候変動を予想する。
⑦「地球温暖化」と「エルニーニョ現象」の関係を整理する。

2　演習の解説

(1)エルニーニョ現象

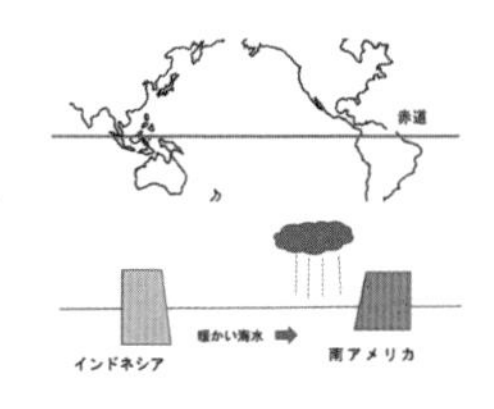

南米のペルーとエクアドルの境界付近の海域は、海水が深層から表層に湧き上がってきて(湧昇)、プランクトンが豊富な地域である。毎年12月頃になると、湧昇が衰えて北から暖流が流れ込んで海面温度が高くなる。その変化は3月頃になると元の状態に戻る。現地では、12月のクリスマスにちなんで「エルニーニョ(キリストの意味)」と呼んでいた。最近になって、このリズムが狂いだし、南米の海水温が下がらない現象が起きるようになった。これは、4～5年に一度の間隔で起こる太平洋赤道海域の高水温現象（1～5℃の上昇）が低気圧となって東に移動するからと考えられている。

この現象が起こると、日本やアメリカでは降水量が増え、オーストラリアでは干ばつが起こると言われている（地球温暖化が大きな要因であるとの説が2014年に発表されたが、100年規模の気候変動と数年規模のエルニーニョ現象の関係は、まだ解明されていない)。

エルニーニョ現象が起こる理由は、オーストラリア北部のダーウィンと１万km離れた東部南太平洋のタヒチ島の気圧から考えることができる。ダーウィンの気圧が高いときはタヒチ島では低く、逆にダーウィンの気圧が低いときはタヒチ島では高くなっている。これは、1万km離れた２地点間で、風が東西に行ったり来たり（振動）していることになる。ウォーカー（イギリスの気象学者）が1923年に発見し、「南方振動（Southern Oscillation)」と名付け「南方振動指数(SOI)」を考案した。エルニーニョ現象が強いときは、南方振動が強く、タヒチの気圧は低くなる。エルニーニョ現象の反対をラニーニャ(女の子という意味)という。

(2)演習の解析

SOI値を10倍にして、降水量と同じグラフに記すと下記のようになる。両者はほぼ同一の変動を示していることから、相関関係がある。

①SOIが正の年は、SOI値に比例して降水量が多くなる(ラニーニャ現象時)。
②SOIが負の年は、SOI値に反比例して降水量が減少する(エルニーニョ現象)。
③エルニーニョ現象は、4年から6年の割合で発生している。

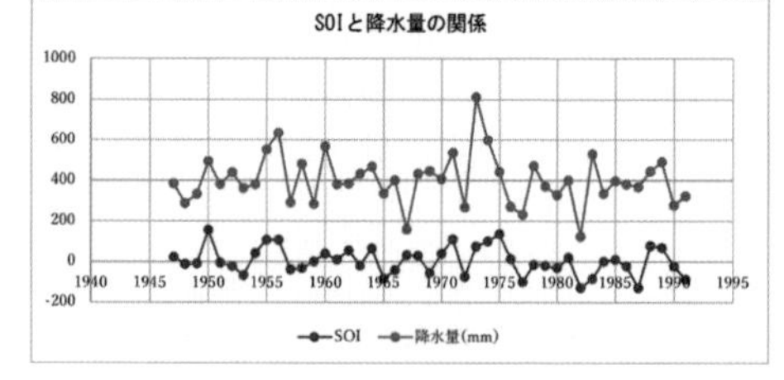

索　引

第1章　理科指導の基本

第2章　科学的思考力を育む授業

第3章　実験と解説

おわりに

この本は、中学高校の生徒さんや一般の方にも読んでいただければと思っております。なお、不十分な点は、参考文献等の書物で補っていただければ幸いです。この本を執筆するに当たって、東京理科大学栄誉教授の藤嶋昭先生、東京理科大学野田統括の伊藤真紀子部長、研究戦略・産学連携センター(現)野田統括部角田勝則氏にご支援ご鞭撻をいただきました。この場をお借りして御礼申し上げます。また、実験器具や実験操作図等に関して多大な協力をいただいた株式会社ナリカに感謝申し上げます。

編者

監修　藤嶋昭：東京理科大学栄誉教授
編者　理科授業大全編集委員会：東京理科大学特任教授（教職担当）、非常勤講師らが、長年にわたって学校で教鞭をとってきた実務経験に基づいて、理科の先生方の役に立てればと一念発起してはじめた執筆・編集グループ
(榎本成己、佐野史尚 、菅井悟、中村信雄、並木 正 、長谷川 純 一、古川知己 、松原秀成　50音順)

写真・画像提供（許諾先企業等、掲載順、敬称略）：
株式会社ナリカ、国立天文台、スタンレー電気株式会社、一般社団法人電池工業会、株式会社日立ハイテク、キヤノンメディカルシステムズ株式会社、伊知地国夫、株式会社島津製作所、長谷部光泰（自然科学研究機構基礎生物学研究所）、正岡重行（大阪大学大学院工学研究科）、NTT 先端デバイス研究所、JAXA、NASA、JAXA/NASA、気象庁、東京大学 Kavli IPMU、EHT Collaboration

カバー図版
Matthew25/shutterstock.com
装丁
東京書籍
DTP
越海辰夫

理科授業大全～物化生地の基礎から実験のコツまで～

2021年6月10日　第1刷発行
2022年5月30日　第2刷発行

監　修　藤嶋 昭
編　者　理科授業大全編集委員会
発行者　渡辺能理夫
発行所　東京書籍株式会社
東京都北区堀船2-17-1　〒114-8524
03-5390-7531（営業）／03-5390-7455（編集）
URL=https://www.tokyo-shoseki.co.jp
印刷·製本　株式会社リーブルテック

ISBN 978-4-487-81409-1 C1040
乱丁・落丁の場合はお取替えいたします。
定価はカバーに表示してあります。
本書の内容の無断使用はかたくお断りいたします。